高等院校信息技术规划教材

移动互联网导论

王新兵 编著

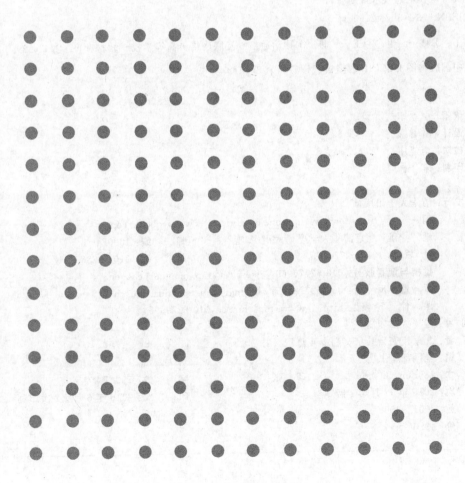

清华大学出版社
北京

内 容 简 介

本书系统、深入地介绍了移动互联网的基本概念、关键技术、应用开发等内容,在系统地讲解移动互联网发展历程与应用现状的同时,还介绍了移动互联网未来的发展趋势。本书层次清晰,内容丰富,在讲解知识的同时,配合适当的图形图表,使内容更易被读者理解。

本书可作为高等学校计算机专业、通信工程专业、电子与信息专业以及其他相近专业本科生的教科书,也可以作为移动互联网技术人员的参考书。

图书在版编目(CIP)数据

移动互联网导论/王新兵编著. --北京:清华大学出版社,2015(2016.6 重印)
高等院校信息技术规划教材
ISBN 978-7-302-42160-3

Ⅰ. ①移…　Ⅱ. ①王…　Ⅲ. ①移动通信-互联网络-高等学校-教材　Ⅳ. ①TN929.5

中国版本图书馆 CIP 数据核字(2015)第 271812 号

责任编辑:白立军
封面设计:常雪影
责任校对:李建庄
责任印制:宋　林

出版发行:清华大学出版社
　　　　网　　　址:http://www.tup.com.cn,http://www.wqbook.com
　　　　地　　　址:北京清华大学学研大厦 A 座　　　　邮　　编:100084
　　　　社 总 机:010-62770175　　　　　　　　　　邮　　购:010-62786544
　　　　投稿与读者服务:010-62776969,c-service@tup.tsinghua.edu.cn
　　　　质 量 反 馈:010-62772015,zhiliang@tup.tsinghua.edu.cn
　　　　课 件 下 载:http://www.tup.com.cn,010-62795954
印 刷 者:清华大学印刷厂
装 订 者:北京市密云县京文制本装订厂
经　　销:全国新华书店
开　　本:185mm×260mm　　　　印　张:30.25　　　　字　数:753 千字
版　　次:2015 年 12 月第 1 版　　　　　　　　印　次:2016 年 6 月第 2 次印刷
印　　数:2001~4000
定　　价:49.00 元

产品编号:066223-01

前言

移动互联网是移动通信与互联网相结合的产物，使得用户可以借助移动终端（手机、平板电脑等）通过移动网络访问互联网。移动互联网的出现，与无线通信技术的"移动宽带化、宽带移动化"发展趋势密不可分。在最近几年里，移动通信和互联网成为当今世界发展最快、市场潜力最大、前景最诱人的两大产业。社会的需求、现代化的导向是大学培养人才的导向。因此，移动互联网知识的教学，对计算机、电子等相关领域人才培养具有极其重要的时代意义。

随着移动互联网的飞速发展，国内外介绍移动互联网技术的书籍也层出不穷，但这些书大多数是属于跟踪行业发展，重点介绍移动互联网应用，对技术层面的全面解读较少，因此知识深度不适合作为大学教材。

作者根据移动互联网方向人才的培养需求，根据在无线通信与计算机网络领域的多年教学经验，并结合近年来在相关领域的科研工作经验，整理出一套以技术和应用并重的移动互联网基础教材。

本书共分上下两篇。上篇介绍移动互联网的基础理论，下篇介绍移动互联网相关实验。第1～11章介绍移动通信基础知识，包括通信技术、网络架构、移动性管理、网络安全、无线通信标准等内容；第12～18章介绍新兴网络技术，包括物联网技术、软件定义网络技术、智能专用网络等内容；第19～27章介绍移动互联网的应用技术，包括虚拟化技术、工业设计、应用开发等内容。第28～37章设计了10个实验，涵盖了网络仿真、移动组网、应用开发等领域。

本书可作为高等学校计算机专业、通信工程专业、电子与信息专业以及其他相近专业本科生的教科书，也可以作为移动互联网技术人员的参考书。

　　本书涉及多个专业方向，作者在准备和写作的过程中认真阅读了大量书籍和参考文献，请教了很多业界专家学者。这本书的内容凝聚了很多人的心血，作者只是将个人能够理解的部分按照自己的思路整理出来。在此，向所有帮助作者完成本书写作的专家、老师和学生表示衷心感谢！

　　鉴于首次正式出版，难免有不妥之处，敬请指正。

王新兵

2015 年 10 月于上海交通大学

目录

contents

下篇　实　　验

上　篇
基　础　理　论

第1章

无线通信网络概述

　　无线通信的发展极大地丰富了人们的生活,无论是曾经风靡一时的无线电台,还是如今随处可见的移动电话,无线通信使人摆脱了空间上的束缚,做到在各个地方都能获得丰富的信息与高质量的互连通信。在过去十几年中,蜂窝网络经历了指数级的快速增长,从1G到如今的4G,通信更加快速与可靠,据全球用户国际电信联盟在日内瓦发布的年度报告《衡量2013年信息社会》[1]显示,到2013年末,全球有68亿移动蜂窝用户,与全球人口数量相当。可以说,无线网络已经成为现在社会人们生活与工作中不可或缺的一部分。

　　进入21世纪以来,数字及射频电路的突破性进展以及新一代大规模集成电路的出现,使得移动设备有着更小的体积(见图1-1),更低的能耗,更高的可靠性以及更便宜的价格,这极大地推动了无线通信的发展。另一个不容忽视的现象就是互联网的繁荣壮大,无论是搜索引擎的出现与完善,还是社交网络、电子商务的发展,都让互联网构成了一个庞大繁杂的信息世界,让人们有更多的渠道去交流,获取信息。

图 1-1　硬件的发展使移动设备的体积越来越小[9]

　　尤其近些年来,随着硬件设备的爆发式升级以及互联网的飞速发展,人们通过很多高级无线终端设备,如智能手机、个人数字助理(PDA)、笔记本电脑等,可以随时随地连接到互联网中,获取自己感兴趣的信息。正是这样,无线通信网络的发展也不仅仅局限于移动通信业务,而是更多的与因特网相结合起来。

　　根据调查,2014年新网民最主要的上网设备是手机,使用率为64.1%,由于手机带动网民增长的作用有所减弱,故新网民手机使用率低于2013年的73.3%。由于2014年新增网民学生群体占比为38.8%,远高于老网民中的22.7%,而学生群体的上网场景多为学校、家庭,故新网民使用台式计算机的比例相比2013年上升明显,达51.6%。新网民互联网接入设备使用情况如图1-2所示。

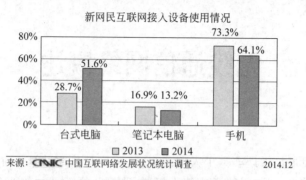

图 1-2　2014 年新增网民上网设备使用情况[7]

正是无线通信的迅猛发展,使得无线传感网络、智能系统、无人汽车等项目从研究设想转变到真正的工业实现。然而,想要设计出能支持这些技术的高效、可靠的无线网络,人们还面临着许多技术上的挑战。尤其是随着技术的发展,如今很多新兴的网络问题还需要进一步研究才能更好地运用在工业界中。比如让能够被独立寻址的普通物理对象实现互联互通的物联网(Internet of Things),为了解决频谱资源匮乏动态分配频谱资源的软件定义网络(Software Defined Network),还有针对大数据信息时代提出的云计算(Cloud Computing)服务。正是这些挑战使得无线通信网络一直活跃在科研与工业界的最前端,相信在不久的未来,无线通信网络定有更好、更快的发展。

1.1　无线通信网络的历史与发展

人类历史上最早的无线通信当属于前工业化时期。在消息传递较慢的战争年代,人们通过烽火台上的烟火、旗语等在视距内的基本简单信号传递指挥信息,人们甚至利用基本信号的复杂组合来传递更为复杂的指令。为了增加信号的传递范围,人们建立了接力中转站,使信号通过"多跳"传递到指定的终点。在明朝抗击倭寇的战争中,对流动性极强的倭寇要掌握其动向,沿海烽火台在传递军事情报方面功不可没。

通信(Communication)作为电信(Telecommunication)而存在是从19世纪30年代开始的。法拉第在1831年发现电磁感应,在此基础上,莫尔斯在1837年发明电报;麦克斯韦在1873年提出电磁场理论,在此基础上,贝尔在1876年发明电话,特斯拉在1894年成功进行短波无线通信试验,马可尼在1895年发明无线电,首次在英国怀特岛(Isle of Wight)和30km之外的一条拖船之间成功进行了无线传输,自此开始了现代无线通信的新纪元。1906年,范信达通过调幅技术(AM)首次成功透过无线电播送第一套远距离的音乐和口语的电台节目;1927年,大西洋两岸同时进行了第一次电视广播;1946年,第一个公共移动电话系统在美国的5个城市建立;1958年,SCORE通信卫星升空,成功揭开了无线通信新时代的序幕;1981年,第一个模拟蜂窝系统——北欧移动电话(NMT)建

立;1988 年,第一个数字蜂窝系统在欧洲建立,并称为全球移动通信系统(GSM);1997
年,无线局域网的第一个版本发布。一个世纪以来,无线通信技术的发展使人们享受到
无线电、电视、移动电话、通信卫星、无线网络等带来的便利。

我国政府一直十分重视无线通信的研究与发展,从新中国成立以来,中国无线通信
的发展也有很多骄人的成果。1987 年 11 月 18 日第一个 TACS 模拟蜂窝移动电话系统
在广东省建成并投入商用;1994 年 12 月底广东首先开通了 GSM 数字移动电话网,1995
年 4 月中国移动在全国 15 个省市也相继建网,GSM 数字移动电话网正式开通;2001 年 7
月 9 日中国移动通信 GPRS(2.5G)系统投入试商用;2009 年 1 月 7 日,工业和信息化部
正式发放 3G 牌照:中国移动获得 TD-SCDMA 牌照,中国联通和中国电信分别获得
WCDMA 和 CDMA2000 牌照;2013 年 12 月 4 日,工业和信息化部正式向三大运营商发
布 4G 牌照,中国移动、中国电信和中国联通均获得 TD-LTE 牌照。除了通信产业化的
空前繁荣,中国科研学者也在世界的舞台上大放异彩,无论是顶级期刊 *IEEE/ACM
Transactions on Networking* (*ToN*)、*IEEE Transactions on Mobile Computing* (*TMC*)、
IEEE Transactions on Wireless Communications (*TWC*)、*IEEE Journal on Selected
Areas in Communications* (*JSAC*),或是顶级会议如 Special Interest Group on Data
Communication(SigComm)、the Annual International Conference on Mobile Computing
and Networking (MobiCom)、International Conference on Computer Communications
(InfoCom)、International Conference on Mobile Systems, Applications, and Services
(MobiSys)等,都有很多中国科研学者的成果发表,中国在无线通信网络上的成果越来越
多地被世界所关注,成为推动世界无线通信领域发展的中坚力量。

1.2　无线通信网络的主要特点

早期的无线通信使用模拟信号进行传输,马可尼的早期实验通过用模拟信号编码的
字母数字符号来实现发送接收双方的通信。随着数字电路及计算机技术的发展,当今大
多数无线通信系统传送由二进制比特组成的数字信号,这些比特或直接来自于数据信
号,或者由模拟信号数字化所得。

无线通信传播有两个主要特点[4]:一个是衰落现象(fading),指因传输媒介或传输
路径的改变而引起的接收到的信号功率随时间变化的现象;另一个则是无线用户在空中
进行通信时相互之间的干扰(interference)。这两个问题的解决对无线通信网络的设计
是至关重要的,本书主要从物理层的角度介绍相关技术,但是实际上,衰落和干扰的结果
会在多个层之间产生结果。

1.3　无线通信网络的基础技术

无线通信网络是一门复杂但又完善严谨的学科,从 19 世纪发展到现在,涉及通信和
网络的方方面面。本书将具体一一介绍相关的基础技术,使读者对无线网络技术有全面

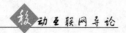

的了解。

(1) 蜂窝系统。蜂窝系统技术是移动无线通信的基础,它利用信号功率随传播距离衰减的特点,在不同的空间上重复使用频率。蜂窝系统把一个空间区域划分成若干个互不重叠的小区,每个小区被分配一个信道集,不同的小区可以重复使用相同的信道集,实现频率复用,也称为信道复用。

(2) 移动管理。移动管理主要由两部分组成:一个是切换管理,指将连接由一个接入点转接到另一个接入点;另一个是位置管理,指当移动台从一个网络进入另一个网络时,保持与本地位置寄存器之间的联系。有效且高效的呼叫接入控制,切换和位置管理,可以支持用户的漫游。

(3) 移动IP。移动IP可以使从一个因特网连接点移至另一点时,计算机能维持网络连接,包含发现(discovery)、注册(registration)和隧道(tunneling)3个基本功能。

(4) Wi-Fi:802.11。无线局域网最重要的规范由IEEE 802.11工作组开发,具有一系列用于不同情况的标准。其中经过验证的802.11b产品使用的名称是Wi-Fi。

(5) WiMAX:802.16。WiMAX(全球互通微波接入)技术是以IEEE 802.16系列标准为基础的宽带无线城域网接入技术。该技术在提供高速的数据、语音和视频等业务的同时,还兼具移动、宽带和IP化的特点,逐渐发展成为宽带无线接入领域的热点技术。

(6) 自组织网路。无线自组织网络是无须借助事先建立的基础设施即可自行构建一个网络的无线移动节点的集合。这些移动节点一般通过分布式控制算法来处理必要的控制和网络功能。无线自组织网络中的连接比有基础设施的无线网络更加复杂,其中,路由的动态重新配置和建立是最重要的两个特征。

(7) 无线网络安全。无线网络的开放性、移动性和不稳定性使得无线网络安全成为网络设计中一个至关重要的问题。本教材将就不同的层与不同的无线网络介绍网络安全的解决办法。

(8) 无线个人局域网络。蓝牙和RFID是无线个人局域网络中两个比较重要的部分。蓝牙技术把一块体积小且功耗低的无线电收发芯片嵌入到电子设备中,可支持设备进行短距离通信,截至2010年,已经有6个版本。RFID又称为电子标签技术,是一种无线自动识别技术,利用射频信号和空间耦合的传输特性,实现对物体的自动识别。

(9) 传感网络。无线传感网络起源于军事应用,它由大量在空间中分布的传感器组成,通过无线通信收集不同地理位置的信息,现如今已更多的应用于民用工业领域。传感网络也是近年来的一个研究热点,预计在未来会有很大的发展空间。

(10) 物联网。物联网也称为Internet of Things,目前尚没有一个精确且公认的定义。刘云浩教授在《物联网导论》[5]一书中认为"物联网是一个基于互联网、传统电信网等信息承载体,让所有能够被独立寻址的普通物理对象实现互联互通的网络。它具有普通对象设备化,自治终端互联化和普适服务智能化3个重要特征"。

(11) 软件定义网络。软件定义网络是一种新型的网络设计思路,它将网络控制与数据转发分离,其中网络控制部分可编程。

1.4 无线通信网络的新兴技术

随着人工智能的快速发展,无线通信网络在智能系统中也起着至关重要的作用。只有有了高效可靠的通信,系统中的各部分才可以协同工作,发挥出最大的效应。本教材主要研究了移动智能机器人网络、移动智能小车网络、四旋翼飞机网络和 MIMO Wi-Fi 网络。

1.5 移动互联网渗透

近年来,移动互联网的迅猛发展已经渗透到社会中的各方各面,包括经济、教育、科技、政治、体育、娱乐等。本教材将重点介绍一种网络中的新型虚拟货币:比特币以及大规模网络开放课程(MOOC)。

(1)比特币[11]。比特币是近几年兴起的一种新型虚拟货币,是一种通过开源的算法生产的一套密码编码。通过使用遍布整个 P2P 网络节点的分布式数据,比特币可以实现管理货币发行、记录货币交易等功能。

(2)MOOC。MOOC 是 Massive Open Online Courses 的缩写,指大规模网络开放课程。比较知名的有 Coursera 等,随着无线终端设备的快速发展,更多的人选择在手机或者 PDA 上观看 MOOC 课程,做到"走到哪,学到哪"。

参 考 文 献

[1] Susan Teltscher,等. 衡量信息社会发展[R]. 日内瓦:国际电联电信发展局 ICT,2013.

[2] William Stallings. 无线通信与网络[M]. 2 版. 北京:清华大学出版社,2005.

[3] Andrea Goldsmith. 无线通信[M]. 北京:人民邮电出版社,2007.

[4] Tse D,Viswanath P. 无线通信基础[M]. 北京:人民邮电出版社,2009.

[5] 刘云浩. 物联网导论[M]. 北京:科学出版社,2010.

[6] Jon W. Mark. 无线通信与网络[M]. 北京:电子工业出版社,2004.

[7] 中国互联网络信息中心. 第 33 次中国互联网络发展状况统计报告,2013.

[8] 网易科技频道. 中国正式进入 3G 时代[OL]. http://tech. 163. com/special/000933IJ/3GLicense. html.

[9] 任伟. 无线网络安全问题初探[J]. 信息网络安全,2012 年 01 期.

[10] 贾丽平. 比特币的理论、实践与影响[J]. 国际金融研究,2013 年 12 期.

第 2 章

无线电的传播

无线电的传播是指无线电通过介质或在介质分界面的连续折射或反射,由发射点传播到接收点的过程。无线通信是利用电磁波在空间传送信息的通信方式。电磁波由发射天线向外辐射出去,天线就是波源。电磁波中的电磁场随着时间而变化,从而把辐射的能量传播至远方。而无线电波在空间或介质中传播具有折射、反射、散射、绕射以及吸收等特性。这些特性使无线电波随着传播距离的增加而逐渐衰减,如无线电波传播到越来越大的距离和空间区域,电波能量便越来越分散,造成扩散衰减;而在介质中传播,电波能量被介质消耗,造成吸收衰减和折射衰减等。

2.1 有线介质与无线介质

常用的通信介质主要有两类:有线介质和无线介质。

有线介质包括双绞线、同轴电缆和光缆,无线介质包括微波、卫星、激光和红外线等。有线传输介质是较为可靠的引导性连接,承载信息的电信号从一个固定终端传播到另一个固定终端。这种有线介质像滤波器,由于限带的频率响应特性,限制了信道的最大数据传输速率。有线介质向外辐射,在一定程度上可引起对附近的无线电传输或其他有线传输的干扰。

无线介质不需要架设或铺埋电缆或光纤,而是通过大气传输,目前有 3 种技术:微波、红外线和激光。无线传输介质是相对不稳定、低带宽、具备广播特性的非引导性连接。所有的无线传播共享同一介质——空气,而有线传播的不同信号各自有不同的导线。

在通信中,根据无线电波的频率,把无线电波划分为各种不同的频段。频段可分为授权频段与非授权频段。授权频段包括:

运作在 1GHz 附近的蜂窝系统;

运作在 2GHz 附近的 PCS(个人通信服务)和 WLAN(无线局域网);

运作在 5GHz 附近的 WLAN;

运作在 28~60GHz 的 LMDS(本地多点分配服务);

用于光通信的 IR(红外线)。

非授权频段包括:

ISM(工业、科学和医疗)频段；

U-NII(未授权的国家信息基础设施)频段,于 1997 年发布,PCS 非授权频段被发布在 1994 年。

对于电磁波,频率 f、波长 λ 与光速 c(在真空中)之间的关系满足 $\lambda f=c$。

电磁频谱如图 2-1 所示。

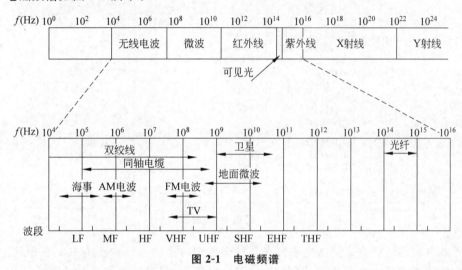

图 2-1　电磁频谱

用于通信的电磁频谱如图 2-2 所示。

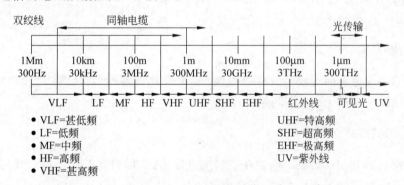

- VLF=甚低频
- LF=低频
- MF=中频
- HF=高频
- VHF=甚高频

UHF=特高频
SHF=超高频
EHF=极高频
UV=紫外线

图 2-2　用于通信的电磁频谱

其中,用于移动通信的频率如下。

(1) 用于移动无线电的 VHF/UHF。

简单、体积小的车载天线,具有确定性的传播特性、可靠的连接等优点。

(2) 用于定向无线电链路、卫星通信的 SHF 以及更高频率。

小天线,聚焦,具有可用带宽广的优点。

(3) 用于无线局域网的 UHF-SHF 频谱。

一些计划至 EHF 的系统,由于水和氧气分子的吸收(共振频率)而受到限制,譬如强降雨等天气造成的信号衰落等。

ITU-R(国际电信联盟无线电通信组)是国际电信联盟的一个重要的常设机构,其主要职责是研究无线电通信技术和业务问题,从无线电资源的最佳配置角度出发,规划和协调各会员国的无线电频率,并就这类问题通过技术标准和建议书。

ITU-R 对新的频率主持拍卖,管理世界范围内的频段。

无线电频段分配如图 2-3 所示。

	欧洲	美国	日本
蜂窝网 (单位：Hz)	**GSM** 450~457, 479~486, 460~467, 489~496, 890~915, 935~960 **UMTS** 1920~1980, 2110~2190, 1900~1920, 2020~2025	**AMPS、TDMA、CDMA** 824~849, 869~894, 1850~1910, 1930~1990	**PDC** 810~826, 904~956, 1429~1465, 1477~1513
无线局域网 (单位：Hz)	**IEEE 802.11** 2400~2483 **HIPERLAN 2** 5150~5350, 5470~5725	**IEEE 802.11** 2400~2483, 5150~5350, 5470~5725	**IEEE 802.11** 2400~2483, 5150~5350

图 2-3　无线电频段分配

无线电波的传播方式是指电磁波在各种介质中传播的一些典型方式。在地球上,无线电波的传播介质主要有地壳、海水、大气等。根据物理性质,可将地球介质由下而上地分为对流层、平流层、中间层、电离层,对应的无线电波分为 3 种：地波方式、空间波方式和天波方式。

1. 地波方式

沿地球表面传播的无线电波称为地波(或地表波),这种传播方式比较稳定,受天气影响小。地波传播用于中频(中波)以下频段。

2. 空间波方式

主要指直射波和反射波。电波在空间按直线传播,称为直射波。当电波传播过程中遇到两种不同介质的光滑界面时,还会像光一样发生镜面反射,称为反射波。

3. 天波方式

射向天空经电离层折射后又折返回地面(还可经地面再反射回到天空)的无线电波称为天波,天波可以传播到几千千米之外的地面,也可以在地球表面和电离层之间多次反射,即可以实现多跳传播。

无线电波的传播方式如图 2-4 所示。

无线电的传播具有很高的位点特异性,可以显著地受到以下几个因素的影响：地形(室内与室外)、操作频率(低与高)、移动终端的速度、干扰源等。无线电传播性能的属性包括信号覆盖范围、接收方案、干扰分析、安装基站天线的最佳位置等。

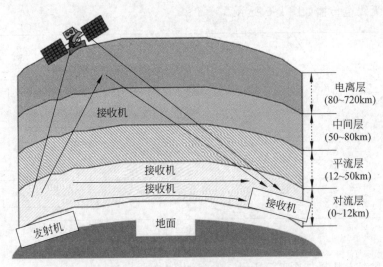

图 2-4　无线电波的传播方式

2.2　无线电的传播机制

无线电的传播机制分为 3 种。

（1）反射（Reflection）：当障碍物的尺寸大于电磁波的波长时，发生反射。反射发生在地球表面、建筑物和墙壁表面，在户外不是主要机制。

（2）绕射（Diffraction）：当发射机和接收机之间的传播路由被尖锐的边缘阻挡时，发生绕射。由阻挡表面产生的二次波散布于空间，甚至于阻挡体的背面。入射在建筑物、墙壁和其他大型物体的边缘的光线可以看作是把边缘来充当次级线源，主要发生在阴影区，在户内相对于反射比较弱。

（3）散射（Scattering）：当物体的尺寸是电磁波的波长或更小的数量级，并且单位体积内这种障碍物体的数目非常巨大时，发生散射。散射发生在粗糙表面、小物体或其他不规则物体，如树叶、街道标志和灯柱等。

无线电的传播机制如图 2-5 所示。

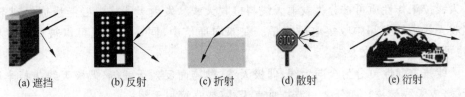

| (a) 遮挡 | (b) 反射 | (c) 折射 | (d) 散射 | (e) 衍射 |

图 2-5　无线电的传播机制

无线电在自由空间的传播类似于光（直线）。接收功率正比于 $1/d$，此处 d 为发送者和接收者之间的距离，此外，接收功率还受到与频率相关的衰减、阴影、大障碍物处的反射、与介质的密度相关的折射、小障碍物处的散射、边缘处的衍射等因素的影响。

户内的无线电传播如图 2-6 所示。

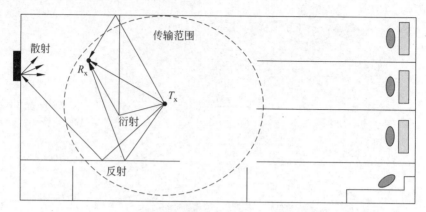

图 2-6　户内的无线电传播

户外的无线电传播如图 2-7 所示。

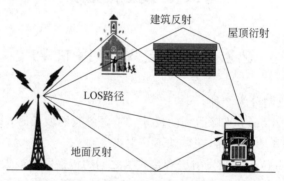

图 2-7　户外的无线电传播

2.3　天线与天线增益

天线是一个电导体或者电导体系统,它把传输线上传播的导行波,变换成在无界媒介(通常是自由空间)中传播的电磁波,或者进行相反的变换。

天线按工作性质可被分为发射天线与接收天线。发射天线将电磁能量辐射到空间,而接收天线则从空间中收集电磁能量。在双向通信中,同一天线既可以被用作发射天线,也可以被用作接收天线。

天线按方向性可分为全向天线、偶极天线、抛物面反射天线等,偶极天线包括半波偶极天线(或天线赫兹)、四分之一波长垂直天线(或马可尼天线)。

1. 全向天线

全向天线在所有方向(三维)上都均匀辐射(见图 2-8),这仅是一个理论上的参考天线。实际天线往往具有指示作用(垂直或水平)。辐射方向图是指围绕天线的辐射测量。

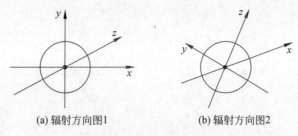

(a) 辐射方向图1   (b) 辐射方向图2

图 2-8 理想全向辐射

2. 简单的偶极子

真正的天线不是各向同性的全向天线,比如长度为 $\lambda/4$ 的赫兹偶极子、长度为 $\lambda/2$ 的赫兹偶极子,下面以一个简单的赫兹偶极子为例(见图 2-9),其辐射方向图如图 2-10 所示。

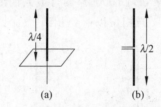

图 2-9 简单的偶极子

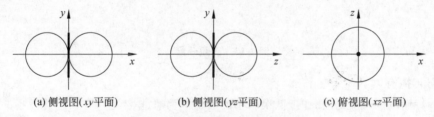

(a) 侧视图(xy平面)   (b) 侧视图(yz平面)   (c) 俯视图(xz平面)

图 2-10 赫兹偶极子的辐射方向图

增益是指在输入功率相等的条件下,实际天线与理想的辐射单元在空间同一点处所产生的信号的功率密度之比。它定量地描述一个天线把输入功率集中辐射的程度。增益与天线方向图相关,方向图主瓣越窄,副瓣越小,增益越高。

3. 定向天线与扇形天线

定向天线(见图 2-11)与扇形天线(见图 2-12)常用于微波连接或移动电话的基站,例如山谷的无线覆盖等。

(a) 侧视图(xy平面)   (b) 侧视图(yz平面)   (c) 俯视图(xz平面)

图 2-11 定向天线

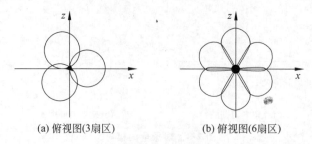

(a) 俯视图(3扇区)　　　　　　(b) 俯视图(6扇区)

图 2-12　扇形天线

4. 天线分集

　　将两个及以上的天线组合,就成了多单元天线阵列。天线分集(见图 2-13)技术分为两类:其一是切换分集、选择分集,接收机选择拥有最大输出的天线;其二是分集合并,接收机合并输入功率产生增益,需要同相位以避免相消。

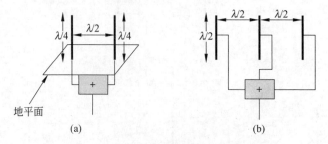

图 2-13　天线分集

信号传播有以下 3 个范围。
(1) 传输范围:在此范围内,低误码率的通信成为可能。
(2) 检测范围:在此范围内,能够检测到信号,但不能有通信。
(3) 干扰范围:信号可能无法被检测到,并且增加了背景噪声。
信号的传输范围、检测范围和干扰范围如图 2-14 所示。

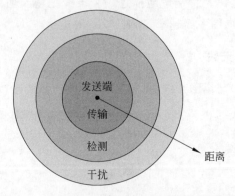

图 2-14　信号的传输范围、检测范围和干扰范围

有效面积是表征接收天线接收空间电磁波能力的基本参数。天线有效面积 A 等于天线输出端的功率 W 与入射的平面波的射电流量密度 S 的比值,可表示为 $A=W/S$。它是所接收电磁波的方向和频率的函数,表示接收天线在这个频率上吸收来自任何特定方向的辐射,并把功率送到输出端的能力,与天线的物理尺寸和形状相关。

天线增益 G 与有效面积 A 之间的关系如下:

$$G = \frac{4\pi A_e}{\lambda^2} = \frac{4\pi f^2 A_e}{c^2}$$

其中,G 是天线增益,A_e 是有效面积,f 是载波频率,c 是光速($\approx 3\times 10^8$ m/s),λ 是载波波长。

2.4 路径损耗模型

路径损耗是在发射器和接收器之间由传播环境引入的损耗的量,由发射功率的辐射扩散及信道的传输特性造成。在不同的发射器和接收器之间的环境中,考虑频率和地形计算信号覆盖范围,从而据此设计和部署无线网络。

路径损耗模型将信号强度损耗与距离关联起来,使用路径损耗模型来计算 BS(基站)和 AP(无线接入点)之间的距离以及在 Ad Hoc 网络中两个终端之间的最大距离。

1. 自由空间电波传播

自由空间电波传播是指天线周围为无限大真空时的电波传播,它是理想传播条件。只要地面上空的大气层是各向同性的均匀介质,其相对介电常数和相对导磁率都等于 1,传播路径上没有障碍物阻挡,到达接收天线的地面反射信号场强也可以忽略不计,在这种情况下,电波可视作在自由空间传播。

无线电波在自由空间传播时,其单位面积中的能量因为扩散而减少。这种减少,称为自由空间的传播损耗。

无线电信号强度随着距离的 α 次幂而下降,称为功率-距离梯度或路径损耗梯度。如果发射功率为 P_t,经以米为单位的距离 d 后,信号强度将正比于 $p_t d^{-\alpha}$。在自由空间中的简单情况下,$\alpha=2$。

当一个天线发射一个信号,该信号在各个方向传播。在半径为 d 的范围的信号强度密度是总的辐射信号的强度按照球体面积 $4\pi d^2$ 的划分。额外的损失可以根据频率引起,G_t 和 G_r 是在发射机到接收机的方向上发射器和接收器分别的天线增益。

如果发射功率为 P_t,接收功率为 P_r,则有:

$$\frac{P_r}{P_t} = G_t G_r \left(\frac{\lambda}{4\pi d}\right)^2$$

如果 $P_0 = P_t G_t G_r (\lambda/4\pi)^2$ 是在 1m 处($d=1$m)的接收信号强度,可以将以上公式按分贝(dB)改写为

$$10\lg P_r = 10\lg P_0 - 20\lg d$$

$$P_r = \frac{P_0}{d^2}$$

传输延迟是距离的函数,以 $\tau = D/C = 3d$ ns 或每一米距离的 3ns 给出。

天线增益:对一个圆形反射器天线,它的增益为

$$G = \eta(\pi D/\lambda)^2$$

其中,η 为净效率,它依赖于在天线孔径的电场分布、损耗、通电加热,通常为 0.55;D 为直径。

因此,$G = \eta(\pi D f/c)^2$,其中,$c = \lambda f$(c 为光速)。

举例来说,一个直径为 2m 的天线,当频率为 6GHz,波长为 0.05m 时,增益 G 为 39.4dB;当频率为 14GHz,波长为 0.021m 时,增益 G 为 46.9dB。可见,对于相同尺寸的天线,频率越高,增益也就越高。

接收信号的功率为

$$P_r = \frac{G_t G_r P_t}{L}$$

其中,G_r 是接收天线增益,L 是信道中的传播损耗,即 $L = L_P L_S L_F$ 是路径损耗 L_P、慢衰落 L_S、快衰落 L_F 之积。

路径损耗 L_P 的定义为

$$L_P = \frac{P_t}{P_r}$$

在自由空间中,路径损耗可以按照以下公式计算:

$$L_P[\mathrm{dB}] = 32.45 + 20\lg f_c[\mathrm{MHz}] + 20\lg d[\mathrm{km}]$$

其中,f_c 是载波频率。

由公式可知,载波频率 f_c 越大,损耗也就越大。

自由空间中的路径损耗与距离的关系如图 2-15 所示。

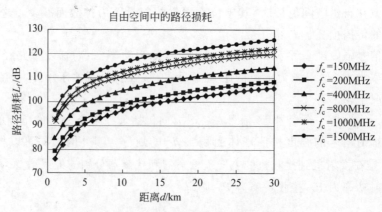

图 2-15　自由空间中的路径损耗与距离的关系

2. 两径模型

两径模型应用于移动通信环境。在现实环境中,信号通过若干不同路径到达接收

机。两径模型被广泛地应用于陆地无线电中,其示意图如图 2-16 所示。

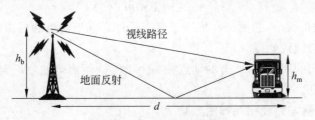

图 2-16　两径模型示意图

发射功率 P_t 与接收功率 P_r 之间的关系可以表示为

$$\frac{P_r}{P_t} = G_t G_r \frac{h_b^2 h_m^2}{d^4}$$

由上式可知,信号强度以发射器和接收器之间距离的四次幂下降,换言之,有每十倍 40 分贝或每 8 倍 12 分贝的损失。

所接收的信号强度可通过提高发射天线和接收天线的高度而增强。

距离-功率梯度是描述 P_t 和 P_r 关系的最简单方法,也就是:

$$P_r = P_0 d^{-\alpha} \quad \text{或者} \quad 10\lg P_r = 10\lg P_0 - 10\alpha\lg(d)$$

其中,P_0 是在距发射器的一个基准距离(通常为 1m)处的接收功率,对于自由空间,$\alpha=2$;对于城市无线信道的简化的两径模型,$\alpha=4$。

为了测量距离-功率梯度,接收器被固定在一个位置,发射器被放置在多个不同的发射器和接收器之间距离的位置,以 dB 为单位,在对数标度上画出路径损耗与距离的关系,如图 2-17 所示。

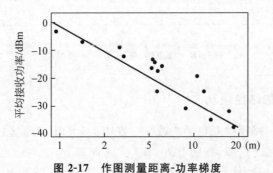

图 2-17　作图测量距离-功率梯度

3. 衰落

在移动通信传播环境中,从距发射机相同距离接收到的信号强度是不同的,将信号强度由于位置变化而产生的变化称为阴影衰落或慢衰落。通常,信号在平均值周围的波动是由于接收机处收到的信号被建筑物或墙壁等遮挡而引起的。与多径引起的快衰落现象相比,这种影响随距离的变化很慢,因此称为慢衰落。

在平均水平的长期变化被称为慢衰落(阴影或数正态衰落)。这个衰落是由阴影造成的。

考虑到阴影衰落,路径损耗公式增加了随机分量,如下:

$$L_P = L_0 + 10\alpha \lg D + X$$

其中,X 是一个随机变量,它的分布取决于衰减元件。基于测量和模拟,这种变化可表示为对数正态分布的随机变量。

阴影衰落带来的问题是,所有的地点在一个给定的距离可能收不到足够的信号强度来检测正确的信息。

快衰落、慢衰落与路径损耗如图 2-18 所示。

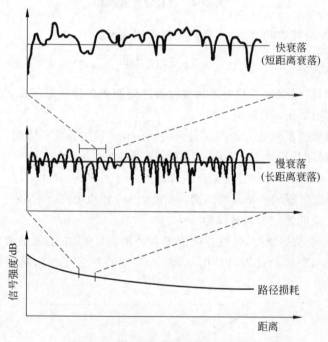

图 2-18　快衰落、慢衰落与路径损耗

4. 不同环境下的路径损耗

在不同的环境下,路径损耗也随之改变。在市区(大市)、市区(中,小城市)、近郊区、开放区域,路径损耗随之递减,如图 2-19～图 2-22 所示。

宏蜂窝区的路径损耗模型:宏蜂窝区跨越几千米到几十千米,Okumura-Hata 路径损耗模型中:

$$L_P(d) = \begin{cases} A + B\lg d & \text{城市环境} \\ A + B\lg d - C & \text{郊区环境} \\ A + B\lg d - D & \text{开阔环境} \end{cases}$$

其中,

$$A = 69.55 + 26.16\lg f_c - 13.82\lg h_b - a(h_m)$$

$$B = 44.9 - 6.55\lg h_b$$

$$C = 5.4 + 2[\lg(f_c/28)]^2$$

$$D = 40.94 + 4.78(\lg f_c)^2 - 18.33\lg f_c$$

对于中小型城市，

$$a(h_m) = (1.1\lg f_c - 0.7)h_m - (1.56\lg f_c - 0.8)$$

对于大型城市，

$$a(h_m) = \begin{cases} 8.29[\lg(1.54h_m)]^2 - 1.1 & f_c \leqslant 200\text{MHz} \\ 3.2[\lg(1.75h_m)]^2 - 4.97 & f_c \geqslant 200\text{MHz} \end{cases}$$

(1) 路径损耗适用于载波频率 f_c 在 100MHz 到 1920MHz 的情况。

(2) 基站与移动台的高度也被识别。

(3) $a(h_m)$ 是用来作为移动天线高度的修正系数，同样依赖于载波频率。

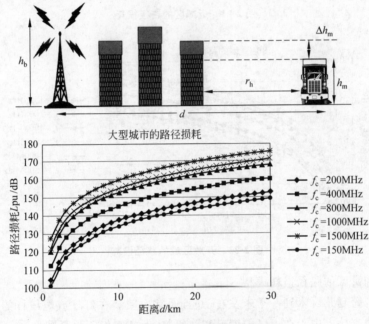

图 2-19 大型城市的路径损耗

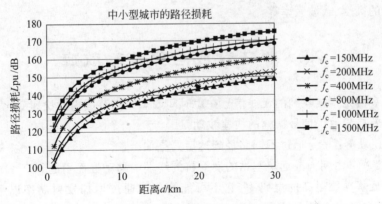

图 2-20 中小型城市的路径损耗

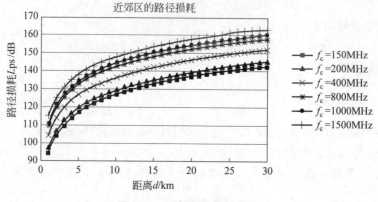

图 2-21　近郊区的路径损耗

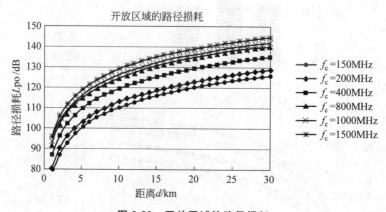

图 2-22　开放区域的路径损耗

对于微蜂窝区的路径损耗模型：

微蜂窝区跨越几百米到一千米左右，并且通常由安装在灯柱或电线杆的屋顶下方级别的基站天线支持。由于在市区的街道和建筑物，通常它们不再是圆形。

传播特性是非常复杂的，影响因素有移动终端和发射机之间以千米计的距离、基站和移动终端的高度、载波频率等。

2.5　多径效应与多普勒效应

小尺度衰落是指接收到的无线信号在短时间或短距离范围内的快速变化。

有两个效应导致了信号振幅的快速波动。

（1）多径衰落：信号通过不同路径到达后的叠加。

（2）多普勒：由朝向或远离基站的发射机的终端的移动性而引起。

小尺度衰落导致很高的误码率，它不可能简单地通过增加发射功率以解决这个问题，通常利用差错控制编码、分集方案、定向天线等加以解决。

1. 多径衰落

在移动通信环境中,发射的电波经历了不同路径。电波通过各个路径的距离不同,导致传播时间和相位均不相同。多个不同相位的信号在接收天线处叠加,时而同相叠加增强,时而反相叠加减弱。接收信号的幅度在较短时间内急剧变化,产生了衰落,因为这个相位差是信号沿着不同路径传播了不同的距离这一事实引起的,称其为多径衰落。

由于到达路径的相位急剧变化,接收信号的振幅快速波动,经常被建模为一个随机变量。

瑞利分布常用于多径衰落接收信号的包络分布。发射机和接收机之间没有直射波路径,没有一个信道占支配地位,有大量的反射波存在,且到达接收机天线的方向角是随机的,为 $0\sim2\pi$ 均匀分布,各个反射波的幅度和相位都是统计独立的,此时,接收信号包络的变化服从瑞利分布。

瑞利分布的概率密度函数(见图 2-23)为

$$f_{\text{ray}}(r) = \frac{r}{\sigma^2}\exp\left(-\frac{r^2}{2\sigma^2}\right), \quad r \geqslant 0$$

假设所有的信号遭受几乎相同的衰减,但以不同的相位到达。

σ 是包络检波之前所接收电压信号的均方根值。

用于确定哪一部分区域能够接收到具有必要的强度的信号。

采样范围内的包络信号的中间值 R_{m} 满足:$(R_{\text{m}}=1.777\sigma)$

$$P(R \leqslant R_{\text{m}}) = 0.5$$

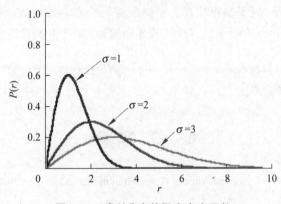

图 2-23　瑞利分布的概率密度函数

2. 莱斯分布

当一个强大的视距内的信号分量也存在,即多径信道的 N 个路径中含有一个强入射波且它占有支配地位,传播时若每条路径的信号幅度均为高斯分布,相位在 $0\sim2\pi$ 为均匀分布,此时,接收信号包络的衰落变化服从莱斯分布。概率密度函数(见图 2-24)由下式给出:

$$f_{\text{ric}}(r) = \frac{r}{\sigma^2}\exp\left(\frac{-(r^2+\alpha^2)}{2\sigma^2}\right)I_0\left(\frac{\alpha r}{\sigma^2}\right),\quad r\geqslant 0,\alpha\geqslant 0$$

α是一个决定了 LOS 分量相对于多径信号其余部分的强度的因子。如果 $\alpha=0$,那么它变成瑞利分布。

$I_0(x)$是第一类零阶修正贝塞尔函数。

图 2-24 中,PDF 是 Probability Density Function 的缩写,意为概率密度函数。

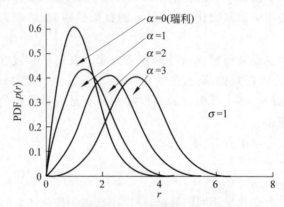

图 2-24　莱斯分布的概率密度函数

3. 多普勒频移

物体辐射的波长因为波源和观测者的相对运动而产生变化,在运动的波源前面,波被压缩,波长变得较短,频率变得较高。基站发送一个单频率 f,在移动终端接收到的信号在时刻 t 具有 $f+v(t)$ 的频率。$v(t)$是多普勒频移,并且由下式给定:

$$v(t) = \frac{Vf}{c}\cos\theta(t)$$

多普勒频移与移动速度、方向、频率有关。

参 考 文 献

Pahlavan K. Principles of wireless networks:A unified approach[M]. John Wiley & Sons Inc,2011.

第 3 章

蜂窝系统原理

本章将关注于蜂窝系统并主要讲解蜂窝通信的基础知识。在一个无线通信系统中,我们非常关注整个系统的用户容量(即整个无线网络所能支持的最大用户数量)。一种通信方案是使用大功率的天线覆盖整个网络,但是这并不是一个好的选择。本章介绍蜂窝网络使系统的容量增加的原理。

3.1 蜂 窝 系 统

大多数商业广播电视系统的设计目标是尽可能多地扩大无线电覆盖面积。这些系统的设计者通常在国家有关部门所规定的最高位置架设天线并使用最大的功率去广播信号。因此,这一天线所用的频率在很大的距离范围内不能复用,不然两天线发射的信号可能造成干扰并影响信息传输的质量。两天线间间隔的面积可能远远大于它们所能覆盖的面积。

蜂窝系统采用的是一种截然不同的方法。它用小功率发射机在一个相对小的面积上高效地利用可供使用的频段。设计一个高效率蜂窝系统的关键是将每个可用频段的使用次数在一定区域内最大化。

蜂窝系统是被设计去控制多组低功率的无线电去覆盖整个服务区(见图 3-1)。每组无线电为附件的移动设备服务。被每一组无线电服务的区域称为小区。每个小区有一定数量的低功率无线电用于小区内的通信。小区内无线电功率会足够大到满足小区内所有移动节点(包括在小区边缘节点)的通信。最初的系统只有较少的使用者,因此采用28km的小区半径。在之后的成熟系统中就采用了 2km 来使得频率复用率足够的大。

随着系统流量的增加,系统加入了新的小区和信道。如有系统使用一种不合理的小区模式,这将使系统的频谱利用率变得很低,因为同信道之间的干扰会使得信道的复用变得艰难。另外,还会导致一种不经济的设备部署,需要一个小区接着另一个小区去重新部署。因此,每当系统进入建设阶段时,大量的工程量会被用在重新调整传输、切换和控制资源。利用规则的小区模式则可以消除这些困难。

在现实中,小区的覆盖面积是一个不规则的圆形。实际上的覆盖面积由地形以及其他一些因素来控制。为设计的目的并作为一次的近似,我们认为覆盖的面积是一个正多边形。例如,一个常功率的全方向天线,它的覆盖面积将会是一个圆形。为了达到没有

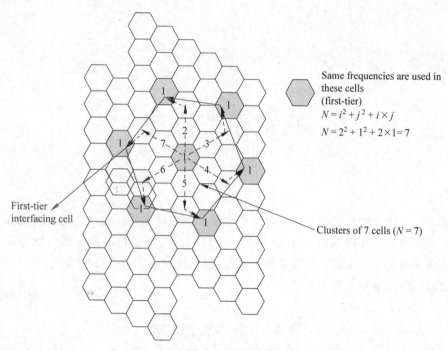

图 3-1　蜂窝通信系统

死角的全覆盖,需要一系列的正多边形来组成小区。任何正多边形,例如正三角形、正方形或是正六边形可以被用于小区设计。正六边形是一个常用的选择,这主要有两个原因:第一个正六边形的布局会需要更少的小区数,同时这也意味着需要更少的天线;第二个正六边形的布局和其他形状比起来更经济实惠。在实际操作中,常常是在地图上画上一系列的正多边形后,利用传输模型计算不同的方向的信噪比 SNR 或是利用近似求解的计算机程序。在本章接下去的部分里,我们将假设正多边形是覆盖面积。

一个小区可以是由单个基站去提供服务,也可以是称为区群的多个小区。在蜂窝系统中,区群中各个基站都是以有线连接的方式连接至移动交换中心(MSC)。与基站相比,MSC 有着更强的计算能力,具有更多的功能。因此,绝大多数通信操作都会由 MSC去处理完成。

3.2　移动性管理

虽然蜂窝的方法允许采用低功率发射机和频率复用来增大系统的容量,但是这些优点并不意味着是没有代价的。由于无线通信的显著特征是具有支持用户漫游的灵活性,而小的地理覆盖区域意味着移动用户需要常常从一个小区离开进入另一个小区。为了保持正在进行的通话的连续性,当移动台从当前服务基站的小区进入另一个覆盖区域时,该链路连接必须从当前服务基站切换到新基站。因此,必须采用一种有效且高效的切换机制来支持业务连续性,并保持端到端的 QoS(服务质量)要求。执行和管理切换的过程称为切换管理。

蜂窝通信的原理如下：移动主机(MH)被分配到一个家乡网络，并由一个地址进行区别，该地址称为家乡地址。在家乡网络中，一个称为家乡代理的代理机制跟踪 MH 的当前位置，以方便该 MH 的信息向目的地传递。随着 MH 远离其家乡网络，必须保持该 MH 与其家代理的联系，以便家乡代理能够跟踪 MH 的当前位置，从而达到传递信息的目的。在蜂窝通信中，跟踪用户的当前位置以保持 MH 与其他家乡代理之间的联系过程称为位置管理。

由于用户的移动性使得切换管理和位置管理成为必需，这些管理功能被认为是移动管理的两个组成部分。

3.2.1 切换管理

在一次通话过程中，当移动台进入不同的小区时，本次通话就必须传递到一个属于新小区的新信道上，这一操作过程就称为切换。切换操作包括新基站的识别以及在新基站支持数据和控制信号的信道分配。正如上面所提到的，MSC 具有执行多种不同功能的计算能力，因此，切换操作通常由 MSC 负责完成。MSC 跟踪器所管辖的所有小区的资源占用情况，当移动台在一次通话期间进入一个不同的小区时，MSC 就会确定新小区中未被占用的可用信道，并做出是否转移链路的决策。如果新基站可以提供用于处理载有信号的信号与控制信号的信道，从而支持切换连接，就会发生切换，否则就不会发生切换。

3.2.2 位置管理

如前所述，MH 总是与一个家乡网络以及属于其家乡网络代理管理的家乡地址联系在一起的。当 MH 离开其家乡网络时，就会进入一个称为外地网络的区域，此时，MH 必须通过外地代理向其家乡代理进行注册，从而使家乡代理知道其当前位置，以方便消息传递。MH 在开启时向其家乡代理进行注册，当它进入外地网络时，需要通过外地代理向其家乡代理进行注册，即家乡代理与外地代理之间是相互联系的，当家乡代理要向 MH 传递信息时，它会通过外地代理将该信息传给该 MH。在注册过程中，家乡代理需要从外地代理所传递的身份鉴别信息中确认提交注册的移动主机确实属于其管辖范围。验证在注册过程中所提交的身份信息确实属于一个正确的 MH 的过程称为鉴权过程。

3.3 区群和频率复用

相邻同信道小区之间的间隔区域可以设置采用不同频率段的其他小区，从而提供频率隔离。使用不同频率段的一组小区称为一个区群，设 N 为区群的大小，表示其所包含的小区数目。这样，区群中的各个小区就包含可用信道总数的 N 分之一。从这个意义上讲，N 也称为蜂窝系统的频率复用因子。

3.3.1　通过频率复用扩大系统容量

假定为每个小区分配 J 个信道($J \leqslant K$),如果 K 个信道在 N 个小区进行分配,分成唯一的互不相交的不同信道,每组 J 个信道,则

$$K = JN \tag{3-1}$$

总的来说,一个区群中的 N 个小区全部可用频率。由于 K 为可用信道总数,所以由式(3-1)可以看出,随着分配给每个小区的信道数 J 的增大,区群尺寸 N 会减少。因此,通过减少区群尺寸,就可以提高各个小区的容量。

区群可进行多次复制,从而形成整个蜂窝通信系统。设 M 为区群复制的次数,C 为采用频率复用的整个蜂窝系统的信道总数,那么,C 就是系统容量并且可以表示为

$$C = MJN \tag{3-2}$$

如果 N 减少,J 按比例增大以满足式(3-1),此时,为了覆盖相同的地理位置,就必须将更小的区群复制更多次数,这意味着 M 必须增大。由于 $JN(=K)$ 保持恒定并且 M 增大,式(3-2)表明系统容量 C 随之增大,即当 N 最小化时,得到 C 最大化。稍后会知道最小化 N 将增大同信道干扰。

3.3.2　频率复用下的小区规划

前面已经指出,本章的蜂窝通信的讨论是基于正六边形小区的二维排列链的。此时,寻找离特定小区最近的同信道相邻小区的规划如下所述。

确定最近的同信道相邻小区的规划。如下两个步骤可以用来确定最近的同信道小区的位置。

步骤 1:沿着任何一条六边形链移动 i 个小区。

步骤 2:逆时针旋转 $60°$ 后再移动 j 个小区。

当 $i=3$ 以及 $j=2$ 时,采用上述规则确定蜂窝系统中同信道小区位置的方法如图 3-2 所示,图中同信道小区为带有阴影的小区。

蜂窝网络中区群的概念以及频率复用的思想如图 3-2 所示,图中具有相同编号的小区使用相同的频率段,这些同信道小区必须隔开一定的距离,使得同信道干扰在指定的 QoS 门限值以下,参数 i 与 j 是同信道小区之间最近的相邻小区个数的度量。区群尺寸 N 与 i 和 j 的关系可以用如下方程表示:

$$N = i^2 + ij + j^2 \tag{3-3}$$

例如,在图 3-3(b)中,$i=2$,$j=2$,因此,$N=7$。区群尺寸 $N=7$ 时,由于各小区都包含可用信道总数的 1/7,所以频率复用因子为 7。

蜂窝系统的优点如下。

(1) 可以采用低功率发射机。

(2) 允许进行频率复用。

频率复用要求对小区结构进行规划,从而使得同信道干扰保持在一个可接受的水平。随着同信道小区之间距离的增大,同信道干扰就会减少。如果小区尺寸一定,则信

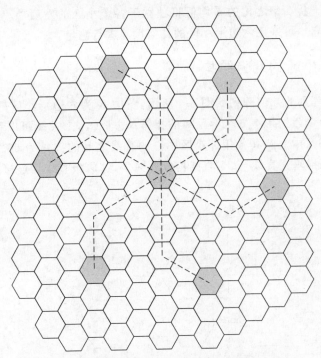

图 3-2 确定蜂窝系统中同信道小区位置的示意图

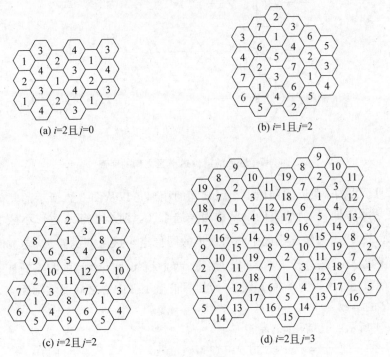

(a) $i=2$ 且 $j=0$ 　　(b) $i=1$ 且 $j=2$

(c) $i=2$ 且 $j=2$ 　　(d) $i=2$ 且 $j=3$

图 3-3 区群

号功率与同信道干扰功率之比的平均值将独立于各个小区的发射功率。任何各个同信道小区之间的距离均可采用六边形小区的几何尺寸进行测量。

3.3.3 六边形小区的几何结构

六边形小区阵列的几何阵列如图 3-4 所示,图中 R 为六边形小区的半径(从中心到顶点的距离)。一个六边形有 6 个等距离的相邻六边形。从图 3-4 可以看出,在分蜂窝阵列中,连接任何小区中心及其各相邻小区中心的直线之间的夹角为 60°的整数倍。注意图 3-4 中 60°角是指垂直直线与 30°直线构成的夹角,这两条直线均连接六边形小区中心的直线。

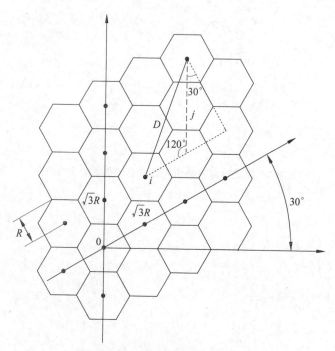

图 3-4 最近的同信道小区之间的距离

在六边形区域中,最近的同信道小区之间的距离可以从图 3-4 所示的几何图形计算出来。为了表示方便,将所研究的小区称为候选小区。两个相邻六边形小区中心之间的距离为 $\sqrt{3}R$。设 D_{norm} 为候选小区中心与最近的同信道小区之间的距离,它被两个相邻小区中心之间的距离 $\sqrt{3}R$ 进行了归一化。注意,两个相邻小区之间的归一化距离($i=1$ 且 $j=0$,或者 $i=0$ 且 $j=1$)为单位 1,设 D 为相邻信道小区中心之间的实际距离,这样 D 就是 D_{norm} 与 R 的函数。

由图 3-4 所示的几何图形,易得

$$D_{norm}^2 = j^2\cos^2(30°) + (i+j\sin(30°))^2 = i^2 + j^2 + ij \tag{3-4}$$

由式(3-4)和式(3-3)可得

$$D_{norm} = \sqrt{N}$$

由于两个相邻六边形小区中心之间的实际距离为 $\sqrt{3}R$。因此,候选小区中心与最近的同信道小区中心之间的实际距离为

$$D = D_{\max} \times \sqrt{3}R = \sqrt{3N}R \qquad (3-5)$$

对于六边形小区而言,每个小区都有 6 个最近的同信道小区,同信道小区分层排列。通常,候选小区被第 k 层的 $6k$ 个小区所包围,小区尺寸相同时,各层中的同信道小区都位于由该层同信道小区连接而成的六边形边界上。由于 D 是两个最近的同信道小区之间的半径,那么第 k 层的同信道小区连接而成的六边形的半径为 kD。$i=2$ 且 $j=1$ 的频率复用方案中 $N=7$,其前两层同信道小区如图 3-5 所示,由该图容易观察到,第一层的半径为 D,第二次的半径为 $2D$。

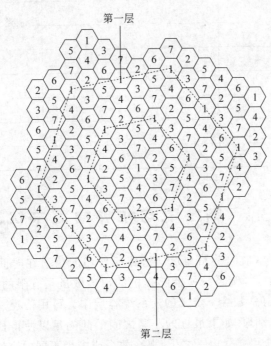

图 3-5　$N=7$ 时的两层同信道干扰小区

3.3.4　频率复用比

频率复用比 q 定义为

$$q = \frac{D}{R} \qquad (3-6)$$

因为频率复用会导致同信道小区的出现,所以 q 也成为同信道复用比。

将式(3-5)代入式(3-6)中,得到频率复用比 q 与区群尺寸(或频率复用因子)N 之间的关系为

$$q = \sqrt{3N} \qquad (3-7)$$

由于 q 随着 N 的增大而增大,并且小的 N 值影响蜂窝系统容量的增大,同时同信道干扰

也增大,因此,所选择的 q 或 N 应该使得信号与同信道干扰之比保持在可以接受的水平。几种频率复用方案以及相应的区群尺寸和频率复用比列于表 3-1 中,以便参考使用。

表 3-1   频率复用比与区群尺寸

频率复用方案 (i,j)	区群尺寸 N	频率复用比 q
(1,0)	3	3.00
(2,0)	4	3.46
(2,1)	7	4.58
(3,0)	9	5.20
(2,2)	12	6.00
(3,1)	13	6.24
(3,2)	19	7.55
(4,1)	21	7.94
(3,3)	27	9.00
(4,2)	28	9.17
(4,3)	37	10.54

3.4   同信道与相邻信道干扰

在无线通信系统中,前向链路与反向链路所使用的信道在时间或在频率上进行分隔,从而允许双工通信。蜂窝系统所能够提供的信道数量是有限的,蜂窝系统的容量就是由这一可利用的信道总数给予定义的。系统容量作为可用信道总数的函数取决于可用信道的分配方式,特别地,如果最近的小区之间的间隔足以使得任意给定频率它们之间的干扰被控制在一个可接受电平之下,那么两个或多个不同的小区就可以采用相同的一段频率或无线信道。采用相同频率段的小区称为同信道小区,同信道小区之间的干扰称为同信道干扰。频率或信道均代表无线资源。

本节讨论蜂窝阵列中候选小区的性能。任一给定的基站可以提供处理许多移动用户业务的能力。基站接收机接收到的来自目标用户的信号通常受同一小区中其他移动台发射信号、背景噪声以及相邻小区中移动台发射信号的干扰的影响。假定上行链路的传输与下行链路的传输在时域(即时分双工)或在频率(即频分双工)存在适当的间隔,此时,来自另一条链路的传输干扰就可以忽略不计。基站接收机收到的来自相同小区中其他移动台的干扰称为小区内干扰,而来自其他小区的干扰则称为小区间干扰。影响各移动主机接收性能的下行链路的小区间干扰所导致的问题要比基站接收机处上行链路干扰所导致的问题严重得多。其原因可归结为基站接收机比各移动用户接收机更为复杂这一事实。

如果整个蜂窝系统中不同的小区使用不同的频率段,那么小区间干扰就会控制在最小水平,但是这时的系统容量又会受到限制;为扩大系统容量,必须采用频率复用。另一方面,频率复用后将引入来自采用相同频率段小区的同信道干扰,因此,需对频率复用进行仔细规划,从而使得同信道干扰保持在可接受的水平。

3.4.1　同信道干扰

正如之前所说,无线信道是干扰受限的。除同信道干扰外,其他邻近小区不同于候选小区的频率运行,所以来自非同信道小区的干扰是最小的。于是,同信道干扰在小区间干扰中起主要作用,这样在评估系统性能时,需将来自同信道小区的干扰考虑进去。为了简化后续分析,我们仅考虑平均信道质量作为与距离有关的路径损耗的函数,而不考虑由传播阴影和多径衰落造成的信道统计特性的细节。

用符号 S 与 I 分别表示接收机解调器输出端的有用信号功率与同信道干扰功率,设 N_i 表示产生同信道干扰的小区数,I_i 表示由第 i 个同信道小区基站的发射信号产生的干扰功率。那么,在移动台接收机处信号功率与同信道干扰功率之比(S/I)为

$$\frac{S}{I} = \frac{S}{\sum_{i=1}^{N_i} I_i}$$

正如之前所讨论的,任一点处的平均接收信号强度按照发射机之间距离的幂指数规律衰减。

设 D_i 为第 i 个干扰源与移动台之间的距离,给定移动台接收到由第 i 个干扰小区产生的干扰与 $(D_i)^{-k}$ 成正比,其中 k 为路径损耗指数。该路径损耗指数 k 通常由测量确定,在许多情况下,其取值范围是 $2 \leqslant k \leqslant 5$。

除同信道干扰外,时刻存在固有背景噪声的影响。但是,在干扰起主要作用的环境中,可以忽略背景噪声。已经指出,有用接收信号功率 S 正比于 r^{-k},其中,r 为移动台与其所属服务站之间的距离。如果所有基站的发射功率相同,并且在整个地理覆盖区域内路径损耗指数相同,则来自第 i 个同信道小区的同信号干扰 I_i,对所有 i 而言,仅取决于 D_i 与 k。典型移动台接收机处的 S/I 可以近似为

$$\frac{S}{I} = \frac{r^{-k}}{\sum_{i=1}^{N_i} D_i^{-k}} \tag{3-8}$$

同信道干扰的程度是移动台在其所属小区位置的函数。当移动台位于小区边界时(即 $r = R$),由于有用信号功率最小,所以此时发生同信道干扰的最坏情况。由于蜂窝系统具有六边形的形状,因此在第一层总存在 6 个同信道干扰小区,如果忽略来自第二层以及更高层的同信道干扰,则 $N_i = 6$,在 $r = R$ 的情况下,利用 $D_i \approx D, i = 1, 2, \cdots, N_i$,有

$$\frac{S}{I} = \frac{(D/R)^k}{N_I} = \frac{q^k}{N_I} = \frac{(\sqrt{3N})^k}{N_I} \tag{3-9}$$

于是,频率复用比可以表示为

$$q = \left(N_I \times \frac{S}{I}\right)^{1/k} = \left(6 \times \frac{S}{I}\right)^{1/k} \tag{3-10}$$

当移动台位于小区边界时，会经历向前信道中同信道干扰的最坏情况。如果采用移动台与第一层干扰基站之间距离的某种更好的近似，如图 3-6 所示，则由式（3-8）可知，S/I 可以表示为

$$\frac{S}{I} = \frac{R^{-k}}{2(D-R)^{-k} + 2D^{-k} + 2(D+R)^{-k}} \tag{3-11}$$

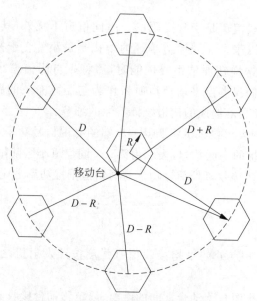

图 3-6　$N=7$ 时同信道干扰的最坏情况

由于 $D/R=q$，当路径损耗指数 $k=4$ 时，式（3-11）可以写为

$$\frac{S}{I} = \frac{1}{2(q-1)^{-4} + 2q^{-4} + 2(q+1)^{-4}}$$

虽然频率复用因子增大后（如从 7 增大到 9）可以获得可接受的 S/I 电平，但 N 的增大却带来了系统容量的降低，因为 9 个小区复用时提供给各个小区的频率复用率为 1/9，而 7 个小区复用时频率利用率为 1/7。容量的下降可能是不允许的，从运营的角度讲，并不要求满足最坏情况，因为这种情况很少发生。最坏的情况会以一个很小但不为零的概率发生，从而在通话的某一间隔内造成性能低于规定水平。认识到这一事件后，设计人员通常希望找到最优的折中方案。

3.4.2　邻信道干扰

邻信道干扰（ACI）是由于有用信号相邻的信号频率产生的。ACI 主要是由于接收机滤波器不理想从而使邻近频率泄露到通带造成的。考虑两个使用相邻信道的移动用户的上行链路传输，其中一个用户距离基站非常近，另一个用户距离小区边界非常近，如果没有适当的传输功率控制，则来自距离基站近的移动台的接收功率远大于来自远处的移动台的接收功率，这种远近效应会大大增强接收信号对弱接收信号的 ACI。为了降低 ACI，应该：

（1）采用带外辐射低的调制方式（例如，MSK 优于 QPSK，GMSK 优于 MSK）。

（2）仔细设计接收机前端的带通滤波器。

（3）通过将相邻信道分配给不同的小区，使用适当的信道交织。

（4）如果区群尺寸足够大，就要避免在相邻小区中使用相邻信道，从而进一步降低 ACI。

（5）通过 TDD 或 FDD 适当地对上行链路与下行链路进行分隔。

3.5 扩大系统容量的其他方法

正如之前所讨论的，通过频率复用可以扩大蜂窝系统的容量。采用如下两种方式进行小区规划和天线设计，同样能够提高系统容量。

（1）小区分裂。

（2）天线扇分化。

3.5.1 小区分裂

如图 3-7 所示，进行小区分裂的一种方法是将拥塞的小区划分为更小的小区，划分后的各个小区都拥有各自的基站，并且相应地降低天线高度和发射功率。由于小区数目的增加，在相同覆盖面积内将存在更多的区群，这相当于对区群进行了多次复制，即前文所提到的复制因子 M 增大了，也就是说由于信道被复用的次数增加了。因此，采用小区分裂会提高蜂窝系统的容量。在图 3-7 中，假定中心区域的话务量饱和（即该区域的呼叫阻塞概率超过了可接受范围），原先位于中央半径为 R 的大小区分裂为半径为 $R/2$ 的中小区，并且位于中央的中小区又进一步分裂为半径为 $R/4$ 的小小区。小区分裂后会降

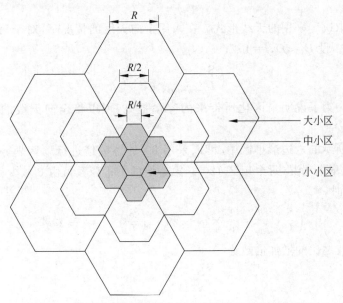

图 3-7 小区分裂示意图（半径由 R 变为 $R/2$ 以及 $R/4$）

低该地区的呼叫阻塞概率,同时也会增加移动台在小区之间切换的频度。

设 d 为发射机与接收机之间的距离, d_0 为发射机与近区参考点之间的距离, P_0 为在近区参考点处的接收功率。可知,平均接收功率 P_r 正比于 P_0 ,并且可以表示为

$$P_r = P_0 \left(\frac{d}{d_0} \right)^{-k} \qquad (3\text{-}12)$$

其中 $d \geqslant d_0$, k 正如上文所定义,为路径损耗指数。式(3-12)取对数得到

$$P_{r(dBW)} = P_{0(dBW)} - 10k\lg \frac{d}{d_0}, \quad d \geqslant d_0 \qquad (3\text{-}13)$$

设 P_{t_1} 与 P_{t_2} 分别为大小区基站和中小区基站发射功率,在大(旧)小区边界处的接收功率 P_r 与 $P_{t_1} R^{-k}$ 成正比,中(新)小区边界处的接收功率 P_r 与 $P_{t_2} (R/2)^{-k}$ 成正比。根据接收功率相等,有

$$P_{t_1} R^{-k} = P_{t_2} (R/2)^{-k} \quad \text{或} \quad P_{t_1}/P_{t_2} = 2^k$$

上式取对数可得

$$10\lg \frac{P_{r_1}}{P_{r_2}} = 10k\lg 2 \approx 3k (dB)$$

当 $k=4$ 时, $P_{t_1}/P_{t_2}=12(dB)$ 。因此,小区分裂后,新小区半径是旧小区半径的二分之一时,发射功率可以降低12dB。

3.5.2　定向天线(天线扇区化)

天线的基本形式是全向的。相对于全向天线而言,采用定向天线可以提高系统容量。由式(3-8)可知,最坏情况下的 S/I 为

$$\frac{S}{I} = \frac{R^{-k}}{\sum_{i=1}^{N_I} (D_i)^{-k}}$$

其中, N_I 的值取决于采用的天线形式。在采用全向天线的情况下,对于第一层同信道小区而言, $N_I=6$ 。设 $D_i \approx D, i=1,2,\cdots,N_I$,

$$\left(\frac{S}{I} \right)_{\text{omni}} = \frac{1}{6} \times q^k$$

其中, $q=D/R$ 。为了说明扇区化所带来的容量提高,可以将全向天线的情况作为一个基准。

在图 3-8 所示的六边形小区中,可以采用 $60°$ 的整数倍进行扇区划分。假设为 7 小区复用,对于 3 扇区情况(每个扇区 $120°$),第一层的干扰源数目由 6 减少为 2。

当 $D_i \approx D$ 时,

$$\left(\frac{S}{I} \right)_{\text{omni}} = \frac{1}{6} \times q^k \quad \text{和} \quad \left(\frac{S}{I} \right)_{120°} = \frac{1}{2} \times q^k$$

此时信号与干扰之比的增加倍数为

$$\frac{(S/I)_{120°}}{(S/I)_{\text{omni}}} = 3$$

这就是采用定向天线后,与全向天线情况相比,用各小区中扇区数目表示的容量提高的

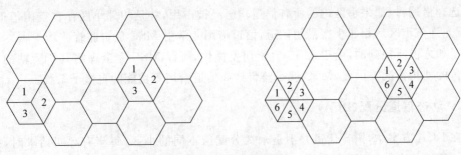

图 3-8 天线扇区化

理论值。注意,在各小区内,移动台必须在不同扇区之间进行切换,然而,该切换过程很容易由基站来处理。如果各小区中的可用信道总数需要划分给各个扇区,那么各小区的中继效率在无扇区的基础上会有所下降。

采用120°扇区化的最坏结果如图 3-9 所示,图中移动台位于小区拐角处,R 为小区半径,D 为相邻同信道小区之间的距离。在 3 扇区情况下,移动台所经历的干扰来自两个干扰小区各自的相应扇区。由图中的距离估计以及 $k=4$ 的路径损耗指数,可得:

$$\left(\frac{S}{I}\right)_{120°} = \frac{R^{-4}}{D^{-4} + (D+0.7R)^{-4}} = \frac{1}{q^{-4} + (q+0.7)^{-4}} \tag{3-14}$$

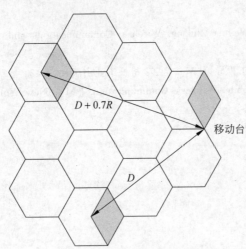

图 3-9 120°扇区化时最坏情况示意图

3.6 信道分配策略

信道分配的两种基本方法是固定值信道分配和动态信道分配。

1. 固定信道分配(FCA)

在 FCA 方案中,为各小区分配一组预先确定的话音信道,小区中的任何呼叫请求只能被该特定小区中的未占用信道提供服务。为了提高信道利用率,可以考虑选择信道借用。选择借用时,如果小区内的所有信道均已经被占用,并且相邻小区存在空闲信道,那么,就允许该小区从相邻小区借用信道,信道借用通常由 MSC 负责监管。

正如之前所提到的,由于 MSC 负责切换操作,所以 MSC 完全理解其所管辖的区群中容量的使用情况。因此,MSC 就是监督诸如信道借用等功能的自然子系统。

2. 动态信道分配(DCA)

在 DCA 方案中,语音信道并不是永久分配给不同的小区,每当有呼叫请求时,提供服务的基站就会向 MSC 请求信道,MSC(动态地)确定可用信道并相应地执行分配过程,为了避免同信道干扰,如果一个频率(无线信道)在当前小区或在任何落入频率复用最小限制距离内的小区没有被使用,MSC 则将该频率(无线信道)分配给呼叫请求。

由于在 MSC 控制之下所有可用信道可以被所有小区使用,因此,动态信道分配降低了呼叫阻塞的可能性,提高了系统中继容量。动态信道分配策略要求 MSC 连续地搜集关于所有信道的信道占有,话务量分布以及无线信号质量的事实数据。在任何情况下,为了进行切换管理,MSC 需要进行这样的数据搜集。

参 考 文 献

[1] Jon W. Mark and Weihua Zhuang. Wireless Communications and Networking [M]. Pearson Education,2005.

[2] 吴功宜,吴英. 物联网工程导论[M]. 北京:机械工业出版社,2012.

[3] Mischa Schwartz. Mobile Wireless Communications [M]. New York:Cambridge University Press,2004.

第4章

3G、4G 和 5G

4.1　3G 概述

　　3G 是第三代移动通信技术，是将无线通信与国际互联网等多媒体通信结合的移动通信系统。3G 服务能够同时传送声音及数据信息，速率一般在几百 kb/s 以上。目前 3G 存在 3 种标准：CDMA2000、WCDMA、TD-SCDMA[1]。理论上 3G 下行速度峰值可达 3.6Mb/s(也有说 2.8Mb/s)，上行速度峰值也可达 384kb/s。不可能像网上说的 2Gb/s，当然，下载一部电影也不可能瞬间完成。

　　国际电联已经确定的 3 个无线接口标准分别是美国的 CDMA2000、欧洲的 WCDMA、中国的 TD-SCDMA[2]。同时中国国内也支持国际电联确定的这 3 个无线接口标准。由于 GSM 设备采用的是时分多址，而 CDMA 使用码分扩频技术，先进功率和话音激活至少可提供大于 3 倍 GSM 网络容量，因而业界将 CDMA 技术作为 3G 的主流技术。

　　3G 发展十分迅猛，就国内来说，原中国联通的 CDMA 卖给中国电信，中国电信已经将 CDMA 升级到 3G 网络，3G 主要特征是可提供移动宽带多媒体业务。国际上已有 538 个 WCDMA 运营商在 246 个国家和地区开通了 WCDMA 网络，3G 商用市场份额超过 80%，而 WCDMA 向下兼容的 GSM 网络已覆盖 184 个国家，遍布全球，WCDMA 用户数已超过 6 亿。

4.1.1　技术起源

　　1940 年，美国女演员海蒂·拉玛和她的作曲家丈夫乔治·安塞尔提出一个 Spectrum(频谱)的技术概念。这个被称为"展布频谱技术"(也称为码分扩频技术)的技术理论在此后带给了人们这个世界不可思议的变化，人们今天使用的 3G 技术就是由这个技术理论演变而来。

　　1938 年 3 月纳粹德国正式进入奥地利，随后，海蒂·拉玛也逃到伦敦，以远离她失败的婚姻和众多的纳粹"朋友"。她顺便也把纳粹无线通信方面的"军事机密"带到了盟国。这些机密主要是基于无线电保密通信的"指令式制导"系统，用于自动控制武器，精确打击目标，但为了防止无线电指令被敌军窃取，需要开发一系列的无线电通信的保密技术——受过良好教育的她偷偷地吸收了许多极具价值的前瞻性概念。

这些技术当时并不被重视,但在 1942 年 8 月她还是得到了美国的专利,在美国的专利局,曾经尘封着这样一份专利:专利号为 2 292 387 的"保密通信系统"专利,美国国家专利局网站上的存档显示这个技术专利最初是用于军事用途的。

海蒂·拉玛最初研究这个技术是为帮助美国军方制造出能够对付纳粹德国的电波干扰或防窃听的军事通信系统,因此这个技术最初的作用是用于军事。第二次世界大战结束后因为暂时失去了价值,美国军方封存了这项技术,但它的概念已使很多国家对此产生了兴趣,多国在 20 世纪 60 年代对此技术展开了研究,但进展不大。

直到 1985 年,在美国的圣迭戈成立了一个名为"高通"的小公司(现成为世界五百强),这个公司利用美国军方解禁的"展布频谱技术"开发出一个被命名为 CDMA 的新通信技术,就是这个 CDMA 技术直接导致了 3G 的诞生。世界 3G 技术的三大标准(美国的 CDMA2000、欧洲的 WCDMA、中国的 TD-SCDMA)都是在 CDMA 的技术基础上开发出来的,CDMA 就是 3G 的根本基础原理,而展布频谱技术就是 CDMA 的基础原理。

1995 年问世的第一代模拟制式手机(1G)只能进行语音通话。1996—1997 年出现的第二代 GSM、CDMA 等数字制式手机(2G)便增加了接收数据的功能,如接收电子邮件或网页[3]。

2008 年 5 月,国际电信联盟正式公布第三代移动通信标准,中国提交的 TD-SCDMA 正式成为国际标准,与欧洲的 WCDMA、美国的 CDMA2000 成为 3G 时代最主流的三大技术之一[4]。

作为一项新兴技术,CDMA、CDMA2000 已经风靡全球并已占据 20% 的无线市场。截至 2012 年,全球 CDMA2000 用户已超过 2.56 亿,遍布 70 个国家的 156 家运营商已经商用 3G CDMA 业务。包含高通授权 LICENSE 的安可信通信技术有限公司在内全球有数十家 OEM 厂商推出 EVDO 移动智能终端。2002 年,美国高通公司芯片销售创历史佳绩;1994 年至今,美国高通公司已向全球包括中国在内的众多制造商提供了累计超过 75 亿多枚芯片。3G 也就是在这个大背景下诞生的。

4.1.2　标准参数

国际电信联盟(ITU)在 2000 年 5 月确定 WCDMA、CDMA2000、TD-SCDMA 三大主流无线接口标准,并写入 3G 技术指导性文件《2000 年国际移动通信计划》(简称 IMT—2000);2007 年,WiMAX 也被接受为 3G 标准之一[5]。

CDMA(Code Division Multiple Access,码分多址)是第三代移动通信系统的技术基础。第一代移动通信系统采用频分多址(FDMA)的模拟调制方式,这种系统的主要缺点是频谱利用率低,信令干扰话音业务。第二代移动通信系统主要采用时分多址(TDMA)的数字调制方式,提高了系统容量,并采用独立信道传送信令,使系统性能大大改善,但 TDMA 的系统容量仍然有限,越区切换性能仍不完善。CDMA 系统以其频率规划简单、系统容量大、频率复用系数高、抗多径能力强、通信质量好、软容量、软切换等特点显示出巨大的发展潜力[6]。下面分别介绍一下 3G 标准参数。

1. WCDMA

WCDMA 全称为 Wideband CDMA,也称为 CDMA Direct Spread,意为宽频分码多重存取,这是基于 GSM 网发展出来的 3G 技术规范,是欧洲提出的宽带 CDMA 技术,它与日本提出的宽带 CDMA 技术基本相同,目前正在进一步融合。WCDMA 的支持者主要是以 GSM 系统为主的欧洲厂商,日本公司也或多或少参与其中,包括欧美的爱立信、阿尔卡特、朗讯、北电,以及日本的 NTT、富士通、夏普等厂商。该标准提出了 GSM(2G)-GPRS-EDGE-WCDMA(3G)的演进策略。这套系统能够架设在现有的 GSM 网络上,对于系统提供商而言可以较轻易地过渡。预计在 GSM 系统相当普及的亚洲,这套新技术的接受度会相当高。因此 WCDMA 具有先天的市场优势。WCDMA 已是当前世界上采用的国家及地区最广泛的、终端种类最丰富的一种 3G 标准,占据全球 80% 以上市场份额[7]。

ARTT FDD

异步 CDMA 系统:无 GPS。

带宽:5MHz。

码片速率:3.84Mcps。

中国频段:1940~1955MHz(上行)、2130~2145MHz(下行)。

2. CDMA2000

CDMA2000 是由窄带 CDMA(CDMAIS95)技术发展而来的宽带 CDMA 技术,也称为 CDMA Multi-Carrier,它是由美国高通北美公司为主导提出,摩托罗拉、Lucent 和后来加入的韩国三星公司都有参与,韩国成为该标准的主导者。这套系统是从窄频 CDMAOne 数字标准衍生出来的,可以从原有的 CDMAOne 结构直接升级到 3G,建设成本低廉。但使用 CDMA 的地区只有日、韩和北美,所以 CDMA2000 的支持者不如 WCDMA 多。不过 CDMA2000 的研发技术却是目前各标准中进度最快的,许多 3G 手机已经率先面世。该标准提出了从 CDMAIS95(2G)-CDMA20001x-CDMA20003x(3G)的演进策略。CDMA20001x 被称为 2.5 代移动通信技术。CDMA20003x 与 CDMA20001x 的主要区别在于应用了多路载波技术,通过采用三载波使带宽提高。中国电信正在采用这一方案向 3G 过渡,并已建成了 CDMAIS95 网络。

RTT FDD

同步 CDMA 系统:有 GPS。

带宽:1.25MHz。

码片速率:1.2288Mcps。

中国频段:1920~1935MHz(上行)、2110~2125MHz(下行)。

3. TD-SCDMA

TD-SCDMA 全称为 Time Division-Synchronous CDMA(时分同步 CDMA),该标准是由中国独自制定的 3G 标准,1999 年 6 月 29 日,中国原邮电部电信科学技术研究院(大唐电信)向 ITU 提出,但技术发明始于西门子公司,TD-SCDMA 具有辐射低的特点,被誉为绿色 3G。该标准将智能无线、同步 CDMA 和软件无线电等当今国际领先技术融于其中,在频谱利用率、对业务支持具有灵活性、频率灵活性及成本等方面的独特优势。另外,由于中国内地庞大的市场,该标准受到各大主要电信设备厂商的重视,全球一半以上的设备厂商都宣布可以支持 TD-SCDMA 标准。该标准提出不经过 2.5 代的中间环节,直接向 3G 过渡,非常适用于 GSM 系统向 3G 升级。军用通信网也是 TD-SCDMA 的核心任务。相对于另两个主要 3G 标准 CDMA2000 和 WCDMA,它的起步较晚,技术不够成熟[8]。

RTT TDD

同步 CDMA 系统:有 GPS。

带宽:1.6MHz。

码片速率:1.28Mcps。

中国频段:1880～1920MHz、2010～2025MHz、2300～2400MHz。

4. 功能对比

GSM 数字移动通信系统是由欧洲主要电信运营者和制造厂家组成的标准化委员会设计出来的,它是在蜂窝系统的基础上发展而成。包括 GSM900MHz、GSM1800MHz 及 GSM1900MHz 等几个频段。GSM 系统有几项重要特点:防盗拷能力佳、网络容量大、号码资源丰富、通话清晰、稳定性强不易受干扰、信息灵敏、通话死角少、手机耗电量低等。

CDMA 是在数字技术的分支——扩频通信技术上发展起来的一种崭新而成熟的无线通信技术。它能够满足市场对移动通信容量和品质的高要求,具有频谱利用率高、话音质量好、保密性强、掉话率低、电磁辐射小、容量大、覆盖广等特点,可以大量减少投资和降低运营成本。

3G 与 2G 的主要区别是在传输声音和数据的速度上的提升,它能够在全球范围内更好地实现无线漫游,并处理图像、音乐、视频流等多种媒体形式,提供包括网页浏览、电话会议、电子商务等多种信息服务,同时也要考虑与已有第二代系统的良好兼容性。为了提供这种服务,无线网络必须能够支持不同的数据传输速度,也就是说在室内、室外和行车的环境中能够分别支持至少 2Mb/s、384kb/s 以及 144kb/s 的传输速度(此数值根据网络环境会发生变化)[9]。

模拟移动通信具有很多不足之处,比如容量有限;制式太多、互不兼容、不能提供自动漫游;很难实现保密;通话质量一般;不能提供数据业务等。

第二代数字移动通信克服了模拟移动通信系统的弱点,话音质量、保密性得到很大提高,并可进行省内、省际自动漫游。但由于第二代数字移动通信系统带宽有限,限制了数据业务的应用,也无法实现移动的多媒体业务。同时,由于各国第二代数字移动通信系统标准不统一,因而无法进行全球漫游。比如,采用日本的 PHS 系统的手机用户,只有在日本国内使用,而中国 GSM 手机用户到美国旅行时,手机就无法使用了。而且 2G 的 GSM 的信号覆盖也盲区较多,一般高楼、偏远地方都会信号较差,都是通过加装蜂信通手机信号放大器来解决的。

第三代移动通信和第一代模拟移动通信和第二代数字移动通信相比,第三代移动通信是覆盖全球的多媒体移动通信。它的主要特点之一是可实现全球漫游,使任意时间、任意地点、任意人之间的交流成为可能。也就是说,每个用户都有一个个人通信号码,带着手机,走到世界任何一个国家,人们都可以找到你,而反过来,你走到世界任何一个地方,都可以很方便地与国内用户或他国用户通信,与在国内通信时毫无分别。能够实现高速数据传输和宽带多媒体服务是第三代移动通信的另一个主要特点。这就是说,用第三代手机除了可以进行普通的寻呼和通话外,还可以上网读报纸、查信息、下载文件和图片;由于带宽的提高,第三代移动通信系统还可以传输图像,提供可视电话业务。

4.1.3　应用领域

1. 宽带上网

它是 3G 手机的一项很重要的功能,人们能在手机上收发语音邮件、写博客、聊天、搜索等。不少人以为这些在手机上的功能应用要等到 3G 时代,但其实的无线互联网门户也已经可以提供。尽管 GPRS 的网络速度还不能让人非常满意,但 3G 时代来了,手机变成小计算机就再也不是梦想了。

2. 手机商务

与传统的 OA 系统相比,手机办公摆脱了传统 OA 局限于局域网的桎梏,办公人员可以随时随地访问政府和企业的数据库,进行实时办公和处理业务,极大地提高了办公和执法的效率。

3. 视频通话

3G 时代,传统的语音通话已经是基础功能了,视频通话和语音信箱等新业务才是主流,依靠 3G 网络的高速数据传输,3G 手机用户也可以“面谈”了。当用 3G 手机拨打视频电话时,不再是把手机放在耳边,而是面对手机,再戴上有线耳麦或蓝牙耳麦,你会在手机屏幕上看到对方影像,你自己也会被录制下来并传送给对方。

4. 手机电视

从运营商层面来说,3G 牌照的发放解决了一个很大的技术障碍,TD 和 CMMB 等标准的建设也推动了整个行业的发展。手机流媒体软件会成为 3G 时代使用最多的手机电视软件。

5. 无线搜索

对用户来说,这是比较实用型的移动网络服务,也能让人快速接受。随时随地用手机搜索将会变成更多手机用户一种平常的生活习惯。

6. 手机音乐

在无线互联网发展成熟的日本,手机音乐是最为亮丽的一道风景线,通过手机上网下载音乐是计算机的 50 倍。3G 时代,只要在手机上安装一款手机音乐软件,就能通过手机网络,随时随地让手机变身音乐魔盒,轻松收纳无数首歌曲,下载速度更快。

7. 手机办公

随着带宽的增加,手机办公越来越受到青睐。手机办公使得办公人员可以随时随地与单位的信息系统保持联系,完成办公功能。这包括移动办公、移动执法、移动商务等。极大地提高了办事和执法的效率。

8. 手机购物

不少人都有在淘宝上购物的经历,手机商城对年轻人来说也已经不是什么新鲜事。事实上,移动电子商务是 3G 时代手机上网用户的最爱。高速 3G 可以让手机购物变得更实在,高质量的图片与视频会话能使商家与消费者的距离拉近,提高购物体验,让手机购物变为新潮流。

9. 手机游戏

与计算机的网游相比,手机网游的体验并不好,但方便携带,随时可以玩,这种利用了零碎时间的网游是年轻人的新宠,也是 3G 时代的一个重要资本增长点。3G 时代到来之后,游戏平台会更加稳定和快速,兼容性更高,即"更好玩了",像是升级的版本一样,让用户在游戏的视觉和效果方面感觉更有体验。

10. 手机终端

3G 手机是基于移动互联网技术的终端设备,3G 手机完全是通信业和计算机工业相融合的产物,和此前的手机相比差别实在是太大了,因此越来越多的人开始称呼这类新的移动通信产品为"个人通信终端"。

即使是对通信业最外行的人也可从外形上轻易地判断出一台手机是否是"第三代":第三代手机都有一个超大的彩色显示屏,往往还是触摸式的。3G 手机除了能完成高质量的日常通信外,还能进行多媒体通信。用户可以在 3G 手机的触摸显示屏上直接写字、绘图,并将其传送给另一台手机,而所需时间可能不到 1s。当然,也可以将这些信息传送给一台计算机,或从计算机中下载某些信息;用户可以用 3G 手机直接上网,查看电子邮件或浏览网页;将有不少型号的 3G 手机自带摄像头,这将使用户可以利用手机进行计算机会议,甚至使数字相机成为一种"多余"。

距离国务院常务会议研究同意启动 3G 牌照仅一周,工业与信息化部就迅速向三大运营商发放了 3G 牌照。工业和信息化部宣布,批准中国移动通信集团公司增加基于 TD-SCDMA 技术制式的 3G 业务经营许可,中国电信集团公司增加基于 CDMA2000 技术制式的 3G 业务经营许可,中国联合网络通信集团公司增加基于 WCDMA 技术制式的

3G 业务经营许可。

　　对于运营商来说，3G 牌照发放意味着新一轮市场角逐的开始；对于设备商来说，这意味着 3 年至少 2800 亿元的投资大蛋糕摆在了面前；而对于用户来说，3G 意味着手机上网带宽飙升，资费越降越低[10]。

　　3G 通信是移动通信市场经历了第一代模拟技术的移动通信业务的引入，在第二代数字移动通信市场的蓬勃发展中被引入日程的。在当今 Internet 数据业务不断升温中，在固定接入速率(HDSL、ADSL、VDSL)不断提升的背景下，3G 移动通信系统也看到了市场的曙光，益发被电信运营商、通信设备制造商和普通用户所关注。

4.2　4G

　　4G 即第四代移动电话行动通信标准，泛指第四代移动通信技术。该技术包括 TD-LTE 和 FDD-LTE 两种制式(严格意义上来讲，4G 只是 3.5G，LTE 尽管被宣传为 4G 无线标准，但它其实并未被 3GPP 认可为国际电信联盟所描述的下一代无线通信标准 IMT-Advanced，因此在严格意义上其还未达到 4G 的标准。只有升级版的 LTE Advanced 才满足国际电信联盟对 4G 的要求)。4G 是集 3G 与 WLAN 于一体，并能够快速传输数据、高质量、音频、视频和图像等。4G 能够以 100Mb/s 以上的速度下载，比目前的家用宽带 ADSL(4Mb/s)快 20 倍，并能够满足几乎所有用户对于无线服务的要求。此外，4G 可以在 DSL 和有线电视调制解调器没有覆盖的地方部署，然后再扩展到整个地区。很明显，4G 有着不可比拟的优越性。

4.2.1　技术层面

　　4G 通常被用来描述相对于 3G 的下一代通信网络，但很少有人明确 4G 的含义，实际上，4G 在开始阶段也是由众多自主技术提供商和电信运营商合力推出的，技术和效果也参差不齐。后来，国际电信联盟(ITU)重新定义了 4G 的标准——符合 100Mb/s 传输数据的速度。达到这个标准的通信技术，理论上都可以称为 4G。

　　不过由于这个极限峰值的传输速度要建立在大于 20MHz 带宽系统上，几乎没有运营商可以做到，所以 ITU 将 LTE-TDD、LTE-FDD、WiMAX，以及 HSPA＋ 4 种技术定义于现阶段 4G 的范畴。值得注意的是，它其实不符合国际电信联盟对下一代无线通信的标准(IMT-Advanced)定义，只有升级版的 LTE Advanced 才满足国际电信联盟对 4G 的要求。但对于用户来说，由于现有的 HSPA＋(中国联通使用)在速度上被归到 4G 中，在宣传上会有一定的误导，在使用体验，尤其是峰值速度上与另外三家还是有着很大的区别。所以 4G 只是一种代名词，技术只是实现手段，最终达成的效果才具有实际意义。

4.2.2　概念

　　4G 技术支持 100～150Mb/s 的下行网络带宽，也就是 4G 意味着用户可以体验到最大 12.5～18.75MB/s 的下行速度。这是当前国内主流中国移动 3G(TD-SCDMA)

2.8Mb/s 的 35 倍,中国联通 3G(WCDMA)7.2Mb/s 的 14 倍。这其中特别要注意的是,我们常看到一些媒体甚至通信公司宣传 4G 能带来 100Mb/s 的疾速体验,显然这种说法是错误的——在传输过程中为了保证信息传输的正确性需要在传输的每个字节之间增加校验码,而且要将 Mb/s 换算成人们常用的 MB/s 单位就需要除以 8,所以实际速度会小些。

支持 4G 技术的移动设备可以提供高性能的汇流媒体内容,并通过 ID 应用程序成为个人身份鉴定设备。它也可以接受高分辨率的电影和电视节目,从而成为合并广播和通信的新基础设施中的一个纽带。

此外,4G 的无线即时连接等某些服务费用会比 3G 便宜。还有,4G 有望集成不同模式的无线通信——从无线局域网和蓝牙等室内网络、蜂窝信号、广播电视到卫星通信,移动用户可以自由地从一个标准漫游到另一个标准。

4G 通信技术并没有脱离以前的通信技术,而是以传统通信技术为基础,并利用了一些新的通信技术,来不断提高无线通信的网络效率和功能。如果说 3G 能为人们提供一个高速传输的无线通信环境的话,那么 4G 通信会是一种超高速无线网络,一种不需要电缆的信息超级高速公路,这种新网络可使电话用户以无线及三维空间虚拟实境连线。

与传统的通信技术相比,4G 通信技术最明显的优势在于通话质量及数据通信速度。然而,在通话品质方面,移动电话消费者还是能接受的。随着技术的发展与应用,现有移动电话网中手机的通话质量还在进一步提高[11]。

数据通信速度的高速化的确是一个很大优点,它的最大数据传输速率达到 100MB/s,简直是不可思议的事情。另外由于技术的先进性确保了成本投资的大大减少,未来的 4G 通信费用也要比 2009 年通信费用低。

4G 通信技术是继第三代以后的又一次无线通信技术演进,其开发更加具有明确的目标性:提高移动装置无线访问互联网的速度——据 3G 市场分 3 个阶段走的发展计划,3G 的多媒体服务在 10 年后进入第三个发展阶段。在发达国家,3G 服务的普及率更超过 60%,那么这时就需要有更新一代的系统来进一步提升服务质量。

为了充分利用 4G 通信给人们带来的先进服务,人们还必须借助各种各样的 4G 终端才能实现,而不少通信营运商正是看到了未来通信的巨大市场潜力,他们已经开始把眼光瞄准到生产 4G 通信终端产品上,例如,生产具有高速分组通信功能的小型终端、生产对应配备摄像机的可视电话以及电影电视的影像发送服务的终端,或者是生产与计算机相匹配的卡式数据通信专用终端。有了这些通信终端后,手机用户就可以随心所欲地漫游了,随时随地享受高质量的通信。

4.2.3　系统网络结构

4G 移动系统网络结构可分为三层:物理网络层、中间环境层、应用网络层。物理网络层提供接入和路由选择功能,它们由无线和核心网的结合格式完成。中间环境层的功能有 QoS 映射、地址变换和完全性管理等。物理网络层与中间环境层及其应用环境之间的接口是开放的,它使发展和提供新的应用及服务变得更为容易,提供无缝高数据率的无线服务,并运行于多个频带。这一服务能自适应多个无线标准及多模终端能力,跨越多个运营者和服务,提供大范围服务。第四代移动通信系统的关键技术包括信道传输;抗干扰性强的高速接入技术、调制和信息传输技术;高性能、小型化和低成本的自适应阵列智能天线;大容量、低成本的无线接口和光接口;系统管理资源;软件无线电、网络结构协议等。第四代移动通信系统主要是以正交频分复用(OFDM)为技术核心。

OFDM 技术的特点是网络结构高度可扩展,具有良好的抗噪声性能和抗多信道干扰能力,可以提供无线数据技术质量更高(速率高、时延小)的服务和更好的性能价格比,能为 4G 无线网提供更好的方案。例如,无线区域环路(WLL)、数字音讯广播(DAB)等,预计都采用 OFDM 技术。

4.2.4　关键技术

4G 移动通信对加速增长的宽带无线连接的要求提供技术上的回应,对跨越公众的和专用的、室内和室外的多种无线系统和网络保证提供无缝的服务。

通过对最适合的可用网络提供用户所需求的最佳服务,能应付基于因特网通信所期望的增长,增添新的频段,使频谱资源大扩展,提供不同类型的通信接口,运用路由技术为主的网络架构,以傅里叶变换来发展硬件架构实现第四代网络架构。移动通信会向数据化、高速化、宽带化、频段更高化方向发展,移动数据、移动 IP 预计会成为未来移动网的主流业务[12]。

4.2.5　优势和缺陷

1. 优势

2009 年在构思中的 4G 通信具有下面的优势。

1) 通信速度快

由于人们研究 4G 通信的最初目的就是提高蜂窝电话和其他移动装置无线访问Internet 的速率,因此 4G 通信给人印象最深刻的特征莫过于它具有更快的无线通信速度。从移动通信系统数据传输速率来看,第一代模拟式仅提供语音服务;第二代数位式移动通信系统传输速率也只有 9.6kb/s,最高可达 32kb/s,如 PHS;第三代移动通信系统数据传输速率可达到 2Mb/s;而第四代移动通信系统传输速率可达到 20Mb/s,甚至最高可以达到高达 100Mb/s,这种速度会相当于 2009 年最新手机的传输速度的 1 万倍左右,第三代手机传输速度的 50 倍[13]。

2) 网络频谱宽

要想使 4G 通信达到 100Mb/s 的传输,通信营运商必须在 3G 通信网络的基础上,进行大幅度的改造和研究,以便使 4G 网络在通信带宽上比 3G 网络的蜂窝系统的带宽高出许多。据研究 4G 通信的 AT&T 的执行官们说,估计每个 4G 信道会占有 100MHz 的频谱,相当于 W-CDMA3G 网络的 20 倍。

3) 通信灵活

从严格意义上说,4G 手机的功能已不能简单划归“电话机”的范畴,毕竟语音资料的传输只是 4G 移动电话的功能之一而已,因此未来 4G 手机更应该算得上是一只小型计算机了,而且4G手机从外观和式样上,会有更惊人的突破,人们可以想象的是,眼镜、手表、化妆盒、旅游鞋,以方便和个性为前提,任何一件能看到的物品都有可能成为4G终端,只是人们还不知应该怎么称呼它。未来的4G通信使人们不仅可以随时随地通信,更可以双向下载传递资料、图画、影像,当然更可以和从未谋面的陌生人网上联线对打游戏。也许有被网上定位系统永远锁定无处遁形的苦恼,但是与它据此提供的地图带来的便利和安全相比,这简直可以忽略不计。

4) 智能性能高

第四代移动通信的智能性更高,不仅表现于4G通信的终端设备的设计和操作具有智能化,例如,对菜单和滚动操作的依赖程度会大大降低,更重要的4G手机可以实现许多难以想象的功能。例如,4G手机能根据环境、时间以及其他设定的因素来适时地提醒手机的主人此时该做什么事,或者不该做什么事,4G手机可以把电影院票房资料,直接下载到PDA之上,这些资料能够把售票情况、座位情况显示得清清楚楚,大家可以根据这些信息来进行在线购买自己满意的电影票;4G手机可以被看作是一台手提电视,用来看体育比赛之类的各种现场直播。

5) 兼容性好

要使4G通信尽快地被人们接受,除了考虑它的强大功能以外,还应该考虑现有通信的基础,以便让更多的现有通信用户在投资最少的情况下就能很轻易地过渡到4G通信。因此,从这个角度来看,未来的第四代移动通信系统应当具备全球漫游、接口开放、能跟多种网络互联,终端多样化以及能从第二代平稳过渡等特点。

6) 提供增值服务

4G通信并不是从3G通信的基础上经过简单的升级而演变过来的,它们的核心建设技术根本就是不同的,3G移动通信系统主要是以CDMA为核心技术,而4G移动通信系统技术则以正交多任务分频技术(OFDM)最受瞩目,利用这种技术人们可以实现如无线区域环路(WLL)、数字音讯广播(DAB)等方面的无线通信增值服务;不过考虑与3G通信的过渡性,第四代移动通信系统不会在未来仅仅只采用OFDM一种技术,CDMA技术会在第四代移动通信系统中,与OFDM技术相互配合以便发挥出更大的作用,甚至未来的第四代移动通信系统也会有新的整合技术如OFDM/CDMA产生,前文所提到的数字音讯广播,其实它真正运用的技术是OFDM/FDMA的整合技术,同样是利用两种技术的结合。因此未来以OFDM为核心技术的第四代移动通信系统,也会结合两项技术的优点,一部分会是以CDMA的延伸技术。

7) 高质量通信

尽管第三代移动通信系统也能实现各种多媒体通信,为此未来的第四代移动通信系统也称为多媒体移动通信。第四代移动通信不仅仅是为了应对用户数的增加,更重要的是,必须要应对多媒体的传输需求,当然还包括通信品质的要求。总结来说,首先必须可以容纳市场庞大的用户数、改善现有通信品质不良,以及达到高速数据传输的要求。

8) 频率效率高

相比第三代移动通信技术来说,第四代移动通信技术在开发研制过程中使用和引入许多功能强大的突破性技术,例如,一些光纤通信产品公司为了进一步提高无线因特网的主干带宽宽度,引入了交换层级技术,这种技术能同时涵盖不同类型的通信接口,也就是说第四代主要是运用路由技术(Routing)为主的网络架构。由于利用了几项不同的技术,所以无线频率的使用比第二代和第三代系统有效得多。按照最乐观的情况估计,这种有效性可以让更多的人使用与以前相同数量的无线频谱做更多的事情,而且做这些事情的时候速度相当快。研究人员说,下载速率有可能达到 5~10Mb/s。

9) 费用便宜

由于 4G 通信不仅解决了与 3G 通信的兼容性问题,让更多的现有通信用户能轻易地升级到 4G 通信,而且 4G 通信引入了许多尖端的通信技术,这些技术保证了 4G 通信能提供一种灵活性非常高的系统操作方式,因此相对其他技术来说,4G 通信部署起来就容易迅速得多;同时在建设 4G 通信网络系统时,通信营运商们会考虑直接在 3G 通信网络的基础设施之上,采用逐步引入的方法,这样就能够有效地降低运行者和用户的费用。据研究人员宣称,4G 通信的无线即时连接等某些服务费用会比 3G 通信更加便宜。

对于人们来说,未来的 4G 通信的确显得很神秘,不少人都认为第四代无线通信网络系统是人类有史以来发明的最复杂的技术系统。的确,第四代无线通信网络在具体实施的过程中出现大量令人头痛的技术问题,大概一点也不会使人们感到意外和奇怪。第四代无线通信网络存在的技术问题多和互联网有关,并且需要花费好几年的时间才能解决[14]。

2. 缺陷

1) 标准多

虽然从理论上讲,3G 手机用户在全球范围都可以进行移动通信,但是由于没有统一的国际标准,各种移动通信系统彼此互不兼容,给手机用户带来诸多不便。因此,开发第四代移动通信系统必须首先解决通信制式等需要全球统一的标准化问题,而世界各大通信厂商对此一直在争论不休。

2) 技术难

尽管未来的 4G 通信能够给人带来美好的明天,现已研究出来,但并未普及。据研究这项技术的开发人员而言,要实现 4G 通信的下载速度还面临着一系列技术问题。例如,如何保证楼区、山区,及其他有障碍物等易受影响地区的信号强度等问题。日本 DoCoMo 公司表示,为了解决这一问题,公司会对不同编码技术和传输技术进行测试。另外在移交方面存在的技术问题,使手机很容易在从一个基站的覆盖区域进入另一个基站的覆盖区域时和网络失去联系。由于第四代无线通信网络的架构相当复杂,这一问题显得格外突出。不过,行业专家们表示,他们相信这一问题可以得到解决,但需要一定的时间。

3) 容量受限

人们对未来的 4G 通信的印象最深的莫过于它的通信传输速度会得到极大提升,从理论上说其 100Mb/s 的宽带速度(约为每秒 12.5MB),比 2009 年最新手机信息传输速度每秒 10KB 要快 1000 多倍,但手机的速度会受到通信系统容量的限制,如系统容量有限,手机用户越多,速度就越慢。据有关行家分析,4G 手机会很难达到其理论速度。如果速度上不去,4G 手机就要大打折扣。

4) 市场难以消化

有专家预测在 10 年以后,第三代移动通信的多媒体服务会进入第三个发展阶段,此时覆盖全球的 3G 网络已经基本建成,全球 25% 以上人口使用第三代移动通信系统,第三代技术仍然在缓慢地进入市场,到那时整个行业正在消化吸收第三代技术,对于第四代移动通信系统的接受还需要一个逐步过渡的过程。另外,在过渡过程中,如果 4G 通信因为系统或终端的短缺而导致延迟的话,那么号称 5G 的技术随时都有可能威胁到 4G 的赢利计划,此时 4G 漫长的投资回收和赢利计划会变得异常的脆弱。

5) 设施更新慢

在部署 4G 通信网络系统之前,覆盖全球的大部分无线基础设施都是基于第三代移动通信系统建立的,如果要向第四代通信技术转移的话,那么全球的许多无线基础设施都需要经历着大量的变化和更新,这种变化和更新势必减缓 4G 通信技术全面进入市场、占领市场的速度。而且到那时,还必须要求 3G 通信终端升级到能进行更高速数据传输及支持 4G 通信各项数据业务的 4G 终端,也就是说 4G 通信终端要能在 4G 通信网络建成后及时提供,不能让通信终端的生产滞后于网络建设。但根据某些事实来看,在 4G 通信技术全面进入商用之日算起的二三年后,消费者才有望用上性能稳定的 4G 通信手机。

6) 其他

因为手机的功能越来越强大,而无线通信网络也变得越来越复杂,同样 4G 通信在功能日益增多的同时,它的建设和开发也会遇到比以前系统建设更多的困难和麻烦。

例如,每一种新的设备和技术推出时,其后的软件设计和开发必须及时能跟上步伐,才能使新的设备和技术得到很快推广和应用,但遗憾的是,4G 通信还只处于研究和开发阶段,具体的设备和用到的技术还没有完全成型,因此对应的软件开发也会遇到困难;另外费率和计费方式对于 4G 通信的移动数据市场的发展尤为重要,例如,WAP 手机推出后,用户花了很多的连接时间才能获得信息,而按时间及信息内容的收费方式使用户难以承受,因此必须及早慎重研究基于 4G 通信的收费系统,以利于市场发展。

4.2.6　4G 国际标准

2012 年 1 月 18 日下午 5 时,国际电信联盟在 2012 年无线电通信全会全体会议上,正式审议通过将 LTE-Advanced 和 Wireless MAN-Advanced(802.16m)技术规范确立为 IMT-Advanced(俗称 4G)国际标准,中国主导制定的 TD-LTE-Advanced 和 FDD-LTE-Advance 同时并列成为 4G 国际标准。

4G 国际标准工作历时三年。从 2009 年初开始,ITU 在全世界范围内征集 IMT-Advanced 候选技术。2009 年 10 月,ITU 共计征集到了 6 个候选技术,分别来自北美(802.16m)、日本(FDD-LTE-Advance)、韩国(802.16m)、中国(TD-LTE-Advanced),以及欧洲 3GPP(FDD-LTE-Advance)。

4G 国际标准公布有两项标准,分别是 LTE-Advance 和 IEEE,一类是 LTE-Advance 的 FDD 部分和中国提交的 TD-LTE-Advanced 的 TDD 部分,另外一类是基于 IEEE 802.16m 的技术。

ITU 在收到候选技术以后,组织世界各国和国际组织进行技术评估。在 2010 年 10 月份,在中国重庆,ITU-R 下属的 WP5D 工作组最终确定了 IMT-Advanced 的两大关键技术,即 LTE-Advanced 和 802.16m。中国提交的候选技术作为 LTE-Advanced 的一个组成部分,也包含在其中。在确定了关键技术以后,WP5D 工作组继续完成了国际电信联盟建议的编写工作,以及各个标准化组织的确认工作。此后 WP5D 将文件提交上一级机构审核,SG5 审核通过以后,再提交给全会讨论通过。

在此次会议上,TD-LTE 正式被确定为 4G 国际标准,也标志着中国在移动通信标准制定领域再次走到了世界前列,为 TD-LTE 产业的后续发展及国际化提供了重要基础。

日本的软银、沙特阿拉伯的 STC 和 Mobily、巴西的 Sky Brazil、波兰的 Aero2 等众多国际运营商已经开始商用或者预商用 TD-LTE 网络。审议通过后,将有利于 TD-LTE 技术进一步在全球推广。同时,国际主流的电信设备制造商基本全部支持 TD-LTE,而在芯片领域,TD-LTE 已吸引 17 家厂商加入,其中不乏高通等国际芯片市场的领导者。

1. LTE

LTE (Long Term Evolution) 项目是 3G 的演进,它改进并增强了 3G 的空中接入技术,采用 OFDM 和 MIMO 作为其无线网络演进的唯一标准。根据 4G 牌照发布的规定,国内三家运营商中国移动、中国电信和中国联通,都拿到了 TD-LTE 制式的 4G 牌照。

LTE 的主要特点是在 20MHz 频谱带宽下能够提供下行 100Mb/s 与上行 50Mb/s 的峰值速率,相对于 3G 网络大大地提高了小区的容量,同时将网络延迟大大降低:内部单向传输时延低于 5ms,控制平面从睡眠状态到激活状态迁移时间低于 50ms,从驻留状态到激活状态的迁移时间小于 100ms。并且这一标准也是 3GPP 长期演进(LTE)项目,是近两年来 3GPP 启动的最大的新技术研发项目,其演进的历史如下:GSM→GPRS→EDGE→WCDMA→HSDPA/HSUPA→HSDPA＋/HSUPA＋→FDD-LTE,长期演进:GSM:9k→GPRS:42k→EDGE:172k→WCDMA:364k→HSDPA/HSUPA:14.4M→HSDPA＋/HSUPA＋:42M→FDD-LTE:300M。

由于 WCDMA 网络的升级版 HSPA 和 HSPA＋均能够演化到 FDD-LTE 这一状态,所以这一 4G 标准获得了最大的支持,也将是未来 4G 标准的主流。TD-LTE 与 TD-SCDMA 实际上没有关系,不能直接向 TD-LTE 演进。该网络提供媲美固定宽带的网速和移动网络的切换速度,网络浏览速度大大提升。LTE 终端设备当前有耗电太大和价格昂贵的缺点,按照摩尔定律测算,估计至少还要 6 年后,才能达到当前 3G 终端的量产成本[15]。

2. LTE-Advanced

LTE-Advanced:从字面上看,LTE-Advanced 就是 LTE 技术的升级版,那么为何两种标准都能够成为 4G 标准呢? LTE-Advanced 的正式名称为 Further Advancements for E-UTRA,它满足 ITU-R 的 IMT-Advanced 技术征集的需求,是 3GPP 形成欧洲 IMT-Advanced 技术提案的一个重要来源。LTE-Advanced 是一个后向兼容的技术,完全兼容 LTE,是演进而不是革命,相当于 HSPA 和 WCDMA 这样的关系。LTE-

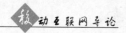

Advanced 的相关特性如下。

　　带宽：100MHz。

　　峰值速率：下行 1Gb/s,上行 500Mb/s。

　　峰值频谱效率：下行 30b/s/Hz,上行 15b/s/Hz。

　　针对室内环境进行优化。

　　有效支持新频段和大带宽应用。

　　峰值速率大幅提高,频谱效率有限的改进。

　　严格地讲,如果 LTE 作为 3.9G 移动互联网技术,那么 LTE-Advanced 作为 4G 标准更加确切一些。LTE-Advanced 的入围,包含 TDD 和 FDD 两种制式,其中,TD-SCDMA 将能够进化到 TDD 制式,而 WCDMA 网络能够进化到 FDD 制式。移动主导的 TD-SCDMA 网络期望能够直接绕过 HSPA＋网络而直接进入到 LTE。

3. WiMAX

　　WiMAX(Worldwide Interoperability for Microwave Access)即全球微波互连接入,WiMAX 的另一个名字是 IEEE 802.16。WiMAX 的技术起点较高,WiMAX 所能提供的最高接入速度是 70Mb/s,这个速度是 3G 所能提供的宽带速度的 30 倍。对无线网络来说,这的确是一个惊人的进步。WiMAX 逐步实现宽带业务的移动化,而 3G 则实现移动业务的宽带化,两种网络的融合程度会越来越高,这也是未来移动世界和固定网络的融合趋势。

　　802.16 工作的频段采用的是无须授权频段,范围在 2GHz～66GHz 之间,而 802.16a 则是一种采用 2GHz～11GHz 无须授权频段的宽带无线接入系统,其频道带宽可根据需求在 1.5MHz～20MHz 范围进行调整,具有更好高速移动下无缝切换的 IEEE 802.16m 的技术正在研发。因此,802.16 所使用的频谱可能比其他任何无线技术更丰富,WiMAX 具有以下优点。

　　(1) 对于已知的干扰,窄的信道带宽有利于避开干扰,而且有利于节省频谱资源。

　　(2) 灵活的带宽调整能力,有利于运营商或用户协调频谱资源。

　　(3) WiMAX 所能实现的 50km 的无线信号传输距离是无线局域网所不能比拟的,网络覆盖面积是 3G 发射塔的 10 倍,只要少数基站建设就能实现全城覆盖,能够使无线网络的覆盖面积大大提升。

　　不过 WiMAX 网络在网络覆盖面积和网络的带宽上优势巨大,但是其移动性却有着先天的缺陷,无法满足高速(≥50km/h)下的网络的无缝连接,从这个意义上讲,WiMAX 还无法达到 3G 网络的水平,严格地说并不能算作移动通信技术,而仅仅是无线局域网的技术。但是 WiMAX 的希望在于 IEEE 802.11m 技术上,将能够有效地解决这些问题,也正是因为有中国移动、英特尔、Sprint 各大厂商的积极参与,WiMAX 成为呼声仅次于 LTE 的 4G 网络手机。关于 IEEE 802.16m 这一技术,我们将留在最后做详细的阐述。WiMAX 当前全球使用用户大约 800 万,其中 60％在美国。WiMAX 其实是最早的 4G 通信标准,大约出现于 2000 年。

4．Wireless MAN

Wireless MAN-Advanced：Wireless MAN-Advanced 事实上就是 WiMAX 的升级版，即 IEEE 802.16m 标准，802.16 系列标准在 IEEE 正式称为 Wireless MAN，而 Wireless MAN-Advanced 即为 IEEE 802.16m。其中，802.16m 最高可以提供 1Gb/s 无线传输速率，还将兼容未来的 4G 无线网络。802.16m 可在"漫游"模式或高效率/强信号模式下提供 1Gb/s 的下行速率。该标准还支持"高移动"模式，能够提供 1Gb/s 速率。其优势如下。

(1) 提高网络覆盖，改建链路预算。

(2) 提高频谱效率。

(3) 提高数据和 VOIP 容量。

(4) 低时延和 QoS 增强。

(5) 功耗节省。

Wireless MAN-Advanced 有 5 种网络数据规格，其中极低速率为 16kb/s，低速率数据及低速多媒体为 144kb/s，中速多媒体为 2Mb/s，高速多媒体为 30Mb/s 超高速多媒体则达到了 30Mb/s～1Gb/s。

但是该标准可能会率先被军方所采用，IEEE 方面表示军方的介入将能够促使 Wireless MAN-Advanced 更快地成熟和完善，而且军方的今天就是民用的明天。不论怎样，Wireless MAN-Advanced 得到 ITU 的认可并成为 4G 标准的可能性极大。

4.2.7　性能

第四代移动通信系统可称为广带(Broadband)接入和分布网络，具有非对称的超过 2Mb/s 的数据传输能力，数据率超过 UMTS，是支持高速数据率(2Mb/s～20Mb/s)连接的理想模式，上网速度从 2Mb/s 提高到 100Mb/s，具有不同速率间的自动切换能力。

第四代移动通信系统是多功能集成的宽带移动通信系统，在业务上、功能上、频带上都与第三代系统不同，能够在各种类型通信平台及跨越不同频带的网络运行中提供无线服务，比第三代移动通信更接近于个人通信。第四代移动通信技术可把上网速度提高到超过第三代移动技术 50 倍，可实现三维图像高质量传输。

4G 移动通信技术的信息传输级数要比 3G 移动通信技术的信息传输级数高一个等级。对无线频率的使用效率比第二代和第三代系统都高得多，且抗信号衰落性能更好，其最大的传输速度会是 i-mode 服务的 10 000 倍。除了高速信息传输技术外，它还包括高速移动无线信息存取系统、移动平台的拉技术、安全密码技术以及终端间通信技术等，具有极高的安全性，4G 终端还可用作诸如定位、告警等。

4G 手机系统下行链路速度为 100Mb/s，上行链路速度为 30Mb/s。其基站天线可以发送更窄的无线电波波束，在用户行动时也可进行跟踪，可处理数量更多的通话[12]。

第四代移动电话不仅音质清晰，而且能进行高清晰度的图像传输，用途会十分广泛。在容量方面，可在 FDMA、TDMA、CDMA 的基础上引入空分多址(SDMA)，容量达到 3G 的 5～10 倍。另外，可以在任何地址宽带接入互联网，包含卫星通信，能提供信息通信之外的定位定时、数据采集、远程控制等综合功能。它包括广带无线固定接入、广带无线局域网、移动广带系统和互操作的广播网络（基于地面和卫星系统）。

其广带无线局域网（WLAN）能与 B-ISDN 和 ATM 兼容,实现广带多媒体通信,形成综合广带通信网（IBCN）,通过 IP 进行通话。能全速移动用户能提供 150Mb/s 的高质量的影像服务,实现三维图像的高质量传输,无线用户之间可以进行三维虚拟现实通信。

能自适应资源分配,处理变化的业务流、信道条件不同的环境,有很强的自组织性和灵活性。能根据网络的动态和自动变化的信道条件,使低码率与高码率的用户能够共存,综合固定移动广播网络或其他的一些规则,实现对这些功能体积分布的控制。

支持交互式多媒体业务,如视频会议、无线因特网等,提供更广泛的服务和应用。4G 系统可以自动管理、动态改变自己的结构以满足系统变化和发展的要求。用户可能使用各种各样的移动设备接入到 4G 系统中,各种不同的接入系统结合成一个公共的平台,它们互相补充、互相协作以满足不同的业务的要求,移动网络服务趋于多样化,最终会演变为社会上多行业、多部门、多系统与人们沟通的桥梁。

4.3　5G

5G 是英文 fifth-generation 的缩写,指的是移动电话系统第五代,也是 4G 之后的延伸,目前正在研究中。目前还没有任何电信公司或标准制定组织（像 3GPP、WiMAX 论坛及 ITU-R）的公开规格或官方文件提到 5G。

2013 年 5 月 13 日,韩国三星电子有限公司宣布,已成功开发第 5 代移动通信技术（5G）的核心技术,这一技术预计将于 2020 年开始推向商业化。该技术可在 28GHz 超高频段以 1Gb/s 以上的速度传送数据,且最长传送距离可达 2km。与韩国目前 4G 技术的传送速度相比,5G 技术要快数百倍。利用这一技术,下载一部高画质（HD）电影只需 1s。

早在 2009 年,华为公司就已经展开了相关技术的早期研究,并在之后的几年里向外界展示了 5G 原型机基站。华为公司在 2013 年 11 月 6 日宣布将在 2018 年前投资 6 亿美元对 5G 的技术进行研发与创新,并预言在 2020 年用户会享受到 20Gb/s 的商用 5G 移动网络。2014 年 5 月 8 日,日本电信营运商 NTT DoCoMo 正式宣布将与 Ericsson、Samsung 等 6 家厂商共同合作,开始测试凌驾现有 4G 网络 1000 倍网络承载能力的高速 5G 网络,传输速度渴望提升至 10Gb/s。预计在 2015 年展开户外测试,并期望于 2020 年开始运作。

参 考 文 献

[1]　史妍,刘亚栋. 初探 3G 产业经济[J]. 时代经贸,2010(12): 54-54.

[2]　白丽霞. 通信新技术科普展示的研究与设计[D]. 北京: 北京邮电大学,2011.

[3]　施勇. 你应该知道的 3G[J]. 中国科技产业,2009(8): 21-23.

［4］　王彦新. 大唐移动通信设备有限公司营销策略研究［D］. 北京：北京邮电大学，2011.

［5］　贺文彬. 3G 的技术标准［J］. 北京电子，2006(7)：47-48.

［6］　侯立朋，张孝林. 3G 与 WiMAX 技术分析［J］. 电信网技术，2005(9)：60-61.

［7］　赵婧. WCDMA 网络中的定位算法研究［D］. 北京：北京邮电大学，2011.

［8］　孙延冰，黎元. 3G 终端发展现状及未来趋势特征［J］. 黑龙江科技信息，2008(34)：110.

［9］　朱志坚，曹原，郑美芳. 3G 时代的变革思考［J］. 信息化建设，2012(1)：20.

［10］　高育红. 3G 手机都有些什么新功能［J］. 新农村，2009(11)：31-32.

［11］　杨光，陈金鹰. 4G 技术综述［J］. 科技致富向导，2012(2)：67.

［12］　古丽萍. 面对第四代移动通信的思考［J］. 科技导报，2002(0210)：34-36.

［13］　马矗. 4G 通信技术及其应用前景分析［J］. 中国新通信，2014(8)：71.

［14］　梅康，陈金鹰，邓博. 3G 方兴未艾，4G 接踵而来［J］. 四川省通信学会学术年会论文集，2010.

［15］　王治国. 青岛 TD-LTE 网络建设进展情况［J］. 山东通信技术，2013(2)：33.

第 5 章

未来移动通信新技术

近十年来,新型通信技术的飞速发展对整个通信工业界整体产生了巨大的影响,这些影响从对各类应用技术的增量式提高到社会层面上跃进式的技术突破,不一而足。如今,用户们对广播技术、社会媒体、移动设备和任意能够丰富学习和娱乐过程的新技术的依赖甚至可以说到了一时一刻也离不开的程度。因此,未来移动通信技术走向何方,本身就是一个不仅在当今占据重要地位,而且在今后很长一段时间内也会占据重要地位的话题。本章将介绍几种未来移动通信中可能出现的新技术,包括移动云计算、移动网页、普适计算。

5.1 移动云计算

移动云计算是云计算和移动通信网络的组合体,它对移动用户、网络操作者和移动计算提供商都带来了好处。移动云计算的最终目的是给大量移动设备提供丰富的移动应用程序,并给用户带来丰富多彩的用户体验。与此同时,移动云计算也给移动网络操作者和云服务提供商带来大量商机。更完整地来叙述的话,移动云计算是通过将多个单一的、具有弹性资源空间的云服务和移动网络技术整合成一个集多功能性、存储性和移动性为一体,基于现收现付原则为在任意地点、通过任意方式接入网络的海量移动用户提供服务的整体的一种移动计算技术。

5.1.1 移动云计算的结构

移动云计算采用计算放大方法让具有资源限制的移动设备得以利用各种云资源提供的计算服务。在移动云计算中,云资源被分为四类,分别是远端非移动云资源、近端非移动计算体、近端移动计算体和以上三者的混合体。大的云服务资源像 Amazon Elastic Compute Cloud(Amazon EC2)属于远端非移动云资源,而 cloudlet 或者 surrogates 则属于近端非移动计算体。另外,智能手机、平板电脑、手持设备和可穿戴设备这些云资源属于第三类,即近端移动计算体。目前,Vodafone、Orange 和 Verizon 这些公司已经开始向众多其他公司提供云计算服务。

5.1.2　移动云计算面临的挑战

移动计算、云计算和通信网络的混合给移动云计算带来许多复杂的挑战,包括移动计算计算量分担问题、无缝连接问题、局域网长时延问题、移动管理问题、文本处理问题、移动设备能量限制问题和安全隐私问题,这问题多多少少正阻碍着移动云计算的发展。尽管研究者们已经在移动云计算领域取得了许多有重大意义的结果,以下几个典型问题仍然缺乏解决的方案。

(1) 结构问题。一个考虑到不均匀的移动云计算环境的参考模型对于解放云计算的能量使之成为真正无处不在的计算至关重要。

(2) 低耗能传输问题。移动云计算要求在云平台和移动设备之间频繁切换,由于无线网络具有的随机性质,研究者们需要仔细设计一个低耗能传输协议。

(3) 环境兼容问题。环境兼容(包括社交环境兼容计算)是当今时代手持终端不可分割的一个功能。为了实现在多个异构网络和计算设备之间的移动计算,设计者们有必要设计出占用资源少,而同时也兼备环境兼容特性的应用。

(4) 即时虚拟机移植问题。通过用基于虚拟机的应用来平衡计算负载的资源集中式移动应用涉及在虚拟机中应用的封装和如何将虚拟机移植到云端的问题。由于需要在移动设备上部署和管理虚拟机带来的额外负载,即时虚拟机移植也成为了一个极具挑战性的问题。

(5) 移动通信阻塞问题。只是简单地增加移动用户利用云端资源的要求就会急剧地提高移动通信量,这对网络操作者维持移动设备和云端之间的顺畅通信提出了很高的要求。

(6) 安全和隐私问题。如果想让以移动云计算为平台的交易方式大获成功,安全和隐私是一个必不可少的考虑因素。

5.2　移　动　网　页

移动网页指的是从手持设备接入万维网,即使用基于浏览器的因特网服务,比如用智能手机连接无线网络。

传统上来说,用户通过有线设备(比如接入以太网的笔记本电脑和台式机计算机)访问网页。然而,正在有越来越多的用户通过便携式无线设备访问网页。2010 年早期的一个 ITU(International Telecommunication Union)报告指出,依照目前的增长趋势,未来 5 年内通过移动设备访问网页的用户数量很有可能超过使用台式计算机访问网页的用户数量。2007 年多点触控智能手机的出现和 2010 年多点触控平板电脑的出现加速了用户从用台式机访问网页向用移动设备访问网页的迁移。

与此同时,移动端网页应用和本地应用的界限正在变得越来越模糊,因为移动端的浏览器可以直接访问移动设备的处理器和 GPS 芯片,由此提高了基于浏览器应用的处理速度。而且,稳固存储和能够访问精细的用户图形界面的功能或许可以进一步减少开发本地应用的必要。

　　不过,移动网页的访问即使在今天仍然受困于互操作性和易用性的问题。互操作性源于移动设备具有的多个平台的特性,例如,移动操作系统和浏览器。易用性的问题主要集中于移动设备的物理形态因素(例如,分辨率的限制和用户输入操作空间的限制)。在 2013 年《ACM 通信》的一篇文章中,网络技术员 Nicholas C. Zakas 指出当今的移动设备性能已经比 1969 年登月行动中阿波罗 11 号使用的阿波罗引导计算机的性能更为强大,尽管如此,现在的移动设备仍然受困于在移动设备上网页连接过慢的问题。移动设备高时延、低 CPU 速率和更少内存的特点带来的不良网页服务体验也使得开发者们不得不重新考虑具有稳定有线连接、高速 CPU 和大内存的台式机上的网页应用。下面将会具体介绍移动网页的接入、标准、发展和限制。

5.3　移动接入

　　移动因特网指的是用户通过蜂巢电话网络服务提供商访问因特网,当移动用户跨越不同服务区的时候,通过将用户转接到另一个无线基站的方式维持无线连接的技术。相比于能直接连接到因特网服务商的 Wi-Fi,通过电话网络的蜂巢基站连入因特网更加昂贵。但是,Wi-Fi 无法很好地支持移动用户。因此,用智能手机通过 Wi-Fi 接入因特网并不能算是移动因特网。

1. 标准

　　各种各样的标准改善了移动网页的互操作性、易用性和可用性。

　　Mobile Web Initiative (WMI)是由万维网联盟(W3C)创立以发展移动网页相关实用技术的小组。MWI 致力于使得移动设备能够更稳定和更容易地访问网页,其主要目的是给出一个可用的移动网页数据格式标准。万维网联盟已经发表了一系列关于移动内容的纲领并致力于解决设备多样性兼容的问题。

2. 发展

　　首次商业上访问移动网页的事件是 1996 年,Nokia 9000 Coomunicator 电话通过 Sonera 和 Radiolinja 网络访问真正的因特网实现的。移动专用的基于浏览器的移动网页服务的首次商业发布是 1999 年日本电信电话株式会社旗下的都客梦子公司(NTT DoCoMo)发布 i-mode。

　　移动网页主要利用使用 XHTML(Extensible Hypertext Markup Language)和 WML(Wireless Markup Language)写出的轻型网页来向移动设备传递内容。不过,现在的许多新移动浏览器正在朝着支持包括由 HTML 等各种语言书写的多样网页格式发展。

3. 限制

尽管移动网页带来了各种各样的好处,比如能随时随地用邮件与其他人通信和通过网页新闻获取资讯,移动网页仍然根据移动设备的不同有许多局限性,这些局限性包括如下。

(1) 屏幕尺寸小。小屏幕使得像在台式机上一样用标准的尺寸查看大量文字和图片极为困难。

(2) 缺乏多窗口功能。在台式机上,多窗口功能可以让用户同时处理多个任务并在这些任务之间自由切换。不过在移动设备上,一次只能显示一个页面,只能按顺序浏览页面给用户造成了不便。

(3) 可访问的网页种类。许多可以在台式计算机上访问的网页在移动设备上都不能访问,比如许多设备不能访问具有安全连接的网页,具有 Flash 的网页和一些视频站点。

(4) 速度。在大多数移动设备上,网页访问速度十分缓慢,有时甚至比电话拨号网络更慢。

(5) 被压缩的网页。许多在移动设备上的网页被强制转化成了只适合移动设备的版本,这极大地影响了用户体验。

(6) 费用。如果没有购买包月服务的话,在移动端访问网页十分昂贵。

5.4　普适计算

普适计算是一个先进的计算概念,意指计算可以在任何地点实现。相比于台式计算机的计算,普适计算可以在任何地点,以任何形式,使用任意设备来完成。实际上,用户与计算机的交互是可以以多种形式存在的,包括笔记本电脑、平板电脑,甚至是任何日常的物品(如冰箱或者一副眼镜)。潜在地支持普适计算的技术包括因特网、高级中间件、操作系统、移动代码、传感器、微处理器、新型输入输出设备和用户界面、网络、移动协议、定位技术和新型材料。普适计算这种新类型也被称为环境智能或者无处不在的计算。尽管这些名称的侧重点不同,但它们要表达的主要意思是相同的,即物理计算、物联网和触觉计算。普适计算涉及了许多研究领域,包括分布式计算、移动计算、位置计算、移动网络、环境兼容计算、传感器网络、人机交互和人工智能。

普适计算的促进者希望嵌入到环境或日常工具中去的计算能够使人更自然地和计算机交互。而普适计算的显著目标之一则是使得计算机设备可以感知周围的环境变化,从而根据环境的变化做出自动的基于用户需要或者设定的行为。比如手机感知现在用户正在开会这个环境而自动切换为静音模式,并且自动答复来电者"主人正在开会"。这意味着普适计算不用去为了使用计算机而去寻找一台计算机。无论走到哪里,无论什么时间,都可以根据需要获得计算能力。现在热兴的物联网技术或许能看作普适计算的一个雏形。

参 考 文 献

[1]　Wikipedia. Mobile cloud computing［EB/OL］. http://en. wikipedia. org/wiki/Mobile _ cloud _ computing.

[2]　Wikipedia. Mobile web[EB/OL]. http://en. wikipedia. org/wiki/Mobile_web.

[3]　Wikipedia. Ubiquitous computing[EB/OL]. http://en. wikipedia. org/wiki/Ubiquitous_computing.

人物介绍——美国工程院院士 Scott Shenker 教授

Scott Shenker 于 1956 年 1 月 24 日出生在美国的弗吉尼亚州,是美国计算机科学家,加利福尼亚大学伯克利分校教授。Scott Shenker 教授是国际计算机研究所(International Computer Science Institute)的创始人和首席科学家。根据谷歌学术网站,他是全美引用率最高的五位计算机科学家之一。

Scott Shenker 教授在布朗大学获得物理学学士学位,于 1983 年获得芝加哥大学物理学博士学位。1998 年,Scott Shenker 教授在完成博士后工作后加入 AT&T 并建立了 AT&T 因特网研究中心,AT&T 的因特网研究中心也是国际计算机研究所的前身。Scott Shenker 教授进来推动软件定义网络的研究,是 Open Networking Foundation 的创始人。美国计算机协会 ACM 在 2002 年授予 Scott Shenker 教授 SIGCOMM 奖,表彰其在互联网的架构、设计和协议的突出贡献。电气和电子工程师协会 IEEE 在 2006 年授予 Scott Shenker 教授 Internet 奖。

此外,Scott Shenker 教授是 ACM Fellow、IEEE Fellow、美国工程院院士。Scott Shenker 的哥哥 Stephen Shenker 是著名的弦理论学家。Scott Shenker 教授促成了网络领域广泛的交流合作,是科研工作者的楷模。

参 考 文 献

[1] https://en.wikipedia.org/wiki/Scott_Shenker.
[2] http://www.eecs.berkeley.edu/Faculty/Homepages/shenker.html.

第6章

移动管理

移动管理是 GSM、UMTS 等蜂窝网络为移动设备用户提供的主要功能之一。其目标是确定用户在网络中的位置,保持用户与网络的连接,并保证用户能够正常使用电话、短信以及其他移动服务。

移动管理主要的功能是位置管理以及切换管理。位置管理主要完成的任务是位置注册(location update)、寻呼(call delivery);切换管理的主要任务是根据信号强度的测量完成小区内部或小区间的移动台所连接基站的切换。

6.1 位 置 管 理

位置管理如图 6-1 所示。

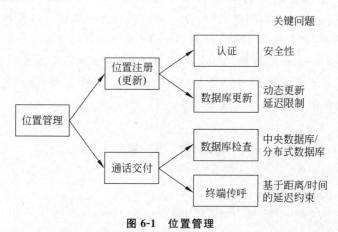

图 6-1　位置管理

位置管理是移动通信系统资源管理的重要组成部分,是网络移动性管理中主要考虑的问题之一。它的主要任务是跟踪移动台,明确移动台所在位置,在移动通信系统中,用户可在网络覆盖范围内任意移动,一个高效的位置管理策略可以随时跟踪用户的位置变化,以便于及时把一个呼叫传到随机移动的用户,并把数据、语音等信息准确、快速地传输给用户。一个好的位置管理策略不但可以节约网络资源,还可以实现快速、稳定的无线连接,并能保障网络的有效运行。目前位置管理中的一些关键技术包括数据库设计、寻址、寻呼机制和查询时延以及如何在信令网络的各模块之间传输信令消息,并需要不断改进或提出新方法来有效支撑不断增长的移动用户数量。

目前,3G(WCDMA、CDMA、TD-SCDMA)、3.5G(HSDPA)、3.75G(HSUPA)以及4G无线通信网络已经在世界各地相继开通,越来越多的用户需要在很大的区域范围,甚至全球范围内保持移动并要求能随时进行通信。因此,新一代蜂窝网不但需要允许用户动态地改变位置,而且要满足当用户在网络覆盖范围内漫游时,其网络接入点也能够随之变化。之前的通信网络构架以及所用的位置管理技术已无法满足用户越来越高的终端移动性和个人移动性。因此,怎样配置位置寄存器(集中式或是分布式)、怎样划分用户的位置区域,才能保证在呼叫到达时可以快速而准确地找到被叫用户,而同时又消耗比较少的有线和无线资源(即开销较小)是十分重要的。所以,过于频繁的位置更新、查询和过于拥挤的寻呼业务等信息传递,显然会产生和很大的信令负荷,以致增大网络系统的处理时间和降低网络系统的通信容量,因此位置寄存器的配置和LA的规划和优化越来越受到人们的重视。

下面分别介绍位置管理最主要的两个功能:位置更新(位置注册)和寻呼(通话交付)。

6.1.1　位置更新

在蜂窝网中,每一个基站覆盖一片特定的地理区域,并为该区域中的用户提供服务。通过整合多个基站,蜂窝网能够服务更大范围内的用户。这些基站(一般由同一MSC管理)覆盖的总的范围在移动管理中称为路由区(routing area)。

当一部手机开机或关机时,蜂窝网会要求其执行IMSI上线或IMSI下线位置更新过程。同时,根据周期位置更新方法,移动设备还被要求以一定时间间隔上报自己所处的位置。

位置更新方法要求移动设备在每次穿越不同的路由区时,向蜂窝网络进行报告。移动设备在正常使用时,会持续检测所处路由区的编码。一旦其发现检测到的编码与上次检测的结果不同,就会向蜂窝网发送位置更新请求,包含其现在位置,以及临时移动用户标识(TMSI)。可见,位置更新可以避免向所有可能的基站发送查找信号查找用户,从而节约有限的无线信道资源。它主要包括身份认证和数据库更新两步操作[1]。

6.1.2　寻呼

当用户需要呼叫其他用户时,蜂窝网系统会查询该目标用户的位置记录,并由网络搜索得到该用户的当前位置信息。基本过程是,先由网络寻找可以到达被叫用户的确定访问接口,若成功寻呼到该被叫用户,则主叫用户将向网络发送一个寻呼响应以结束本次寻呼。为了理解位置管理所涉及的寻呼功能,需要介绍单个MTSO控制区域中两个移动用户间进行一次典型呼叫的过程。

(1)移动设备初始化(见图6-2(a)):移动设备开机后,系统会自动扫描所使用的控制信道,并选择具有最强信号的信道建立连接。不同频段的蜂窝基站在不同信道上不停地发射广播,移动设备根据广播信号选择最强信号的信道。因此,移动台能够自动根据所处区域选择通信质量最好的基站建立连接。之后,移动台通过与其连接的基站,和控制该蜂窝路由区的 MTSO 之间进行一次握手。此次握手会进行用户位置的注册。

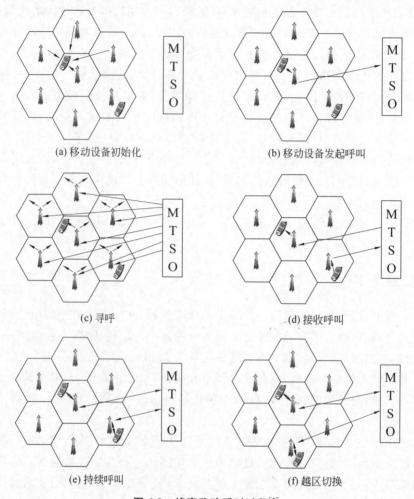

(a) 移动设备初始化　　　　　　　　　　(b) 移动设备发起呼叫

(c) 寻呼　　　　　　　　　　　　　　　(d) 接收呼叫

(e) 持续呼叫　　　　　　　　　　　　　(f) 越区切换

图 6-2　蜂窝移动呼叫过程[2]

（2）移动设备发起呼叫（见图 6-2(b)）：移动设备向蜂窝网发送被叫设备的号码,发起呼叫。此前,移动设备需要首先校验保证所用信道是空闲的。接收到呼叫请求的基站将把该请求发送给 MTSO。

（3）寻呼（见图 6-2(c)）：MSTO 开始尝试建立于被叫用户的连接。MTSO 根据被叫用户的号码查找数据库,得到其最新的位置,将寻呼消息发送给该位置附近的蜂窝基站。这些基站将在特定信道上发送寻呼信号。

（4）接收呼叫（见图 6-2(d)）：被叫设备监听到自己的号码被呼叫后,响应基站。该基站将结果送往 MTSO,MTSO 在主叫用户和被叫用户间建立连接。两个用户会分别使用各自连接的基站所分配的信道。

（5）持续呼叫（见图 6-2(e)）：当连接持续时,两个用户通过各自的基站以及基站间的 MTSO 进行话音或数字通信。

（6）越区切换（见图 6-2(f)）：如果在连接过程中一个用户离开自己所属的基站并进入了新的基站所覆盖的范围,则蜂窝网将进行呼叫切换。

由此可见,在寻呼步骤中,蜂窝网需要获得被叫用户目前所在的位置,以使其能够与正确的基站建立连接。这一过程需要基站、移动设备的同时参与。

位置更新和寻呼这两个过程都占用系统资源和无线网络资源。从资源消耗的角度看,这两者在资源占用方面是对立的,若位置更新的开销高(知道用户的精确位置),则寻呼的开销就低(寻呼信息只需发送到目标区域,寻呼面积减小);若只知道用户的大概位置,即定位开销较低,则寻呼信息需要发送到大范围的区域,寻呼的开销就会变高,所以在两者之间取一个折中的方案也是位置管理长期以来的一个目标。

6.1.3 位置管理方案

下面以第三代蜂窝系统为例介绍目前比较通用的位置管理方案[3]。

如图 6-3 所示,位置管理方式主要分为两类。第一类中的方式基于算法和网络结构,主要侧重考虑系统的处理能力。第二类中的方式则需要获得用户数据(如用户移动特性等)来进行分析处理,对系统的信息获取和处理能力要求较高。

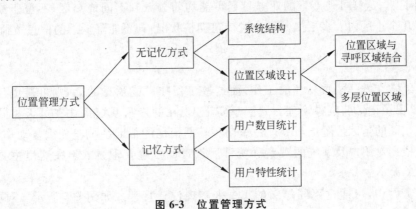

图 6-3　位置管理方式

6.1.3.1　无记忆方式

1. 数据库结构

为了方便对位置信息的管理,系统一般将蜂窝网覆盖范围划分为多个位置区域(LA)。位置区域的划分与位置管理费用在很大程度上与网络结构有关,即与数据库所在位置有关。因此,设计合适的数据库结构能够降低位置管理费用。例如,单一中心数据库结构,对星形拓扑结构的中小型网尤为适用;分散式数据库结构,适用于由不同服务提供者所管理的子网络而构成的网络,如全球 GSM 网;上述两种方式的结合结构中,一个中心数据库(类似于 HLR)用于存储所有用户信息。与此同时,较小的数据库(类似于 VLR)分布在网络中,存储部分用户信息。一个单个的 GSM 网络结构就是一例。

2. 位置区域与寻呼区域结合

在现有系统中,LA 既是对用户定位的区域,也是对其进行寻呼的区域。LA 的优化必须同时考虑这两者。如前所述,寻呼和定位是互相关联而又互相矛盾的。已有建议提出使用不同大小的 LA 和寻呼区域(PA)来进行位置管理。例如,将一个 LA 划分为含有数个 PA 的区域,如图 6-4 所示。一个移动台只在进入 LA 时登记一次,而在一个 LA 中的不同 PA 中移动时不再登记。寻呼时系统将根据特定的策略在各个 LA 依次发送寻呼信

图 6-4 位置区域与寻呼区域结合

息。该方法的缺点是在 LA 较大时会造成时延。随着 LA 中 PA 个数的增加,由位置更新引起的业务量降低,但时延也相应上升。

3. 多层位置区域

在现有位置管理方式中,位置更新而引起的业务量更多地集中在 LA 边界的蜂窝区之间。为克服这一问题提出了多层的概念。将不同小区分为不同组,再将各组分派到 LA 的不同层。这样可使产生的业务量尽可能均匀分派到不同蜂窝区,不至于集中在边界处的某几个小区内。多层虽然可改进信道拥挤状况,却不能降低总的信息负荷。

6.1.3.2 记忆方式

系统经常在做一些重复性的工作,而这些工作如果能预见的话,则可避免。根据这一现象,提出了记忆的位置管理方式。事实上,现在的蜂窝系统往往在每天相同的高峰时间进行相同的越区位置更新处理。短期和长期记忆能帮助系统避免重复动作,从而出现了一些根据对用户及系统的观察和统计所设计的位置管理方式。在这里主要介绍动态调整 LA 大小的方法。

在蜂窝网中,可通过不同等级的 LA 来实现位置管理。如图 6-5 所示,不同等级的

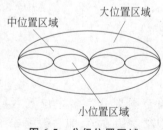

图 6-5 分级位置区域

LA 大小不同。每一个蜂窝区归属于不同大小的不同 LA。根据移动台当前时刻和以往的移动行为,系统动态地为其分派不同等级的 LA,从而减少位置更新。例如,将高呼叫率、低移动率的移动台分配在小 LA,中呼叫率、中移动率的移动台分配在中 LA,低呼叫率、高移动率的移动台分配在大 LA。另外有一种实现动态 LA 的方法,根据用户呼叫率和移动特性来优化其 LA 大小。这样,每个用户都有其独特的 LA。

根据用户个人特性调整 LA 大小有时相当困难,因此,也可采用一种根据用户总数动态调整 LA 大小(而不是如前两种方式为单个用户定义 LA)的方式。用户及其移动特性由系统统计并进行分析,得到时间、空间、密度的网络特性,并在每个时段动态调整 LA 大小。例如,日间呼叫率高,使用较小的 LA;而夜间呼叫率低,使用较大的 LA。

6.2　切换管理

6.2.1　基本过程

在人们使用手机进行通话时,往往感受不到穿越蜂窝小区对通话的影响。然而,移动台和蜂窝网络却执行着复杂的切换策略。当正在通话的移动台从一个基站的覆盖范围移动到另一个基站的范围内时,MSC 需要将话音和信令信号分派到新的基站信道上。切换的过程需要移动台对新基站进行识别,以及对信号强度进行测量。因此,切换管理涉及移动台和蜂窝网的多次交互。切换管理对蜂窝网的正常运营有着至关重要的作用。大多数分配小区空闲信道的切换策略都要求切换请求优先于呼叫发起请求。

当切换发生时,用户应当察觉不到其影响,同时还需要避免不必要的切换过程。因此,切换管理者应当制定最恰当的启动切换的信号强度。令 ΔP 表示启动切换的信号强度阈值及基站接收机中可接受的话音质量的最小可用信号之间的差值。如果 ΔP 过大,用户在距离基站覆盖边缘区域较远时就有可能触发切换,使切换变得频繁,从而加大蜂窝网中 MSC 的负担。如果 ΔP 过小,就有可能出现在切换完成之前就已经掉话的现象。因此,必须谨慎选择 ΔP,以避免出现上述两种情况。

在确定切换的时机时,需要排除因为瞬时信号衰减造成的错误切换。为了避免这种情况,基站在准备切换之前需要对移动台发送来的信号进行监视。同时,必须优化这种对信号能量的检测,避免过早切换造成的网络资源的浪费或者过晚切换造成的通话掉线。此外,切换时间的长短与用户移动的速度有关。如果基站检测到在某时间间隔内来自于某移动台的信号强度衰减很大,则表明该用户正快速离开本基站,需要进行快速切换以避免用户意外掉线。可见,蜂窝网系统具有根据信号衰减速度估计用户移动速度,以决定切换策略的功能。

呼叫在一个小区内没有经过切换的通话时间,称为驻留时间[4]。用户的驻留时间受到包括传播途径、干扰强度、与基站间距离等多时变因素的影响。即使用户与基站间相对静止,复杂的通信环境仍然有可能造成用户驻留时间的随机变化。

用户驻留时间主要取决于用户的移动速度和无线覆盖的类型[4]。例如,在无线信号覆盖良好的高速公路上,用户车辆移动的速度较为稳定,用户驻留时间分布比较集中,即大部分用户的驻留时间比较相近。在基站覆盖范围较小的闹市区等地区,用户移动路线随机,进出小区的时间间隔小,驻留时间随机性非常大。

在第一代蜂窝系统中,信号能量的检测由基站完成,而不需要移动台的参与。每个基站连续监测来自于移动台的信号能量,并根据结果估计移动台与基站之间的距离。每个基站均装备了定位接收机,专门检测相邻小区中有可能切换小区的移动台的信号能量。所有定位接收机的测量结果上报至 MSC,由 MSC 确定是否进行切换。

如前所述,在基于 TDMA 技术的第二代蜂窝系统中,切换时机的决定需要移动台的辅助,称为移动台辅助切换(MAHO)。移动台在开启时会自动检测周围基站发来信号的能量,并将检测结果发送回当前所属的基站。当移动台检测到来自相邻小区的基站的信号强度高于目前所属的基站,二者信号强度差高于一定阈值,或者信号强度差异持续了一段时间时,蜂窝网就启动切换进程。

与第一代蜂窝系统中能量检测仅由基站完成不同,第二代蜂窝系统采用的移动台辅助切换方法使得切换进程变得更加迅速。由于 MSC 不需要持续监测信号能量,而是由移动台代为完成,更多的蜂窝网管理资源得以被节省,特别是在微蜂窝环境中,切换十分频繁,这种改进的优点就变得更加明显。

在用户通话过程中,如果移动台从一个路由区移动到另一个路由区,则需要进行 MSC 系统间的切换。如果 MSC 发现一个移动台的信号变弱,而在自己管理的小区中找不到信号更强的小区,则表明需要进行这种切换。

进行 MSC 系统间切换需要考虑诸多问题,例如,移动台离开本地 MSC 系统后,正在进行的通话即变为漫游通话。同时,MSC 间的交互在切换进行前就必须完成,交互的具体规则随着双方系统的不同而不同。在一些较旧的系统中,在处理通话切换时实际采用的是发起新的初始呼叫的方法。这样做会导致通话切换时的优先级与发起新通话的优先级相同,可能会导致通话掉线率的升高,严重降低服务质量。为了避免这种现象,不少蜂窝系统已经采用了提高系统间切换优先级的办法,从而改善了用户体验,这一点将在6.2.2 节讲解。

在第三代以及第四代蜂窝系统中,切换管理会根据系统构型的不同而有所变化,但其基本原理是相同的,这里不再赘述。

6.2.2　优先切换

提高切换优先权的一种方法是信道监视方法。蜂窝系统会保留小区中可用信道的一部分作为监视信道,以专门应对切换请求。因此当移动台需要进行小区间切换时,不会出现由于信道完全被占用而造成掉线的情况。该方法的缺点是显而易见的。保留部分信道会造成小区内移动台可使用信道数量的减少。为此,人们还提出使用动态信道分配策略以减少保留空闲监视信道造成的频谱浪费。

切换请求排队方法是另一种避免因缺少可用信道而造成通话中断的方法。一般来讲,切换时通话中断的概率与话务承载量的多少呈折中关系。在实际情况中,信号强度下降到切换门限以下与因信号强度太弱而造成通话中断之间是存在时间差的,因此可以对切换请求进行排队,具体的排队规则由运营商制定的业务模式决定。对于优先度高的用户,MSC 会优先执行其切换请求,而优先度低的用户,其切换所需等待时间有可能会延长,因而更有可能出现切换完成前信号强度已经低于通话所需最小信号强度的现象。

6.2.3　实际切换中的技术问题

在实际的蜂窝网设计中,还需要考虑其他诸多问题。例如,如果移动台的移动速度变化范围相当大,就有可能出现同时存在高速进入和离开小区的用户以及基本不会离开小区的用户。在微蜂窝的情况下,由于小区面积很小,很容易就会出现多个用户同时进入或离开小区的情况,从而造成 MSC 切换负荷的增加。目前人们已经提出了多种方案来处理同一时刻的高速和低速用户的通信,同时减少 MSC 对切换过程的参与程度。

此外,蜂窝网的切换管理还需要考虑小区基站位置的限制。蜂窝网的基本特点是能够通过增加基站的数量来扩大蜂窝网的覆盖面积。然而,实际上在一些地价昂贵或者管理严格的区域,蜂窝网运营商很难获得基站的安装空间。因此很多运营者优先选择通过改进已有的基站设备以增加可用信道数量,或者安装不同种类的天线、设置不同的功率以提升基站的承载能力。

这种情况下,不同的天线和功率实际上使同一个物理基站分裂为多个处于同一地理位置却具有不同覆盖面积和承载能力的基站。这种技术称为“伞状小区”技术。采用这种技术的好处是,覆盖面积较大的基站可以为移动速度较快的用户提供服务,而移动速度较慢的用户则可以由覆盖范围较小的基站服务,从而在尽量减少切换发生的同时,节约网络资源和能源消耗。一个伞状小区的例子如图 6-6 所示。

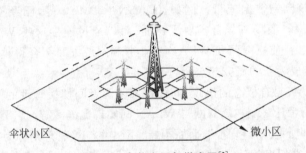

图 6-6　伞状小区与微小区[2]

在伞状小区中,用户的移动速度是由 MSC 进行估计的。MSC 会检测 RVC 中短期平均信号能量相对于时间的变化速度对用户的运动状态进行评估。例如,如果用户的运动速度较低而且靠近基站位置,则基站会自动将其安排在具有较低功率的微小区的管辖下,不需要 MSC 的参与,从而减少了 MSC 的管理负担。

另外,在微小区中还需要考虑小区拖尾的问题。当步行用户和基站之间存在无障碍视距传输时,就容易出现这种情况。如果这种用户步行向远离基站的方向移动,即使用户已经离开了基站应该负责的小区,由于用户移动速度较慢而且平均信号能量衰减较慢,就可能造成基站接收到的信号仍然高于切换门限。此时基站会不进行切换。由于用户此时实际已经深入到了其他小区中,这种现象会造成潜在的干扰和话务管理问题。

因为用户在那时已经深入到了相邻小区中。为解决小区拖尾问题,蜂窝系统设计者需要根据实际情况调整切换门限和基站覆盖范围。在 GSM 中,由于移动台会辅助进行切换基站的选择,切换过程较第一代蜂窝系统快,为 1～2s 左右。因此,目前的蜂窝系统中 ΔP 可以很小,一般为 0～6dB 左右。更高的切换速度提升了系统处理不同运动速度的移动台切换的能力,从而使 MSC 有更多的时间去响应切换请求。

目前的蜂窝系统已经不仅仅是根据信号能量来确定切换时机,而是同时根据大量的测量数据来共同确定何时进行切换。例如,同频干扰或者相邻信道干扰由基站进行测量,从而可以和一般的信号能量测量结果作为判断依据,为切换算法提供输入参数。

一般的小区间切换会为移动台在新小区内分配一个新的无线信道,移动台需要改变其通信频点以实用新的信道资源。这个过程称为"硬切换"。而对于 IS-95 CDMA 扩频蜂窝系统,其切换的特点是移动台在每个小区里使用的信道是相同的。因此,移动台不需要改变其通信信道,而仅仅是改变其所属的基站。MSC 通过同时检测多个基站接收到的来自于同一个用户的信号,可以及时确定用户应当使用哪种类型的信号。这种方法有效利用了不同位置的基站所提供的分集信息,并且允许 MSC 及时为移动台确定新的所属基站。这种移动台在不同小区使用相同信道,MSC 从不同基站提供的瞬时接收信号中进行选择决策的处理技术称为"软切换"。

6.2.4 蜂窝网与 WLAN 间的切换管理

随着国内外蜂窝网数据业务的快速扩张,数据流量激增。由于蜂窝网基站带宽受限,用户上网速率受到影响,导致用户体验下降。为此,目前各大运营商抓紧扩大 Wi-Fi 的网络规模,分流蜂窝网数据流量。例如,ChinaNet、CMCC 等,已经覆盖了大量公共场所。人们需要在机场、商场等场合需要上网时,可以通过连接这些 Wi-Fi 热点获得更快的上网服务。因此,目前蜂窝网和 WLAN 在业务和网络方面结合得越来越紧密,如何实现二者的融合已经成为新的研究热点。

蜂窝网与 WLAN 融合概念的出现,同样带来了两者间切换管理的问题。与蜂窝网小区间的切换不同,为了让终端在蜂窝网与 WLAN 间实现无缝漫游,其切换涉及异构网络间网络连接的交接,即所谓"垂直切换",而原本蜂窝网中的切换管理则称为"水平切换"。

垂直切换与水平切换相比,对切换系统提出了更高的要求,其中最大的挑战是网络的异构性。由于采用不同技术的网络在资费等方面存在差异,管理者需要合理地规划 WLAN 网络的分布位置,同时移动台需要灵活地从多个可能的网络资源中选择最合适或费用最低的网络作为切换目标网络。此外,由于现在蜂窝网和 WLAN 均具有较高的数据率,异构切换间的延迟必须尽可能小,以减少因切换延迟造成的连接请求超时的现象。此外,WLAN 的安全性问题也需要考虑。由于 WLAN 中的通信较容易被监听,如何设计更为安全的切换方案仍然是需要解决的问题。

以第三代蜂窝网为例,目前第三代蜂窝网与 WLAN 的两个主流融合方案分别为松耦合和紧耦合。松耦合利用用户数据库把 WLAN 网络作为 3G 接入网络的补充,提供后台的账单合并等功能,在计费和业务方面仍独立于移动通信系统,彼此共用一个 AAA(鉴权、认证、计费)服务器。可见,这种方案下蜂窝网与 WLAN 实际仍是互相独立的,网络间的耦合性非常低,在进行网间切换时会不可避免地造成用户掉线。

紧耦合实现的难度高于松耦合,并且需要改造现有的蜂窝网与 WLAN 设备。但是,紧耦合方案强调异构网络在移动性、业务和应用层面上的全面融合。紧耦合方案[5,6]采用 3G 网络中的标准化接口(见图 6-7),包含 lu 接口、lur 接口以及 lub 接口。lu 接口负责核心网和无线网络控制器(RNC)之间的信令交互。lur 接口是两个 RNC 之间的逻辑接口,用来传送 RNC 之间的控制信令和用户数据。lub 是 RNC 和 NODE-B(移动基站)之间的接口,用来传输 RNC 和 NODE-B 之间的信令以及来自无线接口的数据。WLAN 网络的 AP(接入点)通过 lub 接口连接到 RNC,再通过 lu 接口连接到 3G 服务通用分组无线业务(GPRS)的支持节点(SGSN),再接入 GGSN(网关 GSN)网关。

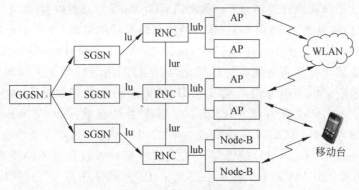

图 6-7 紧耦合方案结构图

紧耦合存在的缺点是,为了使 WLAN 与蜂窝网核心网相连,运营商需要重新设计和改装 WLAN 基础设备,同时还要考虑支持 UMTS 和 CDMA 的 WLAN 设备是有差异的。另外,这种结构使蜂窝网的骨干网需要接收来自于 WLAN 的业务流量,而 WLAN 的业务特性与蜂窝网是不同的,因此还需要重新设计蜂窝网骨干网的结构。因此,紧耦合方案的实施需要较大的资金和时间代价。

6.2.5　无线异构网络融合

目前,蜂窝网与 WLAN 间的切换管理已经被提升到一个新的高度。一般来讲,蜂窝网、WLAN 等无线网络往往相互重叠覆盖,由不同的运营商开发,没有一个统一的接口标准。而单一无线网络的频率资源无法满足日益增长的业务量需求,且一般无法实现全球无缝覆盖。为了解决无线资源的匮乏和移动用户数量的快速增加、服务质量要求的提高之间的矛盾,并实现未来在任何时间、任何地点和任何人通信的目标,必须在开发更多频段的同时,使已开发的频带资源更有效地为用户服务,不同的无线通信系统就必须协同工作形成一个"异构无线通信环境"[7]。因此,如何有效地将包括蜂窝网与 WLAN 在内的多网络融合成统一的网络,成为研究者关注的焦点。无线异构网络融合,是将不同的射频接入技术(如 GSM、CDMA、WLAN、BlueTooth、WiMAX 等)进行结合,从而形成一种统一的无线通信网络。无线异构网络为用户提供普适服务,具有极其广阔的应用前景。在这里,移动切换管理成为该课题的重要组成部分。

由于异构无线网络间的移动性管理涉及很多方面,不仅有技术方面的问题,还有网络运营等方面的问题,因此,直至目前,国内外研究机构和相关组织也还未形成统一的认识和制定相应的标准。现有的技术应用方案基本上是从同构接入网内移动性管理和同构接入网间移动性管理两方面提出的,如针对 PDSN、GSM、GPRS、WCDMA 和 CDMA2000 等成熟商用系统的各种方案和改进策略[8-12]。而下一代网络的移动性管理的关键是要解决异构无线网络间移动性管理问题,以实现异构网络的有效融合。这也已经引起了全世界广泛的关注,许多研究组织、研究机构和设备制造商及网络运营商等都开始进行研究,其中包括 ITU、IETF、IEEE、3GPP、3GPP2、ETSI、MWIF、WWRF、NGMN 等以及众多高校和科研院所。

例如,ITU 把移动性管理列为下一代网络 NGN 标准的重要内容,细化了下一代网络的移动性管理的功能需求、通用框架、体系结构和相关功能组等。ETSI 成立了 TISPAN (Telecommunication and Internet Converged Services and Protocols for Advanced Networking)委员会负责网络融合的标准化,包括与网络融合相关的移动性管理问题。IETF 成立了若干工作小组专门研究基于 IP 网络移动性的相关技术,包括 MIP、SIP、mSCTP、HIP、NetLMM 等方案。IEEE 802 标准委员会除了研究 WLAN、WMAN、WWAN 的移动性之外,于 2004 年正式成立 802.21 工作组,负责介质独立性切换 MIH (Media Independent Handover)的研究,旨在促进多模终端设备在不同类型的接入介质间实现无缝切换。3GPP 在 RS 版本中提出了 IP 多媒体子系统 IMS(IP Multimedia Subsystem)网络架构,其目的是提供开放接口以支持统一的语音、数据和多媒体业务,建立与接入方式无关、能被有线网络和无线网络共同使用的融合核心网[13,14]。MWIF (Mobile Wireless Internet Forum)则致力于发展统一、开放的移动无线互联网技术,包括在一个通用的无线接入协议基础上与所有接入技术协同工作,在核心网组件之间提供标准的开放接口等。世界无线研究论坛(WWRF)于 2004 年在北京召开的会议上提出,将移动泛在业务环境(MUSE)作为对未来无线世界远景目标的一种尝试性描述。是人们对未来移动异构泛在网络的理想化规划和设计。在 MUSE 中,通信系统通过各个异构子网络的协同,能够支持不同程度的移动与无缝的连接。从业务的角度看来,MUSE 将提供一个能够充分利用各种异构网络的能力,但又有效地屏蔽了这些异构网络细节的业务开发和部署环境,能实现业务的迅速开发与部署。2006 年 9 月,中国移动与 Vodafone、T Mobile、Orange、KPN、Sprint、NTT DoCoMo 七大运营商共同发起成立了 NGMN(Next Generation Mobile Network)。NGMN 旨在最大限度地利用现有资源,实现多种异构网络之间的协作和无缝移动能力[7,15]。

异构无线网络的移动性管理(Mobility Management)包含切换管理和位置管理,研究热点仍然是网络间的垂直切换。由于网络的异构性,系统对垂直切换方法提出了更高的要求。不同技术的网络存在较大差异,传统的切换机制不能直接应用于异构网络之间的切换。垂直切换机制需要采用灵活、高效的切换决策,从包含蜂窝网、WLAN 在内的多个可接入网络中选择一个最合适的网络作为即将切换接入的目标网络。

垂直切换的主要研究内容包括切换性能优化、切换决策制定、切换判断及算法优化等功能。应寻求良好的切换算法和合理的切换决策,同时保证切换过程中的 QoS 指标,降低切换对业务的影响。

以切换性能优化为例,在现有研究中,无缝切换的切换性能目标包括快速切换和平滑切换两方面。平滑切换是以最小化丢包率为目的的切换,不包含分组转发时延的概念;快速切换是以最小化切换时延为目的的切换,不包含丢包率的概念。无缝切换则综合了平滑切换和快速切换,指没有业务能力、安全或服务质量改变的切换。垂直切换技术为了实现与底层接入技术的无关性,常常采用高层(网络层及以上)技术实现。但这种高层的通用性却会导致切换性能的损失,突出表现为切换时延比较大。另外,无线链路本身状态的不稳定性、移动终端无线资源的有限性,以及网络间移动性所带来的无线链路特征的变化,也会带来性能方面的问题。现有的很多切换优化机制基于局部移动性的思路，如 HMIPv6 等。

对于切换决策的制定，垂直切换决策是典型的多属性决策问题。在垂直切换决策机制的研究中，需要解决如下问题。

(1) 决策属性集的定义和测量。对于易于采用数值表示的属性，如可用带宽、移动速度等，需确定测量内容、测量方法和测量结果上报方式。对于不易采用数值描述的属性，如安全性、用户偏好等，需给出客观、形式化的定义方法。另外，还要对这些度量值不同的属性进行合理的规范化。

(2) 决策目标的确定和决策方法的设计。设计高效、可行的垂直切换决策方法，实现异构接入网络间的合作，并能有效地减少不必要的切换，避免乒乓效应，同时，保证切换前后的通信质量。

在切换判断及算法优化等方面，则与蜂窝网中的小区间切换方法相似，使用信号强度作为切换判断的指标。在异构无线网络中，虽然这些网络的无线接入技术不同，但是所有的网络都使用以恒定发射功率发射的分离信号来进行信号强度测量，以用于切换判断。因此，绝大多数现有的垂直切换算法都将接收信号强度作为基本的判断指标[16]。

参 考 文 献

[1] 杨娟. 移动通信系统中位置管理技术研究[D]. 成都：西南交通大学，2011.

[2] Theodore Rappaport. Wireless Communications Principles and Practice [M]. NJ：Pearson Education，2002.

[3] 李瑾，罗汉文，宋文涛. 第三代移动通信系统位置管理方式[J]. 电信快报，1999(3)：14-17.

[4] Rappaport，S. S. Blocking，hand-off and traffic performance for communication systems with mixed platforms [J]. IEEE Proceedings，1993(10)：389-401.

[5] 3GPP. Group Services and System Aspects：3GPP System to Wireless Local Area Networks Interworking，System Description [Z]. 2003.

[6] AXIOTISDI，et al. Services in interworking 3G and WLAN environments [J]. IEEE Wireless Communications，2004，11(5)：14-20.

[7] 唐余亮. 异构无线网络的移动性管理关键技术研究[D]. 厦门：厦门大学，2009.

[8] Goyal Anupam. Mobility Management in Global Wireless Communication Networks [D]. UNIVERSITY OF ARIZONA，1999.

[9] Fabio M. Chiussi，et al. Mobility Management in Third-Generation All-IP Networks [J]. IEEE Communications Magazine. 2002(9)：14-20.

[10] 肖斌. 移动通信体系中移动性管理技术研究[D]. 北京：北京交通大学，2007.

[11] 王建国. 蜂窝网络的移动管理研究[D]. 上海：复旦大学，2003.

[12] 朱艺华. 移动通信网络中移动性管理策略研究[D]. 杭州：浙江大学，2002.

[13] 孔松，陈金权. 基于 IMS 的网络融合技术[J]. 现代电信科学，2005(3)：71.

[14] 孔松，张力军. IMS 业务会话在 3G 和 WLAN 间的切换方案[J]. 江苏：江苏通信技术，2006 (4)：33.

[15] NGMN. NGMN White Paper [R]. Germany：NGMN，2006.

[16] 孙博. 基于位置信息的异构网络垂直切换算法研究[D]. 江苏：江苏大学，2008.

第 7 章

移动 IP

7.1 概　　述

7.1.1 移动 IP 的出现背景

因特网的飞速发展和移动设备(笔记本电脑、掌上电脑)的大量涌现,推动了移动计算机接入网络的研究,人们不再满足于单一的、固定的因特网接入方式,而是希望能够提供灵活的上网方式,移动计算机用户希望能够和桌面固定用户一样接入同样的网络,共享网络资源和服务。无线互联网的发展,要求 IP 网络能够提供对移动性的良好支持。

根据 IP 地址结构和寻址模式的特点,每一个 IP 地址都归属一个网络,当把一台桌面计算机从一个网络移动到另一个网络时,首先要从原网络上断开,在连接到新的网络上,并且还要重新配置 IP 地址。这样的方式对于一个需要频繁移动的移动计算机来说,显然不能适用[1]。

在 IP 网络中,路由决策是由目标 IP 地址的网络前缀部分决定,这就意味着拥有同一条链路的接口的所有网络节点的 IP 地址必须拥有相同的网络前缀。移动节点对于通信有这样一个要求,即它可以将自己的接入点(Point-Of-Attachment,POA)从一条链路转向另一条链路,但同时必须保持已有通信不中断,并且在新的链路上使用与原来相同的 IP 地址。而根据现有的 IP 技术,当一个节点改变链路时,其 IP 地址的网络前缀必然要发生改变,这就意味着基于网络前缀的路由算法无法将数据包传送到节点的当前位置。移动 IP 提供了一种机制,使得一个移动节点可以连接到任意链路,但同时可以不必改变其永久 IP 地址。

移动 IP 是因特网针对节点的移动特性在网络层提出的一种解决方案。事实上,可以将移动 IP 看作一种路由协议,它在特定节点简历路由表,以保证 IP 数据包可以被传送到那些未连接在家乡链路上的节点处。

7.1.2 移动 IP 设计目标及设计要求

移动 IP 协议作为节点移动性带来的若干问题的一种解决方案,其设计应当满足以下几点基本要求。

（1）一个移动节点在改变了其链路层的接入点之后应当仍然能够与其他节点进行通信，这就意味着基于网络前缀的路由算法不能继续使用。

（2）一个移动节点通信时，应当只需要使用其家乡（永久）IP 地址，无论其当前的接入点在哪里，这意味着那些需要改变 IP 地址的解决方案是不可行的。

（3）一个移动节点应当能够与那些没有移动 IP 功能的固定计算机进行通信，而不需要修改协议。

（4）考虑到移动节点通常是使用无线方式接入，涉及无线信道带宽、误码率与电池供电等因素，应尽量简化协议，减少协议开销，提高协议效率。

（5）移动节点不应比 Internet 上的其他节点面临新的或更多的安全威胁。

基于以上几点要求，移动 IP 的设计目标如下。

（1）包括移动 IP 在内的所有协议都需要传送网络中各种节点的路由的更新。因此，移动 IP 的一个设计目标就是使得这些更新的规模和频率尽量小。

（2）移动设备的内存和处理器的处理能力通常都是有限的，因此移动 IP 的设计应当尽量简洁，以保证这些设备上的相关软件的实现较为简易。

（3）由于 IPv4 地址空间的有限性，移动 IP 的设计应当尽量避免出现一个节点同时拥有多个地址的情况。不过如果使用的是 IPv6 地址的话，则不需要考虑这一点，因为 IPv6 的地址空间要远大于 IPv4。

7.1.3　移动 IP 的发展历史

移动 IP 的研究始于 1992 年。1992 年，IETF 成立移动 IP 工作组，并开始制定移动 IPv4 的标准草案。研究 IPv4 的主要文档包括 RFC 2002（定义了移动 IPv4 协议），RFC 1701、RFC 2003 与 RFC 2004（定义了移动 IPv4 中的 3 种隧道技术），RFC 2005（定义了移动 IPv4 的应用）以及 RFC 2006（定义了移动 IPv4 的管理信息库 MIB）。1996 年 6 月，IESG 通过了移动 IP 标准草案，同年 11 月公布了建议标准。

7.2　移动 IP 协议

下面具体讲解移动 IP 协议及其算法，首先给出移动 IP 中的两点假设。

（1）假设单播数据包（即只有一个接收者的那些数据包）的路由不需要使用其源 IP 地址。也就是说，移动 IP 假设所有的单播数据包的路由基于目标 IP 地址，而通常使用到的其实只是目标地址的网络前缀部分。

（2）假设因特网一直存在，并且可以在任何时候，在任何一对节点之间传播数据。

7.2.1　基本术语

以下是移动 IP 算法中常用的基本术语。

移动节点（MN）：位置经常发生变化，即经常从一个链路切换到另一个链路的节点（主机）。

家乡地址：移动节点所拥有的永久 IP 地址，一般不会改变，除非其家乡网络的编址发生了变化。对于和移动节点通信的主机来说，它会一直与移动节点的家乡地址进行通信。

家乡链路：一个移动节点的家乡子网掩码所定义的链路。标准的 IP 路由机制会将目标地址为某一节点的 IP 地址的数据包发送到其家乡链路。

家乡代理（HA）：移动节点家乡链路上的一台路由器，主要用于保持移动节点的位置信息，当移动节点外出时，负责把发给移动节点的数据包转发给移动节点。

转交地址（CoA）：当移动节点切换到外地链路时，与该节点相关的一个 IP 地址。当移动节点和其他节点通信时，并不直接使用转交地址做目的地址或源地址，但若没有转交地址就不能维持通信。当家乡代理向移动节点转发数据时，要用转交地址做隧道的出口地址。转交地址可以分为配置转交地址和外地代理转交地址两类。

通信节点（CN）：一个移动节点的通信对象。

外地代理（FA）：移动节点所在外地链路上的一台路由器，当移动节点的转交地址由它提供时，用于向移动节点的家乡代理通报转交地址、做移动节点的默认路由器、对家乡代理转发来的隧道包进行解封装，并交付给通信节点。

隧道（tunnel）：一种数据包封装技术，广义上讲，就是把一个数据包封装在另一个数据包的数据净荷中进行传输。在移动 IP 中，当家乡代理截获发给移动节点的数据时，就要把原始数据封装在隧道包内，隧道包目的地址是转交地址。当外地代理（或移动节点）收到这个隧道包后，解封装该包，把里面的净荷提交给移动节点（或上层）。

7.2.2　移动 IP 的基本操作原理

每一个移动节点都拥有两个 IP 地址，一个唯一的家乡地址和一个用于路由的转交地址。转交地址可以是静态分配的，也可以是动态分配的。

移动 IP 协议采用了代理的概念。家乡代理截取给移动节点的数据包，将其打包并转交给移动节点所注册的转交地址。外地代理是与移动节点建立连接的路由器，因此移动节点通过外地代理与家乡代理通信，更新自己的位置信息。

7.2.3　移动 IP 的工作过程

移动 IP 有 3 个基本的工作过程：代理发现、注册以及隧道封装与分组路由。移动 IP 的基本操作流程如图 7-1 所示。

7.2.3.1　代理发现

代理发现指的是一个移动节点通过代理通告发现新的接入点以及获得转交地址的过程。这个过程中，移动节点确定了自己应该连接到哪一条链路以及自己是否改变了网络的接入点。如果节点成功接入到了外地链路中，那么其会获得转交地址，并且会被允许向代理发送代理请求。代理发现是通过 ICMP 数据包实现的。代理发现的过程如图 7-2 所示。

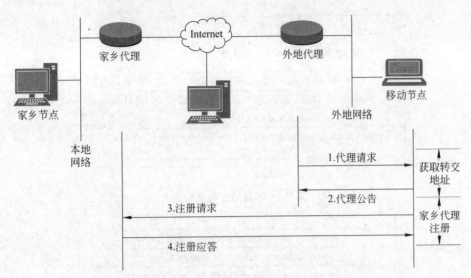

图 7-1　移动 IP 中移动节点和通信对端的基本操作[2]

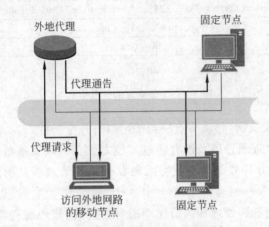

图 7-2　代理发现的过程示意图[3]

代理发现过程定义了代理通告(agent advertisement)和代理请求(agent solicitation)两个消息[4]。

在所连接的网络上,家乡代理和外地代理定期广播"代理通告"消息,以宣告自己的存在。代理通告消息是 ICMP 路由器布告消息的扩展,它包含路由器 IP 地址和代理通告扩展信息。移动节点时刻监听代理通告消息,以判断自己是否漫游出家乡网络。若移动节点从自己的家乡代理接收到一个代理通告消息,它就能推断已返回家乡,并直接向家乡代理注册,否则移动节点将选择是保留当前的注册,还是向新的外地代理进行注册。代理通告的信息格式如图 7-3 所示。

外地代理周期性地发送代理通告消息,若移动节点需要获得代理信息,它可发送一个 ICMP "代理请求"消息。任何代理收到代理请求消息后,应立即发送回信。代理请求与 ICMP 路由器请求消息格式相同,只是它要求将 IP 的 TTL 域置为 1。代理请求的信息格式如图 7-4 所示。

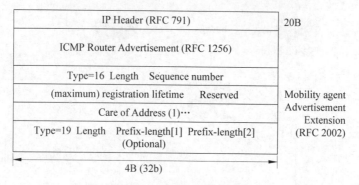

图 7-3　代理通告信息格式

Vers=4	Type of service	Total length
Identification	Flags	Fragment Offset
Time to Live=1	Protocol=ICMP	header Checksum
Source Address=Mobile node's home address		
Destination Address=255.255.255.255(broadcast) or 224.0.0.2(multicast)		
Type=10	Code=10	Checksum
Reserved		

4B (32b)

图 7-4　代理请求的信息格式

为了配合代理发现机制,移动节点应当满足以下几个条件。

(1) 在没有收到代理通告以及没有通过其他方式获得转交地址时,移动节点应当能够发送代理请求信息,并且节点必须能够限制发送代理请求信息的速度(按照二进制指数后退算法)。

(2) 移动节点应当能够处理到达的代理通告,区分出代理通告消息和 ICMP 路由器的通告消息。如果通告消息多于一个,则取出第一个地址开始注册。移动节点收到代理通告后,即使已经获得可配置的转交地址,也必须向外地代理注册。

(3) 如果移动节点在生存时间内没有收到来自同一个代理的代理通告,则可假设自己已经失去和这个代理的连接。如果移动节点收到了另一个代理的通告,则应当立即尝试与该代理进行连接。

(4) 当移动节点收到家乡代理的通告时可确信自己一返回家乡,应当向家乡代理进行注销。

代理发现过程的流程如图 7-5 所示。

7.2.3.2　注册

注册过程示意图如图 7-6 所示。移动节点发现自己的网络接入点从一条链路切换到另一链路时,就要进行注册。另外,由于注册信息有一定的生存时间,所以移动节点在没有发生移动时也要注册。移动 IP 的注册功能:移动节点可得到外地链路上外地代理的

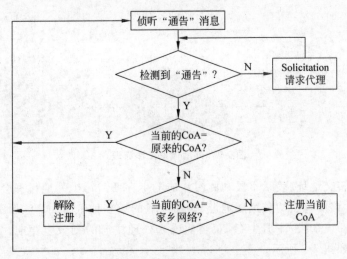

图 7-5 代理发现流程图[5]

路由服务;可将其转交地址通知家乡代理;可使要过期的注册重新生效。另外,移动节点在回到家乡链路时,需要进行注销。

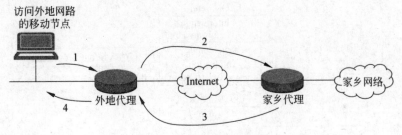

图 7-6 注册过程示意图[2]

注册的其他功能:可同时注册多个转交地址,此时归属代理通过隧道技术,将发往移动节点归属地址的数据包发往移动节点的每个转交地址;可在注销一个转交地址的同时保留其他转交地址;在不知道归属外地代理的情况下,移动节点可通过注册,动态获得外地代理地址。

移动 IP 的注册过程一般在代理发现机制完成之后进行。当移动节点发现已返回家乡链路时,就向家乡代理注册,并开始像固定节点或路由器那样通信,当移动节点位于外地链路时,能得到一个转交地址,并通过外地代理向归属代理注册这个地址。

移动 IP 的注册操作使用 UDP 数据报文,包括注册请求和注册应答两种消息。移动节点通过这两种注册消息,向家乡网络注册新的转发地址。

注册过程中,外地代理为移动节点生成转交地址并通知其家乡代理,其工作原理如图 7-7 所示。

注册请求过程:如果移动节点不知道家乡代理地址,它就向家乡网络广播注册(直接广播)。之后每个有效的家乡代理给予响应,移动节点采用某个有效家乡代理的地址进行注册请求。一次有效的注册完成之后,家乡代理会为移动节点创建一个条目,其中包

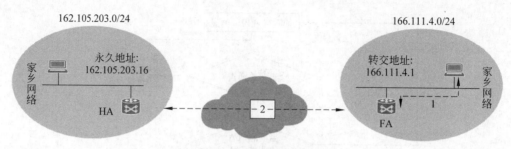

图 7-7 外地代理工作原理[5]

含移动节点的转交地址、表示字段和此次注册的生存期。每个外地代理会维护一个访问列表,其中包含移动节点的链路层地址、移动节点的家乡地址、UDP 注册源端口,家乡代理的 IP 地址、标识字段、注册生存期、当前或未处理注册的剩余生存期。注册过程中信息传递的流程如图 7-8 所示。

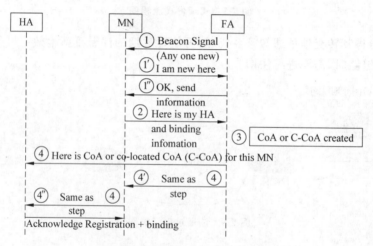

图 7-8 注册过程中信息传递流程

移动节点可以通过两种方式向家乡代理发送注册请求,即通过外地代理发送注册请求和直接发送注册请求。两种方式的过程分别如图 7-9 和图 7-10 所示。

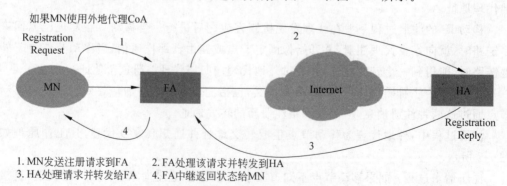

图 7-9 通过外地代理发送注册请求示意图[5]

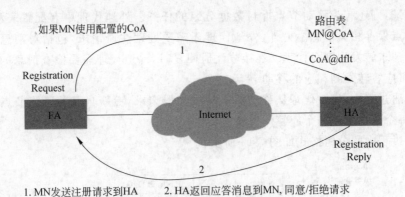

1.MN发送注册请求到HA　　2.HA返回应答消息到MN,同意/拒绝请求

图 7-10　直接发送注册请求示意图[5]

发送注册请求成功之后,家乡代理会为移动节点创建一个移动绑定,并将移动节点的家乡地址与当前的转交地址绑定在一起,并设置生存期。移动节点在此绑定信息超市之前必须续订,否则该绑定将会失效,移动节点需要重新注册。家乡代理会发送注册回复信息,指出注册请求是否成功。如果移动节点是通过外地代理注册的,那么注册应答消息应当由外地代理转发。注册请求可以被拒绝,而拒绝的来源既可以是家乡代理,也可以是外地代理。注册请求和注册应答消息通过 UDP 报文传输,这是因为 UDP 的开销小,并且在无线环境下的性能优于 TCP。

如果移动节点回到了家乡网络,则必须在家乡链路上进行注册(注销其移动绑定信息),其过程如图 7-11 所示。

① MN通过UDP报文向HA发送registration消息
② HA更新MN的家乡地址和CoA地址的绑定信息
　　Home address　Care-of-Address　Lifetime
③ 所有上述动作必须经过认证

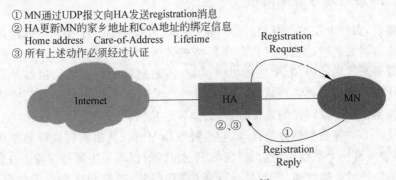

图 7-11　注销过程示意图[5]

注册及注销过程对于移动节点有以下几点要求。

(1)移动节点需要能够进行网络掩码的配置。

(2)只要检测到连接网络发生变化就发起注册。

(3)移动节点必须能够发送注册请求,其 IP 源地址为转交地址或家乡地址,IP 目的地址为外地代理的地址或家乡代理地址。

(4)移动节点必须能够处理注册回复,判断自己发出的注册是否成功。

(5)注册请求发送失败时移动节点必须进行重传。

外地代理位于移动节点和家乡代理之间,是注册请求的中继,如果其为移动节点提供转交地址,则还有为移动节点拆封数据分组的任务。外地代理中有配置表和注册表,为移动节点保存相关信息。另外,外地代理还需要处理注册请求,包括对消息的有效性检查和将请求转发到家乡代理。在接收注册回复时,外地代理需要检查信息的格式是否正确,并将应答转发到相应的移动节点。

在注册过程中,家乡代理从移动节点接收注册请求,更新自己关于该节点的绑定记录,并为每个请求启动一个应答作为响应。

注册过程中的分组格式如图 7-12 所示。

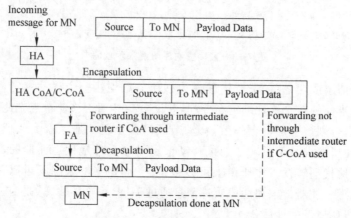

图 7-12　注册过程中的分组格式

7.2.3.3　隧道封装与分组路由

所谓隧道,实际上是路由器把一种网络层协议封装到另一个协议中以跨过网络传送到另一个路由器的处理过程。发送路由器将被传送的协议包进行封装,经过网络传送,接收路由器解开收到的包,取出原始协议;而在传输过程中的中间路由器并不在意封装的协议是什么。这里的封装协议,称为传输协议,是跨过网络传输被封装协议的一种协议。隧道技术是一种点对点的连接,因而必须在连接的两端配置隧道协议[6]。

隧道技术是一种数据包封装技术,它是将原始 IP 包(其报头包含原始发送者和最终目的地)封装在另一个数据包(称为封装的 IP 包)的数据净荷中进行传输。在移动 IP 中,隧道包目的地址就是转交地址,当外地代理(或移动节点)收到这个隧道包后,解封装该包,把里面的净荷提交给移动节点。

在家乡网络中,移动主机的操作与标准的固定主机相同;当移动主机移动到外地网络,且完成移动 IP 的注册过程后,可以在外地网络上继续通信。在外地网络上的通信需要采用隧道技术。封装是隧道技术的核心,所谓封装是指把一个完整的 IP 分组当作数据,放在另一个 IP 分组内,原 IP 分组的 IP 地址称为内部地址,新的 IP 分组的 IP 地址称为外部地址。IP 封装如图 7-13 所示[7]。

隧道技术就是在隧道的起点将 IP 分组封装,并将外部地址设置为隧道终点的 IP 地址。封装的 IP 分组经标准的 IP 路由算法传递到隧道的终点。在隧道的终点,将封装的 IP 分组进行拆分。

当移动节点在外区网上时,家乡代理需要将原始数据包转发给已登记的外地代理。这时,家乡代理使用 IP 隧道技术,将原始 IP 数据包封装在转发的 IP 数据包中,从而使原始 IP 数据包原封不动地转发到处于隧道终点的转交地址处。在转交地址处解除隧道,取出原始数据包,并将原始数据包发送到移动节点。隧道转发过程示意图如图 7-14 和图 7-15 所示。

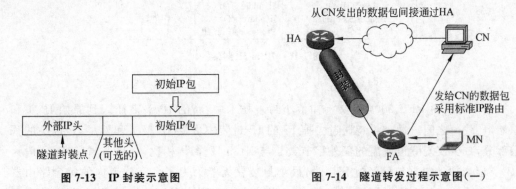

图 7-13　IP 封装示意图　　　　　　图 7-14　隧道转发过程示意图(一)

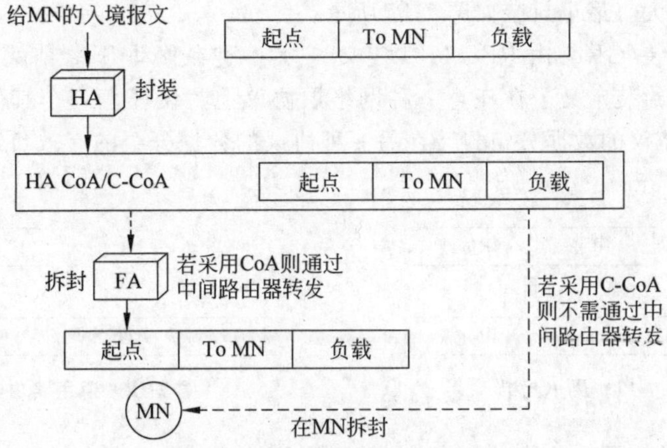

图 7-15　隧道转发过程示意图(二)

隧道转发过程如下。

(1) 通信节点发送给移动节点的报文被家乡代理截获,包括目的地是移动节点的报文被家乡代理截获和家乡代理截获在家乡网络上的数据包。

(2) 家乡代理对数据包进行封装并通过隧道传输给移动节点的转交地址。

(3) 在隧道的终点(外地代理或移动节点本身),数据包被拆封,然后递交给移动节点。

(4) 对于移动节点发送的数据包采用的是标准的 IP 路由。

移动 IPv4 主要有 3 种隧道技术,它们分别是 IP in IP、最小封装以及通用路由封装。家乡代理和外地代理必须能够使用 IP-in-IP 封装来支持分组的隧道传输。最小封装和 GRE 封装是移动 IP 协议提供的另外两种可选的封装方式[8]。

IP in IP 封装由 RFC 2003 定义。在 IP in IP 技术中,整个 IP 数据包被直接封装,成为新的 IP 数据包的净荷。其中内部 IP 头信息不变,除了生存时间减 1,而外部的 IP 头则是完整的 IP 头信息。IP in IP 封装如图 7-16 所示。

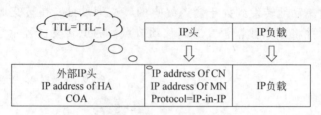

图 7-16　IP in IP 封装

最小封装由 RFC 2004 定义。在最小封装技术中,新的 IP 头被插入到原始 IP 头和原始 IP 载荷之间。最小封装通过去掉 IP 的 IP 封装中内层 IP 报头和外层 IP 报头的冗余部分,减少实现隧道所需的额外字节数。与 IP in IP 封装相比,它可节省字节(一般为8B)。但当原始数据包已经过分片时,最小封装就无能为力了。在隧道内的每台路由器上,由于原始包的生存时间域值都会减小,以使家乡代理在采用最小封装时,移动节点不可到达的概率增大。最小封装如图 7-17 所示。

通用路由封装(GRE)由 RFC 1701 定义,它是一种在移动 IP 之前就已经开发出来的协议。通用路由封装定义了在任意一种网络层协议上封装任意一个其他网络层协议的协议,运行一个协议的数据分组封装在另一种协议的数据分组的有效负载中。通用路由封装如图 7-18 所示。

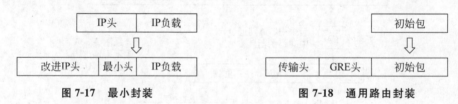

图 7-17　最小封装　　　　　　　　图 7-18　通用路由封装

移动 IP 通常使用三角路由和优化路由两种路由方式。

三角路由如图 7-19 所示。其过程如下。

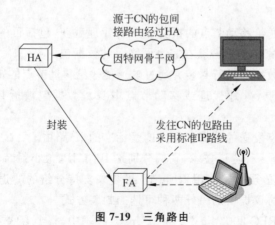

图 7-19　三角路由

（1）数据包从通信节点利用 IP 发往移动节点。

（2）家乡代理截获数据包,通过隧道将数据包发往移动节点的转交地址。

（3）在外地代理端,数据包去封装,并发送给移动节点。

（4）移动节点发送的数据包采用标准的 IP 路由发往其目的地。

三角路由有以下的优点。

（1）控制简单。

（2）交换的控制报文有限。

（3）不需要额外的地址绑定信息,对于特定主机的绑定信息存放在同一个地方。

但是三角路由也有很多缺点。

（1）家乡代理是每个报文的固定重定向点,即使源和目的之间存在更短的路径。路径的增长可能会增加端到端的延迟。

（2）家乡代理会成为通信的瓶颈,因为其很容易出现过载情况。

（3）当移动节点移动到越来越远的地方时,注册的开销可能会越来越大。

另一种常用的分组路由方式是优化路由,其原理如图 7-20 所示。

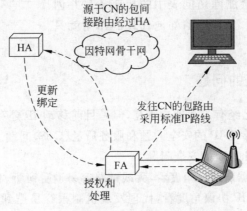

图 7-20　优化路由

优化路由的过程如下。

（1）移动节点告知通信节点自己当前的转交地址。

（2）通信节点直接将数据包通过隧道传送给移动节点。

（3）每一个节点都有一个缓存,来存储绑定信息,这些绑定信息会在其生命周期到达后失效。

优化路由拥有以下优点。

（1）有了缓存和绑定信息,数据包可以直接从通信节点传向移动节点,不需经过家乡代理,这样便可以提高服务质量(QoS)。

（2）对于频繁移动的用户,先前的外地代理可以将数据包传送到移动节点新的转交地址。

但是,优化路由也存在一些缺点。

（1）结构非常复杂。

（2）缓存查询和绑定等处理信息的开销可能会非常大。

（3）在优化路由中，通信节点必须授权给每一个与移动节点相连接的外地代理，这可能会产生安全问题。

在移动 IP 中，外地代理的平滑切换是一个很重要的问题，因为这涉及移动节点是否能够畅通无阻的通信的问题。当移动节点移动到一个新的外地网络中，需要向新的外地代理进行注册。在基本的移动 IP 协议中，当节点移动到新的外地网络时并不通知旧的外地网络，这就可能导致通过隧道传输到旧的外地网络中的数据包的丢失。如果这种情况发生，只能有更高层的协议进行重传。旧的外地代理会在绑定的生存期过后删除对应的条目。

对于代理切换的一种改进如图 7-21 所示。移动节点向新的外地代理注册时请求新的外地代理通知旧的外地代理自己当前的位置，之后新的外地代理发送绑定更新消息给旧的外地代理并请求对方确认。在接收到绑定更新后，旧的外地代理会删除访问表中的相应条目并创建新的绑定缓存。在这之后，旧的外地代理的作用就只相当于一个转发节点。

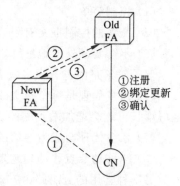

①注册
②绑定更新
③确认

图 7-21　外地代理切换改进

7.2.4　移动 IP 存在的问题

尽管对于移动 IP 已经有了大量的研究，但是目前移动 IP 还存在许多需要进一步解决的问题，这里只讨论移动 IP 的安全问题和服务质量（QoS）问题。

移动 IP 存在以下几方面的安全问题。

（1）从物理层与数据链路层角度看，无线链路容易遭受窃听、重放或其他攻击。

（2）从网络层移动 IP 协议角度看，代理发现机制很容易遭到一个恶意节点攻击，移动注册机制很容易受到拒绝服务攻击与假冒攻击。

（3）家乡代理、外地代理与通信对端，以及代理发现、注册与隧道机制都可能成为攻击的目标。

移动 IP 在服务质量（QoS）方面存在以下问题。

（1）移动节点在相邻区域间的切换引起分组传输路径的变化，对通信服务质量会造成重要的影响。

（2）移动节点转交地址的变化，会引起传输路径上的某些节点不能满足数据分组传输所需要的服务质量要求。

（3）目前 IP 网络提出的集成服务和区分服务机制不能适合于移动环境。

（4）移动 IP 服务质量解决方案需要考虑切换期间通信连接的中断时间，有效确定切换过程中原有路径中的重建，切换完成后要能够及时释放原有路径上的服务质量状态和已分配资源等因素。

（5）目前研究较多的解决方案都基于资源预留协议 RSVP。

（6）移动网络服务质量保证机制中服务质量的协商机制是至关重要的。

7.3　移动 IPv6

　　移动 IPv6 技术充分利用了 IPv6 带来的便利与优势,实现了移动 IP,它是 IPv6 重要的研究和应用方向之一。移动 IPv6 基于 IPv6 技术,用到了 IP 路由头、认证头以及路由优化。在移动 IPv6 中,没有外地代理的概念,移动节点从外地链路获得转交地址,并将其报告给自己的家乡代理,并且一个移动节点可以由多个转交地址。在移动 IPv6 中,安全选项是必需的,而不是可选的,这就大大提高了协议的安全性。

　　移动 IPv6 技术充分利用了 IPv6 协议对移动性的内在支持。首先,路由器在路由器广播报文中指示了它是否能担任本地代理。同一个子网内允许多个本地代理存在,移动节点可以向任意一个本地代理注册。本地代理中保存有移动节点的家乡地址和转交地址的对照表,收到发送给移动节点的报文后,根据对照表把报文转发给移动节点。其次,每当移动节点收到其他主机发来的报文后,在响应报文中以转交地址作为源地址,并要附带上移动节点的家乡地址。其他主机的后续报文以移动节点的转交地址为目的地址,但是要附带源路由选择头,报头内容为移动节点的家乡地址。使用这种机制的目的是保证移动节点在移动过程中也不会丢失报文。最后,IPv6 中定义了重定向过程。当移动节点在小区间切换时,移动节点重新登记成功后,基站应该向原来的基站发重定向报文,使切换过程中路由有偏差的报文重新找到移动节点。

7.3.1　移动 IPv6 操作

　　移动 IPv6 的操作过程如图 7-22 所示。

　　其具体操作过程如下。

　　(1) 移动节点采用 IPv6 版的路由器搜索确定它的转交地址。当移动节点连接在它的家乡链路上时与任何固定的主机和路由器一样工作。当移动节点连接在它的外地链路上时,它采用 IPv6 定义的地址自动配置方法得到外地链路上的转交地址。由于移动 IPv6 没有外地代理,因此移动 IPv6 中唯一的一种转交地址是配置转交地址,移动节点用接收的路由器广播报文中的 M 位来决定采用哪一种方法。如果 M 位为 0,那么移动节点采用被动地址自动配置,否则移动节点采用主动地址自动配置。之后,移动节点将它的转交地址通知给家乡代理。步骤(1)如图 7-23 所示。

　　(2) 如果可以保证操作时的安全性,移动节点也将它的转交地址通知几个通信节点。移动 IPv6 采用布告过程通知移动节点家乡代理或其他节点它当前的转交地址。移动 IPv6 中的布告和移动 IPv4 中的注册有很大的不同。在移动 IPv4 中,移动节点通过 UDP/IP 包中携带的注册信息将它的转交地址告诉家乡代理,相反,移动 IPv6 中的移动节点用目的地址可选项来通知其他节点它的转交地址。为移动 IPv6 布告所定义的三条消息为绑定更新、绑定应答和绑定请求。这些消息都被放在目的地可选报头中,这表明这些消息都只被最终目的节点检查。移动 IPv6 布告过程包括在移动节点和家乡代理或通信节点间交换绑定更新和绑定应答。绑定应答很可能是在移动节点收到一个绑定请

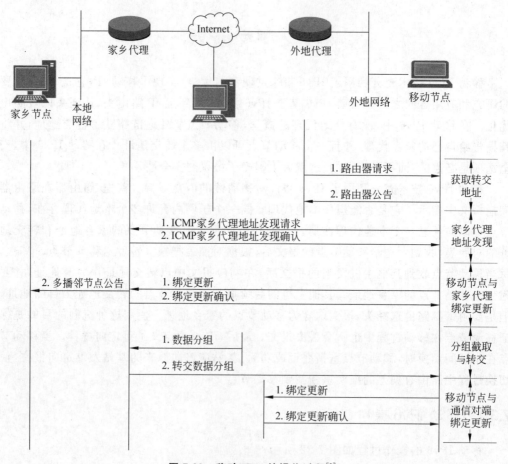

图 7-22　移动 IPv6 的操作过程[2]

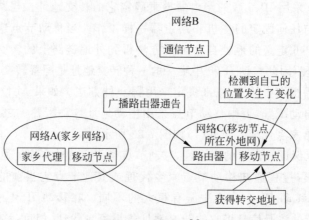

图 7-23　步骤(1)[9]

求后发出的。有时,通信节点通过向移动节点发送一个绑定请求启动布告过程,移动节点则通过发送绑定更新启动布告过程。在这两种情况中,移动节点都向家乡代理或通信节点告知它当前的转交地址。移动节点可以通过绑定更新中的应答位来要求接收者是否通过向移动节点发送绑定应答来响应,绑定应答首先通知移动节点绑定更新已收到,其次还告诉移动节点绑定更新是否被接受。步骤(2)如图 7-24 所示。

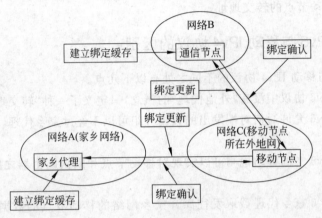

图 7-24 步骤(2)[9]

(3) 移动 IPv6 中同时采用隧道和源路由技术向连接在外地链路上的移动节点传送数据包。知道移动节点的转交地址的通信节点可以利用 IPv6 选路报头直接将数据包发送给移动节点,这些包不需要经过移动节点的家乡代理,它们将经过从始发点到移动节点的一条优化路由。如果通信节点不知道移动节点的转交地址,那么它就像向其他任何固定节点发送数据包那样向移动节点发送数据包。这时,通信节点只是将移动节点的家乡地址放入目的 IPv6 地址域中,并将它自己的地址放在源 IPv6 地址域中,然后将数据包转发到合适的下一跳上。这样发送的一个数据包将被送往移动节点的家乡链路,就像移动 IPv4 中那样。在家乡链路上,家乡代理截获这个数据包,并将它通过隧道送往移动节点的转交地址。移动节点将送过来的包拆封,发现内层数据包的目的地是它的家乡地址,于是将内层数据包交给高层协议处理。步骤(3)如图 7-25 所示。

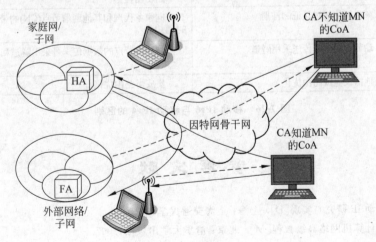

图 7-25 步骤(3)

（4）在相反方向，移动节点送出的数据包采用特殊的机制被直接路由到它们的目的地。然而，当存在入口方向的过滤时，移动节点可以将数据包通过隧道送给家乡代理，隧道的源地址为移动节点的转交地址。

7.3.2 移动 IPv6 与移动 IPv4 协议的区别

移动 IPv6 与移动 IPv4 协议的不同之处有以下几点。

（1）移动 IPv6 协议中没有"外地代理"的概念，只定义了一种"转交地址"。

（2）移动 IPv6 允许通信对端发出的数据分组可以不经过家乡代理，而直接路由到移动节点。

（3）移动 IPv6 中的移动检测可以实现对移动节点和默认路由器之间的双向通信的认证。

（4）移动 IPv6 家乡代理截取发往离开家乡网络的移动节点的数据包时，使用的是"邻居发现协议"。

（5）移动 IPv6 使用 ICMPv6 协议，而不需要使用 ICMPv4 的"隧道软状态"。

（6）移动 IPv4 使用分组广播机制每个家乡代理都需要向移动节点返回一个应答，而移动 IPv6 有动态家乡代理发现机制[10]。

移动 IPv6 与移动 IPv4 的区别如图 7-26 所示。

移动IPv4概念	等效的移动IPv6概念
移动节点、家乡代理、家乡链路、外地链路	同移动IPv4概念
移动节点的家乡地址	全球可路由的家乡地址和链路-局部地址
外地代理、外地转交地址	外地链路上的一个 "纯" IPv6路由器，没有外地代理，只有配置转交地址
配置转交地址，通过代理搜索、DHCP或手工得到转交地址	通过主动地址自动配置、DHCP或手工得到转交地址
代理搜索	路由器搜索
向家乡代理的经过认证的注册	向家乡代理和其他通信节点(CN)的带认证的通知
到移动节点的数据传送采用隧道	到移动节点的数据传送可采用隧道和源路由
由其他协议完成路由优化	集成了路由优化

图 7-26　移动 IPv6 与移动 IPv4 的区别

参 考 文 献

[1] 陈章. 移动 IP 研究与实现[D]. 上海：上海交通大学，2010.

[2] 吴功宜. 计算机网络高级教程[M]. 北京：清华大学出版社，2007.

[3] 周晓燕. 移动 IP 协议的研究与实现[D]. 成都：电子科技大学，2001.

[4] Wikipedia. Mobile IP [EB/OL]. https://en.wikipedia.org/wiki/Mobile_IP.

[5] 秦冀,姜雪松. 移动 IP 技术与 NS-2 模拟[M]. 北京:机械工业出版社,2006.

[6] Wikipedia. IP tunnel [EB/OL]. https://en. wikipedia. org/wiki/IP_tunnel.

[7] 百度百科. 移动 IP 技术[EB/OL]. http://baike. baidu. com/view/609808. htm.

[8] 李晓辉. 移动 IP 技术与网络移动性[M]. 北京:国防工业出版社,2009.

[9] 张宏科,苏伟. 移动互联网技术[M]. 北京:人民邮电出版社,2010.

[10] 孙磊. 移动 IP 切换技术的研究[D]. 北京:北京邮电大学,2010.

[11] Theodore S. Rappaport. Wireless Communications Principles and Practice [M]. NJ: Pearson Education,2002.

[12] William Stallings. Wireless Communications and Networks [M]. NJ: Pearson Education,2005.

人物介绍——互联网之父 Vinton G. Cerf

Vinton G. Cerf 是公认的"互联网之父",因与 Robert Elliot Kahn 共同设计 TCP/IP 而获得了 2004 年的图灵奖。

Vinton G. Cerf 在斯坦福大学获得了数学学士学位,然后加入了 IBM 公司。但 2 年后他重新回到学校,获得了加州大学洛杉矶分校(UCLA)计算机学博士学位。在华盛顿召开的国际计算通信大会上,他做了公开演示,使公众第一次看到包交换技术和远距离计算机交互技术。这一年,他离开 UCLA,加入斯坦福大学,担任该校的计算机和电气工程教授。1973 年春天,他去旧金山大饭店参加会议。在休息室过道里,等候下一轮会谈。突然灵感骤至,连忙拿起一个旧信封在背面胡乱画起来。正是在这张普普通通的纸上,他提出了能够连接不同网络系统的网关(Gateway)的概念,为 TCP/IP 的形成起了决定性的作用。

参 考 文 献

[1] https://en. wikipedia. org/wiki/Vint_Cerf.
[2] http://baike. baidu. com/view/806926. htm.

第 8 章

无线局域网与 IEEE 802.11 标准

无线局域网(Wireless Local Area Network,WLAN)是不使用任何导线或传输电缆连接的局域网,而使用无线电波作为数据传送的媒介,传送距离一般只有几十米。无线局域网用户通过一个或多个无线接入点接入无线局域网,而无线局域网的主干网路通常使用有线电缆。无线局域网现在已经广泛地应用在商务区、大学、机场及其他公共区域[1]。

无线局域网从有线局域网发展而来。虽然有线局域网应用非常广泛,而且传输速率高,构建成本低,但有一些固有的缺点。例如,铺设电缆或检查电缆是否短路相当耗时;再者,由于应用环境的不断更新与发展,原有局域网络可能会需要重新布局,重新安装网络线路的工程费用很高;更关键的是,有线局域网中的设备使用位置是固定的,不允许在使用中移动设备。这些缺点导致在很多场合下使用有线局域网非常不方便。因此无线局域网逐步取代了双绞铜线所构成的局域网络,让数据传输变得相当方便,使得实现"信息随身化,便利走天下"的理想境界成为可能。

无线局域网的发展始于 20 世纪 80 年代后期。在 1985 年,美国联邦通信委员会(Federal Communications Commission,FCC)为非授权用户开放了 3 个 ISM 无线频段,成为无线局域网的雏形。然而,无线局域网发展重要里程碑是 1997 年发布的 IEEE 802.11 标准。现在,IEEE 定义的 802.11 系列标准已经成为无线局域网最通用的标准。

8.1　无线局域网的构成

WLAN 由无线网卡、无线接入点(Access Point,AP)、计算机和有关设备组成。其中 AP 类似于有线局域网中的集线器,是一种特殊的无线工作站,作用是接收无线信号发送到有线网。通常一个 AP 能够在几十米至上百米的范围内连接多个用户。在同时具有有线和无线网络的情况下,AP 可以通过标准的 Ethernet 电缆与传统的有线网络相连,作为无线网络和有线网络的连接点。

无论是固定设备,还是经常改变使用场所但在使用时其固定位置固定的"半"移动设备,还是在移动中访问网络的移动设备,在 IEEE 802.11 规范中,这些无线网络设备都统称为站点(Station,STA),也可以分别称为固定站点、半移动站点和移动站点。由一组相互直接通信的站点构成一个基本服务集(Basic Service Set,BSS)。有一个基本服务集覆盖的无线传输区域称为基本服务区域(Basic Service Area,BSA),多个基本服务区域可以部分重叠、完全重叠或是物理上分割的,其覆盖范围取决于无线传输的环境和收发设备的特性。基本服务区域使基本服务集中的站点保持充分的连接,一个站点可以在基本服务区域内自由移动,但如果它离开了基本服务区域就不能直接与其他站点建立连接。将一组基本服务集连在一起的系统称为分发系统(Distribution System,DS)。DS 可以是传统以太网或 ATM 等网络,各个站点通过 AP 来访问分发系统。

无线局域网通过无线信道连接,而无线介质没有确定的边界,即无法保证符合物理层(PHY)收发器规定的无线站 STA 在边界不能收到网络中传播的信号(这一点对于网络安全性具有很大的影响)。此外,无线介质中传播的信号很容易被窃听和干扰,信号的可靠性不高。通过无线介质,无法保证每个 STA 都能接收到其他 STA 的信号。

8.2　无线局域网的拓扑结构

鉴于无线局域网和有线局域网在网络结构上的不同,IEEE 802.11 定义了两种拓扑结构:独立基本服务集(IBSS)和扩展服务集(ESS),这两种结构都是建立在基本服务集 BSS 的基础上的。基本服务集 BSS 提供一个覆盖区域,使 BSS 中的站点保持充分的连接。一个 BSS 至少包括两个站点,站点可以在 BSS 内自由移动,但当它离开了某个 BSS 区域,就不能和该 BSS 内的其他站点建立连接了。

独立基本服务集就是一个独立的 BSS,没有中枢链路基础结构,只要需要,这类网络可以在没有任何预先规划的情况下快速组建,该网络也称为 Ad hoc WLAN。Ad hoc WLAN 不能和外界交换数据(但一个 STA 可以分别和 Ad hoc WLAN 及外界有不同的连接,在两者之间进行第三层转发),STAs 互相之间通信不需要中继。

符合 IEEE 802.11 标准的 WLAN 有两种类型:基础网络(Infrastructure Networks)和自组织网络(Ad hoc Networks)。一个基础网络包含工作站 STA 和接入点 AP,而自组织网络仅包含 STA。基础网络的拓扑结构就是扩展服务集(ESS),而自组织网络的拓扑结构就是独立基本服务集(IBSS)[2]。

在基础结构模式的无线局域网(Infrastructure WLAN)中,所有 STA 与 AP 通信,AP 往往还充当网桥的作用,将数据转发到相应的有线或无线网络中,即 STA 通过 AP 实现与 STA 间的通信,或实现 STA 与有线网络的通信。每个 AP 作为 STA 进行网络通信的服务点,每个 STA 每一时刻只能有一个连接,通过唯一的 AP 进行网络通信,该连接称为关联(Association)。一个 STA 通过和 AP 交换数据包实现与其他 STA 通信,AP 可以将数据包路由到合适的目的地。因此在基础无线网络中,AP 中继所有的通信,任何 STA 都不能和其他 STA 直接通信。一个基础无线网络也允许通过入口(Portal)和外界网络通信。在这里,一个 AP 及若干 STA 组成的通信区域构成一个基本服务集(BSS)。

而自组织无线局域网络(Ad hoc WLAN),其拓扑结构为独立基本服务集,适用于未建有线网络的少量主机组建临时性网络。在这种架构中,主机彼此之间直接通信,主要是少数无线工作站之间以对等的方式相互直接连接,组成一个所谓 Ad hoc 的临时特定网络。这时的 Ad hoc 网络相对独立,并不需要与外部骨干网相连。一般无线局域网的覆盖范围为数十米至数百米。Ad hoc 网络是一种特殊的无线移动网络。网络中所有节点的地位平等,无须设置任何中心控制节点。网络中的节点不仅具有普通移动终端所需的功能,而且具有报文转发能力。与普通的移动网络和固定网络相比,主要的特点有:无中心、自组织、多跳路由和动态拓扑等。

8.3　802.11 标准家族

8.3.1　IEEE 802.11

1997 年 6 月,IEEE 推出了第一代 WLAN 标准——IEEE 802.11(1997 版),随后在 1999 年推出了新的 IEEE 802.11(1999 版)。该标准定义了物理层和媒介访问控制子层 (MAC)的技术规范,允许 WLAN 及无线设备制造商在一定范围内建立互操作网络设备。任何 LAN 应用、网络操作系统或协议(包括 TCP/IP 和 Novell NetWare)在遵守 IEEE 802.11 标准的无线 WLAN 上运行时,就像它们运行在以太网上一样容易。

IEEE 802.11 在物理层定义了数据传输的信号特征和调制方法,定义了两种无线电射频(RF)传输方式和一种红外线传输方式。其中 RF 传输标准包括直接序列扩频技术 (Direct Sequence Spread Spectrum,DSSS)和跳频扩频技术(Frequency Hopping Spread Spectrum,FHSS)。DSSS 采用一个长度为 11 位的 Barker 序列来对以无线方式发送的数据进行编码。每个 Barker 序列表示一个二进制数据位(1 或 0),并被转换成可以通过无线方式发送的波形信号。这些波形信号如果使用二进制相移键控(BPSK)调制技术,可以以 1Mb/s 的速率进行发射;如果使用正交相移键控(QPSK)调制技术,发射速率可以达到 2Mb/s。FHSS 利用 GFSK 二进制或四进制调制方式可以达到 2Mb/s 的工作速率。

由于在无线网络中碰撞检测较困难,IEEE 802.11 规定媒介访问控制(MAC)子层采用碰撞回避(CA)协议,而不是碰撞检测(CD)协议。为了尽量减少数据的传输碰撞和重试发送,防止各站点无序争用信道,WLAN 采用了与以太网 CSMA/CD 相类似的 CSMA/CA(载波侦听多址访问/碰撞回避)协议。CSMA/CA 通信方式将时间域的划分与帧格式紧密联系起来,保证某一时刻只有一个站点发送,实现了网络系统的集中控制。因传输媒介不同,CSMA/CD 与 CSMA/CA 的检测方式也不同。CSMA/CD 通过电缆中电压的变化来检测,当数据发生碰撞时,电缆中的电压就会随着发生变化;而 CSMA/CA 采用能量检测(ED)、载波检测(CS)和能量载波混合检测 3 种检测信道空闲的方式。

8.3.2　IEEE 802.11b

由于现行的以太网技术可以实现 10Mb/s、100Mb/s 乃至 1000Mb/s 等不同速率以太网络之间的兼容,为了支持更高的数据传输速率,IEEE 与 1999 年 9 月批准了 IEEE 802.11b 标准。IEEE 802.11b 标准对 IEEE 802.11 标准进行了修改和补充,其中最重要的改进就是在 IEEE 802.11 的基础上增加了两种更高的通信速率——5.5Mb/s 和

11Mb/s。因此有了 IEEE 802.11b 标准之后,移动用户将可以得到以太网级的网络性能、速率和可用性,管理者也可以无缝地将多种 LAN 技术集成起来,形成一种能够最大限度地满足用户需求的网络。IEEE 802.11b 的基本结构、特性和服务仍然由最初的 IEEE 802.11 标准定义。IEEE 802.11b 技术规范只影响 IEEE 802.11 标准的物理层,它提供了更高的数据传输速率和更牢固的连接型。

IEEE 802.11b 可以支持两种速率——5.5Mb/s 和 11Mb/s。而要做到这一点,就需要选择 DSSS 作为该标准的唯一物理层技术,因为,目前在不违反 FCC 规定的前提下,采用跳频扩频技术无法支持更高的速率。这意味着 IEEE 802.11b 系统可以与速率为 1Mb/s 和 2Mb/s 的 IEEE 802.11 DSSS 系统兼容,但却无法与速率为 1Mb/s 和 2Mb/s 的 IEEE 802.11 FHSS 系统兼容。

为了增加数据通信速率,IEEE 802.11b 标准不是使用 11 位长的 Barker 序列,而是采用了补充编码键控(CCK),CCK 有 64 个 8 位长的码字组成。作为一个整体,这些码字具有自己独特的数据特性,即使在出现严重噪声和多径干扰的情况下,接收方也能够正确地予以区别。IEEE 802.11b 规定在速率为 5.5Mb/s 时使用 CCK,对每个载波进行 4 位编码;而当速率为 11Mb/s 时,对每个载波进行 8 位编码。这两种速率都是用 QPSK 作为调制技术。

8.3.3　IEEE 802.11a

IEEE 802.11a 标准是已在办公室、家庭、宾馆和机场等众多场合得到广泛应用的 IEEE 802.11b 标准的后续标准。IEEE 802.11a 工作在 5GHz U-NII 频带,物理层速率可达 54Mb/s,传输层可达 25Mb/s。IEEE 802.11a 选择具有能有效降低多径衰落影响与有效使用频率的正交频分复用(OFDM)为调制技术,可提供 25Mb/s 的无线 ATM 接口和 10Mb/s 的以太网无线帧结构接口,以及 TDD/TDMA 的空中接口;支持语音、数据和图像业务;一个扇区可接入多个用户,每个用户可带多个用户终端。

尽管 IEEE 802.11a 的 MAC 层和 IEEE 802.11b 的 MAC 层很相似,但是这两个标准的物理层却有很大差别。IEEE 802.11b 协议使用 DSSS 方式进行调制,而 IEEE 802.11a 协议则采用 OFDM 技术进行调制。OFDM 技术将 20MHz 的高速率数据传输信道分解成 52 个平行传输的低速率子信道,用其中的 48 个子信道来传输数据,其余的 4 个保留信道被用于进行差错控制。由于这些子载波相互之间是彼此独立的,同时这些子载波之间又处于正交方式,因此它们可以比标准的频分复用更加紧密地被放在一起,因此可以更有效地节省频带,提高频带利用率,这些优势都应该主要归功于 OFDM 频谱利用效率比较高的原因。OFDM 技术可以提高数据传输速度并改进信号的质量,还可克服干扰。它的基本原理是把高速的数据流分成许多速度较低的数据流,然后它们将同时在多个负载波频率上进行传输。由于低速的平行负载波频率会增加波形的持续时间,所以多路延迟传播对时间扩散的影响将会减小。通过在每个 OFDM 波形上引入一个警戒时间几乎可以完全消除波形间的干扰。在警戒时间内,OFDM 波形会通过循环扩展来避免载波干扰问题。IEEE 802.11b 中的扩频技术必须要以 DSSS 方式来发送信号,而 OFDM 技术则不同,这种技术可以对无线信道进行重新规划,将其分成以低数据速率并行传输的分频率,然后 OFDM 技术可以把这些频率一起放回到接收端。这一方法可大大提升无线局域网的速度和整体信号质量。

IEEE 802.11a 标准的数据传输速率可以和高速以太网的相比拟,能够达到 54Mb/s,而 IEEE 802.11b 只能达到 11Mb/s。因为该协议定义了在微波频段中比较高的频段上进行工作。宽带对于频段的消耗也降低了,IEEE 802.11a 协议试图通过使用更有效的数据编码方案和增强措施将信号发送到一个更高的频段上,通过这个方法来解决数据传输距离问题。

8.3.4　IEEE 802.11g

IEEE 802.11a 与 IEEE 802.11b 两个标准都存在各自的优缺点,IEEE 802.11b 的优势在于价格低廉,但是基于该标准的无线局域网数据传输速率比较低。IEEE 802.11a 标准与 IEEE 802.11b 完全相反,其优势在于数据传输速率快,受到的干扰少,但是价格昂贵是其主要问题。在 2.4GHz 的频段范围内,IEEE 802.11b 标准的数据传输速率比 IEEE 802.11 标准的无线局域网数据传输速率要高,已安装 2.4GHz 的无线局域网基础设施和市场对高速率数据传输的需求促成了 2000 年 3 月成立的高速 IEEE 802.11b 学习组,该工作组的工作又导致了同年 9 月份 IEEE 802.11g 学习组的组建。IEEE 802.11g 学习组的任务是创建适合 2.4GHz 22Mb/s 数据率的标准。在没有更多带宽或不同频率的情形下,可以通过使用更多成熟的调制技术来达到这一点。IEEE 802.11g 标准存在有两个有利因素:一是随着无线用户的快速增加,无线用户需要使用价格比较低廉同时数据传输率较高的无线产品,而 IEEE 802.11g 同时满足这两个要求;二是 IEEE 802.11g 标准能满足无线网络用户升级的要求。因为 IEEE 802.11g 不但使用了 OFDM 调制,同时仍然保留了 IEEE 802.11b 中的调制方式,而且它运行在 2.4GHz 频段。所以 IEEE 802.11g 可向下兼容 IEEE 802.11b。它的优势包括运行速度快、传输距离远、兼容性好、多传输速率选择等。然而它与 IEEE 802.11b 相似,仍存在信道干扰和信道受限等缺点。

8.3.5　IEEE 802.11n

IEEE 802.11n 的 PHY 数据速率相对于 802.11a 和 802.11g 有显著的增长,这主要归功于使用 MIMO 进行空分复用以及 40MHz 运行。为了利用这些技术所提供的高得多的数据速率,对 MAC 的效率也通过帧聚合和增强块确认协议进行了提升。这些特性叠加在一起,提供了 802.11n 相对于 802.11a 和 802.11g 所能达到的吞吐率提升的绝大部分。

多个天线的使用提供了更大的空间分集,从而在根本上改善了强健性。作为 PHY 可选项的空时块编码(STBC)进一步提高了强健性。同样做出贡献的还有快速链路适应,一种用于快速跟踪信道情况改变的机制。802.11n 采用了形式为低密度奇偶校验(LDPC)码的更为强健的信道码。标准修订还引入了传输波束成型,该技术对 PHY 和

MAC 都做出了增强以进一步改善强健性。

其他一系列的增强提供了很多的好处。在 PHY 中,这些增强包括可以在某些特定信道状况下使用的更短保护区间。PHY 还包含了比强制的混合格式前导码更短的绿野(Greenfield Format)前导码。然而,与混合模式不同的是,绿野前导码不能再没有 MAC 保护的情况下与现有的 802.11a 和 802.11g 设备后向兼容。在 MAC 中,逆向协议为一些特定的通信模式提供了性能上的改善。这是通过允许站点把分配给它但没有被用上的传输机会转让给其远端的对应站点,从而减少整体信道接入的系统开销实现的。在发送突发帧时使用精简帧间距(RIFS),与现有的短帧间距(SIFS)相比可以减少系统开销。

图 8-1 综述了 802.11n PHY 的强制特性和可选特征,其中"空间流"指的是天线所发送的一个或多个独立数据流。图 8-2 给出了 802.11n 中 MAC 所增加特性的综述。除了已经提到的吞吐率和强健性的增强特性,MAC 功能也在许多其他方面进行了扩展。

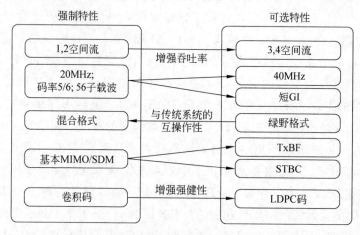

图 8-1　802.11n PHY 的强制特征和可选特征[3]

802.11n 中众多的可选功能意味着它需要使用许多设备能力信令以确保共存性和互操作性。举例来说,一个设备是否支持特定的 PHY 特性(例如,绿野前导码)或 MAC 特性(例如,参与逆向协议交换)。

40MHz 操作的存在也带来了很多共存性问题。AP 需要管理 40MHz BSS 以使 40MHz 和 20MHz(包括传统与高吞吐率)的设备能够与 BSS 相关联并且运行。因为 40MHz 运行使用两个 20MHz 信道,需要一些机制缓减对附近独立使用这些 20MHz 信道的 BSS 的影响。共存性主要是靠仔细的信道选择来实现,也就是说,选择一对很少有或者是没有临近 BSS 变得活跃时,将 BSS 迁移到另一个信道对的能力。如果不能避免邻近 BSS,则可以使用一个称为分相共存运行(PCO)的应变技术。这允许 BSS 在 20MHz 相和 40MHz 相之间交替运行。当在两个 20MHz 信道上的帧交换告诉其上运行的设备停止活动后,BSS 即进入到 40MHz 相。

最后因为认识到手持设备日益增长的重要性,一个称为节能多询(PSMP)的信道调度技术被加入到 802.11n,以有效地支持数量众多的站点。

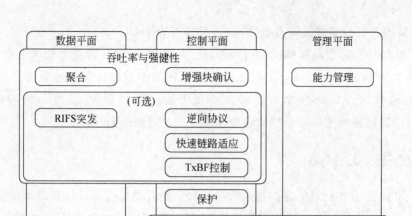

图 8-2　802.11n MAC 增强小结[3]

8.3.6　IEEE 802.11ac

802.11n 技术可以使当今 WLAN 达到 300Mb/s,未来将可以实现 600Mb/s。不过,802.11 工作组想要实现 1Gb/s 的高吞吐量。在研究了获得千兆网速的几种方案后,802.11 无线工作组最终制定了未来实现无线千兆网速的两个标准:802.11ac 和 802.11ad。

适合高清视频的 Wi-Fi 无线网络 IEEE 802.11ac 是下一代的 Wi-Fi 无线标准。目前的 Wi-Fi 标准 IEEE 802.11n 在 2009 年获准使用,并且现阶段的 IEEE 802.11n 标准已经可以支持每路射频高达 450Mb/s 的速率。IEEE 802.11ac 标准构筑在 IEEE 802.11n 协议之上,但无线速率可以达到千兆每秒,几乎是 IEEE 802.11n 协议三倍的速度。它的主要特征如下。

(1) 更大的信道带宽。在原有 20MHz 和 40MHz 信道基础上,支持 80MHz 和 160MHz 信道。

(2) 更高的数据传输能力。在 80MHz 信道下,最高传输速率接近 3.5Gb/s;若采用 160MHz 信道,最高传输速率将接近 7Gb/s。

(3) 采用 MIMO-OFDM 作为主要传输技术,支持最大 8×8 的天线配置,支持 1～8 个空间流,支持空间复用、STBC、下行 MU-MIMO 和发射波束赋形,支持信道探测技术,采用循环移位分集。

（4）采用增强的调制编码方案（MCS），可选支持 256QAM。

802.11ac 预示着家庭视频产品的到来，从而让大家能像今天观看现代电视那样轻松地享受 Web 视频流。802.11ac 最广泛的用途是在家中通过无线传输高清视频，其中一种情形是利用 802.11ac 技术来给多台电视机播放高清视频，另外一种场景是利用 802.11ac 把高清视频流从一个移动终端发送到一台电视机上[4]。

8.3.7　IEEE 802.11ad

802.11ad 的出现针对的是多路高清视频和无损音频超过 1Gb/s 的码率的要求，它将被用于实现家庭内部无线高清音视频信号的传输，为家庭多媒体应用带来更完备的高清视频解决方案。802.11ad 抛弃了拥挤的 2.4GHz 和 5GHz 频段，而是使用高频载波的 60GHz 频谱。由于 60GHz 频谱在大多数国家有大段的频率可供使用，因此 802.11ad 可以在 MIMO 技术的支持下实现多信道的同时传输，而每个信道的传输带宽都将超过 1Gb/s。虽然说 802.11ad 无线传输速率能达到 7Gb/s，但是，802.11ad 也面临技术上的限制。比如：60GHz 载波的穿透力很差，而且在空气中信号衰减就很厉害，其传输距离、信号覆盖范围都受到影响，这使得它的有效连接只能局限在一个很小的范围内。在理想的状态下，802.11ad 最适合被用来作为房间内各个设备之间高速无线传输的通道[4]。几种 802.11 协议的对比如表 8-1 所示。

表 8-1　几种 802.11 协议的对比

	802.11n	802.11ac	802.11ad
最大吞吐量	600Mb/s	3.2Gb/s	7Gb/s
覆盖范围	室内，70m	室内，30m	室内，<5m
频段	2.4/5GHz	5GHz	2.4/5/60GHz
最大支持天线数	4×4MIMO	8×8MIMO	>10×10MIMO
应用	数据、影视	影视	非压缩影视

安全问题是无线局域网（WLAN，Wi-Fi）网络中一个很重要的问题。早期版本的 IEEE 802.11 无线局域网标准有一个特定的安全架构，称为有线等效保密（Wired Equivalent Privacy，WEP）。顾名思义，WEP 的目标是无线局域网至少要和有线局域网的安全性相当。例如，如果一个攻击者希望连接一个有线以太网，需要物理上接入集线器，然而集线器通常锁在房间里，所以很难办到。但是对无线局域网而言攻击者就很容易了，因为此时接入网络不需要从物理上接入任何设备。WEP 的目的是希望增加攻击无线局域网的难度，使其难度与攻击有线局域网的难度相当。不幸的是，WEP 没有达到这一目的。为了应对这种局面，IEEE 后来提出了无线局域网的一种新的安全架构，称为 IEEE 802.11i，同时，中国提出了首个国际安全标准 WAPI。

参 考 文 献

[1]　金纯,陈林星. 802.11 无线局域网[M]. 北京:电子工业出版社,2004.

[2]　Steve Rackley. 无线网络技术原理与应用[M]. 北京:电子工业出版社,2008.

[3]　Perahia Eldad,Stacey Robert. 下一代无线局域网 802.11n 的吞吐率、强健性和可靠性[M]. 北京:
人民邮电出版社,2010.

[4]　吴湛击. 无线通信新协议与新算法[M]. 北京:电子工业出版社,2013.

第9章

WiMAX

WiMAX(全球互通微波接入)技术是以 IEEE 802.16 系列标准为基础的宽带无线城域网接入技术,该技术在提供高速的数据、语音和视频等业务的同时,还兼具移动、宽带和 IP 化的特点,逐渐发展成为宽带无线接入领域的热点技术。

WiMAX 之所以成为热点技术,得益于其自身强大的技术优势。WiMAX 不仅能实现远距离的传输,而且能提供更高速的宽带接入以及优良的最后一千米网络接入服务。与 WIFI 等其他技术相比,WiMAX 能提供电信级的多媒体通信服务,具有更好的可拓展性和稳定性。目前 WiMAX 的应用主要分为固定式无线接入和移动式无线接入两个部分。

WiMAX 技术涉及两个国际标准化组织的工作:IEEE 802 标准委员会 802.16 工作组和 WiMAX 论坛。IEEE 802.16 工作组是标准的制定者;WiMAX 论坛是 IEEE 802.16 技术的推广者。WiMAX 论坛制定符合 IEEE 802.16 标准设备的互通性测试规范,并对设备进行认证性质的测试,其目标是促进符合 IEEE 802.16 标准的宽带无线网络的应用推广。802.16 的系列标准中 802.16d 提供固定应用而 802.16e 则提供移动性应用,这两个规范是目前 802.16 系列标准中最受关注的。

9.1 WiMAX 与 IEEE 802.16 系列标准

1999 年,IEEE 美国电气和电子工程师协会成立 IEEE 802.16 工作组专门研究宽带无线接入技术规范,包括控制接口及其相关功能标准,目标是要建立一个全球统一的宽带无线接入标准。该组织所推行的 IEEE 802.16 标准是一种开放的宽带无线接入技术,在具有高速率数据传输优势的同时,兼具一定范围内的移动性,在部署、配置、安全性、QoS 和长距离覆盖等方面优势突出,尤其适用于解决城域网建设的"最后一千米"接入问题。

通常来讲,根据对移动性的支持与否可将 IEEE 802.16 标准分为固定无线宽带接入标准和移动无线宽带接入标准两种,两者应用场景各不相同。IEEE 802.16 工作组一直在对 IEEE 802.16 标准进行完善,IEEE 802.16 是一个不断发展的无线宽带接入技术,具有很大的市场潜力。

　　一个完整的端到端的网络应用需要完善端到端应用的管理流程,确保其节点设备兼容性及互用性。我们知道,IEEE 802.16 工作组只是制定了 WiMAX 技术的物理层和介质接入控制层的规范和标准,为了使 WiMAX 技术能够市场化、形成可以运营的网络,还有很多其他工作要做。2001 年 4 月,类似于 Wi-Fi 联盟的非赢利工业贸易联盟组织——WiMAX(World Interoperability for Microwave Access)论坛应运而生。IEEE 802.16 工作组是标准制定者,而 WiMAX 论坛组织是标准实施的推动者。

　　WiMAX 论坛是由支持 IEEE 802.16 标准的电信设备及芯片制造商供应商、网络运营商以及软件服务商等联合成立的一个非赢利性组织,该组织旨在通过产品认证建立全球统一的设备和技术标准以及实现互操作性与兼容性,以促进 WiMAX 在全球的发展和市场推广。WiMAX 论坛目前成员数已超过 500 个,分布在 125 个国家,具备完整的上、下游供应链,许多有影响力的电信运营商和设备商机芯片商都是其成员。一个标准要被市场所接纳必须要克服的一个障碍就是互操作性,没有互操作性一个标准即使通过了也很难被广泛采纳。为了实现互操作性,WiMAX 论坛使用了与 WLAN 行业发展相同的方法,通过制定完整的测试规范和认证体系,对相关厂家的产品进行测试和认证,鼓励所有的无线宽带接入相关产业的厂商遵循一个统一的规范,以此来确保 WiMAX 各个产品之间的互通性和互兼容性,同时降低芯片和设备的生产成本。

　　到目前为止,IEEE 802.16 标准已经包含了一系列的标准,主要包括固定 WiMAX 标准和移动 WiMAX 标准。固定 WiMAX 标准指的主要是 IEEE 802.16 系列标准中的 802.16 的标准,移动 WiMAX 标准指的是 IEEE 802.16 系列标准中增加支持移动性的 802.16e 和 802.16m 等标准,目前主要是指 802.16e。相关 IEEE 802.16 标准体系如表 9-1 所示。

表 9-1　IEEE 802.16 相关标准体系

标准序号	标准名称	技术说明	发布时间
IEEE 802.16—2001	IEEE Standard for Local and metropolitan area networks—Part 16: Air Interface for Fixed Broadband Wireless Access Systems	该标准对工作在 10GHz～66GHz 频段的固定宽带无线接入系统的空中接口物理层和 MAC 层进行了规范,由于其使用的频段较高、覆盖范围小,仅能应用于视距(LOS)传输	2002 年 4 月
IEEE 802.16c—2002	IEEE Standard for Local and metropolitan area networks—Part 16: Air Interface for Fixed Broadband Wireless Access Systems—Amendment 1: Detailed System Profiles for 10GHz～66GHz	该标准对 IEEE 802.16—2001 中的错误和矛盾进行了改正,更新扩展了 IEEE 802.16 的部分内容,列出了用于典型情况下的特征功能集合。该标准的频率适应范围仍为 10GHz～66GHz	2003 年 1 月

续表

标　准　序　号	标　准　名　称	技　术　说　明	发　布　时　间
IEEE 802.16a—2003	IEEE Standard for Local and metropolitan area networks—Part 16：Air Interface for Fixed Broadband Wireless Access Systems—Amendment 2：Medium Access Control Modifications and Additional Physical Layer Specifications for 2GHz～11GHz	该标准对之前发布的 IEEE 802.16 标准进行了扩展，规定了工作于 2GHz～11GHz 许可和免许可频段的固定宽带无线接入系统的物理层（PHY）和 MAC 层，该频段具有非视距（NLOS）传输的特点，另外 MAC 层提供服务质量（QoS）保证机制，可支持语音和视频等实时性业务	2003 年 4 月
IEEE 802.16—2004（IEEE 802.16d）	IEEE Standard for Local and metropolitan area networks Part 16：Air Interface for Fixed Broadband Wireless Access Systems	该标准替代以往所有的修正版本，形成第一个 WiMAX 解决方案的基础，相对比较成熟并且实用性较强，提供 2GHz～11GHz 频段范围内广泛的固定宽带非视距应用，被称为固定 WiMAX 技术	2004 年 10 月
IEEE 802.16e	Amendment to IEEE Standard for Local and Metropolitan Area Networks—Part 16：Air Interface for Fixed Broadband Wireless Access Systems—Physical and Medium Access Control Layers for Combined Fixed and Mobile Operation in Licensed Bands	该标准的频率适应范围为 2GHz～6GHz 频段，支持移动性的宽带无线接入空中接口标准，实现了高速数据业务的宽带无线移动接入，还支持基站或扇区间高层切换的功能。基于该新版本的 WiMAX 解决方案支持游牧和移动宽带应用。2007 年 10 月，移动 WiMAX（802.16e）加入 IMT-2000，成为 3G 家族中的一员	2006 年 2 月
IEEE 802.16m	IEEE Standard for Local and Metropolitan Area Networks—Part 16：Air Interface for Broadband Wireless Access Systems—Amendment 3：Advanced Air Interface	该标准以 IEEE 802.16e 基础，支持更大带宽、更高的传输速率，移动性也更好，同时还入选 ITU IMT-Advanced（即 4G）技术候选标准	2011 年 5 月

　　移动 WiMAX 采用了许多先进技术，在高速率大覆盖的优势下，组网便捷快速、对移动性支持好。

9.2　WiMAX/IEEE 802.16 协议栈

　　WiMAX/IEEE 802.16 协议栈的参考模型如图 9-1 所示。该协议栈纵向上可为物理层和 MAC 层，水平方向上可以分为数据/控制平面和管理平面。

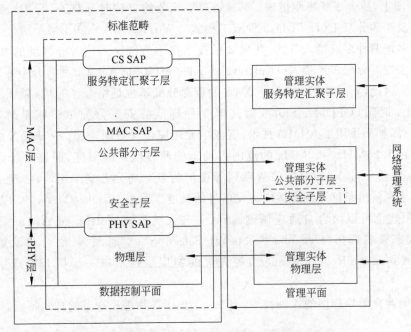

图 9-1　WiMAX/IEEE 802.16 协议栈参考模型

1. 物理层（PHY 层）

IEEE 802.16d/e 的物理层包括传输汇聚子层 TCL(Transport Convergence sub-Layer)和物理媒质依赖子层 PMD(Physical Media Dependent sub-Layer)。传输汇聚子层负责把收到的 MAC 层数据单元封装成传输汇聚子层数据单元,并执行相应的接入方案和同步控制逻辑;物理媒质依赖子层主要执行信道编码、调制等功能。IEEE 802.16d/e 支持 MAC 层与物理层间信道管理信息的协调交互,不仅能够支持自适应突发业务数据的传输,而且还能支持动态的调整调制编码方式和发射功率等传输参数。例如,在点到多点的网络拓扑结构下,基站分别根据上/下行带宽的分配结果生成上行链路和下行链路的 MAP 消息,这两个消息分别指明每个上下行突发块(Burst)所采用的调制编码方式。传输汇聚子层将到达的 MAC 层数据单元串联成突发块,由物理媒质依赖子层执行相应的调制编码功能进行数据发送。用户站通过基站周期性发送的上/下行信道描述信息获得其对应的调制编码方式。并且,用户站可以通过测距进行功率和时频偏移上的调整。

IEEE 802.16 标准的物理层定义了双工方式、帧长度、调制编码技术等内容,MAC 层则负责数据发送的调度、无线资源的使用、链路的纠错控制等。

在 IEEE 802.16 标准中定义了 4 种物理层实现方式,它们分别是基于单载波的 WirelessMAN-SC 实现方式、基于增强型单载波的 WirelessMAN-SCa 实现方式、基于正交频分复用的 WirelessMAN-OFDM 实现方式和基于正交频分多址接入的 WirelessMAN-OFDMA 实现方式。其中,适用于视距传输的 WirelessMAN-SC 实现方式的工作频段是 10GHz～66GHz,其他 3 种物理层技术的实现方式工作在 2GHz～

11GHz 频段上,适合于非视距传输。4 种物理层规范均支持时分双工(TDD)、频分双工(FDD)以及半频分双工(H-FDD)3 种双工模式。WirelessMAN-OFDMA 结合了时分多址和频分多址两种多址接入方式,其他 3 种技术在下行链路采用时分多址的方式,上行链路结合了按需分配多址接入(Demand Assigned Multiple Access)和时分多址接入相结合的方式。因此,WirelessMAN-OFDMA 的资源分配单位是结合了时域、频域二维资源的 OFDMA 时隙(OFDMA Slot),而其他 3 种规范的资源分配单位则是时隙(Time slot)。此外,如果采用了 MIMO 技术,资源单元还应包含空间资源。WiMAX 的物理层技术可以在 1.25MHz～20MHz 的范围内动态的调整信号的带宽,而且还规定了包括 1.25MHz 倍数系列、1.75MHz 倍数系列等在内的带宽划分方案。此外,物理层还能根据业务需求和信道条件调整自适应突发信号的长度。除去 WirelessMAN-SC 以外,其他 3 种物理层规范可以结合自适应调制编码、先进天线系统(Advanced Attena System)、MIMO、动态频率选择(Dynamic Frequency Selection)、空时编码、混合自动重传请求(Hybrid Automatic Repeat Request)等先进的物理层技术进一步提升物理层的传输性能。

下面简要介绍物理层的 4 种技术,表 9-2 列出了各物理层规范的技术特点。

表 9-2　IEEE 802.16 物理层分类

物理层类型	使用频段/GHz	子载波数	网络结构	基 本 特 点
WMAN-SC	10～66	1	PMP	采用单载波调制方式,视距传输,可选信道带宽 20MHz、25MHz、28MHz,上行采用 TDMA,双工可选 TDD、FDD
WMAN-SCa	2～11	1	PMP	采用单载波调制方式,非视距传输,允许信道带宽不小于 1.25MHz,上行采用 TDMA,可选支持自适应天线系统 AAS、ARQ。时空编码(STC),双工可选 TDD、FDD
WMAN-OFDM	2～11	256	PMP、Mesh	采用 256 个子载波正交频分复用(OFDM)调制,非视距传输,可选支持 AAS、ARQ、STC,双工可选 TDD、FDD
WMAN-OFDMA	2～11	2048	PMP	采用 2048 个子载波的 OFDM 调制方式,非视距传输,允许信道带宽不小于 1MHz,可选支持 AAS、ARQ、STC,双工可选 TDD、FDD

WirelessWAN-SC 用于视距传输,支持时分双工和频分双工两种双工方式,支持 QPSK 和 16QAM 调制方式,可选支持 64QAM,上行链路采用时分多址接入方式,下行链路采用时分多址接入和按需分配多址接入方式,采用 QPSK 调制方式。

WirelessWMAN-SCa 支持非视距传输,支持时分双工和频分双工两种双工方式,支持 Spread BPSK、BPSK、QPSK、16QAM 和 64QAM 调制方式,可选支持 256QAM 调制方式。上行链路采用时分多址接入方式,下行链路采用时分多址接入方式,差错控制采用自动重传请求技术。

WirelessWMAN-OFDM 是 802.16d 系统中最主要的技术,具有非视距传输特点。在许可频段下,支持时分双工和频分双工两种双工方式,支持 BPSK、QPSK、16QAM 和 64QAM 调制方式。在免许可频段下,只支持时分双工方式,支持 BPSK、QPSK、16QAM 调制方式,可选支持 64QAM 调制方式。上行链路采用时分多址接入和频分多址接入方式,下行链路采用时分多址接入方式,可选支持 Mesh 网络拓扑结构、先进天线系统和自动重传请求技术。

WirelessWMAN-OFDMA 是采用 2048 个子载波的 OFDMA 技术,具有非视距传输特点。和 WirelessWMAN-OFDM 相同,在许可频段下,支持时分双工和频分双工两种双工方式,在免许可频段下,只支持时分双工方式,支持 QPSK、16QAM 调制方式,可选支持 64QAM 调制方式。上下行链路均采用时分多址和正交频分多址作为多址方式。

2. 媒质接入控制层(MAC 层)

数据/控制平面所实现的功能主要是保证数据的正常传输。其中,数据面主要是负责用户数据在 MAC 层的处理和转发,如封装、加密、解封装等;而控制面则是通过基站与用户之间特定的信令交互来完成一些系统运行所必需的控制功能,如调度、业务流管理、网络进入等;管理平面中定义的管理实体,分别与数据/控制平面的功能实体相对应。通过与数据/控制平面中实体的交互,管理实体可以协助外部的网络管理系统完成有关的管理功能。

IEEE 802.16d/e 的 MAC 层规范和大多数协议一样采用了分层的结构,分成了 3 个子层:特定服务汇聚子层、公共部分子层和安全子层。特定服务汇聚子层提供了对来自外部网络的数据进行转换或映射的机制,包括对来自外部网络的服务数据单元(Service Data Unit)进行分类,并将它们与正确的 MAC 服务流标识和连接标识相关联。为了向各种不同的外部网络提供接口,协议定义了多种服务汇聚子层规范。MAC 层公共部分子层则负责实现 MAC 层的所有核心功能,包括系统接入、带宽分配、服务流建立和维护、移动性管理功能。MAC 层安全子层提供鉴权、安全密钥交换和加密功能。

1) 特定服务汇聚子层

IEEE 802.16d/e 技术能够为众多的多媒体应用提供宽带接入服务,这些应用包括交互式多媒体通信、视频广播/多播业务、VoIP、网桥数据业务、骨干网的 IP 数据、ATM 的数据、帧中继等。特定服务汇聚子层负责提供与更高层的接口,汇聚上层不同业务,适配不同的协议接口。IEEE 802.16 定义了 ATM 汇聚子层和数据包汇聚子层两种汇聚子层,前者主要提供对 ATM 业务的分类支持,后者则是对 IP 数据业务进行分类匹配。

特定服务汇聚子层位于 WiMAX 系统 MAC 层的顶端,通过公共部分子层提供的媒体访问控制服务访问点使用下一层提供的服务。IEEE 802.16d/e 标准定义面向业务的汇聚子层要完成以下功能。

(1) 接收上层的协议数据单元。

(2) 对接收的上层协议数据单元进行分类。

(3) 如果需要,根据分类,对上层协议数据单元进行处理。

（4）将本层处理以后生成的汇聚子层协议数据单元送往合适的媒体访问控制服务访问点。

（5）接收协议对等实体过来的服务汇聚子层协议数据单元。

由此可以看出，数据包汇聚子层的核心功能是业务分类。由于 IEEE 802.16 的 MAC 层是面向连接的，汇聚子层需要将来自外部网络数据转换/映射为 IEEE 802.16 系统内的 MAC 层的服务数据单元，并映射到相应连接的缓存中，或将相应连接中缓存的服务数据单元匹配到相应的上层接口进行转发。业务分类器（Classifier）是一系列映射标准（Matching Criteria）的集合，每个进入 WiMAX 网络的数据包根据分类器定义的规则映射到特定连接的缓存中。MAC 层的每个连接由长度为 16 位的连接标识符唯一标识。如果一个数据包与某个特定的映射标准相匹配，那么该数据包将被发送到 MAC 服务访问点，由连接标识符所对应的连接进行传输，对应于该连接的服务流特性对数据包的传输提供相应的 QoS 支持。此外，对服务数据单元包头中的重复部分进行压缩是数据包汇聚子层的一项重要的可选功能，有助于减少传输过程中的数据冗余，提升系统的传输效率，特别是 VoIP 数据包的传输效率。

2）公共部分子层

公共部分子层是 MAC 的核心部分，在点对多点的网络拓扑结构下，公共部分子层负责执行 MAC 层的九大核心功能：协议数据单元操作、网络接入、连接管理、带宽请求、调度服务、链路控制、能量管理、切换控制、多播/广播应用。公共部分子层通过 MAC 服务访问点（Services Access Point）从不同的汇聚子层接收数据，形成 MAC 层服务数据单元，公共部分子层和安全子层通过数据处理将服务数据单元构造成协议数据单元，然后传送给物理层进行发送。

（1）协议数据单元操作：协议数据单元的格式如图 9-2 所示。每个 MAC 层协议数据单元包括一个长为 6B 的 MAC 包头、负荷和循环冗余校验码；其中负荷部分可包括一个或多个不同类型的 MAC 子头。最长的 MAC 层协议数据单元不超过 2048B。MAC 层协议数据单元即可以包含普通数据，也可以包含相应的管理消息。

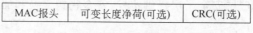

| MAC报头 | 可变长度净荷(可选) | CRC(可选) |

图 9-2　MAC 层协议数据单元格式

（2）网络接入的具体流程如下：①通过扫描下行信道获取物理层协议数据单元的前缀（Preamble），同时解析出下行链路 MAP 和连接消息，以保持与基站下行同步；③第二步是从上行链路 MAP 和连接消息中获取上行传输的参数；③通过发送测距请求消息进行测距（Ranging）操作，保证上行数据传输在时间上的同步；④进行基本能力协商；⑤认证授权和密匙交换；⑥注册；⑦建立 IP 连接。按照上述次序完成网络接入的具体操作后，便可以进入相应的数据传输流程。

（3）链路控制涉及以下技术主题：测距、自动重传请求/混合自动重传请求、链路适配、功率控制以及快速反馈。测距包括初始切换测距、周期性测距、基于 OFDMA 的带宽请求测距，其主要功能是完成上行参数的预测和能量、时频偏移以及上行带宽分配等方面的调整。作为一个基本的链路层操作，自动重传请求可以通过高效的选择性反馈来降低反馈信令冗余、提升重传的效率并能保证数据包的传输次序；然而，自动重传请求会导致较长的重传时延，因此不适合实时业务。此外，无线链路的不稳定性也不能保证反馈消息的有效传输。混合自动重传请求通过增加专门的 ACK/NACK 来降低重传反馈时延，适合实时业务的传输；然而，混合自动重传请求也相应地增加了接收机的复杂度和反馈信令的消耗，数据包传输次序混乱也是混合自动重传请求的一个问题。链路适配通过接收端的反馈来为传输数据选择相应的调制编码方式，从而能够在保证基本误码率要求的前提下最大化系统的传输速率。接收端可以返回信号干扰噪音比让发送端决定调制编码方式或者直接根据信噪比返回相应的调制编码方案。功率控制可以补偿多径衰落的损失、抑制"远近效应"、控制小区间的同频干扰、高信道容量并增加用户终端的电池待机时间。WiMAX 的发射功率的调整可以通过 3 种途径来实现：开环功控、闭环功控和周期性测距功率调整。快速信道反馈主要通过设置专用的反馈信道来传输用户站的反馈信息，这些信息包括混合自动重传请求反馈消息、自适应调制编码的选择、快速基站切换和 MIMO 模式转换消息等。由于链路控制涉及物理层的操作，通过跨层优化来进行有效的链路控制是目前的一个研究热点。

（4）能量管理主要通过合理的睡眠模式管理机制来为移动终端降低能量消耗。移动终端的睡眠模式（Sleep Mode）指的是在与服务基站预先协商好的一段时间内，移动终端不与基站进行上、下行数据的交互。其目的就是为了最小化移动终端的能量消耗，减少对服务基站空中接口资源的使用。此外，为了满足不同业务的 QoS 需求，IEEE 802.16 标准为不同业务设计了不同的能量节省类（Power Saving Class），这使得 QoS 相关的节能管理机制成为目前的又一个研究热点。

（5）IEEE 802.16e 中包含 3 种切换控制模式：必选的硬切换（Hard Handover）、可选的宏分集切换（Macro Diversity Handover）和快速基站切换（Fast Base Station Switching）。硬切换的主要流程如下：首先根据信号强度和网络负载状况进行小区选择，然后进行相应的切换检测和初始化，接着与目标基站建立下行链路的同步并进行相应的测距操作，切换完成后目标基站通知原基站，并建立与移动终端的连接，进入常规通信阶段。在另外两种可选的切换模式中，移动台扫描邻居基站，从中选择适合的作为激活基站并组成宏分集，激活基站保存有移动台的能力、安全参数、服务流等所有 MAC 层相关信息。同时，移动台持续监测激活基站的信号强度，并从中选择一个作为锚点基站执行注册、上下行链路同步、测距以及下行控制信息监测等一系列操作。在宏分集切换模式中，移动台与宏分集中所有激活基站进行上、下行管理消息和业务数据的通信，这样可以实现不中断通信的软切换。在快速基站切换模式中，锚点基站就是服务基站，且移动台只与锚点基站进行通信。根据服务基站的选择机制，锚点基站可以逐帧改变而不需要明确的切换信令。因此，快速基站切换利用快速转换机制提高了链路质量。

（6）多播广播功能能够使用单频率网（Single Frequency Network）实现高数据速率传输和大范围覆盖，同时具备资源分配灵活、节能、支持音频、视频等数据广播以及信道切换时延低等优点。多播广播业务包括单基站接入和多基站接入两种模式：前者通过为用户建立一个多播广播组，同时通过在下行链路 MAP 消息中来指定相应多播广播组所分配到的下行传输带宽；后者需要多个基站形成一个多播广播区域，该区域的基站之间

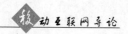

需要进行多播广播数据传输的同步,且多个基站之间同一个多播广播业务的标志符完全一致,在该接入方式中移动用户以连接的模式注册,即使用户处于空闲模式也可以访问多播广播区域中的多播广播业务。

3) 安全子层

IEEE 802.16e 标准定位于移动运营网络,提供电信级的服务质量,用户信息安全尤为重要。在 IEEE 802.16 标准中,安全机制是由安全子层来实现的,通过基站与用户站之间的加密连接实现的,为经过 WiMAX 网络的用户提供保密。另外,安全子层还为运营商提供防止非法访问网络的保护机制。通过对网络上的服务流强制加密,基站能够防止对数据传输业务未经授权的访问。WiMAX 系统使用授权的客户/服务器密钥管理协议来提供安全功能。作为服务器的基站向作为客户端的用户站分发有关的密钥信息。此外,WiMAX 系统在密钥管理协议加入了基于数字证书的鉴权机制,进一步加强了系统的安全机制。标准的安全子层定义了两部分内容。

(1) 加密封装协议。

该协议负责加密固定宽带无线接入网络中传输的分组数据,定义了加密和鉴权算法,以及这些算法在 MAC 层协议数据单元净荷中的应用规则(加密只针对 MAC 层协议数据单元中的净荷部分,MAC 头部不被加密)。

(2) 密钥管理协议。

密钥管理协议负责从基站到用户站之间密钥的安全分发、用户站和基站之间密钥数据的同步,以及基站强迫接入网络业务。密钥管理协议采用服务器/客户机模型,用户站作为客户端请求密钥,基站作为服务器端响应用户站的请求并授权给用户站唯一的密钥。密钥管理协议使用公共部分子层中定义的 MAC 管理消息来完成上述功能。密钥管理协议支持周期性地重新授权及密钥更新机制。通过密钥管理协议,用户站和基站之间的密钥数据能保持同步。基站通过密钥管理协议来进行策略控制,只有满足条件的用户站,才可以使用网络提供的服务。

9.3 WiMAX 的网络架构

1. WiMAX 的网络体系和网络参考模型

WiMAX 网络体系主要由核心网和接入网组成。其中,核心网中包含网络管理系统、漫游服务器、AAA(Authentication、Authorization、Accounting)代理或服务器、用户数据库以及 Internet 网关设备。核心网主要负责为 WiMAX 用户提供 IP 连接。接入网中包含基站(Base Station)和用户站(Subscriber Station),主要负责为 WiMAX 用户提供无线接入。图 9-3 为 WiMAX 组网结构。

随着 IEEE 802.16d/e 空中接口规范的确定,人们开始将注意力逐步转移到 WiMAX 网络架构的规范上。为了能够独立组建支持固定、游牧、便携、简单移动和全移动场景的全程覆盖 WiMAX 移动网络,WiMAX 论坛成立了网络工作组以研发基于 IEEE 802.16d/e 的网络侧的标准。网络工作组标准制定分为了 3 个阶段来进行:第一阶段定义了 WiMAX

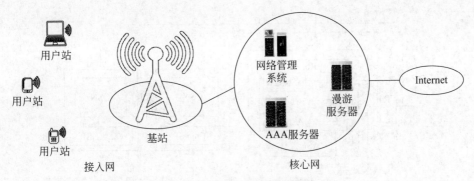

图 9-3 WiMAX 体系网络结构

的 5 种应用场景、相关的演进路线以及这些场景下系统功能和性能需求,各应用场景的业务及用户特点如表 9-3 所示;第二阶段定义这些场景下的参考模型、参考点、网络功能、选择流程和协议;第三阶段制定详细的流程图、协议栈、消息定义以及互操作下的必选和可选要求。

表 9-3 各应用场景的业务及用户特点

场 景	应 用 特 点	
固定应用	IEEE 802.16 运营网络中最基本的业务模型,包括企业用户、小区 IP 的承载线路;移动通信网络中基站和基站控制器互连的线路;在有上网需求、用户分布分散的地方如农村及边远地区,作为 DSL 的替代者进行无线宽带接入网络覆盖;有线网络无法进入的地方,如地形地貌限制或历史文化古迹区;链路备份、应急通信等	
游牧应用	固定接入应用发展的下一个阶段,终端可以从不同的接入点接入到一个运营商的网络中,然而并不支持不同 BS 间的切换,即在每次会话连接接中,用户终端只能进行站点式的接入,在两次不同网络的接入中,传输的数据将不被保留	
便携应用	针对步行移动速度提供了相应的切换支持,当用户出于静止状态,便携式业务的应用模型与固定式业务和游牧式业务相同,该应用主要面向家庭接入和商务人士用户市场,终端可为置入 PCMCIA 卡的便携机	
简单移动应用	用户能够在步行、驾驶或者乘坐公共汽车的状态下使用宽带无线接入业务;但当终端移动速度达到 60～120km/h 时,数据传输速度将有所下降;切换发生时,数据丢包可以控制在一定范围以内,应用层业务可能有一定的中断	移动数据业务是移动场景(包括简单移动和全移动)的主要应用,目前被业界广泛看好的移动业务包括 E-mail、流媒体、可视电话、移动游戏、移动 VoIP 等,为了更好地支持这些应用,这两种场景下需要提供休眠模式、空闲模式和寻呼模式的支持
全移动应用	用户可以在移动速度为 120km/h 甚至更高的情况下无中断地使用宽带无线接入业务	

　　WiMAX 论坛按照 IEEE 802.16 协议和 IP 网络的发展,为 WiMAX 的系统网络增加了一些功能实体和物理实体,形成了新的网络拓扑结构,并且在协议中给出了网络参考模型。WiMAX 无线网络参考模型如图 9-4 所示。

　　WiMAX 网络参考模型由接入业务网络(ASN)、连接业务网络(CSN)、固定和移动用户台(MS)组成。WiMAX 网络分成两部分:一部分负责接入,称为 ASN;另一部分负

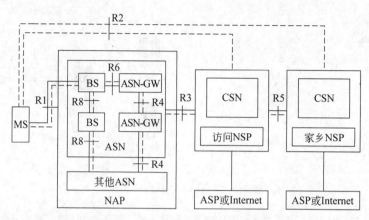

图 9-4　WiMAX 无线网络参考模型

责认证、核心路由等功能,称为 CSN。

其中,NAP、NSP 和 ASP 是供应商,负责不同网络的设备供应,它们各自的功能如下。

NAP:网络接入供应商。

NSP:网络业务供应商。

ASP:应用业务供应商。

接入业务网络包含空中接口管理者服务基站和网络层管理者接入网关 ASN-GW,接入业务网络 Profile 对接入网功能的分布进行了定义,如表 9-4 所示。将对空中接口的控制和资源分配的权利全部交给基站,接入网关 ASN-GW 将不再执行接入控制、带宽分配等相关的空口操作,具体功能实体分布。

表 9-4　接入业务网络 Profile 示意图

BS	ASN-GW	
HO:切换功能	HO:切换功能	AAA:客户端
DP Fn:数据通道功能	DP Fn:数据通道功能	DHCP:代理
Context:上下文联系方式	Context:上下文联系方式	PMIP:客户端
SFM:业务流管理	SFA:业务流代理	LR:位置寄存器
PA:寻呼代理	PC:寻呼控制器	
RRA+RRC:无线资源代理+无线资源控制	MIP FA:移动 IP 外地代理	
Auth. Relay:认证中继	Authenticator:认证授权者	
Key Receiver:密钥接收	Key Distribute:密钥分发	

在接入业务网络的组网的形式下,接入网关 ASN-GW 具有以下功能。

(1) 发现网络,根据策略限制,选择某个基站,获得无线接入服务。

(2) 将 AAA 服务器控制消息传递给用户的归属网络服务提供商 NSP,协助完成鉴权、计费等功能。

(3) 协助高层与用户建立二层连接,分配 IP 地址,完成接入业务网络和连接业务网络的隧道建立。

在 WiMAX 论坛的网络规范中,将接入业务网络 Profile 作为接入网功能分布发展的主流,网络协议后续细节的规范也是基于接入业务网络 Profile 进行定义的。

2. WiMAX 的网络拓扑结构

IEEE 802.16 标准支持两种不同的网络拓扑结构,分别是点对多点的网络拓扑结构(PMP)和多点到多点的网状网络拓扑结构(Mesh)。点对多点网络拓扑结构是目前常见的一种,基于点对多点网络拓扑结构的系统已经逐渐开始在商用,Mesh 网络拓扑结构由于其诸多的优越性,也逐渐被越来越多的人关注。

(1) 点对多点网络拓扑结构(Point to Multiple Points,PMP)。

如图 9-5 所示,在点对多点(PMP)网络拓扑结构下基站(BS)是整个网络的中心,所有的用户站(SS)都通过点到多点的方式接入到网络当中,基站充当业务接入点(Service Access Point)的角色,负责控制用户节点的接入和提供骨干网的网络接口。PMP 模式对应的 MAC 帧分为上行子帧和下行子帧,其中用户站到基站的链路为上行链路,基站到用户站的链路为下行链路。上行链路用户站通过轮询、竞争、主动带宽保障 3 种方式来申请带宽,下行链路基站发送消息或数据时,所有的用户站都处于监听状态,用户站通过检测收到的数据包中连接标识符的值来判断是否是属于自己的数据包。

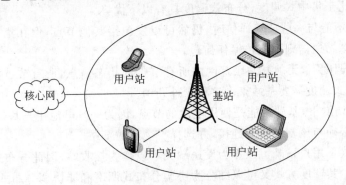

图 9-5　WiMAX PMP 网络拓扑结构图

(2) 多点到多点(Mesh)网络拓扑结构。

Mesh 网络拓扑结构如图 9-6 所示,与 PMP 模式相比,其最大的区别在于业务数据的传输方式上不再仅仅局限于基站与用户站,用户站间也可以进行数据业务的交换,并且用户站还具有中继的功能,业务数据可以通过中间的用户站中继到目的用户站,同样用户站也可以通过多跳方式传输到基站。在 Mesh 网络拓扑结构下,基站的作用与 PMP 网络类似,所有的用户站同样可以通过基站来接入到骨干网当中,但与 PMP 网络不同的是,Mesh 模式下基站出现突然问题时节点间仍然可以以多跳形式传输数据,PMP 网络必须要基站来协调整个网络。

Mesh 网络的调度方式有两种,分别是集中式调度和分布式调度。集中式模式与 PMP 网络相似,所有节点间的通信都需要向基站申请带宽,由基站搜集完所有用户站的带宽请求后统一进行带宽分配。基站是整个网络的中心,基站通过接收用户站的带宽请

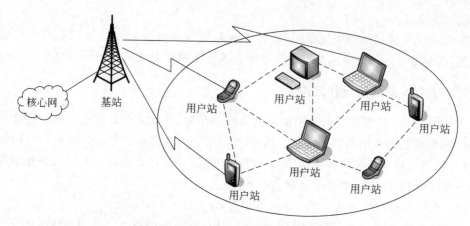

图 9-6　WiMAX Mesh 网络拓扑结构图

求来获得整个网络的拓扑结构,然后建立树形的路由广播到每一个用户站,节点用户站间的通信都通过此路由来进行传输,其中基站到用户站的链路为下行链路,用户站到基站的链路为上行链路。分布式下,用户站之间可单独组成 Mesh 网络进行通信,不再依赖于基站,每一个用户站和基站既可以作为数据的接收端又可以作为数据的发送端,用户站之间发送消息通过三次握手的方式进行协商,并且通知自己的邻居节点从而进行协调避免冲突。相比于集中式调度,分布式调度具有以下优势。

① 当节点不能与一些节点通信时,仍然可以发包给其他节点;但在集中式调度中如果节点不能与基站通信则不能传输任何包。

② 分布式调度下,无须基站跟踪网内所有节点的状态信息,所有节点共同维护一张状态表;而集中式调度需要基站来做这种额外开销。

③ 集中式调度下,基站不能是使用电池的节点,因为一旦电池用光基站就不起作用,此时用户站就必须与该基站断开连接,并选择一个新的基站。

由于分布式下用户站既可以作为发送端又可以作为接收端,因此分布式下没有严格的上下行链路。其调度方式又可以细分为协调分布式调度和非协调分布式调度两种,协调分布式的调度是完全无碰撞的,调度消息在控制子帧中发送,而非协调分布式调度由于调度消息在数据子帧中发送,有可能发生冲突。

9.4　WiMAX 的网络流程

为了使 WiMAX 网络能够和 IP 网络进行无缝的接轨,WiMAX 论坛规定了包括计费、移动性管理、安全、AAA 和 IP 地址的分配和管理等方面的细节。这些规定对于各个厂商之间的规范和协作给予了强有力的支持。

网络规范的主要目的是规定网络层、传输层和应用层的部分功能细节,给出 WiMAX 用户接入到现有核心网所需的各种机制和流程,将现在已经成熟使用的 AAA 协议、IP 相关协议和 IEEE 802.16 协议进行融合。WiMAX 网络规范中用户主要涉及的操作流程如图 9-7 所示。

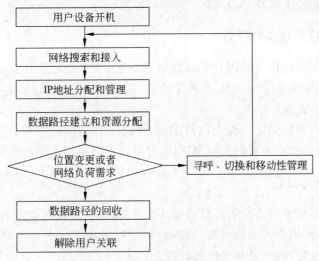

图 9-7　**WiMAX 网络规范用户流程**

1. 网络发现和接入

在网络规范中考虑了多网融合的情形,在这种情况下用户可以接受多个核心网提供的服务,所以,用户开机之后首先需要自行发现网络,在完成测距之后,可以进行协商选择适合自己的网络,然后再在网络中登记自己的信息等。

由于 WiMAX 网络使用了 AAA 协议,所以在用户接入网络时,需要对用户进行认证和鉴权操作,确认用户的身份合法之后,才可以进行后续的操作。

2. IP 地址的分配和管理

如果用户想要接入到以 IP 承载的核心网中,用户需要拥有一个 IP 地址。为此,WiMAX 论坛规定了 WiMAX 网络的 IP 分配和管理机制。根据 WiMAX 论坛的规定,WiMAX 网络使用 DHCP 协议动态分配和管理 IP 地址。

完成接入鉴权和用户身份认证之后,用户向 WiMAX 网络发起 IP 地址请求,网络分配合适的 IP 地址给用户,并且进行绑定。当用户位置改变或者 IP 地址到期,则用户需要重新向网络申请新 IP 地址或者进行 IP 地址的续期;当用户离开网络或者关机时,网络会对 IP 地址进行回收。

3. 数据路径的建立和资源分配

为了配合 WiMAX 空中接口上由基站管理的空中连接,在接入网有线部分的路径中也有 WiMAX 特有的数据连接,为用户传输特有的数据和信令。

当用户发起业务,向基站请求建立空中连接时,基站会向接入网关 ASN-GW 请求建立数据路径,由接入网关 ASN-GW 负责管理和分配资源,于是接入网关 ASN-GW 分配给用户一个接入识别号,基站给用户分配一个对应该识别号的连接识别标识,完成空中连接和数据路径的建立和对应。此后,用户可以在该连接识别标识的空中连接和接入识别号标识的数据路径上传输业务数据。

4. 寻呼、切换和移动性管理

如果正在通信中的用户站离开基站的管辖范围,或者基站的负荷过大,那么用户站需要切换到别的基站甚至别的接入网关 ASN-GW 下,切换的触发和切换的实现就是 WiMAX 的移动性管理。

网络需要在用户站切换之前为用户站准备预留相关资源,对用户进行 IP 地址的重新分配和绑定,建立相应的数据和管理连接,以保证用户通信流程实现无缝切换。

5. 数据路径的回收

用户结束通信或者切换到别的服务基站之后,都需要将现在使用的空中连接和数据路径进行回收,释放用户占用的资源。当然,一个处于待机状态的终端也和服务基站保持着基本的管理连接,用于寻呼和状态更新。

6. 解除用户关联

如果用户离开网络,那么需要将用户所有的连接(包括数据连接和管理连接)都释放,并且在服务基站和网关都进行登记标识为离开,删除对应的 MAC 地址和用户信息。

9.5 WiMAX 的关键技术

1. OFDM/OFDMA

正交频分多址技术(OFDMA)是一种物理层技术,它是对 OFDM 技术的演进。OFDM 技术和 OFDMA 技术将信道划分为若干正交子载波集,然后将不同的子载波集分配给不同的用户使用,从而实现多址的功能。此外,OFDMA 技术在频率上还将时间、带宽资源进行分割,通过这种手段实现多用户的接入功能。

通过图 9-8 可以看出,与 OFDM 技术相比,OFDMA 技术对带宽的划分更加细致,在频率上根据不同用户进行划分,多了一维"频率"自由度;下行的子信道可以按不同的信道条件进行功率控制,使得不同的用户的输出功率不同。OFDMA 技术使用分布式的子载波分配,每个用户使用的子载波随机分布在系统的整个带宽内,从而获得频率分集,也就是说,用户可以使用所有子载波中信道条件比其他好的子载波,使用该子载波进行数据的传输。并且,该技术允许多个用户可以同时接入同一个信道。

各个子载波之间相互正交,不需要预留频带进行保护,提高了频谱的利用率,对抗多径效应。但同时该技术也存在一些缺陷,其中的快速傅里叶变换(FFT)和前向纠错(FEC)实现复杂,并且在同信道中相邻子信道的信号干扰时,处理起来也会更加复杂。

2. 混合自动重传(HARQ)

我们知道,TCP/IP 的特点之一是对信道的传输质量有较高要求。这和无线信道不

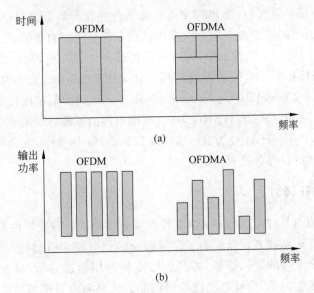

图 9-8　OFDM 与 OFDMA 的比较

稳定的特点是相悖的,因为无线信道的传输质量一般情况下是不满足要求的。然而,宽带无线接入技术必须面对日益增长的 IP 数据业务。为此,WiMAX 技术必须适应 TCP/IP 对信道传输质量的要求。

在室内短距离应用条件下,无线信道的衰落现象并不明显,因此改善信道稳定性的问题对 Wi-Fi 技术并不突出。与 WiFi 技术不同的是,在 WiMAX 技术的室外远距离应用条件下,无线信道的衰落非常严重,在质量不稳定的无线信道上运用 TCP/IP,其效率将会十分低下。为此,WiMAX 技术在链路层加入了自动重传请求 ARQ 机制,减少到达网路层的信息差错,可大大提高系统的业务吞吐量。

自动重传请求(ARQ)技术是一种实用的差错控制方法,既要求传输可靠性高,又要求信道利用率高。为此可使发送方将要发送的数据帧附加一定的冗余检错码一并发送,接收方则根据检错码对数据帧进行差错检测,若发现错误,就返回请求重传的应答,发送方收到请求重传的应答后,便重新传送该数据帧。

混合自动重传请求技术(HARQ)是对自动重传请求技术(ARQ)的改进。存在自动重传请求 ARQ 的通信链路一般都是闭环链路,有一个反馈应答信号。目前主要的自动重传请求 ARQ 技术有选择重传(Selective Repeat)和停止等待重传(Stop And Wait)两种。选择重传方法由于其复杂性和对终端容量的要求较高等原因而不作为主要的方案;而双信道或多信道停止等待重传方法则具有控制开销小、机制简单、对终端容量要求低和信道利用率高等优点。自动重传请求技术 HARQ 是一种链路自适应技术,是将自动重传请求技术 ARQ 与数据包错误隐藏(PEC)进行整合,与前向纠错(FEC)共同完成无差错传输保护。HARQ 技术主要包括 3 种类型:HARQ-Type-Ⅰ、HARQ-Type-Ⅱ 和 HARQ-Type-Ⅲ。HARQ-Type-Ⅰ 的目的是使用数据包错误隐藏(PEC)处理最常见的一些错误模式,较少发生的错误模式由错误检测和 ARQ 处理,HARQ-Type-Ⅰ 通常放弃触发 ARQ 以前接收的数据包;HARQ-Type-Ⅱ 是存储重复发送的包并与这个包的后续传输合并,产生一个更可靠的包,合并的方式是编码合并和分集合并;HARQ-Type-Ⅲ属于一种增量 ARQ,但不同之处在于每一次重传的信息都是可以自编码的。

HARQ 技术因提高了频谱效率,可以明显提高系统吞吐量,同时因为重传可以带来合并增益,所以间接扩大了系统的覆盖范围。在 IEEE 802.16e 标准中虽然规定了信道编码方式有卷积码(Convolutional Coding)、卷积 Turbo 码和低密度校验码(Low-Density Parity Coding)编码,但是对于 HARQ 方式,根据目前的标准,IEEE 802.16e 中只支持卷积码和卷积 Turbo 码的 HARQ 方式。在 IEEE 802.16e 标准中,混合自动重传请求技术(HARQ)方法在 MAC 部分是可选的。

3. 自适应编码调制

实际的无线信道具有两大特点:时变特性和衰落特性。时变特性是由终端、反射体、散射体之间的相对运动或者仅仅是由于传输媒介的细微变化引起的。因此,无线信道的信道容量也是一个时变的随机变量,要最大限度地利用信道容量,只有使发送速率也是一个随信道容量变化的量,也就是说使编码调制方式具有自适应特性。自适应调制编码(Adaptive Modulation Coding)根据信道的情况确定当前信道的容量,根据容量确定合适的编码调制方式等,以便最大限度地发送信息,实现比较高的速率。

自适应编码调制能提供可变化的调制编码方案以适应每一个用户的信道质量,并提供高传输速率和高频谱利用率。解调高阶调制和测量报告功能也对用户终端提出了更高的要求。高阶调制另需一些如干扰消除器、更高的调制平衡器等新技术。自适应编码调制技术主要包括速率适配凿孔 Turbo 码(Rate Compatible Puncturing Turbo Codes)和高阶调制(MSPK& M-QAM)的结合、HARQ 和 MIMO 等。面临的技术挑战是自适应编码调制对测量误差和时延比较敏感。信道的测量误差将导致调度者选择错误的数据传输速率和发送功率,或者太高而浪费了系统的容量,或者太低而增加了系统的误帧率;信道测量报告的时延也会减少时变移动信道质量估计的可靠性,而且干扰的变化也将增加测量误差。

自适应编码调制系统根据系统的测量报告或者相似的测量报告决定编码和调制的格式,编码一般采用速率适配凿孔 Turbo 码,调制可以采用 BPSK、QPSK 和一些高阶调制。速率适配凿孔 Turbo 码通常与 HARQ-Type-Ⅱ或者 HARQ-Type-Ⅲ结合使用。

高阶调制可以有效提高系统的频谱效率,并且由于高阶调制星座图上点集的密度增加,在衰落信道中,解调时对信道估计的要求比较高,对同步的精度要求随着阶数的增加而提高,而且一般也需要提高接收机的解调门限。

自适应编码调制在 WiMAX 的应用中有其特定的技术要求,由于自适应编码调制技术需要根据信道条件来判断将要采用的编码方案和调制方案,因此自适应编码调制技术必须根据 WiMAX 的技术特征来实现自适应编码调制功能。

与 CDMA 技术不同的是,自适应编码调制技术通过自适应切换调制方式和编码方式来使吞吐量信噪比曲线达到最佳。由于 WiMAX 物理层采用的是 OFDM 技术,因此时延扩展、多普勒频移、小区的干扰等对于 OFDM 解调性能有重要影响的信道因素必须被考虑到自适应编码调制的算法中,并用来调整系统编码调制方式,达到系统瞬时最优性能。WiMAX 技术标准定义了多种编码调制模式,包括卷积编码、分组 Turbo 编码(可选)、卷积 Turbo 码(可选)、零咬尾卷积码(可选)和 LDPC(可选),并且不同的调制方式(包括 BPSK、QPSK、16QAM 和 64QAM)对应不同的码率。图 9-9 中各种不同信道使用不同编码方式,离基站较近的信道条件好,则使用效率较高的调制方式。

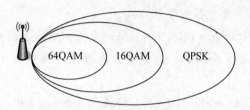

图 9-9　WiMAX AMC 图示

AMC+HARQ 可以形成最佳组合:AMC 提供了粗糙的数据速率选择,HARQ 则可以根据信道条件对数据速率做精细的调整。

4. 多进多出阵列(MIMO)

MIMO(多输入多输出)技术在发送端和接收端两端增加了天线的数目,以及一个相应的 MIMO 信号处理模块,通过这些模块建立起复杂的传输结构,在不增加系统传输带宽的情况下,提高了传输系统的容量,同时提高了频谱利用率,也提高了信道的数据传输速率。图 9-10 对 MIMO 技术进行了说明。

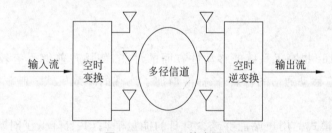

图 9-10　MIMO 技术图示

MIMO 技术主要利用不同天线传输的信号之间的独立性,天线的间距较远,在较小的环境中,性能很好,而且通道数量改变时,主要的是修改信号处理模块,对整个系统的影响不大,容易与现有的平台兼容。缺陷是发送端多天线的同时,也要求接收端支持多天线。

MIMO 技术主要有两种表现形式,即空间复用和空时编码。这两种形式在 WiMAX 技术中都得到了应用。WiMAX 技术还给出了同时使用空间复用和空时编码的形式。目前 MIMO 技术正在被开发应用到各种高速无线通信系统中。

5. QoS 机制

QoS 就是通常所说的服务质量。WiMAX 里定义 QoS 的一个主要目的是,当有多种不同的业务请求时,空中接口如何最好地定义传输流的顺序和调度。上行信道和下行信道中,都存在业务流,每一个业务流都有一个长度为 32 位的服务流标识符,当业务流被确认(admitted)和处于动态时(active),还拥有一个长度为 16 位的连接标识符。

业务流是一种让数据包单向传输的 MAC 传输服务,包括用户站发出的上行数据包和基站发出的下行数据包,每一个业务流都由一个 QoS 参数集来描述,参数集中包含时延、抖动和吞吐量等参数。

一个业务流的属性主要包括以下几方面。

(1) 服务流标识符(Service Flow ID):每一个存在的业务流都被分配给一个服务流标识符,它是业务流的最重要标志。每个业务流都至少存在一个服务流标识符和传输方向。

(2) 连接标识符(Connection ID):当业务流为 Admitted 和 Active 状态时,该业务流才会存在一个传输连接的连接标识符,它和服务流标识符存在一一对应关系。

(3) ProvisionedQoSParamSet:是一个以标准之外的某种方法提供的 QoS 参数集。

(4) AdmittedQoSParamSet:定义了一个用户站或者基站为其保留资源的 QoS 参数集。主要是带宽,也包括其他存储资源或激活后续业务流所需的基于时间的资源。

(5) ActiveQoSParamSet:定义一个 QoS 参数集,它定义了为业务流提供的业务。只有 Active 类型业务流才可以发送数据。

(6) Authorization Module:基站的一个逻辑功能,它允许或拒绝与业务流相关的 QoS 参数和分类器的任何变化,限制 ActiveQoSParamSet 和 AdmittedQoSParamSet 的可能取值。

6. 睡眠模式

IEEE 802.16e 提高了系统的移动性方面的性能,使用户能够具有较好的移动性业务,同时为了适应移动通信的特点,该标准增加了终端的睡眠模式。睡眠模式包括 Sleep 模式与 Idle 模式。

处于 Sleep 模式的用户站能够减少自身的能量消耗,并且降低了对基站的空中资源使用。用户站在该模式下暂时中止基站的服务,这个中止的周期是预先协商的。从基站的角度看,该模式下的用户站状态为不可用。

处于 Idle 模式下的移动终端更为省电,进入该模式后,用户站只是周期性的接收基站的下行广播消息(寻呼消息和移动基站业务),在移动过程中可能会穿越多个服务基站,此时不需要进行切换,也不需要重新进行网络进入。

两者的区别如下。

(1) 处于 Idle 模式下时,用户站没有任何连接,管理连接都没有;而处于 Sleep 模式下时,用户站有管理连接,同时可能存在业务连接。

(2) 当用户站跨越不同的服务基站时,Idle 模式下不需要进行切换,而 Sleep 模式下的用户站需要。

(3) 处于 Idle 模式时,用户站会定期地向系统登记自身所在的位置;而处于 Sleep 模式下的用户站由于始终和基站保持着联系,故不用进行登记。

7. 切换技术

IEEE 802.16e 定义了一种硬切换模式,这种切换模式是必选的。在此之外,还有宏分集切换(MDHO)和快速基站切换(FBSS),这两种切换模式都是可供选择的。在硬切换时,用户站接收当前基站的广播消息,并且从中获取相邻小区的信息,也可以通过请求分配扫描间隔或者睡眠时间,对临近小区进行扫描和测距,得到相关信息并且进行评估。用户站和基站都可以发起这种切换。在快速基站切换中,用户站只与目标基站信息交换,不用执行切换过程中的切换步骤就可以完成基站之间的切换。在宏分集切换中,用户站同时与多个基站进行通信,获得分集合并增益,从而改善了信号质量。

8. 天线分集技术

WiMAX 采用天线分集技术应对阻隔视距和非视距造成的深衰落。自适应天线阵(AAS)、天线极化方式都是可采用的分集技术。自适应天线系统(AAS)是一种基于自适应天线原理的移动通信技术,采用空分多址技术,应用数字信号处理技术,产生空间定向波束,使天线主波束对准用户信号到达方向,旁瓣或邻瓣对准干扰信号到达方向,达到充分利用移动用户信号并消除或抑制干扰信号的目的。这种技术既能改善信号质量又能增加传输容量。

例如,在非视距情况下,无线信号的到达经由了多次反射和多个途径(两条不同路径之间的相对时延大的必须作为两条独立的路径)。自适应天线在多径环境中的一个重要特点就是能够抑制干扰用户而不管其到达的方向。也就是说,即使干扰用户和所有用户只相距几英寸,自适应天线阵也能抑制干扰用户。这是由于在多径环境中天线周围的物体就是一个巨大的反射天线,使得接收天线阵列能够区分不同用户的信号。特别是如果接收阵元的间距足够大,阵列就能够形成比扩展角度还小的波束。能够区分的信号数随天线阵元数、角度扩展、在扩展角度内多径反射密度的增加而增加。为了充分利用接收到的信号,可以在每个天线阵元上加一个时域的处理,比如自适应均衡或队组接收,然后再进行自适应波束形成。

9. 空时编码(STC)

为充分利用 MIMO 信道的容量,人们提出了不同的空时处理方案。贝尔实验室提出了一种分层空时结构(Bell Laboratories Layered Space-Time,BLAST),它将信源数据分成几个子数据流,独立地进行编码调制,因而它不是基于发射分集的。AT&T 在发射延迟分集的基础上正式提出了基于发射分集的空时编码。同时,一种简单的发送分集方案也被提出,并将它进一步推广提出了空时分组编码,由于它具有很低的译码复杂度,已经被正式列入 WCDMA 标准中。

空时编码是一种把编码、调制和空间分集结合起来的新兴技术,也将成为后 3G 技术中重要的一部分。目前空时发送分集(Space-Time Transmit Diversity,STTD)技术已经进入了 3G 协议,发送分集和接收分集可以提高系统的容量,并将编码调制分集技术有机地结合起来。一个空时码就是一些 TxM 阶的码字矩阵所组成的集合。常见的空时码主要分为空时格码(Space-Time Trellis-Coding, STTC)、空时块码(Space-Time Block-Coding, STBC)和分层空时码(Layered Space-Time Coding, LASTC), STTD 则属于空时块码的特例。

WiMAX 系统也采用了空时编码这一技术来提高信道容量。

9.6 总　结

本章对 WiMAX 技术进行了详细介绍,具体介绍了 IEEE 802.16 系列标准、IEEE 802.16 的协议栈、IEEE 802.16 协议栈中各个模块的功能、WiMAX 的网络结构和拓扑、WiMAX 的网络流程以及 WiMAX 的关键技术。

可以看出,WiMAX 是一项新兴的宽带无线接入技术,能提供面向互联网的高速连接,数据传输距离最远可达 50km。WiMAX 还具有 QoS 保障、传输速率高、业务丰富多样等优点。WiMAX 的技术起点较高,采用了代表未来通信技术发展方向的 OFDM/OFDMA、AAS、MIMO 等先进技术。同时,WiMAX 可实现宽带业务的移动化。

参 考 文 献

[1]　IEEE 802.16-2001. IEEE Standard for Local and metropolitan area networks—Part 16: Air Interface for Fixed Broadband Wireless Access Systems [Z]. 2002.

[2]　IEEE 802.16c. IEEE Standard for Local and metropolitan area networks—Part 16: Air Interface for Fixed Broadband Wireless Access Systems—Amendment 1: Detailed System Profiles for 10~66GHz [Z]. 2003.

[3]　IEEE 802.16a-2003. IEEE Standard for Local and metropolitan area networks-Part 16: Air Interface for Fixed Broadband Wireless Access Systems-Amendment 2: Medium Access Control Modifications and Additional Physical Layer Specifications for 2~11GHz [Z]. 2003.

[4]　IEEE 802.16-2004. IEEE Standard for Local and metropolitan area networks Part 16: Air Interface for Fixed Broadband Wireless Access Systems [Z]. 2004.

[5]　IEEE 802.16e. Amendment to IEEE Standard for Local and Metropolitan Area Networks-Part 16: Air Interface for Fixed Broadband Wireless Access Systems-Physical and Medium Access Control Layers for Combined Fixed and Mobile Operation in Licensed Bands [Z]. 2006.

[6]　IEEE 802.16m. IEEE Standard for Local and Metropolitan Area Networks-Part 16: Air Interface for Broadband Wireless Access Systems-Amendment 3: Advanced Air Interface [Z]. 2011.

第10章

chapter *10*

Ad hoc 网络

10.1 Ad hoc 网络概述

10.1.1 Ad hoc 网络产生背景

无线网络按照组网控制方式可以分为两类。其中一类是具有预先部署的网络基础设施的移动网络(见图 10-1)。例如,移动蜂窝网络、无线局域网等。

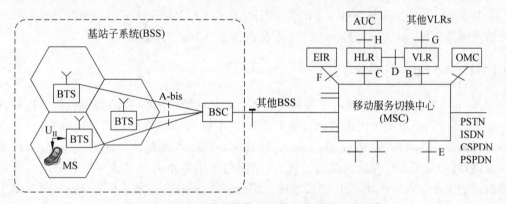

图 10-1 具有预先部署的网络基础设施的移动网络

然而,这种形式的网络并不适用于任何场合。想象一下这些情形:你正在参加野外科学考察,你想和其他队员之间进行网络通信。这时,似乎不能期待有架好基础设施的网络等着我们。再比如战场上协同作战的部队相互进行通信,地震之后的营救工作,都不能期望拥有搭建好的网络架构。在这些情况下,我们需要一种能够临时快速自动组网的移动通信技术。这样,Ad hoc 网络应运而生。

Ad hoc 一词起源于拉丁语,意思是"专用的,特定的"。Ad hoc 网络也常常成为"无固定设施网"、"自组织网"、"多跳网络"、MANET(Mobile Ad hoc Network)。迄今为止,Ad hoc 网络已经受到学术界和工业界的广泛关注,如图 10-2 所示。

10.1.2 Ad hoc 网络发展历史

1968 年,世界上最早的无线电计算机通信网 Aloha 在美国夏威夷大学诞生。Aloha

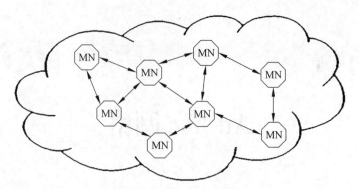

图 10-2　Ad hoc 网络示意图

本是夏威夷大学的一项研究计划的名字，Aloha 是夏威夷人表示致意的问候语。这项研究计划的目的是要解决夏威夷群岛之间的通信问题。

自主网最初应用与军事领域。1972 年，美国国防部高级研究计划署（DARPA）资助研究分组无线网络（Packet Radio Network，PRnet）。其后，又由 DARPA 资助，在 1993 年和 1994 年进行了高残存性自适网络（Survivable Adaptive Network，SURAN）和全球移动信息系统（Global Mobile Information Systems，GLOMo）。

其实，Ad hoc 是网络吸收了 PRnet、SURAN 和 GLOMo 3 个项目的组网思想而产生的新型网络架构，而后被 IEEE 802.11 委员会称为 Ad hoc Network。

10.1.3　Ad hoc 网络定义

Ad hoc 网络是由一组带有无线收发装置的移动终端组成的一个多跳的、临时性的自治系统，整个网络没有固定的基础设施。在自组网中，每个用户终端不仅能够移动，而且兼有路由器和主机两种功能。作为主机，终端需要运行各种面向用户的应用程序；作为路由器，终端需要运行相应的路由协议，根据路由策略和路由表完成数据的分组转发和路由维护工作。Ad hoc 网络中的信息流采用分组数据格式，传输采用包交换机制。基于 TCP/IP 协议。因此，Ad hoc 网络是一种移动通信和计算机网络相结合的网络，是移动计算机通信网络的模型。

10.1.4　Ad hoc 网络特点

1. 动态变化的网络拓扑结构

在自组网中，由于用户终端的随机移动，节点随时开机关机，无线发射装置发送功率的变化，无线信道间的相互干扰以及地形等综合因素的影响，移动终端间通过无线信道形成的网络拓扑结构随时变化，而且变化的方式和速度都是不可预测的[1]，如图 10-3 所示。

2. 无中心网络的自组性

自组网没有严格的控制中心，所有节点地位平等，是一个对等式网络。节点随时都

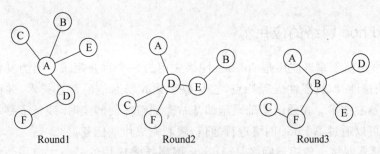

图 10-3　动态变化的网络拓扑结构

可以加入或离开网络,任何节点的故障都不会影响整个网络。正因为如此,网络很难损毁,抗损毁能力很强。

3. 多跳组网方式

当网络中的节点要与其覆盖范围之外的节点通信时,需要通过中间节点的多条转发。与固定的多条路由不同,自组网的多条路由是由普通的网络节点完成,而不是专用路由设备(路由器)。

4. 有限的传输带宽

由于自组网采用无线传输技术作为底层通信手段,而无线信道本身的物理特性决定了它所能提供的网络带宽要比有线信道低得多,再加上竞争共享无线信道产生的碰撞、信号衰减、信道间干扰等多种因素,移动终端可得到的实际带宽远远小于理论上的最大带宽值。

5. 移动终端的自主性和局限性

自主性来源于所承担的角色。在自组网中,终端需要承担主机和路由器两种功能,这意味着参与自组网的移动终端之间存在某种协同工作的关系,这种关系使得每个终端都承担为其他终端进行分组转发的义务。

6. 安全性差,扩展性不强

由于采用无线信道、有限电源、分布式控制等因素,自组网更容易被窃听、入侵、拒绝服务等。自身节点充当路由器,不存在命名服务器和目录服务器等网络设施,也不存在网络边界概念,使得 Ad hoc 网络中的安全问题非常复杂,信道加密、抗干扰、用户认证、密钥管理、访问控制等安全措施都需要特别考虑。

7. 存在单向的无线信道

在自组网环境中,由于各个无线终端发射功率的不同以及地形环境的影响,可能产生单向信道。如图 10-4 所示,由于环境差异,A 节点的传输范围比 B 节点大,因此产生单向无线信道。

图 10-4　单向无线信道

10.1.5 Ad hoc 网络的应用

（1）军事通信。军事应用是 Ad hoc 网络应用的一个重要领域。因为其特有的无架构设施、可快速展开、抗毁性强等特点，它是数字化战场通信的首选技术，并已经成为战术互联网的核心技术。在通信基础设施如基站受到破坏而瘫痪时，装备了移动通信装置的军事人员可以通过 Ad hoc 网络进行通信，顺利完成作战任务。

（2）传感器网络。传感器网络是 Ad hoc 网络技术应用的另一大应用领域。对于很多应用场合来说传感器网络只能使用无线通信技术，并且考虑到体积和节能等因素传感器的发射功率不可能很大。分散在各处的传感器组成一个 Ad hoc 网络，可以实现传感器之间和与控制中心之间的通信。在战场，指挥员往往需要及时准确地了解部队、武器装备和军用物资供给的情况，铺设的传感器将采集相应的信息，并通过汇聚节点融合成完备的战区态势图。在生物和化学战中，利用传感器网络及时、准确地探测爆炸中心将会提供宝贵的反应时间，从而最大可能地减小伤亡，传感器网络也可避免核反应部队直接暴露在核辐射的环境中。传感器网络还可以为火控和制导系统提供准确的目标定位信息以及生态环境监测等。

（3）移动会议。现在，笔记本电脑、PDA 等便携式设备越来越普及。在室外临时环境中，工作团体的所有成员可以通过 Ad hoc 方式组成一个临时网络来协同工作。借助 Ad hoc 网络，还可以实现分布式会议。

（4）紧急服务。在遭遇自然灾害或其他各种灾难后，固定的通信网络设施都可能无法正常工作，快速地恢复通信尤为重要。此时 Ad hoc 网络能够在这些恶劣和特殊的环境下提供临时通信，从而为营救赢得时间，对抢险和救灾工作具有重要意义。

（5）个人域网络。个人域网络（Personal Area Network，PAN）的概念式由 IEEE 802.15 提出的，该网络只包含与某个人密切相关的装置，如 PDA、手机、掌上电脑等，这些装置可能不与广域网相连，但它们在进行某项活动时又确实需要通信。目前，蓝牙技术只能实现室内近距离通信，Ad hoc 网络为建立室外更大范围的 PAN 与 PAN 之间的多跳互连提供了技术可能性。

（6）其他应用。Ad hoc 网络的应用领域还有很多，如 Ad hoc 网络与蜂窝移动通信网络相结合，利用 Ad hoc 网络的多跳转发能力，扩大蜂窝移动通信网络的覆盖范围、均衡相邻小区的业务等，作为移动通信网络的一个重要补充，为用户提供更加完善的通信服务[2]。

10.1.6 Ad hoc 网络面临的问题

Ad hoc 网络作为一种新型无线通信网络，已经引起了人们广泛关注。但同时它又是一个复杂的网络，所涉及的研究内容非常广泛。Ad hoc 网络的实用化还有许多亟待解决的问题。

（1）可扩展性。一个大规模的 Ad hoc 网络可能包含成百上千甚至更多的节点。在这样一个网络中，节点间存在相互干扰，这样网络容量就会下降，而且网络中各节点的吞吐量也会下降；同时不断变化的网络拓扑也会对现有的 Ad hoc 网络路由协议提出严峻考验。可扩展性问题的解决最终需要智能天线和多用户检测技术的支持。

（2）跨层设计。Ad hoc 网络的跨层设计是相对于 OSI 的分层思想而言的（下文会进行讲解）。严格的分层方法的好处是层与层间相对独立，协议设计简单。它通过增加"水平方向"的通信量，降低"垂直方向"的处理开销。但对于 Ad hoc 网络环境，频率资源非常宝贵，最大限度地降低通信开销是一个首要问题。通过跨层设计可以降低协议栈的信息冗余度，同时层与层之间的协作更加紧密，缩短响应时间。这样就能节约有限的无线带宽资源，达到优化系统的目的。Ad hoc 网络跨层优化的目标是使网络的整体性能得到优化，因此需要把传统的分层优化的各个要求转化到跨层优化中。同时，跨层优化还面临复杂的建模和仿真，这些都需要进一步研究和解决。

（3）与现有网络的融合。随着 Ad hoc 网络的组网技术的不断发展，Ad hoc 网络与现有网络的融合已经成为网络互连的重要内容。Ad hoc 网络与现有网络融合的主要目的是完成异构网络的无缝互连，Ad hoc 网络可以看成现有网络在特定场合的一种扩展。Ad hoc 网络通常以一个末端网络的方式进入现有网络，这样就要考虑到 Ad hoc 网络与现有网络的兼容性问题，其他网络是否可以通过 Ad hoc 网络技术将最后一跳扩展为多跳无线连接。将传统的有基础设施的无线网络中的移动 IP 协议加以改进，与 Ad hoc 网络技术有机结合起来，是解决融合问题的一个重要方向。

Ad hoc 网络自身的独特性，使得它在军事领域的应用中保持重要地位，在民用领域中的作用逐步扩大。然而，它作为一种新型网络，还存在很多问题，新的应用也对它的研究和发展不断提出新的挑战。随着研究的深入，Ad hoc 网络将在无线通信领域中有着更加广阔的前景。

10.2　Ad hoc 网络的体系结构

10.2.1　Ad hoc 网络的节点结构

Ad hoc 网络的节点通常包括主机、路由器和电台三部分。

从物理结构上，节点可以分为以下四类：单主机单电台、单主机多电台、多主机单电台、多主机多电台，如图 10-5 所示。

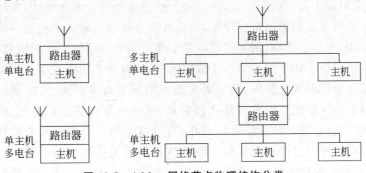

图 10-5　Ad hoc 网络节点物理结构分类

10.2.2　Ad hoc 网络的拓扑结构

Ad hoc 网络一般有两种结构,即平面结构和分级结构。

（1）平面结构。在平面结构中,所有节点地位平等,所以又可以称为对等式结构,如图 10-6 所示。

（2）分级结构的 Ad hoc 网络。分级结构的 Ad hoc 网络可以分为单频分级和多频分级。单频分级结构的网络中所有节点使用同一个频率通信,如图 10-7 所示。而多频分级的网络中,不同级采用不同的分级频率,如图 10-8 所示。

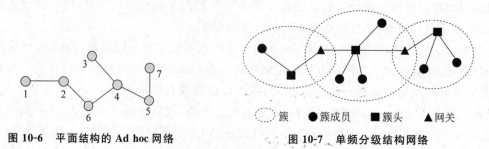

图 10-6　平面结构的 Ad hoc 网络　　　　图 10-7　单频分级结构网络

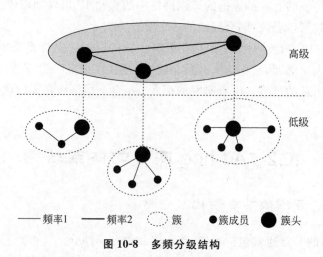

图 10-8　多频分级结构

单频率分级网络中,所有节点使用同一个频率通信。为了实现簇头之间的通信,要有网关节点（同时属于两个簇的节点）的支持。而在多频率分组网络中,不同级采用不同的通信频率。低级节点的通信范围较小,而高级节点要覆盖较大的范围。高级的节点同时处于多个级中,有多个频率,用不同的频率实现不同级的通信。在两级网络中,簇头节点有两个频率。频率 1 用于簇头与簇成员的通信,而频率 2 用于簇头之间的通信。分级网络的每个节点都可以成为簇头,所以需要适当的簇头选举算法,算法要能根据网络拓扑的变化重新分簇。平面结构的网络比较简单,网络中所有节点是完全对等的,原则上不存在瓶颈,所以比较健壮。它的缺点是可扩充性差:每一个节点都需要知道到达其他所有节点的路由。维护这些动态变化的路由信息需要大量的控制消息。在分级结构的网络中,簇成员的功能比较简单,不需要维护复杂的路由信息。这大大减少了网络中路由控制信息的数量,因此具有很好的可扩充性。由于簇头节点可以随时选举产生,分级结构也具有很强的抗毁性。分级结构的缺点是,维护分级结构需要节点执行簇头选举算法,簇头节点可能会成为网络的瓶颈。因此,当网络的规模较小时,可以采用简单的平面式结构;而当网络的规模增大时,应用分级结构。

10.2.3　Ad hoc 网络协议栈简介

在介绍 Ad hoc 网络协议栈之前,先简要介绍一下经典的 OSI 模型,如图 10-9 所示。

OSI 模型共分为七层:物理层(physical)定义了网络硬件的技术规范;数据链路层(data link)定义了数据的帧化和如何在网上传输帧;网络层(network)定义了地址的分配方法以及如何把包从网络的一端传输到另一端;传输层(transport)定义了可靠传输的细节问题;会话层(session)定义了如何与远程系统建立通信会话;表示层(presentation)定义了如何表示数据。不同品牌的计算机对字符和数字的表示不一致,表示层把它们统一起来;应用层(application)定义了网络应用程序如何使用网络实现特定功能。

传统 Internet 协议栈设计强调相邻路由器对等实体之间的水平通信,以尽量节省路由器资源,减少路由器内协议栈各层间的垂直通信。然而,Ad hoc 网络中链路带宽和主机能量非常稀少,并且能量主要消耗在发送和接收分组上,而主机处理能力和存储空间相对较高。为了节省带宽和能量,在 Ad hoc 网络中应该尽量减少节点间水平方向的通信。

Ad hoc 网络的协议栈划分为五层,如图 10-10 所示。

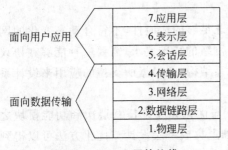

图 10-9　OSI 七层协议栈

图 10-10　Ad hoc 网络协议栈

(1) 物理层。在实际的应用中,Ad hoc 物理层的设计要根据实际需要而定。首先,是通信信号的传送介质,都是无线通信,从而,就面临通信频段的选择。目前大家一致采用的是基于 2.4G 的 ISM 频段,因为这个频段是免费的。其次,物理层必须就各种无线通信机制做出选择,从而完成性能优良的收发信功能。物理层的设备可使用多频段、多模式无线传输方式。

(2) 数据链路层。链路层解决的主要问题包括介质接入控制,以及数据的传送、同步、纠错以及流量控制。基于此,Ad hoc 链路层又分为 MAC 和 LLC 层。MAC 层决定了链路层的绝大部分功能。LLC 负责向网络提供统一的服务,屏蔽底层不同的 MAC 方法。

在多跳无线网络中,对传输介质的访问是基于共享型的,隐藏终端和暴露终端是多跳无线网络的固有问题,因此需要在 MAC 层解决这两个问题。通常采用 CSMA/CA 协议和 RTS/CTS 协议来规范无线终端对介质的访问机制。

(3) Ad hoc 网络层。主要功能包括邻居发现、分组路由、拥塞控制和网络互连等。一个好的 Ad hoc 网络层的路由协议应当满足以下要求:分布式运行方式;提供无环路路由;按需进行协议操作;具有可靠的安全性;提供设备休眠操作和对单向链路的支持。对一个 Ad hoc 网络层的路由协议进行定量衡量比较的指标包括端到端平均延时、分组的平均递交率、路由协议开销及路由请求时间等。

(4) Ad hoc 传输层。主要功能是向应用层提供可靠的端到端服务,使上层与通信子网相隔离,并根据网络层的特性来高效地利用网络资源,包括寻址、复用、流控、按序交付、重传控制、拥塞控制等。传统的 TCP 会使无线 Ad hoc 网络分组丢失很严重,这是因为无线差错和节点移动性,而 TCP 将所有的分组丢失都归因于拥塞而启动拥塞控制和避免算法。所以,如在 Ad hoc 中直接采用传统的 TCP,就可能导致端到端的吞吐量无谓的降低。因此,必须对传统的 TCP 进行改造。

(5) Ad hoc 应用层。主要功能是提供面向用户的各种应用服务,包括具有严格时延和丢失率限制的实时应用(紧急控制信息)、基于 RTP/RTCP(实时传输协议/实时传输控制协议)的自适应应用(音频和视频)和没有任何服务质量保障的数据包业务。Ad hoc 网络自身的特性使得其在承载相同的业务类型时,需要比其他网络考虑更多的问题,克服更多的困难。

10.2.4 Ad hoc 网络的跨层设计

采用严格分层的体系结构使得协议的设计缺乏足够的适应性,不符合动态变化的网络特点,网络的性能无法保障。为了满足 Ad hoc 网络的特殊要求,需要一种能够在协议栈的多个层支持自适应和优化性能的跨层协议体系结构,并根据所支持的应用来设计系统,即采用基于应用和网络特征的跨层体系结构。

跨层设计是一种综合考虑协议栈各层次设计与优化并允许任意层次和功能模块之间自由交互信息的方法,在原有的分层协议栈基础上集成跨层设计与优化方法可以得到一种跨层协议栈。在分层设计方式中,很多时候多个层需要做重复的计算和无谓的交互来得到一些其他层次很容易得到的信息,并常常耗费较长的时间。跨层设计与优化的优势在于通过使用层间交互,不同的层次可以及时共享本地信息,减少处理和通信开销,优化了系统整体性能。

在传统分层协议栈中集成跨层设计和优化思想得到的自适应跨层协议栈中(见图 10-11),所有层之间可以方便及时地交互和共享信息,能够以全局的方式适应应用的需求和网络状况的变化,并且根据系统约束

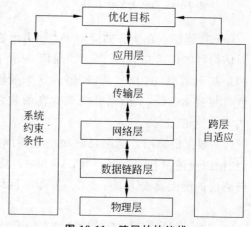

图 10-11 跨层的协议栈

条件和网络特征(如能量约束和节点的移动模式)来进行综合优化。

　　跨层的自适应机制:协议栈每层的自适应机制应基于所在层发生变化的时间粒度来适应该层的动态变化。如果本地化的自适应机制不能解决问题,则需要同其他层交互信息来共同适应这种变化。

　　跨层的设计原则:跨层协议栈的设计策略是综合地对每层进行设计,利用它们之间的相关性,力图将各层协议集成到一个综合的分级框架中。这些相关性涉及各层的自适应性、通用的系统约束(移动性、带宽和能量)以及应用的需求。

10.3　Ad hoc 网络的关键性技术

　　由于自组网的特性,Ad hoc 自组网面临下面问题[2]。

1. 自适应技术

　　如何充分利用有限的带宽、能量资源和满足 QoS 的要求,最大化网络的吞吐量是自适应技术要解决的问题。解决的方法主要有自适应编码、自适应调制、自适应功率控制、自适应资源分配等。

2. 信道接入技术

　　Ad hoc 的无线信道虽然是共享的广播信道,但不是一跳共享的,而是多跳共享广播信道。多跳共享广播信道带来的直接影响就是报文冲突与节点所处的位置有关。在 Ad hoc 网络中,冲突是局部事件,发送节点和接收节点感知到的信道状况不一定相同,由此将带来隐藏终端和暴露终端等一系列特殊问题。基于这种情况,就需要为 Ad hoc 设计专用的信道接入协议。

3. 路由协议

　　Ad hoc 网络中所有设备都在移动。由于常规路由协议需要花费较长时间才能达到算法收敛,而此时网络拓扑可能已经发生了变化,使得主机在花费了很大代价后得到的是陈旧的路由信息,而使路由信息始终处于不收敛状态。所以,在 Ad hoc 网络中的路由算法应具有快速收敛的特性,减少路由查找的开销,快速发现路由,提高路由发现的性能和效率。同时,应能够跟踪和感知节点移动造成的链路状态变化,以进行动态路由维护。

4. 传输层技术

　　与有线信道相比,Ad hoc 网络带宽窄,信道质量差,对协议的设计提出了新的要求。为了节约有限的带宽,就要尽量减少节点间相互交互的信息量,减少控制信息带来的附加开销。此外,由于无线信道的衰落、节点移动等因素会造成报文丢失和冲突,将会严重影响 TCP 的性能,所以要对传输层进行改造,以满足数据传输的需要。

5. 节能问题

Ad hoc 终端一般采用电池供电。为了电池的使用寿命,在网络协议的设计中,要考虑尽量节约电池能量。

6. 网络管理

Ad hoc 的自组网方式对网络管理提出了新的要求,不仅要对网络设备和用户进行管理,还要有相应的机制解决移动性管理、服务管理、节点定位和地址配置等特殊问题。

7. 服务质量保证

Ad hoc 网络出现初期主要用于传输少量的数据信息。随着应用的不断扩展,需要在 Ad hoc 网络中传输多媒体信息。多媒体信息对带宽、时延、时延抖动等都提出了很高的要求。这就需要提供一定的服务质量保证。

8. 安全性

无线 Ad hoc 网不依赖于任何固定设施,而是通过移动节点间的相互协作保持网络互连。而传统网络的安全策略(如加密、认证、访问、控制、权限管理和防火墙)等都是建立在网络的现有资源(如专门的路由器、专门的密钥管理中心和分发公用密钥的目录服务机构)等的基础上,而这些都是 Ad hoc 网络所不具备的。

9. 网络互连技术

Ad hoc 网络中的网络节点要访问互联网或和另一个 Ad hoc 网络中的节点通信,这样就产生了网络互连问题。Ad hoc 网络通常以一个末端网络的方式通过网关连接到互联网,网关通常是无线移动路由器。

如图 10-12 所示,无线移动路由器通过隧道机制,将互联网的网络基础设施作为信息传输系统,在隧道进入端按照传统网络的格式封装 Ad hoc 网络的分组,在隧道的出口端进行分组解封,然后按照 Ad hoc 路由协议继续转发。

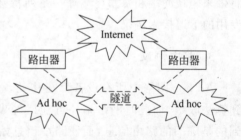

图 10-12　无线移动路由传播示意图

针对前面讲到的面临的问题,目前,关键技术包括路由协议、服务质量、MAC 协议、分簇算法、功率控制、安全问题、网络互连和网络资源管理等。

10.3.1　隐藏终端和暴露终端

10.3.1.1　隐藏终端

隐藏终端(见图 10-13)是指在接收节点的覆盖范围内而在发送节点的覆盖范围外的

节点。隐藏终端由于听不到发送节点的发送而可能向相同的接收节点发送分组,导致分组在接收节点处冲突。冲突后发送节点要重传冲突的分组,这降低了信道的利用率。

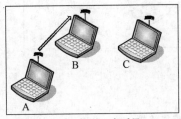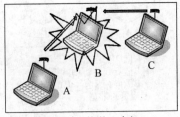

(a) A向B传送(C未听见)   (b) C向B传送,冲突

图 10-13 隐藏终端

隐藏终端又可以分为隐发送终端和隐接收终端两种。在单信道条件下,隐发送终端可以通过在发送数据包文前的控制报文握手来解决。但是隐接收终端问题在单信道条件下无法解决。

如图 10-14 所示,当 A 要向 B 发送数据时,先发送一个控制报文 RTS;B 接收到 RTS 后,以 CTS 控制报文回应;A 收到 CTS 后才开始向 B 发送报文,如果 A 没有收到 CTS,A 认为发生了冲突,重发 RTS,这样隐发送终端 C 能够听到 B 发送的 CTS,知道 A 要向 B 发送报文,C 延迟发送,解决了隐发送终端问题。

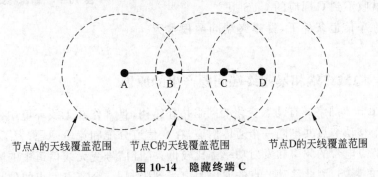

节点A的天线覆盖范围   节点C的天线覆盖范围   节点D的天线覆盖范围

图 10-14 隐藏终端 C

对于隐接收终端,当 C 听到 B 发送的 CTS 控制报文而延迟发送时,若 D 向 C 发送 RTS 控制报文请求发送数据,因 C 不能发送任何信息,所以 D 无法判断是 RTS 控制报文发生冲突,还是 C 没有开机,还是 C 时隐终端,D 只能认为 RTS 报文冲突,就重新向 C 发送 RTS。因此,当系统只有一个信道时,因 C 不能发送任何信息,隐接收终端问题在单信道条件下无法解决。

10.3.1.2 暴露终端

暴露终端(见图 10-15)是指在发送接点的覆盖范围内而在接收节点的覆盖范围外的节点。暴露终端因听到发送节点的发送而可能延迟发送。但是,它其实是在接收节点的通信范围之外,它的发送不会造成冲突。这就引入了不必要的时延。

暴露终端又可以分为暴露发送终端和暴露接收终端两种。在单信道条件下,暴露接收终端问题是不能解决的,因为所有发送给暴露接收终端的报文都会产生冲突;暴露发

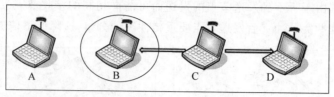

- C向D传送
- B监听到此行动，被阻止
- B欲向A传送，但正被C阻止
- 浪费的带宽

图 10-15　暴露终端

送终端问题也无法解决，因为暴露发送终端无法与目的节点成功握手。

如图 10-16 所示，当 B 向 A 发送数据时，C 只听到 RTS 控制报文，知道自己是暴露终端，认为自己可以向 D 发送数据。C 向 D 发送 RTS 控制报文。如果是单信道，来自 D 的 CTS 会与 B 发送的数据包文冲突，C 无法和 D 成功握手，它不能向 D 发送报文。在单信道下，如果 D 要向暴露终端 C 发送数据，来自 D 的 RTS 报文会与 B 发送的数据包文在 C 处冲突，C 收不到来自 D 的 RTS，D 也就收不到 C 回应的 CTS 报文。

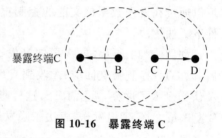

图 10-16　暴露终端 C

因此，在单信道条件下，暴露终端问题根本无法得到解决。

10.3.1.3　隐藏终端和暴露终端问题产生的原因

由于 Ad hoc 网络具有动态变化的网络拓扑结构，且工作在无线环境中，采用异步通信技术，各个移动节点共享同一个通信信道，存在信道分配和竞争问题；为了提高信道利用率，移动节点电台的频率和发射功率都比较低；并且信号受无线信道中的噪声、信道衰落和障碍物的影响，因此移动节点的通信距离受到限制，一个节点发出的信号，网络中的其他节点不一定都能收到，从而会出现"隐藏终端"和"暴露终端"问题。

10.3.1.4　隐藏终端和暴露终端问题对 Ad hoc 网络的影响

"隐藏终端"和"暴露终端"的存在，会造成 Ad hoc 网络时隙资源的无序争用和浪费，增加数据碰撞的概率，严重影响网络的吞吐量、容量和数据传输时延。在 Ad hoc 网络中，当终端在某一时隙内传送信息时，若其隐藏终端在此时隙发生的同时传送信息，就会产生时隙争用冲突。受隐藏终端的影响，接收端将因为数据碰撞而不能正确接收信息，造成发送端的有效信息的丢失和大量时间的浪费（数据帧较长时尤为严重），从而降低了系统的吞吐量和容量。当某个终端成为暴露终端后，它侦听到另外的终端对某一时隙的占用信息，因此而放弃了预约该时隙进行信息传送。其实，因为源终端节点和目的终端节点都不一样，暴露终端是可以占用这个时隙来传送信息的。这样，就造成了时隙资源的浪费。

10.3.1.5 隐藏终端和暴露终端问题的解决方法

解决隐藏终端问题的思路是使接收节点周围的邻居节点都能了解到它正在进行接收,目前实现的方法有两种:一种是接收节点在接收的同时发送忙音来通知邻居节点,即BTMA 系列;另一种方法是发送节点在数据发送前与接收节点进行一次短控制消息握手交换,以短消息的方式通知邻居节点它即将进行接收,即 RTS/CTS 方式。这种方式是目前解决这个问题的主要趋势,如已经提出来的 CSMA/CA、MACA、MACAW 等。还有将两种方法结合起来使用的多址协议,如 DBTMA。

对于隐藏发送终端问题,可以使用控制分组进行握手的方法加以解决。一个终端发送数据之前,首先要发送请求发送分组,只有听到对应该请求分组的应答信号后才能发送数据,而只收到此应答信号的其他终端必须延迟发送。

在单信道条件下使用控制分组的方法只能解决隐发送终端,无法解决隐藏接收终端和暴露终端问题。为此,必须采用双信道的方法,即利用数据信道收发数据,利用控制信道收发控制信号。

10.3.1.6 RTS-CTS 握手机制

RTS(Request to Send,请求发送)/CTS(Clear to Send,清除发送)机制是对 CSMA的一种改进,它可以在一定程度上避免隐藏终端和暴露终端问题。采用基于 RTS/CTS的多址协议的基本思想是在数据传输之前,先通过 RTS/CTS 握手的方式与接收节点达成对数据传输的认可,同时又可以通知发送节点和接收节点的邻居节点即将开始的传输。邻居节点在收到 RTS/CTS 后,在以后的一段时间内抑制自己的传输,从而避免了对即将进行的数据传输造成碰撞。这种解决问题的方式是以增加附加控制消息为代价的。

从帧的传输流程来看,基于 RTS/CTS 的多址方式有几种形式,从复杂性和传输可靠性角度考虑,可采用 RTSCTS-Data-ACK 的方式。具体做法是:当发送节点有分组要传时,检测信道是否空闲,如果空闲,则发送 RTS 帧;接收节点收到 RTS 后,发 CTS 帧应答,发送节点收到 CTS 后,开始发送数据,接收节点在接收完数据帧后,发 ACK 确认,一次传输成功完成,如图 10-17 所示。如果发出 RTS 后,在一定的时限内没有收到 CTS 应

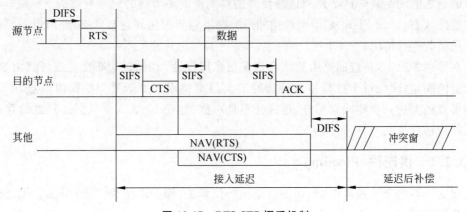

图 10-17　RTS-CTS 握手机制

答，发送节点执行退避算法重发 RTS。RTS/CTS 交互完成后，发送和接收节点的邻居收到 RTS/CTS 后，在以后的一段时间内抑制自己的传输。延时时间取决于将要进行传输的数据帧的长度，所以由隐藏终端造成的碰撞就大大减少了。采用链路级的应答（ACK）机制就可以在发生其他碰撞或干扰的时候，提供快速和可靠的恢复。

10.3.2　Ad hoc 网络路由协议

由于移动性的存在，造成连接失败的原因比基础设施网络种类更多。而且，随着节点移动速度的增加，连接失败的概率也会相应增加。因此，Ad hoc 网络需要应用一种和移动方式无关的协议。

人们把 Ad hoc 路由协议分为以下几类（见图 10-18）。

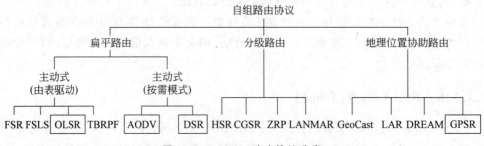

图 10-18　Ad hoc 路由协议分类

（1）先验式路由协议（Proactive protocol）：路由与交通模式无关，包括普通的路由和距离路由（Distance Vector，DV）。

（2）反应式路由协议（Reactive protocol）：只有在需要时保持路由状态。

（3）分级路由协议（Hierarchical protocol）：在平面网络引入层次概念。

（4）地理位置辅助路由（Geographic position assisted routing）。

在介绍 Ad hoc 路由协议之前，先来介绍传统的路由算法，看看它们应用在 Ad hoc 网络中会出现什么问题。

距离向量（Distance Vector）：距离向量路由协议使用度量来记录路由器与所有知道的目的地之间的距离。这个距离信息使路由器能识别某个目的地最有效的下一跳。

链路状态（Link State）：周期性通知所有路由器当前物理连接状态，路由器需要知道整个网络的连接情况。

在移动情况下，传统的路由算法会带来很多局限性。例如，周期性地更新路由表，需要大量的能量，而且对于目前并不活动的节点很难实现。由于要交换路由信息，本来有限的带宽还要进一步缩减。另外，连接并不是对称的（在 13.3.1 节我们提到过的存在单向无线传输信道）。

10.3.2.1　洪泛法（Flooding）

在这一节将介绍最简单的 Ad hoc 路由协议算法，称为洪泛法（Flooding）。洪泛法的执行步骤如下。

（1）信息发出者 S 将它要发送的数据包 P 发给所有与它相邻的节点。

（2）每个收到数据包 P 的节点 M 再次把 P 发送给与 M 相邻的节点。

（3）每个节点对相同的数据包只发送一次。

（4）因此，只要发出者 S 到接收者 D 存在一条路径，数据包 P 总能够被 D 收到。

（5）D 不再发送数据包 P。

下面以图 10-19 为例，介绍一下 Flooding 算法的详细过程。⬤表示已经收到数据包 P 的节点，——表示两个节点之间连接，╌→表示数据包的传输。在图 10-19(a)中，节点 S 想把数据包 P 传给节点 D。它检测到自己与 B、C、E 相邻，于是它把 P 传给 B、C 和 E。接下来 B、C 和 E 依此类推，把数据包传给相邻的节点。注意这里 B 和 C 同时要传给 H，有碰撞的危险(见图 10-19(c))。节点 C 会收到 H 与 G 传来的数据包，但不会继续往下传，因为节点 C 已经发送过数据包 P 了。在图 10-19(e)中，D 会收到来自 J 和 K 发送的数据包。J 和 K 相互没有联系，因此它们发送的数据也有可能发生碰撞。一旦这种情况发生，数据包 P 可能根本没办法传到节点 D，尽管我们用了 Flooding 算法。鉴于 D 是要收到数据包的节点，D 不再向其他节点发送 P。

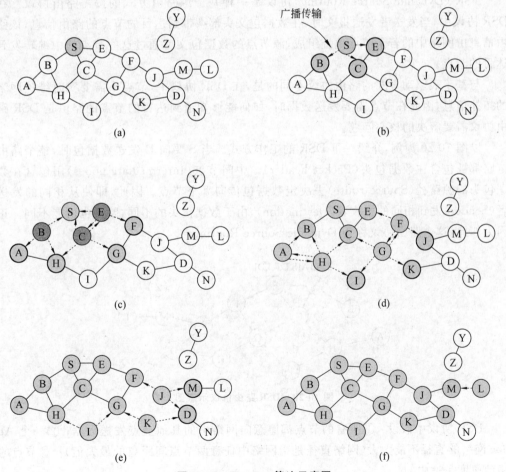

图 10-19　Flooding 算法示意图

在上面的例子可以看出，Flooding 算法会把数据发送给很多节点，最坏的情况是为了成功传输数据，所有节点都收到了这个数据包。这会造成大量的浪费。而且，假定我们希望把数据从 S 传到 Z，S 和 Z 之间根本没有连接路径，但是用 Flooding 算法，需要把节点 A～N 全部发送完毕后才发现根本没有到 Z 的路径。

这是一个非常简单的算法，而且由于从发送者到接收者的路径可以有很多条，传输成功的概率是很高的。另外，当信息传播速率较低的时候，Flooding 算法可能比其他协议更有效率。

Flooding 算法也有很多缺点和局限性。在上文提到过，Flooding 算法会把数据包传输给很多并不需要收到数据的节点。采用广播的方法进行 Flooding，如果不大幅度增加开销，很难进行有效成功的传输的。我们还需要考虑碰撞造成的丢包问题。

现在很多协议在 Flooding 算法中传输的是控制包，而不是数据包。控制包是用来发现路由的，已经被发现的路由链路则被用来传输数据包。

10.3.2.2　DSR 路由协议

DSR（Dynamic Source Routing）协议是一种基于源路由方式的按需路由协议。在 DSR 协议中，当发送者发送报文时，在数据包文头部携带到达目的节点的路由信息，该路由信息由网络中的若干节点地址组成，源节点的数据包文就通过这些节点的中继转发到达目的节点。

与基于表驱动方式的路由协议不同的是，在 DSR 协议中，节点不需要实时维护网络的拓扑信息，因此在节点需要发送数据时，如何能够知道到达目的节点的路由是 DSR 路由协议需要解决的核心问题。

以图 10-20 为例，介绍一下 DSR 的工作方式。当 S 要向 D 发送数据包时，整个路由链路都被包含在数据包头（Packet header）。中间节点（Intermediate nodes）用包含在数据包头的源路径（Source route）去决定数据包传向哪个节点。因此，即使从相同的发送者（Sender）发到相同的接收者（Destination），由于数据包头的不同，路径也可能不同。正因为如此，这个路由协议称为 Dynamic Source Routing。

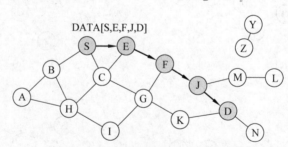

图 10-20　DSR 路由协议示意图

DSR 协议中假设：①所有的节点都愿意向网络中的其他节点发送数据；②一个 Ad hoc 网络的直径不能太大（网络直径是指网络中任意两节点间距离的最大值）；③节点的移动速度是适中的。

DSR 执行方式如下。

(1) 当 S 想要向 D 发送数据包,但是却不知道到 D 的路由链路,节点 S 就初始化一个路由发现(Route Discovery)。

(2) S 用洪泛法发出路由请求(Route Request,RREQ)。

(3) 每个节点继续发送 RREQ 时,加上自己的标识(identifier)。

(4) 节点 S 接收到 RREP(Route Reply)后,把路径存到缓存中。

(5) 当 S 向 D 发送数据包时,整个路径就被包含在数据包头中了。这也是 source routing 名字的由来。

(6) 中间节点利用包头中的源路径去决定该向谁发送数据。

1. 路径探索(Route Discovery)

每一个 RREQ 包含以下内容: <目标地址(target address),发出者地址(initiator address),路由编号(Route Record),请求标识符(Request ID)>。每个节点都有一个 <initiator addfree,request ID> 的列表。当节点 Y 收到 RREQ 时,如果 <initiator address,request ID> 在列表中,则丢弃这个 request packet。如果 Y 是目标节点或 Y 是在通向目标节点的一个节点返回包含从发送者到目标节点的路径的 Route Reply,把这个节点自身的地址加入 RREQ 的路径记录(route record)中,并重新广播 RREQ。

2. 路由应答(Route Reply)

路由应答如图 10-21 所示。

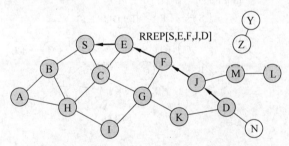

图 10-21 路由应答(←表示 RREP 控制信息)

目的节点 D 收到第一个 RREQ 后,发出一个 Route Reply(RREP)。RREP 包括从 S 到 D 的路径,当链路连接能够保证双向时,Route Reply 能够按照 RREQ 中记下来的路径的相反方向把 Route Reply 返回给 S。如果只允许单向传输,RREP 需要发现一条从 D 到 S 的路径。

3. 路由维护(Route Maintenance)

在 Ad hoc 网络中,并不能总是保证得到的路径信息都是最新的。例如,图 10-22 中,从节点 S 向 D 发送数据,本来路由表中记录的路径是 S-E-F-J-D,但是 J-D 原本相连的路径断开,如图 10-22 所示。当 J 发现 J-D 路线断开时,J 沿着路线 J-F-E-S 向 S 发送一个路由错误(Route Error)。接收到 RERR 的节点则更新内部的路由缓存(Route Cache)，把所有与 J-D 这条路径有关的无效路径全部清除。

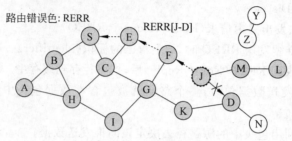

图 10-22　路由维护

4. 路由高速缓存(Route Caching)

我们知道,在计算机中缓存可以用来加速进程。同样,在 Ad hoc 网络中,采用缓存可以加速路由路径的发现过程,每个节点缓存通过任何方式获得新路由。在图 10-23 中,当节点 S 发现路径[S,E,F,J,D]到达节点 D 之后,节点 S 也学会了到达节点 F 的路径[S,E,F]。当节点 K 收到到达节点 D 的路由请求[S,C,G]时,节点 F 就学到了到达节点 D 的路径[F,J,D]。当节点 E 继续沿着路径传输数据[S,E,F,J,D]时,它就知道了到达节点 D 的路径[E,F,J,D]。甚至一个节点偷听到数据时,也能更新自己的路由信息。当然,相应的问题就是未及时更新的路由缓存可能造成更大的开销。

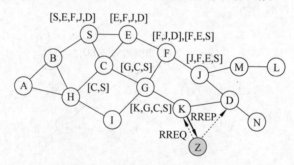

图 10-23　路由高速缓存示意图

5. DSR 的优点和缺点

不难发现,和洪泛法相比,DSR 只在需要进行通信的节点直接传送数据,而不必影响其他节点。这也减少了维持路由的开销。而且,路由高速缓存的存在,进一步减少了路由发现的开销。

另外,由于中间节点可以从本地缓存得到路径信息,发现一条路由路径可能意味着发现多条路由路径,可以从不同的渠道将信息传达给目的节点。

但是在每个数据包头前面都要加上中间节点的相关信息,随着路径长度的增加,数据包的长度也会相应增加,这样传输效率会明显降低。在发送路由请求(Route Request)

时要采用洪泛法,其实也可能把这个请求发到整个网络的所有节点。

另外,同洪泛法一样,DSR 也可能发生因碰撞导致的丢包现象。解决方法是在传播 RREQ 之前加入随机的时延。如果过多的路由应答想要用某个节点的本地缓存,则会引起竞争。未及时更新的缓存也会增加开销。这些都是采用 DSR 的弊端。

10.3.2.3 AODV 路由协议

AODV(Ad hoc On-Demand Distance Vector Routing)是一种源驱动路由协议。AODV 属于网络层协议。每次寻找路由时都要触发应用层协议,增加了实现的复杂度。DSR 协议中,在数据包头包含了相应的路径信息,那么当数据包本身包含的数据很少时,如果路径信息很多,会极大地降低效率。为了改善这一措施,AODV 协议通过让每个节点记录路由表,从而不必让数据包头包含相应路径信息。AODV 保持了 DSR 协议中路径信息只在需要通信的节点中传播的特点。

1. AODV 的执行方式

(1) 路由请求(Route Request)的传播方式和 DSR 类似。

(2) AODV 假定通信链路是双向的。

(3) 当一个节点以广播的方式传播路由请求时,它会建立一条通向源节点的路径。

(4) 当要接收数据的目标节点收到路由请求后,会发送一个路由回复(Route Reply)。

(5) 路由回复沿着那条向源节点的路径传播。

(6) 路由表(Route Table Entry)有两个功能。一个是负责在一段时间之后清除返回源节点的路径。还可以在一段时间之后清除前进路径。后面会详细介绍这些功能。

(7) 当 RREQ 向前传播时,中间节点的路由表会更新。当 RREP 从接收数据的目的节点往回传播时,中介节点的路由表也会更新。

2. AODV 中的路由应答(Route Request)

在转发过程中的 RREQ,中间节点从收到的以广播方式发出的数据包的第一个副本(Copy)记录下它的相邻节点的地址。如果之后又收到了相同的 RREQ,这些 RREQ 会被丢弃。RREP 数据包被传回相邻的节点,因此路由表也相应地进行更新。AODV 中的路由请求如图 10-24 所示。

3. AODV 中反向路径的建立

AODV 中反向路径的建立如图 10-25 所示。

在图 10-25(a)中,节点 C 收到了来自 G 和 H 的 RREQ,但是节点 C 已经传播了 RREQ,它不再传播收到的 RREQ。在图 10-25(c)中,由于节点 D 是 RREQ 的目标节点,节点 D 也不再传播 RREQ。

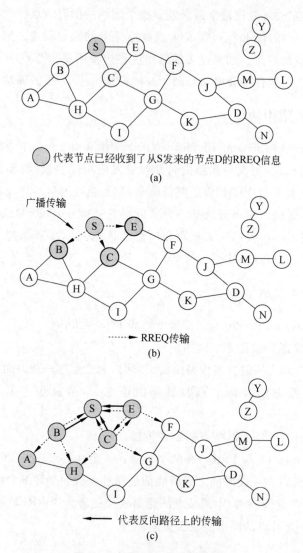

图 10-24　AODV 中的路由请求

4. AODV 中的路由应答(Route Reply)

一个中间节点(非目标节点)只要知道了一条比到发送者 S 更近的路线,它也可以发送一个 RREP(Route Reply),如图 10-26 所示。目标节点的序列号可以被用于决定到中间节点的路径是不是最新的。在 AODV 算法中,一个中间节点发送 RREP 的可能性没有 DSR 算法中那么高。

AODV 中的路径回复如图 10-26 所示。

5. 超时(Timeout)和错误

路由表条目维护一个反向路径后清除一个超时时间间隔。超时时间间隔必须足够

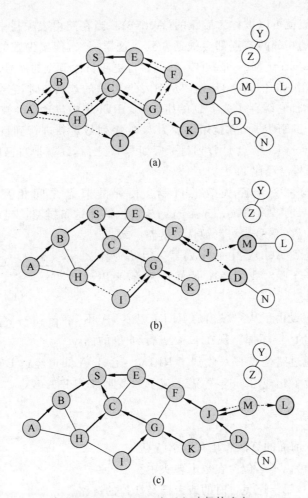

图 10-25　AODV 中反向路径的建立

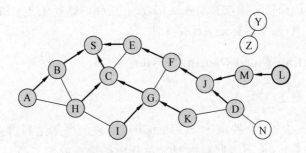

代表在 RREP 的路径上建立的连接

图 10-26　AODV 中的路径回复

长,以确保 RREP 可以返回。一个前向路径的路由表如果在 active_route_timeout 时间内没有被使用就会被清除。如果没有使用一个特定的路由表条目发送数据,该条目将被从路由表中删除(即使路线实际上可能仍然有效)。

对于节点 X 的一个相邻的节点,如果这个节点在 active_route_out 时间内发送了一个数据包,这个节点就可以被称为活跃的(Active)。当在路由表项目中第二跳的连接被破坏时,所有活跃的相邻的节点都会被通知到。这样一来,连接失败的信息就会通过路由错误信息(Route Error Messages)传播,同时也更新目标节点的序号。

当节点 X 不能沿路径(X,Y)传播要从 S 发送到 D 的数据包时,它会产生一个 RERR 信息。节点 X 会增加它缓存中关于 D 的序列号。RERR 中包含已经被增加的序列号 N。当节点 S 收到这个 RERR 时,它就用至少为 N 的序列号重新进行到目标节点 D 的路径发现(Route Discovery)。节点 D 收到目标序列号 N 之后,D 就把自己的序列号置为 N,除非它当前的序列号已经比 N 大。

AODV 还有检测到链路失效的机制。相邻的节点之间相互定期交换 Hello messages。如果缺少了某个 Hello message,就可以认为这条链路已经失效。类似地,没有收到 MAC 层的应答信号也可以被认为链路失效。

在上文我们提到 AODV 中的序列号。但是为什么要用序列号这个概念呢? 我们考虑下面的例子,来更清楚地解释这个问题。

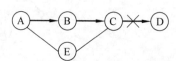

图 10-27　Ad hoc 网络简图

图 10-27 中,假设由于从 C 发出的 RERR 丢失,A 不知道 C 到 D 的路径已经坏掉。现在 C 要进行到 D 的路径查找。节点 A 通过路径 C-E-A 收到了 RREQ。由于 A 知道经过 B 到达 D 的路径,A 将会对这个 RREQ 做出应答。这样,就形成了一条回路(C-E-A-B-C)。

6. AODV 总结

AODV 算法和前面的算法相比有以下特点。

(1) 路径信息可以不必包含在数据包头中。

(2) 节点序列号用于避免过时的或者已经坏掉的链路。

(3) 节点序列号可以用来防止路径形成回路。

(4) 即使网络的拓扑结构没有发生变化,没有用到的路径也会被清除。

(5) 对每个节点,每个目标最多维持 1 跳。

10.3.2.4　Location-Aided Routing(LAR)

1. LAR 协议概述

LAR 协议是一种基于源路由的按需路由协议。它的思路是利用移动节点的位置信息来控制路由查询范围,从而限制路由请求过程中被影响的节点数目,提高路由请求的效率。它利用位置信息将寻找路由的区域限制在一个较小的请求区域(request zone)内,由此减少了路由请求信息的数量。LAR 在操作上类似于 DSR。在路由发现过程中,LAR 利用位置信息进行有限的广泛搜索,只有在请求区域内的节点才会转发路由请求分组。若路由请求失败,源节点会扩大请求范围,重新进行搜索。LAR 确定请求区域的方案有两种:一是由源节点和目的节点的预测区域确定的矩形区域;二是距离目的节点更近的节点所在的区域。LAR 采用按需路由机制,但它离不开 GPS 系统的支持。

LAR 可采用两种控制路由查找的策略：区域策略和距离策略。LAR 中节点通过全球定位系统 GPS 获得自己当前位置 (x, y)。源节点在发送的"路由请求"中携带自己的当前位置和时间，目的节点也在"路由应答"中携带自己的当前位置和时间，沿途转发请求或应答分组的节点可以得到源节点或目的节点的位置信息，通过这种方法节点可以获得其他节点的位置信息。

2. LAR 区域策略

通过计算目的节点期望区（Expected Zone）和路由请求区（Request Zone）来限制路由请求的传播范围，只有在 RZ 中的节点才参与路由查找。

如图 10-28 所示，假设 t_1 时刻节点 S 要查找到节点 D 的路由，S 知道在 t_0 时刻 D 的位置为 (X_d, Y_d)，其平均移动速度为 v，则在 t_1 时刻，S 认为 D 应该在以 (X_d, Y_d) 为圆心，以 $r = v(t_1 - t_0)$ 为半径的圆 EZ 内。RZ 是包含源节点 S 和 EZ 的最小直角形区域。S 将 RZ 的边界坐标写入请求分组并广播。收到请求的节点，设为 I，若 I 在分组标记的 RZ 内且请求分组不重复，I 转发该分组，否则删除。若 I 为目的节点，I 发"路由应答"给 S。

3. 距离策略

通过计算节点和目的节点之间的距离来决定节点是否可以转发"路由请求"。在图 10-29 中，假设 t_1 时刻节点 S 要查找到节点 D 的路由，S 知道在 t_0 时刻 D 的位置为 (X_d, Y_d)。S 计算它到 (X_d, Y_d) 的距离为 DIST_s，并将 DIST_s 和 (X_d, Y_d) 写入路由请求分组。当接点 I 从 S 那里接收到路由请求，I 计算它到 (X_d, Y_d) 的距离 DIST_i。若 $a(\mathrm{DIST}_s) + b \geqslant \mathrm{DIST}_i$，$a$、$b$ 为待定参数，I 对请求分组进行处理，用 DIST_i 代替 DIST_s，并转发。随后的节点使用相同的比较方法，将自己到目的节点的距离和分组中的距离 DIST_s 加上 b 进行比较，以确定是否转发。因此，初始时，请求 (X_d, Y_d) 区在以 D 为圆心，以 DIST_s 为半径的圆 RZ_s 内，I 更新后请求区在以 DIST_i 为半径的圆 RZ_i 内。若 $\mathrm{DIST}_s + b < \mathrm{DIST}_i$，I 删除该分组。若 I 为目的节点将发"路由应答"给 S。

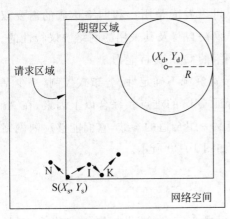

图 10-28　LAR 图解 1

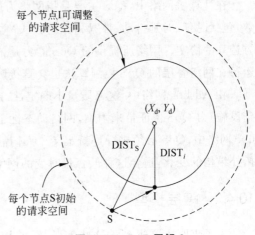

图 10-29　LAR 图解 2

4. LAR 协议评价

LAR 协议将路由表查找限制在请求区内，在请求区之外的节点不受路由请求的干扰，因此路由查找速度快，开销小，网络的扩展性能好，需要额外设备 GPS 系统的支持。若初始时节点确定的查找区域不准确，例如，目的节点的移动速度高于源节点记录的速度，目的节点并不在 EZ 中，会造成源节点增加查找范围，重新进行查找，这会增加延迟和网络开销。当源节点没有目的节点的位置信息时，其查找范围为整个网络，等同于洪泛法。

10.4 Ad hoc 的服务质量和安全问题

在 10.3 节中，介绍了 Ad hoc 网络的基本概念和相应的路由协议。但是对于一个网络，保证良好的服务质量和安全性是网络稳定运行的关键。在本节中，将会讨论 Ad hoc 网络的服务质量和安全问题。

10.4.1 服务质量（QoS）概念

服务质量（Quality of Service，QoS）指一个网络能够利用各种基础技术，为指定的网络通信提供更好的服务能力，它是网络的一种安全机制，是用来解决网络延迟和阻塞等问题的一种技术[1]。在正常情况下，如果网络只用于特定的无时间限制的应用系统，并不需要 QoS，比如 Web 应用，或 E-mail 设置等。但是对关键应用和多媒体应用就十分必要。当网络过载或拥塞时，QoS 能确保重要业务量不受延迟或丢弃，同时保证网络的高效运行。

QoS 是系统的非功能化特征，通常是指用户对通信系统提供的服务的满意程度。

在计算机网络中，QoS 主要是指网络为用户提供的一组可以测量的预定义的服务参数，包括时延、时延抖动、带宽和分组丢失率等，也可以看成是用户和网络达成的需要双方遵守的协定。网络所提供的 QoS 能力是依赖于网络自身及其采用的网络协议特性的。运行在网络各层的 QoS 控制算法也会直接影响网络的 QoS 支持能力。

在 Ad hoc 网络中，链路质量不确定性、链路带宽资源不确定性、分布式控制（缺少基础设施）为 QoS 保证带来困难，网络动态性也是保证 QoS 的难点。综合以上因素，在 Ad hoc 网络中，QoS 必须进行重新定义。人们需要定义一组合适的参数，它们能够反映网络拓扑结构的变化，适合这种低容量时变的网络中，如图 10-30 所示。

10.4.2 跨层模型

为了克服上文提到的这些问题，需要用跨层模型来定义 Ad hoc 网络中的 QoS（见图 10-31）。

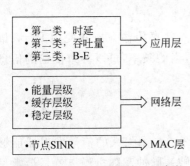

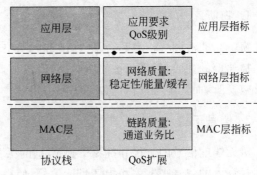

图 10-30　Ad hoc 网络的 QoS 参数　　　　　　图 10-31　网络架构

应用层指标：ALMs(Application Layer Metrics)。

网络层指标：NLMs(Network Layer Metrics)。

MAC 层指标：MLMs(MAC Layer Metrics)。

MLMs 和 NLMs 决定了链路的质量。ALMs 用来选择最能满足应用需求的链路。

10.4.3　Ad hoc 网络中的安全问题

传统网络中的加密和认证应该包括一个产生和分配密钥的密钥管理中心(KMC)、一个确认密钥的认证机构以及分发这些经过认证的公用密钥的目录服务。而 Ad hoc 网络显然缺乏这类基础设施支持,节点的计算能力很低,这些都使得 Ad hoc 网络中难以实现传统的加密和认证机制,节点之间难以建立起信任关系。

传统网络中的防火墙技术用来保护网络内部与外界通信时的安全。防火墙技术的前提是假设网络内部在物理上是安全的。但是,Ad hoc 网络拓扑结构动态变化,没有中心节点,进出该网络的数据可由任意中间节点转发,这些中间节点的情况是未知且难以控制的。同时,Ad hoc 网络内的节点难以得到足够的保护,很容易实施网络内部的攻击。因此,防火墙技术不再适用于 Ad hoc 网络,并且难以实现端到端的安全机制。

在 Ad hoc 网络中,由于节点的移动性和无线信道的时变特性,基于静态配置的安全方案不适用于 Ad hoc 网络。

综上所述,理想的 Ad hoc 安全体系结构至少应包括路由安全问题、密钥管理、入侵检测、响应方案与身份认证方案。但事实上,Ad hoc 网络的很多特性使得在设计安全体系结构时仍然面临诸多挑战。下面在每个层中具体分析一下 Ad hoc 网络中的安全问题。

10.4.3.1　物理层的网络安全

Ad hoc 网络的物理层的网络安全非常重要,因为许多攻击和入侵都来自于这一层。Ad hoc 网络的物理层必须快速适应网络连接特点的变化。这一层中最常见的攻击和入侵有网络窃听、干扰、拒绝服务攻击和网络拥塞。Ad hoc 网络中一般的无线电信号非常容易堵塞和被拦截,而且攻击者能够窃听和干扰无线网络的服务。攻击者有足够的传输能力和掌握了物理和链接控制层机制就能很容易地进入到无线网络中。

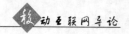

1. 窃听

窃听是非法阅读信息和会话。Ad hoc 网络中的节点共享传输介质和使用 RF 频谱及广播通信的性质，很容易被窃听，只要攻击者调整到适当的频率，可以导致传输的信息能够被窃听，而且虚假的信息也能在网络中。

2. 信号干扰

对无线电信号的干扰和拥塞导致信息的丢失和损坏。一个强大的信号发射器能够产生足够大的信号来覆盖和损坏目标信号，使得通信失败。脉冲和随机噪声就是最常见的信号干扰。

10.4.3.2 数据链路层的网络安全

Ad hoc 网络是一个开放的多点点对点的网络架构，链路层协议始终保持相邻节点的跳连接。许多攻击都是针对这一层的协议而发起的。无线介质访问控制协议（MAC）必须协调传输节点的通信和传输介质。基于两个不同的协调算法，在 IEEE 802.11 MAC 协议中采用了分布式争议解决机制[4]。一种是分布式协调算法（DCF），这是完全分布式访问协议；另一种是一个中心网络控制方式称为点协调功能（PCF）。多个无线主机解决争议的方法，在 DCF 中使用载波侦听多路访问与碰撞避免或访问/冲突防止机制。

1. IEEE 802.11 MAC 协议的安全问题

IEEE 802.11 MAC 容易收到 DoS 的攻击。攻击者可能利用二进制指数回退方式发起 DoS 攻击。比如，攻击者在传输中加入一些位或者是忽略正在进行的传输就能够容易地破坏整个协议框架。在相互竞争的节点之中，二进制指数主张谁导致了捕获效应谁就赢得竞争。捕获效应就是与解调有关的一种效应，尤其对于强度调制信号，当两个信号出现在无线电接收机的输入端的内通带时，只有较强输入信号的调制信号出现在输出端。那么恶意节点就可以利用捕获效应这一脆弱性。此外，它可引起连锁反应并在上层协议使用退避计划，如 TCP Window management。

在 IEEE 802.11 MAC 协议中通过 NAV（分配矢量网络）领域进行的 RTS/CTS（准备发/清除发送）帧也容易受到 DoS 攻击。在 RTS/CTS 的握手中，发信人发出一个 RTS帧：包括完成 CTS 所需要的时间、数据和 ACK 帧。所有相邻节点（不管是发送者还是接收者）都可以根据它们偷听到传输时间来更新它们的 NAV 领域。攻击者就可以利用这一点。

2. IEEE 802.11 WEP 协议的安全问题

IEEE 802.11 标准第一个安全规则就是有线等效保密（WEP）协议。它的目的是保障无线局域网的安全。但是，在 WEP 协议中，使用 RC4 加密算法有许多设计上的缺陷和一些弱点。众所周知，WEP 是容易在信息保密性和信息完整性受到攻击和概率加密密钥恢复攻击。目前，在 802.11 i 中 WEP 取代了 AES（高级加密标准）。但 WEP 有如下一些缺点。

WEP 协议中没有指定密钥管理。缺乏密钥管理是一种潜在的风险,因为大多数攻击都是利用许多人都是手动发送秘密这一种方式。在 WEP 中初始化向量(IV)明确地发送一个 24 位字段,而且部分的 RC4 算法导致概率加密密钥恢复攻击(通常称为分析攻击)。WEP 中结合使用非加密完整算法,CRC32 安全风险和可能造成的结构是信息保密性和信息完整性的攻击。

10.4.3.3 网络层中的安全问题

在 Ad hoc 网络中,节点也充当路由器使用,发现和保持路由到网络的其他节点。在相互连接的节点建立一个最佳的和有效的路径是 MANET 路由协议首要关注的问题。攻击路由可能会破坏整体的信息传输,可导致整个网络的瘫痪。因此,网络层的安全在整个网络中发挥着重要作用。网络层所受到的攻击比所有其他层都要多。一个良好的安全路由算法可以防止某一种攻击和入侵。没有任何独特的算法,可以防止所有的弱点。

10.4.3.4 传输层的网络安全问题

传输层的安全问题有身份验证,确保点到点的通信,数据加密通信,处理延迟,防止包丢失等。MANET 的传输层协议提供并保证点到点的连接,提供可靠的数据包、流量控制、拥塞控制和清除点到点连接。就像互联网中的 TCP 模式,在 MANET 网络节点也易受同步洪水和会话劫持攻击。

1. SYN flooding 攻击

SYN flooding 攻击也是 DoS 攻击的一种,SYN 攻击(SYN Flooding Attack)是指利用了 TCP/IP 三次握手协议的不完善而恶意发送大量仅仅包含 SYN 握手序列数据包的攻击方式。该种攻击方式可能将导致被攻击计算机为了保持潜在连接在一定时间内大量占用系统资源无法释放而拒绝服务甚至崩溃。

2. 会话劫持

所谓会话,就是两台主机之间的一次通信。例如,你 Telnet 到某台主机,这就是一次 Telnet 会话;你浏览某个网站,这就是一次 HTTP 会话。而会话劫持(Session Hijack)就是结合了嗅探以及欺骗技术在内的攻击手段。例如,在一次正常的会话过程当中,攻击者作为第三方参与到其中,他可以在正常数据包中插入恶意数据,也可以在双方的会话当中进行监听,甚至可以是代替某一方主机接管会话。可以把会话劫持攻击分为两种类型:中间人攻击(Man In The Middle,MITM)和注射式攻击(Injection),并且还可以把会话劫持攻击分为被动劫持和主动劫持。

被动劫持实际上就是在后台监视双方会话的数据流,从中获得敏感数据;而主动劫持则是将会话当中的某一台主机下线,然后由攻击者取代并接管会话,这种攻击方法危害非常大。

3. TCP ACK 风暴

TCP ACK 风暴比较简单。ACK 风暴(ACK storm)是指当传输控制协议(TCP)承认(ACK)分组产生的情形,通常因为一个企图会话劫持发起的。当攻击者发出如图 10-32 的信息给节点 A,并且节点 A 承认收到一个 ACK 数据包到节点 B,节点 B 会迷惑接到一个意外的序列号的包。它会向节点 A 发送一个包含预定序列号的 ACK 数据包来保持 TCP 同步会话。这个步骤会重复一次又一次,结果就导致了 TCP ACK 风暴。

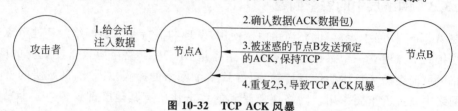

图 10-32　TCP ACK 风暴

10.4.3.5　应用层的网络安全问题

应用层需要设计成能够处理频繁地断线、重新恢复连接时的延时,以及数据包丢失的特点。和其他层一样,应用层也容易受到黑客的攻击和入侵。因为这层包含用户数据,支持多种协议,如 SMTP、HTTP、Telnet 和 FTP;其中有许多漏洞和接入点可以用来被攻击。主要在应用层的攻击是恶意代码攻击和抵赖攻击。

1. 恶意代码攻击

各种恶意代码,如病毒、蠕虫、间谍软件和特洛伊木马攻击用户的操作系统和应用程序,导致计算机系统和网络运行缓慢甚至崩溃。在 MANET 中攻击者可以产生这种攻击并且获得他们需要的信息。

2. 抵赖攻击

恶意程序通过否认自己发送信息的行为和信息的内容来破坏网络的正常运行。计算机系统可以通过数字证书机制进行数字签名和时间戳验证,以证实某个特定用户发送了消息并且该消息未被修改。

参 考 文 献

[1] Wikipedia. Ad hoc [EB/OL]. https://en. wikipedia. org/wiki/Ad_hoc.

[2] 汪科夫. Ad hoc 网络关键技术及应用[J]. 广东通信技术,2006(3):76.

[3] 张国清. QoS 在 IOS 中的实现与应用[M]. 北京:电子工业出版社,2010.

[4] 王海涛,刘晓明. Ad hoc 网络的安全问题综述[J]. 计算机安全,2004(7):26-30.

[5] 金纯. IEEE 802.11 无线局域网[M]. 北京:电子工业出版社,2004.

人物介绍——无线网络专家 Dina Katabi 教授

Dina Katabi,麻省理工学院电气工程和计算机科学系教授,麻省理工学院的无线中心副主任。主要研究方向为无线网络、网络安全、交通工程、拥塞控制、路由。

Dina Katabi 的简介如下。

1995 年在大马士革大学获得学士学位,在 2003 年于美国麻省理工学院获得计算机科学博士学位。她目前是麻省理工学院电气工程和计算机科学系教授,且是麻省理工学院无线网络和移动计算中心的副主任,计算机科学和人工智能实验室的首席研究员。

系统贡献。

Wi-Vi 是美国麻省理工学院研发出的一个监测系统,这个系统可以利用 Wi-Fi 信号监测墙壁背后移动的物体。合作开发这一技术的是麻省理工学院教授 Dina Katabi 和研究生法德尔-阿迪布。该技术在军用和救援领域可以发挥重要作用,但同时也引发人们对个人隐私保护的担忧。

参 考 文 献

http://people.csail.mit.edu/dina/.

第 11 章

无线局域网安全

11.1 无线局域网的安全威胁

由于无线局域网(WLAN)通过无线电波传递信息,所以在数据发射机覆盖区域内的几乎任何 WLAN 用户都能接触到这些数据。WLAN 所面临的基本安全威胁主要有信息泄露、完整性破坏、拒绝服务和非法使用。主要的可实现的具体威胁包括无授权访问、窃听、伪装、篡改信息、否认、重放、重路由、错误路由、删除消息、网络泛洪等,具体含义如表 11-1 所示。

表 11-1   主要的无线局域网可实现安全威胁

无授权访问	是指入侵者能够访问未授权的资源或收集有关信息。对资源的非授权访问可能有两种方式:一种是入侵者突破安全防线来访问资源;另一种是入侵者盗用合法用户授权,而以合法人的身份进行非法访问。入侵者以查看、删除或修改机密信息,造成信息泄露、完整性破坏和非法使用
窃听	是指入侵者能够通过通信信道来获取信息。无线网络的电磁波辐射难以精确地控制在某个范围之内,所以在数据发射机覆盖区域内的几乎任何一个无线网络用户都能够获取这些数据
伪装	是指入侵者能够伪装成其他实体或授权用户,对机密信息进行访问;或者伪装成基站,以接收合法用户的信息
篡改信息	当非授权用户访问系统资源时,会篡改信息,从而破坏信息的完整性
否认	是指接收信息或服务的一方事后否认曾经发送过请求或接收过信息或服务。这种安全威胁主要来自于系统内其他合法用户,而不是未知的攻击者
重放、重路由、错误路由、删除消息	重放攻击是攻击者复制有效的消息后,重新发送或重用这些消息以访问某种资源;重路由攻击(主要是在 Ad hoc 模式中)是指攻击者改变消息路由以便捕获有关信息;错误路由攻击能够将消息路由到错误的目的地;而删除消息是攻击者在消息到达目的地前将消息删除掉,使得接收者无法收到消息
网络泛洪	当入侵者发送大量假的或无关的消息时,会发送网络泛洪,从而使得系统忙于处理这些伪造的消息而耗尽其资源,进而无法对合法用户提供服务

11.2　无线局域网的安全机制

11.2.1　WEP 加密机制

在 IEEE 802.11 1999 年版本的协议中,规定了安全机制 WEP(Wired Equivalent Privacy),中文名为有线等价加密。WEP 提供 3 个方面的安全保护:数据机密性、访问控制和数据完整性。其核心是 RC4 序列密码算法,用密钥作为种子通过伪随机数产生器(PRNG)产生伪随机密钥序列(PRKS)和明文相异或后得到密文序列。WEP 协议加密流程如图 11-1 所示。

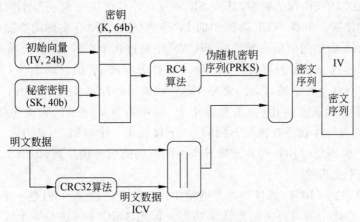

图 11-1　WEP 协议加密流程

由于在序列算法中,同一伪随机序列不能使用两次,因此 WEP 中将 RC4 的输入密钥 K 分为两部分:24b 的初始向量(IV)和 40b 的密钥(SK),IV‖SK=K,每加密一次 IV 需改变一次,IV 以明文的形式随着密文数据帧一起发往接收方。SK 为 BSS 中各 STA 所共享的秘密信息,通常由管理员手工配置和分发。为了保证数据的完整性,WEP 中采用 CRC32 算法作为消息认证算法,并将数据的消息认证码 ICV 作为明文的一部分一同加密。接收端在解密密文之后,重新计算消息认证码 ICV′,并和收到的 ICV 比较,若不符合则抛弃接收的数据。协议的设计者希望该协议能够提供给用户与有线网络相等价的安全性。然而,研究分析表明,WEP 机制存在如下较大的安全漏洞。

(1) WEP 加密是可选功能,在大多数的实际产品中默认为关闭,因此用户数据完全暴露在攻击者面前。

(2) WEP 对 RC4 的使用方式不正确,易受 IV Weakness 攻击而被完全恢复秘密密钥(SK)。RC4 中存在弱 RC4 密钥。一个弱密钥是一个种子,并且 RC4 利用此种子产生的输出看起来并不随机。也就是说,当使用一个弱密钥作为种子输入 RC4 时,产生的前面几位可以推断出种子的其他位。由于此原因,安全专家建议抛弃 RC4 输出的前 256 位。

(3) 802.11 协议没有规定 WEP 中秘密密钥(SK)如何产生和分发。在绝大多数产品中,密钥有两种方法产生:一是直接由用户写入 40b 或 108b 的 SK;二是由于用户愿意采用方便的第二种方法,但由于生成器设计的失误造成 40b 的 SK 实际上只有 21b 的安全性,从而使穷举攻击成为可能。普通用户还喜欢用生日、电话号码等作为密钥词组,这使得字典攻击也是一种有效的方法。

(4) SK 可以由用户手工输入,也可以自动生成,无论怎样都容易遭受穷举攻击。而且 SK 为用户分享,很少变动,因而容易泄露。

(5) 初始向量(Initialization Vector,IV)空间太小。流加密算法的一个重要缺陷是如果使用相同的 IV‖SK 加密两个消息时,攻击者可以获得。

$$C_1 \oplus C_2 = \{P_1 \oplus RC4(IV \parallel SK)\} \oplus \{P_2 \oplus RC4(IV \parallel SK)\} = P_1 \oplus P_2$$

如果其中的一个消息明文已知,另一个消息的明文立即就可以获得。为了防止这种攻击,WEP 采用 IV-SK 作为密钥,其中 SK 不变,IV 每传输一次获得不同的密钥流,IV 以明文的方式传送。但是 WEP 协议中的 IV 空间只有 24b,在实际的产品中 IV 一般用计数器实现,24b 的空间使得在繁忙的 WLAN 中每过几个小时 IV 就会循环重复出现一次(IV 只有 24b,这意味着只有大约 17 000 000 种可能的 IV 值。一个 WLAN 设备每秒可以传送大约 500 个完整帧,因此,完整 IV 空间被用尽仅需要几个小时。一旦所有 IV 都被使用,就要开始重复使用,而重复使用 IV 意味着重复使用伪随机序列进行加密)。在很多网络中,每一个设备在潜在不同的 IV 下仅使用一个密钥,因此,IV 空间将被消耗地更快)。在 SK 不变时,同一 IV 意味着产生同一伪随机密钥序列(PRKS),而这在序列加密算法中是不允许的。

(6) WEP 中的 CRC32 算法原本是通信中用于检查随机误码的,是一个线性的校验,并不具有抗恶意攻击所需要的消息认证功能。首先,CRC32 算法是一个线性函数,因此攻击者可以任意修改密文而不被发现。其次,由于 CRC32 算法是一个不需要密钥的函数,任何人如果知道消息的话都可以自行计算消息的校验和。如果攻击者获得一个传输帧对应的明文。它就可以在无线网络中传输任意的数据。加密消息可以写为 $M \parallel CRC(M) \oplus K$,其中 M 为消息,K 是一个伪随机序列,RC4 算法由 IV 和密钥得来。$CRC(\cdot)$ 表示 CRC 函数,‖表示连接。CRC 关于 XOR 运算是现行的,这意味着 $CRC(X \oplus Y) = CRC(X) \oplus CRC(Y)$。于是在没有得到消息内容的情况下,攻击者可以通过调换某些比特而操纵消息。下面描述消息变化 ΔM 的情况。攻击者希望从窃取的原始保护消息($M \parallel CRC(M)) \oplus K$ 中得到 $((M \oplus \Delta M) \parallel CRC(M \oplus \Delta M)) \oplus K$。完成此目的,首先计算 $CRC(\Delta M)$,然后将 $\Delta M \parallel CRC(\Delta M)$ 与原始保护的消息异或。下面的推导说明这样做为什么可行:

$$((M \parallel CRC(M)) \oplus K) \oplus (\Delta M \parallel CRC(\Delta M))$$
$$= ((M \oplus \Delta M) \parallel (CRC(M) \oplus CRC(\Delta M))) \oplus K$$
$$= ((M \oplus \Delta M) \parallel CRC(M \oplus \Delta M))) \oplus K$$

在最后一步中,使用了 CRC 函数的线性特征。因为 $CRC(\Delta M)$ 可以在没有密钥的情况下计算出来,尽管有加密和 ICV 机制,攻击者也可以成功。同时,WEP 没有使用任何重放监测机制,因此,攻击者可以重放任何前面记录的消息,并且可以被 AP 接收。

11.2.2　WEP 认证机制

无线网络协议 IEEE 802.11 指定的认证技术可用于独立服务集(IBSS)中的工作站(STA)之间的认证,也可用于基本服务集(BSS)中的 STA 和无线局域网的接入设备(AP)之间的认证。

IEEE 802.11 共指定两种认证方式:开放系统认证和共享密钥认证。开放系统认证这种方式实际上没有认证,是一种最简单的情况,也是默认方式,其认证过程如图 11-2 所示。

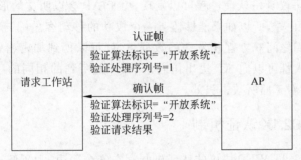

图 11-2　开放系统认证

共享密钥认证方式采用 WEP 加密算法,其过程如图 11-3 所示。

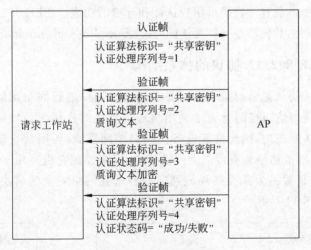

图 11-3　共享密钥认证

(1) 请求工作站发送认证帧。

(2) AP 收到后,返回一个验证帧,其帧体包括:认证算法标识="共享密钥"、认证处理序列号=2、认证状态码="成功"、认证算法依赖信息="质询文本",如果认证状态码是其他状态,则表明认证失败(比如根据 MAC 地址访问控制列表认为用户 MAC 地址非法),而质询文本也将不会发送,这样整个认证过程就此结束。

(3) 如果第(2)步中的状态码="成功",则请求工作站将从该帧中获得质询文本并用共享密钥 WEP 算法将其加密，然后发送一个认证管理帧。其帧体包括：认证算法标识＝"共享密钥认证"、认证事务序列号＝3、认证算法依赖信息＝"加密的质询文本"。

（4）AP 在接收到第三个帧后，使用共享密钥对质询文本解密，若和自己发送的相同，则认证成功，否则认证失败。同时相应工作站发送一个认证管理帧，其帧体包括：认证算法标识＝"共享密钥认证"、认证事务序列号＝4、认证状态码＝"成功/失败"。

WEP 认证机制存在如下问题。

（1）身份认证是单向的，即 AP 对申请接入的移动客户端进行身份认证，而移动客户端并不能对 AP 的身份进行认证。因此，这种单向的认证方式导致可能存在假冒的 AP。

（2）从 WEP 协议身份认证过程可以发现，由于 AP 会以明文的形式把 128B 的随机序列流发给移动客户端，所以如果能够监听一个成功的移动客户端与 AP 之间身份验证的全过程，截获它们之间双方互相发送的数据包，就可以得到加密密钥流。而拥有了该加密密钥流，任何人都可以向 AP 提出访问请求（即监听到的相同的序列）。因而，WEP 协议身份认证方式对于监听攻击失效。

11.2.3　IEEE 802.1X 认证机制

由于 IEEE 802.11 WEP 协议的认证机制存在安全隐患，为了解决无线局域网用户的接入认证问题，IEEE 工作组于 2001 年 6 月公布了 802.1X 协议。IEEE 802.1X 协议称为基于端口的访问控制协议（Port Based Network Access Control Protocol），它不但可以提供访问控制功能，而且可以提供用户认证和计费的功能。IEEE 802.1X 其实可应用于无线网络和有线网络，其核心是可扩展认证协议（Extended Authentication Protocol，EAP）。

11.2.3.1　IEEE 802.1X 协议的体系结构

IEEE 802.1X 协议是针对以太网而提出的基于端口进行网络访问控制的安全性标准。基于端口的网络访问控制指的是利用物理层特性对连接到局域网端口的设备进行身份认证。如果认证成功，则允许该设备访问局域网资源，否则禁止该设备访问局域网资源。802.1X 标准最初是为有线以太网设计的，后来发现它也适用于符合 802.11 标准的无线局域网，于是被视为是无线局域网的一种增强网络安全的解决方案。802.1X 协议的体系结构如图 11-4 所示。

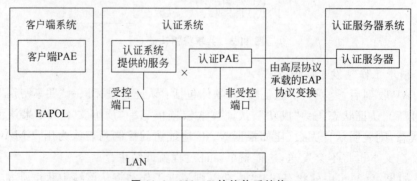

图 11-4　802.1X 协议体系结构

IEEE 802.1X 协议的体系结构包括 3 个实体：客户端(Supplicant System)、认证系统(Authentication System)和认证服务器(Authentication Server System)。

(1) 客户端(称为请求者)。一般为一个用户终端系统，该系统通常要安装一个客户端软件，用户通过启动这个客户端软件发起 IEEE 802.1X 协议的认证过程。为了支持基于端口的接入控制，客户端系统必须支持基于局域网的扩展认证协议(Extensible Authentication Protocol Over LAN, EAPOL)。

(2) 认证系统(称为认证者)。在无线局域网中就是无线接入点(Access Point, AP)，为了支持 IEEE 802.1X 协议的网络设备。在认证过程中只起到"转发"的功能，所有的实质性认证工作在请求者和认证服务器上完成。

(3) 认证服务器。为认证者提供认证服务的实体，经常采用远程身份验证来拨入用户服务(Remote Authentication Dial In User Service, RADIUS)。认证服务器对请求方进行鉴权，然后进行通知认证者这个请求者是否为授权用户。

基于双端口的 IEEE 802.1X 认证协议是一种对用户进行认证的方法和策略，可以是物理端口(如以太网交换机的以太网口)，也可以是逻辑端口(如根据用户端 MAC 地址的接入逻辑)。通常将网络访问端口分为两个虚拟端口：非受控端口和受控端口。非受控端口允许认证者和局域网上其他计算机之间交换数据，而无须考虑计算机的身份验证状态如何；非受控端口始终处于双向连通状态(开放状态)，主要用来传递 EAPOL 协议帧(即把 EAP 包封装在局域网上)，可保证客户端始终可以发出或接受认证。受控端口允许经验证的局域网用户和验证者之间交换数据；受控端口平时处于关闭状态，只有在客户端认证通过后才打开，为用户传递数据和提供服务。根据不同需要，受控端口可以配置为双向受控和单项受控。如果用户未通过认证，则受控端口处于未认证(即关闭)状态，则用户无法访问认证系统提供的服务。

在认证时用户通过非受控端口和 AP 交互数据，请求者和认证者之间传 EAPOL 协议帧，认证者和认证服务器同样运行 EAP 协议，认证者将 EAP 封装到其他高层协议中，如 RADIUS，以便 EAP 协议穿越复杂的网络到达认证服务器，称为 EAPoverRADIUS。若用户通过认证，则 AP 为用户打开一个受控端口，用户可通过受控端口传输各种类型的数据帧(如 HTTP、POP)。扩展认证协议 EAP 只是一种封装协议，在具体应用中可以选择 EAP/TLS、EAP-SIM、Kerberos 等任意一种认证协议。

11.2.3.2　IEEE 802.1X 协议的认证过程

IEEE 802.1X 协议实际上是一个可扩展的认证框架，并没有规定具体的认证协议，具体采用什么认证协议可由用户自行配置，因此具有相当好的灵活性。IEEE 802.1X 认证过程如图 11-5 所示。

(1) 申请者向认证者发送 EAPOL Start 帧，启动认证流程。

(2) 认证者发出请求，要求申请者提供相关身份信息。

(3) 申请者回应认证者的请求，将自己的相关身份信息发送给认证者。

(4) 认证者将申请者的身份信息封装至 RADIUS Access Request 帧中，发送至 AS。

(5) RADIUS 服务器验证申请者身份的合法性，在此期间可能需要多次通过认证者

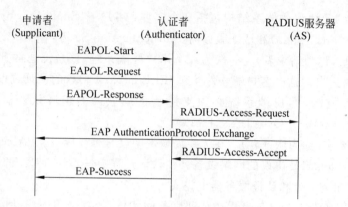

图 11-5　IEEE 802.1X 认证过程

与用户进行信息交互。

（6）RADIUS 服务器告知认证者认证结果。

（7）认证者向申请者发送认证结果，如果认证通过，那么认证者将为申请者打开一个受控端口，允许申请者访问认证者所提供的服务。反之，则拒绝申请者的访问。

11.2.3.3　IEEE 802.1X 协议的特点

IEEE 802.1X 协议能很好地适应现代网络用户数量急剧增加和业务多样性的要求，与传统的 PPPoE(Point to Point Protocol over Ethernet)和 Web/Protal 认证方式相比具有以下优点。

（1）协议实现简单。IEEE 802.1X 协议为两层协议，对设备的整体性能要求不高，可以有效降低建网成本。

（2）业务灵活。IEEE 802.1X 的认证体系结构中采用了"控制端口"和"非控制端口"的逻辑功能，从而可以实现业务与认证的分离。用户通过认证后，业务流和认证流实现分离，对后续的数据包处理没有特殊要求，业务可以很灵活，尤其在开展宽带组播等方面的业务有很大的优势，所有业务都不受认证限制。

（3）成本低。IEEE 802.1X 协议解决了传统 PPPoE 和 Web/Protal 认证方式带来的问题，消除了网络瓶颈，减轻了网络的封装开销，降低了建网成本。

（4）安全可靠。具体表现在如下几个方面。

① 用户身份识别取决于用户名，而不是 MAC 地址，从而可以实现基于用户的认证、授权和计费。

② 支持可扩展的认证、无口令认证，如公钥证书和智能卡、互联网密钥交换协议（IKE）、生物测定学、信用卡等，同时也支持口令认证，如一次性口令认证、通用安全服务应用编程接口(GSS API)方法（包括 Kerberos 协议）。

③ 动态密钥生成保证每次会话密钥各不相同，并且不必储存于 NIC 和 AP 中。

④ 全局密钥(Global Key)可以在会话密钥的加密下安全地从接入点传给用户。

⑤ 相互认证有效防止了中间人攻击和假冒接入点 AP，还可以防范地址欺骗攻击、目标识别和拒绝服务攻击等，并支持针对每个数据包的认证和完整性保护。

⑥ 可以在不改变网络接口卡的情况下,插入新认证和密钥管理方法。

11.2.4　WAPI 协议

　　针对 IEEE 802.11 WEP 安全机制的不足,2003 年我国首次提出无线局域网安全标准(Wireless LAN Authentication and Privacy Infrastructure,WAPI)。在 WAPI 中,一个重要的部分就是认证基础结构(Wireless Authentication Infrastructure,WAI),用来实现用户的身份认证。WAI 认证结构其实类似于 IEEE 802.1X 结构,也是基于端口的认证模型。整个系统由移动终端(STA)、接入点(AP)和认证服务单元(Authentication Service Unit,ASU)组成,其中 ASU 是可信第三方,用于管理参与交换所需要的证书。AP 提供 STA 连接到认证服务单元(ASU)的端口(即非受控端口),确保只有通过认证的 STA 才能使用 AP 提供的数据端口(即受控端口)访问网络。

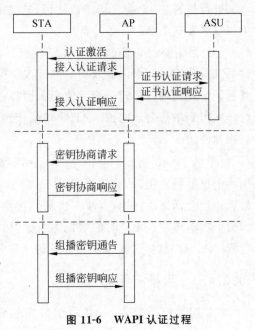

图 11-6　WAPI 认证过程

　　当 STA 关联 AP 时,AP 和 STA 必须进行双向认证。只有认证成功后,AP 才允许 STA 接入,同时 STA 也才允许通过该 AP 收发数据。整个认证过程由证书鉴别、单播密钥协商和组播密钥通告三部分组成,如图 11-6 所示。

11.2.4.1　证书认证过程

　　(1) 认证激活。当 STA 关联或重新关联至 AP 时,由 AP 向 STA 发送认证激活以启动整个认证过程。

　　(2) 接入认证请求。STA 向 AP 发出接入认证请求,将 STA 证书与当前接入认证请求一同发送给 AP。

　　(3) 证书认证请求。AP 收到 STA 接入认证请求后,首先记录认证请求时间,然后向 ASU 发出证书认证请求,即将 STA 证书、接入认证请求、AP 证书及 AP 的私钥对它们的签名构成证书认证请求发送给 ASU。

　　(4) 证书认证响应。ASU 收到 AP 的证书认证请求后,验证 AP 的签名和 AP 证书有效性,若不正确,则认证失败,否则进一步验证 STA 证书,验证完毕后,ASU 将 STA 证书认证结果信息(包括 STA 证书和认证结果)、AP 证书认证结果信息(包括 AP 证书、认证结果及接入认证请求时间)和 ASU 对它们的签名构成证书认证响应发回给 AP。

　　(5) 接入认证响应。AP 对 ASU 返回的证书认证响应进行签名验证,得到 STA 证书的认证结果,根据此结果对 STA 进行接入控制,从而完成了对 STA 的认证。AP 将收到的证书认证响应回送至 STA。STA 验证 ASU 的签名后,得到 AP 证书的认证结果,根据该认证结果决定是否接入该 AP，从而完成对 AP 的认证。

至此 STA 与 AP 之间完成了证书认证过程。值得注意的是，认证是双向的。证书认证成功后，AP 向 STA 发送密钥协商请求分组开始与 STA 协商单播密钥。

11.2.4.2　单播密钥协商过程

（1）密钥协商请求。AP 采用伪随机数生成算法生成伪随机数 R_1，利用 STA 的公钥将其进行加密。AP 将密钥协商标识、单播密钥索引、加密信息和安全参数索引等用私钥生成签名发送给 STA。

（2）密钥协商响应。STA 首先检查当前状态、安全参数索引和 AP 签名的有效性。然后查看分组是证书认证成功后的首次密钥协商还是密钥更新协商请求，并且对密钥协商标识字段值进行比较。最后使用私钥解密得到 R_1，STA 产生 R_2，将 $R_1 \oplus R_2$ 的结果进行扩展得到单播会话密钥。AP 将单播密钥索引、下次密钥协商标识、消息鉴别码、用 AP 公钥加密的 R_2 等发送给 AP。

AP 收到密钥协商响应消息后，使用私钥解密得到 R_2，扩展 $R_1 \oplus R_2$ 得到单播会话密钥和消息鉴别密钥，计算消息鉴别码，将其和响应分组中的消息鉴别码字段进行比较。最后比较会话算法标识，判断下次密钥协商标识是否单调递增，保存下次密钥协商标识作为下次单播密钥更新时的密钥协商标识。在单播密钥协商成功后，开始组播密钥协商过程。AP 首先向 STA 发送组播密钥通告分组通告组播密钥。

11.2.4.3　组播密钥通告

（1）组播密钥通告。AP 将组播密钥索引、单播密钥索引、组播密钥通告标识、用 STA 公钥加密的组播密钥通告数据、消息鉴别码等发送给 STA。

（2）组播密钥分组。STA 首先检查当前状态，用单播密钥索引中标识的消息鉴别密钥计算消息鉴别码，并与分组中的鉴别码进行比较，以确定分组的有效性。若该分组不是证书鉴别成功后的首次组播密钥通告，则比较组播密钥通告标识 STA 保存的上次组播通告中的组播密钥通告标识字段值。相同则重传上次的组播密钥响应分组，若该分组是证书鉴别成功后的首次组播密钥通告或者组播密钥通告标识字段严格单调递增，则利用私钥解密得到组播主密钥，并且将其扩展得到组播会话密钥。STA 将组播密钥索引、单播密钥索引、组播密钥通告标识、消息鉴别码等发送给 AP。

AP 通过单播密钥索引中标识的消息鉴别密钥计算消息鉴别码，并与分组中的消息鉴别码值进行比较，然后比较响应分组与通告分组中的组播密钥通告标识、组播密钥索引字段，如果相同则表示组播密钥通告成功。

另外一个特别值得注意的是，WAPI 中使用的加密算法是我国自己制定的分组加密算法 SMS4。2006 年我国国家密码管理局公布了 WAPI 中使用的 SMS4 密码算法，该算法是我国拥有自有知识产权的加密算法，作为 WAPI 的一部分发布。这是我国第一次公布自己的商用密码算法，其意义重大，标志着我国商用密码管理更加科学化和与国际接轨。

11.2.5　IEEE 802.11i TKIP 和 CCMP 协议

在我国提出 WAPI 标准的同时,针对 IEEE 802.11 WEP 安全机制所暴露出的安全隐患,IEEE 802 工作组于 2004 年初发布了新一代安全标准 IEEE 802.11i。该协议将 IEEE 802.1X 协议引入到 WLAN 安全机制中,增强了 WLAN 中身份认证和接入控制的能力;增加了密钥管理机制,可以实现密钥的导出及密钥的动态协商和更新等,大大地增强了网络的安全性。为解决 WEP 存在的严重的安全隐患,IEEE 802.11i 提出了两种加密机制:临时密钥集成协议(Temporal Key Integrity Protocol,TKIP)和计数模式/CBC MAC 协议(Counter Mode/CBC MAC Protocol,CCMP)。其中 TKIP 是一种临时过渡性的可选方案,兼容 WEP 设备,可在不更新硬件设备的情况下升级至 IEEE 802.11i;而 CCMP 机制则完全废除了 WEP,采用新型加密标准(Advanced Encryption Standard,AES)来保障数据的安全传输,但是 AES 对硬件要求较高,CCMP 无法在现有设备的基础上通过直接升级来实现(需要更换硬件设备),它是 IEEE 802.11i 机制中必须实现的安全机制。下面对 IEEE 802.11i 加密机制进行分析,认证协议主要采用 802.1X。

11.2.5.1　TKIP 加密机制

TKIP 协议是 IEEE 802.11i 标准采用的过渡安全解决方案,它是包裹在 WEP 协议外的一套算法,用于改进 WEP 算法的安全性。它可以在不更新硬件设备的情况下,通过软件升级的方法实现系统安全性的提升。TKIP 与 WEP 一样都是基于 RC4 加密算法,但是为了增强安全性,将初始化矢量 IV 的长度由 24 位增加到 48 位,WEP 密钥长度由 40 位增加到了 128 位,同时对现有的 WEP 协议进行了改进,新引入了 4 个算法来提升安全性。

(1) 防止出现弱密钥的单包密钥(Per Packet Key)生成算法。

(2) 防止数据遭非法篡改的消息完整性校验码(Message Integrity Code,MIC)。

(3) 可防止重放攻击的具有序列功能的 IV。

(4) 可以生成新鲜的加密和完整性密钥,防止 IV 重用的再密钥(rekeying)机制。

加密过程如图 11-7 所示。

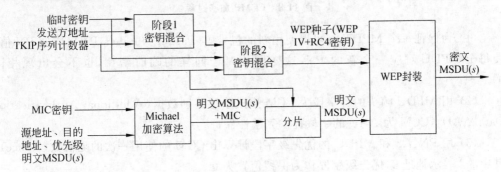

图 11-7　TKIP 加密过程

TKIP 的加密过程主要包括如下几个步骤。

（1）媒体访问控制协议数据单元（Medium Access Control Protocol Data Unit，MPDU）的生成：首先发送方根据源地址（SA）、目的地址（DA）、优先级（Priority）和MAC服务数据单元（MAC Service Data Unit，MSDU），利用 MIC 密钥（MIC Key）通过Michael 算法计算出消息完整性校验码（MIC），并将 MIC 添加到 MSDU 后面，一起作为WEP 算法的加密对象，如果 MSDU 加上 MIC 的长度超出 MAC 帧的最大长度，可以对MPDU 进行分段。

（2）WEP 种子的生成：TKIP 将临时密钥（Temporal Key）、发送方地址（TA）及TKIP 序列计数器（TSC）经过两级密钥混合（Key Mixing）函数后，得到用于 WEP 加密的WEP 种子（Seeds）。对于每个 MPDU，TKIP 都将计算出相应的 WEP 种子。

（3）WEP 封装（WEP Encapsulation）：TKIP 计算得出的 WEP 种子分解成 WEP IV和 RC4 密钥的形式，然后把它和对应的 MPDU 一起送入 WEP 加密器进行加密，得到密文 MPDU 并按规定格式封装后发送。

11.2.5.2　CCMP 加密机制

在 802.11 环境下，采用流密码的 RC4 算法并不合适，应当采用分组密码算法。AES是美国 NIST 指定的用于取代 DES 的分组加密算法，CCMP 是基于 AES 的 CCM 模式，它完全废除了 WEP，能够解决目前 WEP 所表现出来的所有不足，可以为 WLAN 提供更好的加密、认证、完整性和抗重放攻击的能力，是 IEEE 802.11i 中必须实现的加密方式，同时也是 IEEE 针对 WLAN 安全的长远解决方案。CCMP 加密过程如图 11-8 所示。

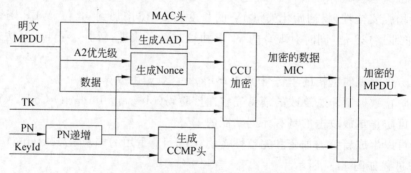

图 11-8　CCMP 加密过程

（1）为保证每个 MPDU 都可以使用新的包号码（Packet Number，PN），增加 PN 值，使每个 MPDU 对应一个新的 PN，这样即使对于同样的临时密钥，也不会出现相同的 PN。

（2）用 MPDU 帧头的各字段为 CCM 生成附加鉴别数据（Additional Authentication Data，AAD），CCM 为 AAD 的字段提供完整性保护。

（3）用 PN、A2 和 MPDU 的优先级字段计算出 CCM 的使用一次的随机数（Nonce）。其中 A2 表示地址 2，优先级字段作为保留值置为 0。

（4）用 PN 和 Key Id 构建 8 字节的 CCMP 头（header）。

（5）由 TK、AAD、Nonce 和 MPDU 数据生成密文，并计算 MIC 值。最终的消息由

MAC 头、CCMP 头、加密数据及 MIC 连接构成。

11.2.5.3　TKIP 和 AES-CCMP 的比较

TKIP 与 AES-CCMP 都是用数据加密和数据完整性密钥保护 STA 及 AP 之间传输数据包的完整性和保密性。然而，它们使用的是不同的密码学算法。TKIP 与 WEP 一样，使用 RC4，但是与 WEP 不同的是，提供了更多的安全性。TKIP 的优势为经过一些固件升级后，可以在 WEP 硬件上运行。AES-CCMP 需要支持 AES 算法的新硬件，但是其与 TKIP 相比，提供了一个更清晰、更高雅、更强健的解决方案。

TKIP 修复 WEP 中的缺陷包括如下两种。

(1) 完整性。TKIP 引进了一种新的完整性保护机制，称为 Michael。Michael 运行在服务数据单元(SDU)层，可在设备驱动程序中实现。

为了能检测重放攻击，TKIP 使用 IV 作为一个序列号。因此，IV 用一些初始值进行初始化，然后每发送一个消息后自增。接收者记录最近接收消息的 IV。如果最新接收到消息的 IV 值小于存储的最小 IV 值，则接收者扔掉此消息；然而，如果 IV 大于储存的最大 IV 值，则保留此消息，并且更新其存储的 IV 值，如果刚收到消息的 IV 值介于最大值和最小值之间，则接收者检查 IV 是否已经存储；如果有记录，则扔掉此消息；否则，保留此消息，并且存储新的 IV。

(2) 保密性。WEP 加密的主要问题为 IV 空间太小，并且 RC4 存在弱密钥并没有考虑。为了克服第一个问题，在 TKIP 中，IV 从 24 位增加到 48 位。这似乎是一个很简单的解决方案，但是困难的是，WEP 硬件仍然期望一个 128 位的 RC4 种子。因此，48 位 IV 与 104 位密钥必须用某种方式压缩为 128 位。对弱密钥的问题，在 TKIP 中，各消息加密密钥都不相同。因此，攻击者不能观察到具有使用相同的密钥的足够数量的消息。消息密钥由 PTK 的数据加密密钥产生。

TKIP 的新 IV 机制及消息密钥的生成如图 11-9 所示。48 位 IV 分为上 32 位(upper 32 bits)和下 16 位(lower 16 bits)。IV 的上部分与 PTK 的 128 位数据加密密钥和 STA 的 MAC 地址相联合(Key-mix phase 1)。然后，将此计算结果与 IV 下部分相联合(Key-mix phase2)，得到 104 位消息密钥。TKIP 的 RC4 种子由消息密钥、IV 的下部分(分成两个字节)及一个虚假填充字节(dummy byte，防止出现 RC4 弱密钥)拼接而来。

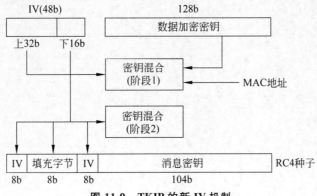

图 11-9　TKIP 的新 IV 机制

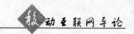

AES-CCMP 的设计要比 TKIP 简单，因为它不必为兼容 WEP 硬件所束缚。因此，它取代了 RC4，使用基于 AES 的分组加密。并为 AES 定义了一个新的工作模式，称为 CCM，它由两种工作模式结合而来：CTR（计数）加密模式和 CBC-MAC（加密块链接-消息认证码）模式。在 CCM 模式中，消息发送方计算出消息的 CBC-MAC 值，并将其附加到消息上面，然后将其用 CTR 模式加密。CBC-MAC 的计算也只设计消息头，然而加密只应用到消息本身。CCM 模式确保了保密性和完整性。重放攻击检测由消息的序列号得以保证，通过将序列号加入到 CBC-MAC 计算的初始块中来完成。

参 考 文 献

[1] 马健峰，朱建明. 无线局域网安全[M]. 北京：机械工业出版社，2005.

[2] Steve Rackley. 无线网络技术原理与应用[M]. 北京：电子工业出版社，2008.

[3] 王顺满. 无线局域网络技术与安全[M]. 北京：机械工业出版社，2005.

[4] 任伟. 无线网络安全[M]. 北京：电子工业出版社，2011.

[5] 吴湛击. 无线通信新协议与新算法[M]. 北京：电子工业出版，2013.

第 12 章

Bluetooth 和 RFID

12.1 蓝牙技术(Bluetooth)

1. Bluetooth 名称由来

蓝牙的名称来自于 10 世纪的丹麦国王哈拉尔蓝牙王——Harald Blatand。Blatand 在英文里可以被解释为蓝牙(Bluetooth)。国王由于喜欢吃蓝莓,牙龈每天都是蓝色的所以叫蓝牙。在行业协会筹备阶段,需要一个极具表现力的名字来命名这项高新技术,也就是给"蓝牙"起名字。行业组织人员,在经过一夜关于欧洲历史和未来无线技术发展的讨论后,有人认为用 Blatand 国王的名字命名非常合适。Blatand 国王将挪威、瑞典和丹麦统一起来;他善于交际,口齿伶俐,就类似于这项即将面世的技术,被定义为允许不同工业领域之间的协调工作,保持着各个系统领域之间的良好交流,例如,计算机、手机和汽车行业之间的工作。于是,名字就这么定下来了。

蓝牙标志的设计,来源于 Harald Bluetooth 名字中的字母 H 和 B,结合古北欧字母,就成为蓝牙的 logo(见图 12-1)。

图 12-1　Bluetooth 标志

2. 蓝牙发展历史

蓝牙的创始公司是爱立信,早在 1994 年爱立信就已对蓝牙进行研发。1997 年,爱立信与其他设备生产商沟通,并激发了他们对蓝牙技术的浓厚兴趣。1998 年 2 月,跨国大公司诺基亚、苹果、三星等组成了一个特殊兴趣小组(SIG),他们的共同目标是建立一个全球性的小范围无线通信技术,即蓝牙。

2006 年 10 月 13 日,蓝牙技术联盟(Bluetooth SIG)宣布,IBM 在该组织中的创始成员位置由联想公司取代,并立即生效。除了创始成员,Bluetooth SIG 还包括 200 多家联盟成员公司以及约 6000 家应用成员企业。

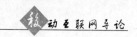

蓝牙技术是由 SIG 制定的一个标准。SIG 本身并不制造、生产或销售任何蓝牙设备。它是一家贸易协会,由计算机、电信、汽车制造、工业自动化和网络行业的领先厂商组成。SIG 致力于推动蓝牙无线技术的发展,为短距离连接移动设备制定低成本的无线规范,并将其推向市场。

至 2010 年,蓝牙共有 6 个版本 V1.1/1.2/2.0/2.1/3.0/4.0,下面看一下蓝牙各个版本的发展历程。

1) Bluetooth 1.1

Bluetooth 1.1 是最早期版本,传输率约为 1Mb/s(实际为 721.2Kb/s),容易受到同频率的产品干扰而影响通信质量。

由于未考虑设备互操作性的问题,Bluetooth 1.0 规范(1999)在标准方面有所欠缺。例如,由于考虑了安全性,Bluetooth 1.0 设备之间的通信都是经过加密的——当两台蓝牙设备间尝试建立起一条通信链路时,可能会因为不同厂家设置的口令的不匹配而无法正常通信;或若辅设备处理信息的速度高于主设备,伴随而来的竞争态势会使两台设备都认为自己是通信主设备等。Bluetooth 1.1 解决了这一问题,Bluetooth 1.1 技术规范要求会话中的每台设备都要确认其在主设备/辅设备关系中所起的作用。

另外,Bluetooth 本来是将 2.4GHz 的频带划分为 79 个子频段,而为了适应一些国家的军用需求,Bluetooth 1.0 重新定义了另一套划分标准,将整个频带划分为 23 个子频段,以避免使用 2.4GHz 频段中指定的区域。这使得使用 79 个子频段的设备与设计为使用 23 个子频段的设备不兼容。Bluetooth 1.1 取消了 23 子频段的副标准,所有的 Bluetooth 1.1 设备都使用 79 个子频段在 2.4GHz 的频谱范围内进行通信。

Bluetooth 1.1 修正了互不兼容的数据格式会引发 Bluetooth 1.0 设备之间的互操作性问题的情况,允许辅设备主动与主设备进行通信并告知主设备有关包尺寸方面的信息,并且辅设备可以在必要的时候通知主设备发送包含多/少 slots 的数据包。

2) Bluetooth 1.2

Bluetooth 1.2 的主要改进是减少了与其他电台频率的相互干扰。2003 年,Bluetooth 1.2 采用 AFH 可调式跳频技术(Adaptive Frequency Hopping)加强了抗干扰能力,并增强了语音处理,改善语音连接的质量(可以提高蓝牙耳机的音质),还能更快速地连接设置。

3) Bluetooth 2.0

Bluetooth 2.0 常写作 Bluetooth 2.0+EDR。Bluetooth 2.0 降低了设备功耗,使传输范围变广;EDR 则可以增加带宽。Bluetooth 2.0 可以有双工的工作方式,即一面传输文件/高像素图片,同时也可以进行语音通信。

2004 年,Bluetooth SIG 宣布采用 Bluetooth 2.0 及更高数据传输速率(EDR)。新规范使数据传输速率为上一版本的 3 倍,并降低功耗,延长电池的使用时间。由于带宽增加,新规范提高了同时连接多个蓝牙设备或设备同时进行多项任务处理的能力,并使传输范围增达 100m。EDR 即 Enhanced data rate,特色是大大提高蓝牙技术的数据传输速率,最大可达 3Mb/s,还可以完全和蓝牙 1.2 版兼容。

4）Bluetooth 2.1

Bluetooth 2.1＋EDR 进一步减少耗电量,并简化设备间的配对过程。在蓝牙 2.0 标准中,每隔 0.1s,手机就需要和蓝牙设备进行配对一次,而新版的 2.1 中则将这个时间限制延长至 0.5s,为手机和蓝牙设备节省了很多电量,大大提升了续航能力。

5）Bluetooth 3.0

Bluetooth 3.0 一般写成 Bluetooth 3.0＋HS,它将传输速率提高到约 24Mb/s。2009 年 4 月 21 日,Bluetooth SIG 颁布 Bluetooth Core Specification Version 3.0 High Speed,即蓝牙 3.0。蓝牙 3.0 的核心是 Generic Alternate MAC/PHY,这是新的交替射频技术,允许蓝牙协议栈针对任一任务动态地选择正确射频。

作为新版规范,蓝牙 3.0 的传输速度更高,其秘密在 802.11 无线协议上。通过集成 802.11 PAL,也就是协议适应层,蓝牙 3.0 的数据传输率提高到大约 24Mb/s～25Mb/s,是蓝牙 2.0 的 8 倍,可以很容易地用于 PC 至 PMP、录像机至高清电视、UMPC 至打印机之间的文件传输。

功耗方面,通过蓝牙 3.0 高速传送大量数据自然会消耗更多能量,不过由于引入了增强电源控制机制(EPC),再辅以 802.11,实际空闲功耗会明显降低。

6）Bluetooth 4.0

Bluetooth 4.0 是 Bluetooth 3.0 的节能升级版。Bluetooth 4.0 传输速率不变,但提升了传输距离(可达 60m),降低了能耗(4.0 版本的功耗较 3.0 版本降低了 90%)。2010 年 10 月,SIG 表示蓝牙 4.0 技术规范已经定型,基于蓝牙 4.0 的设备已于 2011 年初上市。

蓝牙 4.0 包括 3 个子规范:高速蓝牙技术、传统蓝牙技术和新的蓝牙低功耗技术,三者可以单独或组合使用。设备商可以根据自身的需要,选择其中的一种或多种。3 种标准规范的随意搭配给厂商带来了更多的灵活性,不过问题也出在这里,比如一个只采用了蓝牙 4.0 低功耗规范的计步器是无法把数据传到采用蓝牙 2.1 规范的笔记本电脑上的。不过,像笔记本电脑以及手机等产品会将 3 种规范都纳入其中,这样向后兼容的通信问题就不会存在。

蓝牙 4.0 版本的最大优点在于蓝牙低耗能技术的巨大市场潜力。低功耗蓝牙技术拥有极低的待机和运行功耗,使用一粒纽扣电池甚至可连续工作数年。同时蓝牙 4.0 还拥有 100m 以上超长距离、低成本、3ms 低延迟、跨厂商互操作性、AES-128 加密等诸多特色,可以用于智能仪表、计步器、传感器物联网、心律监视器等众多领域,大大扩展蓝牙技术的应用范围。此外,蓝牙 4.0 的有效传输距离也有所提升。蓝牙 4.0 的有效传输距离可达到 60m,而目前蓝牙的有效传输距离只为 10m。

12.2　蓝牙技术原理

12.2.1　设备结构

蓝牙原理是把一块小且功耗低的无线电收发芯片嵌入到传统电子设备中。蓝牙芯片包括链路控制器(LC)和无线电收发器。控制连接包括两部分:软件连接——链路管理器(LM)和硬件——链路控制器(LC)。LM 执行链路设置、鉴权、配置;负责连接、建立和拆除链路并进行安全控制。LC 实现数据发送和接收。逻辑 LC 和适应协议具有完成数据拆装、控制服务质量和复用协议的功能,该层协议是其他各层协议实现的基础。无线电收发器是蓝牙设备的核心,使用的无线电频段在 ISM 2.4GHz 到 2.48GHz 之间,图 12-2 显示了无线收发器的主要操作和功能、蓝牙链路控制器执行基带通信协议和相关的处理过程,也概括了基带的主要功能,负责跳频以及蓝牙数据和信息帧的传输。

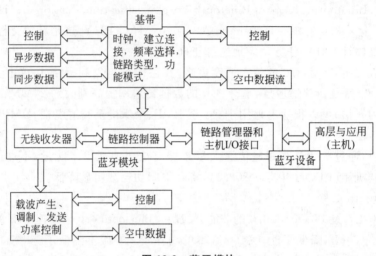

图 12-2　蓝牙模块

12.2.2　基带层协议体系

12.2.2.1　跳频

跳频技术是物理信道内的每个时隙上所发送的数据不断地在频道间跳跃。从设备与主设备会根据彼此间相同的跳频序列,从当前频道跳到下一个频道。跳频序列决定于主设备内 48 位的蓝牙设备地址(Bluetooth Device Address,BD_ADDR)。

12.2.2.2　设备地址

蓝牙设备内有一个 48 位蓝牙设备地址。它可以说是蓝牙技术的运算核心,几乎所有负责蓝牙系统工作的控制参数,如频道访问码、跳频序列都由此地址求得。设备涉及的地址有活动成员地址 AM_ADDR(Active Member Address)、守候成员地址 PM_ADDR(Parked Member Address)和访问请求地址 AR_ADDR(Access Request Address)。

12.2.2.3　数据传输类型

蓝牙技术可同时发送语音和数据,因为蓝牙技术支持包交换和电路交换两种数据传输方式。在蓝牙技术标准中包交换的传输称为 ACL 链路,电路交换的传输称为 SCO

链路。

无连接的异步传输（Asynchronous Connection-Less，ACL）链路属于包交换的异步传输类型。包交换是将高层的数据切割成一段段包进行交换。ACL 链路可以占用任意时隙来传输数据，但它只能在 SCO 链路不使用的时隙上传输。ACL 链路适合传输突发性的数据信息，其主设备可以同时和多个从设备建立 ACL 链路，属于点对多点的非对称连接。

面向连接的同步传输（Synchronous Connection-Oriented，SCO）链路属于电路交换的同步传输类型。电路交换是指，当主设备与从设备一旦建立连接后，不管有无数据发送，系统都会给主设备与从设备预留固定间隔的时隙，其他从设备则不能利用此连接上的时隙来发送数据。SCO 属于点对点的对称连接，即连接建立在一个主设备和一个从设备之间。SCO 比较适合语音的传输。

12.2.2.4　微微网和散射网

两个蓝牙设备建立连接后，形成了微微网的个人区域。每个微微网有且只有一个主设备，同时有一个或多个从设备，它们可以互相转换角色。每个微微网只能有 7 个活跃的从设备，因为在 Active 状态下，主设备分配给每个连接的从设备一个活动的成员地址 AM_ADDR，主设备通过这个地址来辨别微微网中不同的从设备。AM_ADDR 由 3 位组成，所以在一个微微网中最多只能有 8 个设备。换言之，最多有 7 个从设备处于活动态。

每个微微网最多有 255 个休眠的从设备。因为从 Active 状态进入 Park 状态的蓝牙设备将得到一个 PM_ADDR 地址，PM_ADDR 由 8 位组成，所以最多可容纳 256 个 Park 状态的蓝牙设备。

微微网包含一个共享的信道，其成员通过这个信道进行通信。这个信道由一个明确的跳频序列组成，微微网的成员以同步的方式跟踪跳频序列，跳频序列由主设备来控制。图 12-3 就是一个微微网的设备连接图。

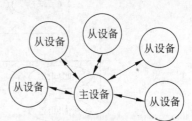

图 12-3　一个主设备和多达 5 个活动态的从设备组成的微微网

为了连接 8 个以上的活跃的设备，必须建立多个微微网，然后连接每个微微网的主设备，这个联合结构就是散射网。散射网在空间和时间上交叠。一个微微网中的从设备可以是多个微微网的从设备，也可以是另一个微微网的主设备，这样就使微微网之间的通信成为可能。因为只有 79 个频点，所以一个散射网最多只有 10 个微微网。图 12-4 是 3 个微微网构成的一个散射网的示意图。

12.2.2.5　设备的工作状态

蓝牙设备在不同的场合下，有不同的工作状态。工作状态主要有两种：连接状态（Connection State）和等待状态（Stand-by State）。当与其他设备互相连接时，称为连接状态，此时主设备和从设备使用相同的通道访问码和相同的跳频序列，能够互相通信。当不与其他设备互相作用时，称为等待状态，此时设备以内定的系统时序 CLKN 运行，消

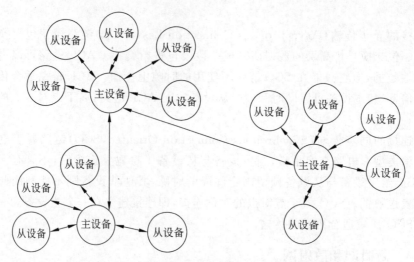

图 12-4　多个微微网构成的散射网，主设备桥接网络

耗的功率非常低。

当设备从等待状态进入连接状态前，设备需要进行一连串的信号查询与呼叫程序。进行查询和呼叫的状态称为中间状态。图 12-5 显示了 3 个状态间的切换。

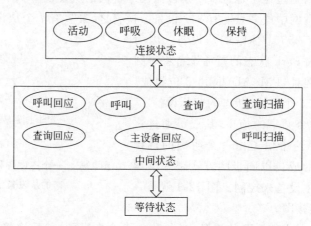

图 12-5　蓝牙设备的 3 个工作状态

1. 连接状态

为了节省功率消耗以及减少对其他用户的干扰，从设备长时间不传输数据，当希望与主从网络中的主设备连接时，从设备可以选择进入不同状态的连接状态。

活动（Active）状态下，从设备基本上一直在监听来自主控设备的发射信号。Active状态下从设备具有 AM_ADDR 地址以及与主从网络相同的跳频序列。由于 Active 状态一直在接收分组，并随时准备发送分组，因此这个状态能够提供最快的响应，但是消耗的功率也是最多。

呼吸（Sniff）状态下从设备是周期地被激活。主控设备以一定的时间间隔定期地给从设备发送分组,从设备只需要在这些时间间隔内接收主设备送来的信号,但是从设备仍然保有 AM_ADDR 及与主从网络相同的跳频序列。与 Active 相比,Sniff 模式消耗功率较低,响应较慢。

保持(Hold)状态下,从设备在一个规定的时间间隔内彻底停止监听分组,这个时间间隔由主设备与从设备内的应用程序共同协议决定,当超过该持续时间后从设备将恢复原来的模式。Hold 模式下,从设备将暂时停止支持 ACL 链路,但是仍支持 SCO 链路,所以从设备仍然保有 AM_ADDR 地址及与主从网络有相同的跳频序列。Hold 模式下的响应可能比 Sniff 模式更慢,但可以节省更多的功率。

休眠(Park)状态下,从设备保持与主控设备的跳频序列同步,但不是活动的(处于 Active、Sniff 和 Hold 模式的从设备被认为是活动的)。Park 模式下从设备将丢弃 AM_ADDR 地址并从主设备得到 PM_ADDR 与 AR_ADDR 地址。在主从网络中,Park 模式的从设备都有一个特定的 PM_ADDR 地址,但是 AR_ADDR 可能与其他的从设备相同。当主设备希望唤醒某个处于 Park 状态的从设备时,就在广播频道 BC 上发送从设备的 PM_ADDR 地址,并同时指定从设备称为 Active 状态后的 AM_ADDR 地址。经过广播频道 BC,主设备能够同时唤醒多个处于 Park 状态的从设备。当从设备要从 Park 状态恢复到 Active 状态时,也是在广播频道 BC 上,以 AR_ADDR 地址向主设备请求,主设备收到后,发送控制信号以唤醒从设备的 Park 状态。

2. 中间状态

当主设备不知道周围是否存在从设备,就必须以查询状态来得到周围所有从设备的 BD_ADDR 地址与内部时序,然后进入呼叫状态与从设备互相连接。若主设备已经知道要连接的从设备时,可直接进入呼叫状态与该从设备进行连接。图 12-6 给出了主设备与从设备间建立连接的过程。

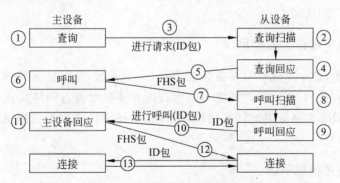

图 12-6　主设备与从设备经过中间状态建立连接的过程

图中,步骤①~③设备进入查询状态;步骤④和⑤从设备收到查询信号后,进入查询回应状态,结束后,主设备已经得到从设备响应的 FHS 包,包括了从设备的 BD_ADDR 地址、内部时序以及设备种类;步骤⑥和⑦主设备进入呼叫状态,与特定的从设备建立连接,但是此时主从设备的时序并没有同步;步骤⑧~⑩从设备接收到呼叫信号后进入呼叫回应状态,返回 ID 包作为响应;步骤⑩~⑬主设备收到 ID 包后进入主设备回应状态,

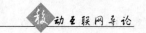

再发送一个 FHS 包,告知主设备的 BD_ADDR 地址、连接成员地址等信息,从设备收到后返回一个 ID 包,主从设备间的连接建立成功,两者都进入连接状态。[1]

12.3　蓝　牙　应　用

1. 在手机上的应用

嵌入蓝牙技术的数字移动电话将可实现一机三用,真正实现个人通信的功能。在办公室可作为内部的无线集团电话,回家后可当作无绳电话来使用,不必支付昂贵的移动电话费。到室外或乘车的路上,仍作为移动电话与掌上电脑或个人数字助理 (PDA)结合起来,并通过嵌入蓝牙技术的局域网接入点,随时随地都可以到因特网上冲浪浏览,那将使人们的数字化生活变得更加方便和快捷。同时,借助嵌入蓝牙的头戴式话筒和耳机以及话音拨号技术,不用动手就可以接听或拨打移动电话。

2. 在掌上电脑的应用

掌上 PC 越来越普及,嵌入蓝牙芯片的掌上 PC 将提供想象不到的便利。通过掌上PC 人们不仅可以编写 E-mail,而且可以立即发送出去,没有外线与 PC 连接,一切都由蓝牙设备来传送。这样,在飞机上用掌上 PC 写 E-mail,当飞机着陆后,只需打开手机,所有信息可通过机场的蓝牙设备自动发送。有了蓝牙技术,掌上 PC 能够与桌面系统保持同步。即使是把 PC 放入口袋中,桌面系统的任何变化都可以按预先设置好的更新原则,将变化传到掌上 PC 中。回到家中,随身携带的 PDA 通过蓝牙芯片与家庭设备自动通信,可以为你自动打开门锁、开灯,并将室内的空调或暖气调到预定的温度等。进入旅馆可以自动登记,并将你房间的电子钥匙自动传送到你的 PDA 中,从而你可轻轻一按,就可打开你所预订的房间。

3. 其他数字设备上的应用

数字照相机、数字摄像机等设备装上 Bluetooth 系统,既可免去使用电线的不便,又可不受存储器容量的困扰,随时随地可将所摄图片或影像通过同样装备 Bluetooth 系统的手机或其他设备传回指定的计算机中,蓝牙技术还可以应用于投影机产品,实现投影机的无线连接。

4. 电子钱包和电子锁

蓝牙构成的无线电电子锁比其他非接触式电子锁或 IC 锁具有更高的安全性和适用性。各种无线电遥控器(特别是汽车防盗和遥控)比红外线遥控器的功能更强大,在餐馆酒楼用膳时菜单的双向无线传输或招呼服务员提供指定的服务将更为方便等。

在超市购物时,当你走向收银台时,蓝牙电子钱包会发出一个信号,证明您的信用卡或现金卡上有足够的余额。因此,您不必掏出钱包便可自动为所购物品付款。然后收银台会向您的电子钱包发回一个信号,更新您的现金卡余额。利用这种无线电子钱包,可轻松地接入航空公司、饭店、剧场、零售商店和餐馆的网络,自动办理入住、点菜、购物和电子付账。

5. 在传统家电中的应用

蓝牙系统嵌入微波炉、洗衣机、电冰箱、空调机等传统家用电器,使之智能化并具有网络信息终端的功能,能够主动地发布、获取和处理信息,赋予传统电器以新的内涵。其应用模式如图 12-7 所示。

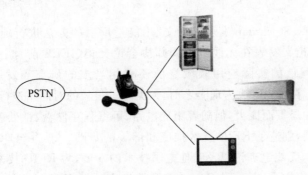

图 12-7　蓝牙技术在传统家电中的应用

网络微波炉应该能够存储许多微波炉菜谱,同时还应该能够提高通过生产厂家的网络或烹调服务中心自动下载新菜谱;网络冰箱能够知道自己存储的食品种类、数量和存储日期,可以提醒存储到期和发出存量不足的警告,甚至自动从网络订购;网络洗衣机可以从网络上获得新的洗衣程序。带蓝牙的信息家电还能主动向网络提供本身的一些有用信息,如向生产厂家提供有关故障并要求维修的反馈信息等。蓝牙信息家电是网络上的家电,不再是计算机的外设,它也可以各自为战,提示主人如何运作。人们可以设想把所有的蓝牙信息家电通过一个遥控器来进行控制。这一个遥控器不但可以控制电视、计算机、空调器,同时还可以用作无绳电话或者移动电话,甚至可以在这些蓝牙信息家电之间共享有用的信息,比如把电视节目或者电话语音录制下来存储到计算机中。

由此可见,蓝牙的发展不是一个行业的发展,而是多个行业共同的发展,需要各个行业的推进才能有更长远的发展。随着时代的发展,技术的提升,蓝牙技术的发展有着美好的前景,蓝牙将对人们的生活和工作产生重大的影响。

12.4　无线射频识别技术(RFID)

12.4.1　RFID 概述

RFID 技术是一种无线自动识别技术,又称为电子标签技术,是自动识别技术的一种创新,其基本原理是利用射频信号和空间耦合传输特性,实现对物体的自动识别。

RFID 在历史上的首次应用可以追溯到第二次世界大战期间（约 20 世纪 40 年代），其功能是用于分辨敌方飞机与我方飞机。当时各国军队都在采用于 1922 年发明的雷达技术，不过苦于无法通过雷达辨别敌我的飞机，经常会出现击落本国飞机的事故。德国人首先发现当他们返回基地的时候如果拉起飞机将会改变雷达反射的信号形状，从而成功地与敌方进攻飞机加以区分，这种方式被认为是最早出现的 RFID 系统。1937 年，美国海军研究实验室（U. S. Naval Research Laboratory）开发了敌我识别系统，来将盟军的飞机和敌方的飞机区别开来，这种技术后来在 20 世纪 50 年代成为现代空中交通管制的基础。

1948 年，Harry Stockman 发表的论文"用能量反射的方法进行通信"是 RFID 理论发展的里程碑，该论文发表在无线电工程师协会论文集（IEEE 前身）中，Stockman 预言在开辟能量反射通信的实际应用领域之前还有相当多的研究和发展工作，事实正如 Stockman 所预言，在 RFID 成为现实之前，人类花了很长的时间来进行探索。

早期系统组件昂贵而庞大，但随着集成电路、可编程存储器、微处理器以及软件技术和编程语言的发展，创造了 RFID 技术推广和部署的基础。20 世纪 60 年代至 80 年代，RFID 变成了现实，无线电理论以及其他电子技术的发展，为 RFID 技术的商业应用奠定了基础。有些公司和 Checkpoint Systems 开始推广稍微不那么复杂的 RFID 系统的商用，主要用于电子物品监控（Electronic Article Surveillance），即保证仓库、图书馆等的物品安全和监视。这种早期的商业 RFID 系统，称为 1 位标签系统，相对容易构建、部署和维护。但是这种 1 位系统只能检测被表示的目标是否在场，不能有更大的数据容量，甚至不能区分被标识目标之间的差别。另外，RFID 在动物追踪、车辆追踪、监狱囚犯管理、公路自动收费以及工厂自动化方面得到了广泛的应用，这期间，RFID 技术成为研究的热门课题，出现了一系列 RFID 技术成果，也是 RFID 技术及产品进入商业应用的阶段。20 世纪 60 年代到 80 年代的一些 RFID 发展的里程碑如图 12-8 所示。

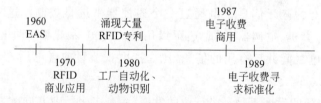

图 12-8　20 世纪 60 年代到 80 年代的一些 RFID 发展里程碑

20 世纪 90 年代是 RFID 技术的推广期，1991 年，美国俄克拉荷马州出现了世界上第一个开放式公路自动收费系统，装有 RFID 标签的汽车经过收费站时无须停车减速，固定在收费站的读写器识别车辆后自动从账户上扣费，这个系统大大提高了收费效率并减少了交通堵塞，自此，道路电子收费系统在大西洋沿岸得到广泛应用，从意大利、法国、西班牙、葡萄牙、挪威，到美国的达拉斯、纽约和新泽西。这些系统提供了更完善的访问控制特征，因为它们集成了支付功能，也成为综合性的集成 RFID 应用的开始。

20 世纪 90 年代末期，随着 RFID 应用的扩大，为了保证不同的 RFID 设备和系统互相兼容，人们开始意识到建立一个同意的 RFID 技术标准的重要性，只有标准化，RFID

技术才能得到更广泛的应用。比如,这时期美国出现的 E-ZPass 系统,能够兼容美国七大地区的电子收费系统。但这样的兼容性显然还不能达到社会的要求。

　　20 世纪 90 年代末至 21 世纪初期,是 RFID 技术的普及阶段。这期间 RFID 产品及种类更加丰富,标准化问题日趋突出,电子标签成本不断下降,应用行业规模不断扩大,一些国家的零售商和政府机构开始推广 RFID 技术。2003 年 11 月 4 日,世界零售业巨头沃尔玛(Walmart)宣布将采用 RFID 技术追踪供应链系统中的商品,并要求其大供应商从 2005 年 1 月起将所有发运到沃尔玛的货盘和外包装箱上贴上 RFID 标签,2006 年扩展到所有的供应商。通过采用 RFID,沃尔玛预计每年可以节约 83.5 亿美元。沃尔玛的这一举动拉开了 RFID 技术在开放系统中运用的序幕,使得 RFID 技术在各行各业的应用迅速普及扩展。同时,标准化的纷争催生了多个全球性的 RFID 标准和技术联盟。2003 年 9 月,全球产品电子编码协会(EPCglobal)诞生了,EPCglobal 是由北美统一码协会(Uniform Code Council, UCC)和欧洲商品编码协会(European Article Numbering Association, EAN)共同发起的专门负责 RFID 技术标准的机构。除了 EPCglobal 之外,还有 AIM Global、ISO/IEC、UID 等组织,这些组织试图在标签频率、数据标准、传输和接口协议、网络运营管理、行业应用等方面获得统一的平台。20 世纪 90 年代之后,RFID 发展的里程碑时间如图 12-9 所示。

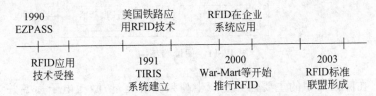

图 12-9　20 世纪 90 年代之后 RFID 发展里程碑

　　21 世纪初,RFID 标准已经初步形成。中国是世界工厂,世界物流的源头,在这一波 RFID 冲击波效应影响下,中国已经认识到 RFID 技术在供应链管理中的重要性,中国已要求加入 RFID 标准的建立,并将建立中国自己的标准[3]。

12.4.2　RFID 系统组成

　　典型的 RFID 系统主要由阅读器、电子标签、RFID 中间件和应用系统软件 4 部分构成,一般把中间件和应用软件统称为应用系统,其结构如图 12-10 所示。下面对系统的各个组成部分进行介绍。

12.4.2.1　硬件组件

1. 阅读器

　　阅读器(Reader)又称为读头、读写器等,在 RFID 系统中扮演者重要的角色,阅读器主要负责与电子标签的双向通信,同时接受来自主机系统的控制命令。阅读器的频率决定了 RFID 系统工作的频段,其功率决定了射频识别的有效距离。阅读器根据使用的结构和技术不同可以是读或读写装置,它是 RFID 系统信息控制和处理中心。阅读器通常

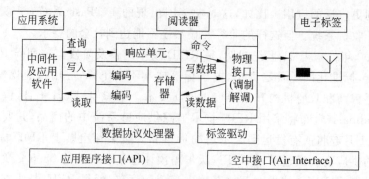

图 12-10　RFID 系统结构

是由射频接口、逻辑控制单元和天线三部分组成,其结构如图 12-11 所示。

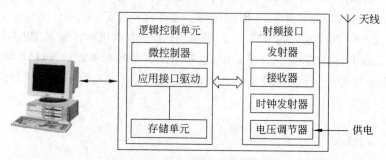

图 12-11　阅读器结构

射频接口在阅读器中的主要任务是产生高频发射能量,激活电子标签并为其提供能量,同时还需要对发射信号进行调制,将数据传输给电子标签,最后还需要接收来自电子标签的射频信号。在射频接口中有两个分隔开的信号通道,分别用于电子标签与阅读器间两个方向的数据传输。传送往电子标签的数据通过发射器分支通道发射,而来自于电子标签的数据则通过接收器分支通道接收。

逻辑控制单元也称为读写模块,其主要任务是与应用软件进行通信,并执行从软件发送来的指令,同时逻辑控制单元还要负责信号的编码解码,并对阅读器和电子标签间传输的数据进行加密和解密,当然在传输之前还需要对阅读器和电子标签的身份进行验证。

天线在阅读器中的任务十分明确,就是将电流信号转化为电磁波发射出去,还有就是接收电子标签发射的电磁信号。所以可以说,阅读器上天线所形成的电磁场范围就是阅读器的可读区域。

2. 电子标签

电子标签(Electronic Tag)也称为智能标签(Smart Tag),是指由 IC 芯片和无线通信天线组成的超微型小标签,其内置的射频天线用于和阅读器进行通信。系统工作时,阅读器发出查询能量信号,标签(无源)在收到查询能量信号后将其一部分整流为直流电源供电子标签内的电路工作,另一部分能量信号被电子标签内保存的数据信息调制后反射回阅读器。电子标签是射频识别系统真正的数据载体,根据其应用场合不同表现为不同的应用形态,其内部结构如图 12-12 所示。

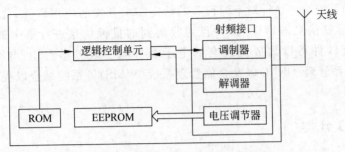

图 12-12　电子标签结构

电子标签内部各模块功能描述如下。

(1) 天线:用来接收阅读器送来的信号,并把要求的数据送回给阅读器。

(2) 电压调节器:把阅读器送来的射频信号转换为直流电源,并经大电容储存能量,再经稳压电路以提供稳定的电源。

(3) 调制器:逻辑控制电路送出的数据经调制电路调制后加载到天线送给阅读器。

(4) 解调器:把载波去除以取出真正的调制信号。

(5) 逻辑控制单元:用来译码阅读器送来的信号,并依照其要求回送数据给阅读器。

(6) 存储单元:包括 EEPROM 与 ROM,作为系统运行及存放识别数据的位置。

12.4.2.2　软件组件

1. 中间件

中间件是一种独立的系统软件或服务程序,分布式应用软件借助这种软件在不同的技术之间共享。中间件位于客户机、服务器的操作系统之上,管理计算资源和网络通信。

如图 12-13 所示,RFID 中间件扮演着电子标签与应用程序之间的中介角色,从应用程序端使用中间件提供的一组通用的应用程序接口,即能连接到 RFID 阅读器,读取电子标签数据。这样,即使存储电子标签信息的数据库软件或后端应用程序增加或改由其他软件取代,或者 RFID 阅读器种类增加等情况发生时,应用端不需修改也能处理,解决了多对多连接的维护复杂性问题。

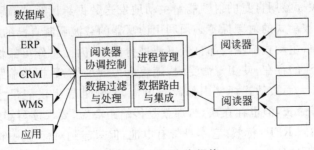

图 12-13　RFID 中间件

2. RFID 应用系统软件

RFID 应用系统软件是针对不同行业的特定需求开发的应用软件,可以有效地控制阅读器对电子标签信息进行读写,并且对收集到的目标信息进行集中的统计与处理。RFID 应用系统软件可以集成到现有的电子商务电子政务平台中,与企业资源计划(EPR)、客户关系管理(CRM)以及仓储管理系统(WMS)等系统结合以提高各行业的生产效率[4]。

12.4.3　RFID 分类

RFID 系统中,阅读器与电子标签是核心部件,依据两者不同的特点,可以对 RFID 进行分类。

(1) 按照电子标签的供电形式分类:有源系统、无源系统和半有源系统。

有源是指卡内有电池提供电源,其作用距离较远,但寿命有限、体积较大、成本高,且不适合在恶劣环境下工作;无源卡内无电池,它利用波束供电技术将接收到的射频能量转化为直流电源为卡内电路供电,其作用距离相对有源卡短,但寿命长且对工作环境要求不高。半有源 RFID 产品,结合有源 RFID 产品及无源 RFID 产品的优势,在低频 125kHz 频率的触发下,让微波 2.45G 发挥优势。半有源 RFID 技术,也可以称为低频激活触发技术,利用低频近距离精确定位,微波远距离识别和上传数据,来解决单纯的有源 RFID 和无源 RFID 没有办法实现的功能。简单地说,就是近距离激活定位,远距离识别及上传数据。

无源 RFID 产品发展最早,也是发展最成熟、市场应用最广的产品。比如,公交卡、食堂餐卡、银行卡、宾馆门禁卡、二代身份证等,这个在人们的日常生活中随处可见,属于近距离接触式识别类。其产品的主要工作频率有低频 125kHz、高频 13.56MHz、超高频 433MHz,超高频 915MHz。

有源 RFID 产品是最近几年慢慢发展起来的,其远距离自动识别的特性,决定了其巨大的应用空间和市场潜质。在远距离自动识别领域,如智能监狱、智能医院、智能停车场、智能交通、智慧城市、智慧地球及物联网等领域有重大应用。有源 RFID 在这个领域异军突起,属于远距离自动识别类。产品主要工作频率有超高频 433MHz、微波 2.45GHz 和 5.8GHz。

(2) 根据电子标签的数据调制方式分类:主动式、被动式和半主动式。

主动式的射频标签用自身的射频能量主动地发送数据给读写器,调制方式可以使调幅、调频或调相。被动式的射频标签必须利用读写器的载波调制自己的基带信号。

在实际应用中,主动式标签内部自带电池进行供电,因而工作可靠性好,信号传输距离远,但是由于电池的存在,使用寿命受限,随着电力的消耗,数据传输距离会越来越短,影响系统正常工作。而被动式标签内部没有电池,要靠外界提供能量才能正常工作,其主要的优点就是寿命长,但也存在缺点,那就是传输距离短,要求读写器的功率比较大。

而对于半主动式 RFID 标签,它本身带有电池,但只起到对标签内部数字电路供电的作用,标签并不利用自身能量主动发送数据,只有被读写器发射的电磁信号激活时,才能传送自身数据。

（3）根据工作频率分类：低频、中高频和超高频系统。

低频射频卡主要有 125kHz 和 134.2kHz 两种，中高频射频卡频率主要为 13.56MHz，超高频射频卡主要为 433MHz、915MHz、2.45GHz、5.8GHz 等。低频系统主要用于短距离、低成本的应用中，如多数的门禁控制、校园卡、动物监管、货物跟踪等。中高频系统用于门禁控制和需传送大量数据的应用系统；超高频系统应用于需要较长的读写距离和高读写速度的场合，其天线波束方向较窄且价格较高，往往在火车监控、高速公路收费等系统中应用。

（4）按照耦合类型分类：电感耦合系统和电磁反向散射耦合系统。

在电感耦合系统中，读写器和标签之间的信号传输类似变压器模型，其原理时通过电磁感应定律实现空间高频交变电磁场的耦合。电感耦合方式一般适用于中低频工作的近距离 RFID 系统，其典型的频率有 125kHz、134kHz 和 13.56MHz，其识别距离一般小于 1m，典型作用距离为 10～20cm。

在电磁反向散射耦合系统中，读写器和电子标签之间的通信实现依照雷达系统模型，即读写器发射出去的电磁波碰到标签目标后，由反射信号带回标签信息，其工作原理依据是电磁波的空间传输规律。电磁反向散射耦合系统一般适用于高频及微波频段工作的远距离 RFID 系统，典型的工作频率为 433MHz、915MHz、2.45GHz 和 5.8GHz。其识别距离一般在 1m 以上，例如，915MHz 无源标签系统，典型作用距离为 3～15m，广泛应用于物流、跟踪以及识别领域[4]。

12.4.4 RFID 标准化

参与 RFID 标准研究的机构分为标准化组织和产业联盟两类。标准化组织又有国际标准化组织、区域性标准化组织和国家标准化组织。

ISO 和 IEC 是从事 RFID 国际标准化研究的重要组织。ISO 之下有多个工作组在参与 RFID 的标准研究工作，其中从 JTC1/SC17 智能卡工作组和 JTC1/SC31 自动识别技术工作组提供主要的 RFID 技术实现标准。而相应的 TC104 运输标准工作组、TC122 包装标准化工作组以及 TC204 动物识别标准化组等也从专业领域制定了一些 RFID 的技术标准。

区域性的标准化组织欧洲计算机制造协会（European Computer Manufactures Association，ECMA）在 RFID 基础上提出了近距离通信（NFC）的技术标准，并获得 ETSI 以及 ISO JTC1/SC6（系统间通信组）的认可，发布了相应的技术标准。

美国的标准化组织（American National Standards Institute，ANSI）下的 MHI、NCITS 等标准化协议也制定了与 RFID 技术相关的技术标准，大部分标准目前已经或正在上升成为 ISO 标准。

这里需要指出的是除了标准化组织在进行 RFID 标准化研究外，一些行业协会也在从事 RFID 技术的市场标准化工作。目前比较有代表性的有两个组织：一个是以欧美厂家为主的 EPCglobal 组织，另一个是以日本厂家为主的 UID 中心。这两个组织各自推出不同的技术实现方案,并通过各种商业的或者非商业的方式推销其技术实现方案。相对而言,这两个联盟的成员在RFID标签的商业开发、市场开拓等领域展开了激烈的竞争,因此其对RFID市场事实标准的影响不容忽视。下面简要介绍一些主要的标准化研究组的工作范围。

1. ISO/IEC JTC1/SC31 自动识别技术工作组

该技术委员会主要从事自动识别数据捕获技术的技术规范研究,下设4个工作组,分别研究数据传输、数据结构、一致性和RFID技术。其中,WG4射频标签工作组下面有4个子工作组:SG1-RFID DATA Syntax、SG2-Unique TAG ID、SG3-Air Interface、SG4-Regulatory。

SG1制定的标准包括如下。

(1) ISO 15424:载波/符号识别码。

(2) ISO 15418:EAN.UCC应用识别码及FACT数据识别码。

(3) ISO 15434:高容量ADC媒体语法。

(4) ISO 15459:传输单元ID。

SG2制定的标准包括如下。

(1) ISO/IEC 15961:设备管理-数据协议。

(2) ISO/IEC 15962:设备管理-编码规则。

(3) ISO/IEC 15963:设备管理-识别码。

SG3制定的标准包括6种不同的RFID技术以及之间的互通。

(1) ISO 18000-1:空口参数。

(2) ISO 18000-2:空口参数(<135kHz)。

(3) ISO 18000-3:空口参数(13.56MHz)。

(4) ISO 18000-4:空口参数(2.45GHz)。

(5) ISO 18000-5:空口参数(5.8GHz)。

(6) ISO 18000-6:空口参数(860-930MHz)。

(7) ISO 18000-7:空口参数(433.92MHz)。

(8) ISO/IEC TR 24710:AIDC技术。

SG4制定的标准包括如下。

ISO 18001:设备管理-应用需求。

2. ISO/IEC 122/104 运输、包装标准化工作组

该组织制定关于集中箱运输方面的RFID应用国际标准,包含如下。

(1) ISO 18185:货运集装箱-射频通信协议。

(2) ISO 17712:货运集装箱-机械密封。

(3) ISO 17358:应用需求-供应链。

3. ECMA

欧洲计算机制造协会(ECMA)在 13.36MHz RFID 基础上增加双向传输的概念,也就是两个无线设备之间利用 RFID 技术既能接收数据也能发送数据的 NFC 标准。ECMA 340 规定了 NFC 的接口协议,ECMA 352 规定了 NFC 的传输协议,ECMA 356 规定了 NFC 技术射频接口的测试方法。其中 ECMA 340 标准在 2003 年为 ETSI 接受并作为 TS102190 标准发布,此后又被 ISO/IEC 采用,以 ISO/IEC 18092 标准发布。

4. ANSI

该委员会负责协调 MHI、UCC、AIM、HL7、INCITS 等美国当地的标准化机构的工作。其中,MHI(Material Handling Industry)规定了 RFID 技术在可回收的转运箱及包裹平信邮寄方面的应用。UCC 通用条码委员会规定的代码与 EAN 代码兼容,使欧美市场的物品标识趋向统一。ISO 18000-6 关于模式 1 的识读器应能识别 Type A 和 Type B(防碰撞机制上有差别)标签的规定反映了 EAN/UCC 的要求。

ANSI INCITS(InterNational Committee for Information Technology Standards)起草美国 RFID 的国内规范。其中 ANSI INCITS 256:2003——Radio Frequency Identification 中包含了 RFID 的物理接口(含 13.56MHz、915MHz、2.45GHz 等)和应用协议接口两方面的内容。

5. 中国电子标签国家标准工作组

为保证国内电子标签技术和管理规范有序发展,确保正在制定中的相关电子标签标准之间协调一致,根据国标委高新[2003]30 号文(2003 年 11 月 25 日),国家标准化管理委员会正式批复成立"电子标签"国家标准工作组,统一负责与电子标签有关的国家标准的制定工作。

该工作组由中国电子技术标准化研究所王立建为所长,全国产品与服务统一代码管理中心李西平、上海市标准化研究院王家振、中国标准化研究院刘碧松为副组长,秘书处设在全国产品与服务统一代码管理中心。工作组的技术归口为 TC28 全国信息技术标准化技术委员会。该组计划 2004 年年底完成国家标准的报批程序。该组已经起草了五项国家标准草案,包括 ISO/IEC 15693-1、ISO/IEC-2、ISO/IEC-3 国际标准的翻译、标签和识读器设备规范。由于国家标准化管理委员会和信息产业部的高层协调,该组只组织了两次活动后工作暂时停止。

信息产业部在 2004 年 12 月中召开一次国内 RFID 标准研讨会,讨论并拟组建新的 RFID 国家标准起草工作组,该组将以开放的工作方式讨论并起草中国的 RFID 国家标准。到目前为止,该工作组一方面会继续完成给予 ISO 15693 的标准起草,同时还会讨论研究其他国际标准在中国的可行性并进行相应的转化。

6. EPCglobal

EPC 是由 UCC 和 EAN 联合发起成立的一个独立的非赢利性机构,以推广 RFID 标签的网络化应用为宗旨。AutoIDcenter 曾是其前身,后由 MIT 承担技术研究工作、由 EPCglobal 研究标准并推动商业应用,此外还负责 EPCgobal 号码注册管理。

EPCglobal 的研究项目及标准如下。

(1) EPCglobal 1：EPC 标签数据规范。

(2) EPCglobal 2：900MHz 射频标签规范。

(3) EPCglobal 3：13.56MHz ISM 频带射频标签接口规范。

(4) EPCglobal 4：860MHz～930MHz 频带射频标签接口规范。

(5) EPCglobal 5：OID 射频 ID 协议。

(6) EPCglobal 6：阅读器协议。

(7) EPCglobal 7：Savant 规范。

(8) EPCglobal 8：PML 核心规范。

(9) EPCglobal 9：ONS 规范。

EPCglobal 的技术文件构架如图 12-14 所示。

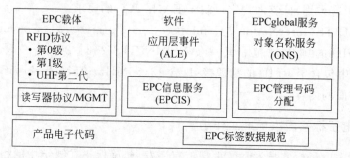

图 12-14　EPCglobal 的技术文件构架[7]

7. UID Center

以日本企业为核心组建的射频自动识别技术中心,该中心吸引了 300 多个企业参与,但目前参与国际标准化活动并不积极,而是在核心企业日立芯片的基础上研究 RFID 标签的制造、多标签识读的正确率等商用环节急需解决的问题,并且在日本超市的食品等物品上广泛应用。对于多频段共存,日本开发了 Multi-frequency reader,通过用户设置,可适用不同频率(已注册的)的 Tag。相比较而言,目前 UID 技术的可商用化程度好于 EPCglobal。目前 UID 尚未公开发布标准。

8. CJK

为了加强亚洲国家在信息产业领域的合作,中国、日本、韩国三国成立了 CJK 信息产业合作计划,并将 RFID 技术作为 CJK 的一个重要的课题来研究。2004 年 12 月在日本召开了第一届 CJK RFID/传感器网络子工作组会议。

在此次会议上,日本提出了基于 RFID 技术的 Ubiquitous Network(无所不在的网络)概念,将计算机内嵌入物体以使人们可以在任何时间、任何地点交换信息而不用考虑单个网络的存在。日本除建议在 CJK 范围内研究无所不在的网络鉴权、代理、控制和管理技术外,还希望在开展 RFID 技术标准的制定工作,并试图推广 T-engine 的 TRON 操作系统在信息电器中的使用。

对应于日本的 UID、UID center,韩国提出了 USN(Ubiquitous Sensor Network),作为 RFID 的一个基础平台,建立 USN center;对应于日本的 T-engine,韩国为数字设备的开发推出了嵌入式操作系统 Nanoplus;对于多频段共存,日本开发了 Multi-frequency reader,通过用户设置,可适用不同频率(已注册的)的 tag,韩国开发了 Multi-hop sensor;对于多编码体系共存,韩国提出了 MDS(Multi-code Directory Service),通过 MDS 使得系统可以获取、处理和适用不同编码体系(EPC、UID、ISO、ETC)的信息,并成立了 MDS 协会。

可以看到,日本和韩国已经在进行 RFID 应用的网络化部署,并期望借 RFID 技术应用的时机发展本国的软件业等综合领域。而中国相应的工作正在讨论启动过程之中[5]。

12.4.5　RFID 关键技术

12.4.5.1　芯片技术

芯片技术是 RFID 技术中的一项核心技术,一个标签芯片即为一个系统,集成了除标签天线及匹配线以外的所有电路包括射频前端、模拟前端、数字基带和存储器单元等模块。对芯片的基本要求是轻、薄、小、低、廉。

在国外,TI、Intel、Philips、STMicroelectronics、Infineon、NXP、Atmel 等集成电路厂商在开发小体积、微功耗、价格低廉的 RFID 芯片上取得了出色的成果。如 Atmel 公司研制的 UHF 无源标签最小 RF 输入功率可低至 16.7μW。瑞士联邦技术研究院设计了一款最小输入功率仅为 2.7μW、读写距离可达 12m 的 2.45GB 标签芯片。日本日立公司在 2006 ISSCC 会议上提出了一款面积为 0.15mm×0.15mm、厚度仅为 7.5μm 的标签芯片。在国内,中国集成电路厂商已能自行研发生产低频、高频频段芯片并接近国际先进水平,上海坤锐公司研制的 UHF 频段 QR 系列芯片已经通过 EPCglobal 官方授权认证。总体而言,我国 UHF、微波频段 RFID 芯片设计目前仍然面临巨大的挑战,主要表现在:苛刻的功耗限制、与天线的适配技术、后续封装问题、灵敏度问题、可靠性和成本。

RFID 芯片设计与制造技术的发展趋势是芯片功耗更低,作用距离更远,读写速度更快,可靠性更高,并且成本不断降低。除增加标签的存储容量以携带更多的信息、缩小标签的体积以降低成本、提高标签的灵敏度以增加读取距离之外,当前研究的热点还包括:超低功耗电路;安全与隐私技术,密码功能及实现;低成本芯片设计与制造技术;新型存储技术;防冲突算法及实现技术;与传感器的集成技术;与应用系统紧密结合的整体解决方案。

12.4.5.2　天线设计技术

在 RFID 标签天线的设计中,小型化问题始终备受关注。为扩展应用范围,小型化后的天线带宽和增益特性及交叉极化特性也是重要的研究方向。目前的 RFID 标签仍然使用片外独立天线,其优点是天线 Q 值较高、易于制造、成本适中,但是体积较大、易折断,不能胜任防伪或以生物标签形式植入动物体内等任务。若能将天线集成在标签芯片上,无须任何外部器件即可进行工作,可使整个标签体积减小,而且简化了标签制作流程,降低了成本,这就引发了片上天线技术的研究。另外,目前标签天线研究的重点还包括天线匹配技术、结构优化技术、覆盖多种频段的宽带天线设计、多标签天线优化分布技术、抗金属设计技术、一致性与抗干扰技术等。

12.4.5.3　封装技术

电子标签的封装主要包括芯片装配、天线制作等主要环节。随着新封装技术的发展,在标签封装技术上相继出现了新的加工工艺,如倒装芯片凸点生成(Bumping)、天线印刷等。与传统的线连接或载带连接相比,倒装芯片技术的优点是封装密度较高、具有良好的电和热性能、可靠性好、成本低。使用导电油墨印刷标签天线代替传统的腐蚀法制作标签天线,大幅降低了电子标签的制作成本。除此之外,标签封装技术的研究热点还包括低温热压封装工艺、精密机构设计优化、多物理量检测与控制、高精高速运动控制、在线检测技术等。

12.4.5.4　标签应用技术

基于 RFID 标签对物体标识的唯一特性,引发了对各种功能标签的研究热潮。除了传统意义上的物品识别、追踪和监控之外,研究热点还包括交互式智能标签、空间定位与跟踪、普适计算、移动支付和物品防伪等。

(1) 交互式智能标签。交互式智能标签的结构仍由单芯片无线微功率收发机和单片机组成。在单片机中预先写入各种所需的应用程序,必要时通过无线指令来调用这些程序,使标签执行包括识别、定位、数据采集等物联网应用所需的各种工作。标签平时并不向外发射任何信号,而根据需要每隔一定时间,周期性地在监听频道上接收并记录协调器以广播方式发来的信号,只有在收到唤醒指令后才跳转到读写器工作频道,接收来自协调器的指令,并根据指令按照预先写入的程序方式进入与读写器进行信息交流的状态,在规定的时间内完成指定的工作任务,再回到监听和睡眠状态。可见,该技术的核心是通过快速过滤无效信号,实现了标签的超低功耗无线远距离传输,其代价是需要额外使用一个协调器。由于交互式智能标签解决了物联网应用中的低成本、低功耗和无线远距离传输等关键问题,从而拓展了电子标签的应用范畴,可广泛应用于城市智能交通系统、城市基本数据采集系统等需要远距离识别、定位或数据采集的领域。

(2) 实时定位与跟踪标签。现有的定位系统主要包括卫星定位系统、红外线或超声波定位系统以及基于移动网络的定位系统,但受定位时间、定位精度及环境条件等限制,目前还未出现一种定位技术能够较为完善地解决诸如机场大厅、展厅、仓库、超市、图书馆、地下停车场、地下矿井等室内复杂环境中设施与物品的位置信息问题。RFID 技术为空间定位与跟踪服务提供了新的解决方案,尤其适用于卫星定位系统难以应对的室内定位。其主要利用标签对物体的唯一标识特性,依据读写器与安装在物体上的标签之间射频通信的信号强度来测量物品的空间位置。

(3) 普适计算标签。通过与传感器技术相结合,RFID 标签还可以感知物联网节点处物品或环境的温度、湿度及光照等状态信息,并利用无线通信技术将这些信息及其变化传递到计算单元,提高环境对计算模块的可见度,构建未来普适计算的基础设施。

(4) 移动支付标签。RFID 移动支付通过在手机终端与 POS 终端间采用短程通信方式进行交易,既可采用手机话费支付交易金额,又可采用 SIM 卡绑定银行账户由银行处理交易。RFID 移动支付是 RFID 产业与电信业相互融合的产物,现阶段主要有 Felica、NFC、DISIM 和 RF-SIM 4 种应用方式。其中 RF-SIM 是一种基于 SIM 卡的中近距离无线通信技术,是将 RF 模块镶嵌在 SIM 卡内,SIM 卡用于正常的手机移动通信、鉴权,与手机建立物理连接。RF-SIM 卡支持市面上所有手机,是一个可代替钱包、钥匙和身份证的全方位服务平台。

(5) 物品防伪标签。传统防伪技术如物理防伪、生物防伪、结构防伪、条码和数码防伪等由于不具备唯一性和独占性,易复制,不能起到真正的防伪作用。RFID 技术防伪具有绝对性的优势,因为每个标签都有一个全球唯一的 ID 号,无法修改和仿造。此外,RFID 防伪技术还具有无物理磨损、读写器物理接口安全性高、标签数据可加密、读写器与标签之间相互认证等特点,所以基本上无法完全仿制,从而起到杜绝伪造之功效。目前,RFID 防伪在证件管理、门票管理、电子车牌、酒类防伪、艺术珍品防伪等领域已逐步得到应用,且呈扩大趋势。

12.4.5.5　标准研究问题

当前,国际上与电子标签相关的通信标准主要有 ISO/IEC 18000 标准、EPC 标准、DSRC 标准、UID 标准。除此之外,还有许多国家和机构均在积极制定与 RFID 相关的区域、国家或产业联盟标准,并希望通过不同渠道提升为国际标准。各标准体系均按照工作频率划分为多个部分,它们之间并不兼容主要差别在于通信方式、防冲突协议和数据格式 3 个方面。2008 年 1 月,欧盟 FP7 项目组出资赞助举办全球 RFID 通用性标准论坛(GRIFS),旨在通过加强协作使 RFID 标准在全球取得最大程度的一致。随着 RFID 技术的发展,电子标签的各种标准出现了融合的趋势,如用于高频 13.56MHz 的 ISO/IEC 15693 标准已经成为 ISO 18000-3 标准的一部分,EPC GEN2 标准也已经成为 ISO 18000-6C 标准。就目前而言,美国、欧盟及其他国家分别采用各自不同的标准,由于利益难以协调,标准的统一尽管迫切,但过程仍较为漫长。

12.4.5.6　RFID 防碰撞技术

在 RFID 应用系统中,不可避免地会碰到多个阅读器和多个标签分布的情况,它们在互相通信时可能会因为信号交叠而互相干扰,即产生所谓的碰撞,如果设计不当会发生相互影响和冲突的现象,影响系统的正常工作。一般 RFID 系统的碰撞分为两类:标签碰撞和阅读器碰撞。

1. 多标签防碰撞

在 RFID 系统中,经常会遇到在阅读器范围内存在多个电子标签的情况,多标签同时应答时产生的标签数据混叠就是人们所说的多标签碰撞。为了防止由于多个电子标签数据在阅读器的接收机中互相碰撞而不能准确识读的情况出现,必须采用有效的防碰撞算法来加以克服。

目前,关于防碰撞算法有很多文献可以参考,这些文献给出了很多算法原理及其实现过程,如二进制树形搜索算法。二进制树形搜索算法的电子标签采用 Manchester 编码方式,依据这种编码方式,可以按位判断,这使得准确判断出碰撞成为可能。当阅读器接收到发送的标签信号时,首先判断是否发生碰撞以及发生碰撞的具体位置,然后根据碰撞的具体位置确定下一次发送的请求命令中的参数,再次发送,直到确定其中的一张标签为止,这就是二进制树形算法的基本原理,一种二进制树形算法的 FPGA 实现模块连接如图 12-15 所示。

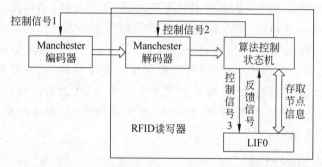

图 12-15　RFID 防碰撞算法基本功能模块连接示意图

2. 多阅读器防碰撞

随着 RFID 系统的大规模应用,越来越多的场景需要建设 RFID 阅读器网络来监视整个覆盖区域。此时多个阅读器之间可能互相干扰,影响系统的正常运行,所以也需要防碰撞算法来保证阅读器之间的相互独立。

MIT Auto-ID Center 的 James Waldrop 等为了解决阅读器碰撞问题提出了 Colorwave 算法。该算法是最早被提出的解决阅读器碰撞的方法之一,在 Colorwave 算法中,必须先构建一个阅读器碰撞的网络,然后把阅读器的碰撞问题降级为经典的着色问题,该算法要求所有阅读器之间同步,同时还要求所有的阅读器都可以检测 RFID 系统的碰撞。

印度的 Shailesh M. Birari 和 Sridharlyer 提出了 PULSE 算法,PULSE 是另外一种 TDMA 算法,在 PULSE 算法中,通信信道分为两个独立的信道:数据信道和控制信道。控制信道用于发送忙音,用于阅读器之间的通信;数据信道用于阅读器与电子标签间的通信。PULSE 算法实现起来比较简单,比较适合动态拓扑变化比较频繁的网络。

LBT(Listen Before Talk)是基于 CSMA 的算法,在 LBT 中,阅读器在询问电子标签前,先侦听数据信道一段时间,以判断信道中有无通信。它把阅读器的传输和电子标签的传输分开处理,这样标签只和标签碰撞,不会和阅读器碰撞,同样阅读器只和阅读器碰撞,这就简化了多阅读器的防碰撞操作。

Naive Sending 算法中,每个阅读器只有在需要的时候才发送一个阅读器询问命令,不管是发生了阅读器和阅读器的碰撞,还是阅读器和电子标签的碰撞,碰撞的阅读器必须重新发送询问命令。

Random Sending 算法是 Naive Sending 的改进算法。在该算法中,发送和再发送(Resending)的随机化可以减少发生碰撞的概率。如果阅读器在发送阅读命令之前,后退一个时间间隔,碰撞的概率会降低。假设两个阅读器都独立地选择等待时间,则发生阅读器碰撞的概率会很低。

文献还介绍了一种基于分布式 RFID 阅读器网络的防碰撞算法,即构建分布式的、自组建的覆盖网络,使其中的阅读器利用对等计算技术(Peer-to-Peer Computing Technology)不通过中央控制单元就可以直接交换信息,从而更好地协同工作,解决在密集 RFID 阅读器环境中的阅读器碰撞问题[6]。

12.4.5.7　安全隐私问题

研究和采用的安全性机制主要有物理方法、密码机制以及两者的结合。物理方法通常使用在低成本标签中,通过静电屏蔽或主动干扰实现对标签信息的保护。与基于物理方法的硬件安全机制相比,基于密码技术的软件安全机制受到更多的青睐,其主要利用各种成熟的密码方案和机制来设计符合 RFID 安全需求的密码协议。

12.4.6　RFID 的应用前景

展望未来,相信 RFID 技术将在 21 世纪掀起一场新的技术革命。随着 RFID 技术的不断进步,RFID 标签价格的进一步降低,RFID 将会取代条形码,成为日常生活的一部分。目前 RFID 的产品种类十分丰富,RFID 技术运用领域十分广泛,具体如下。

1. 物流领域

物流仓储是 RFID 技术最有潜力的应用领域之一,UPS、DHL、Fedex 等国际物流巨头都在积极试验 RFID 技术,以便在将来大规模应用,从而能提升其物流能力。可应用的过程包括物流过程中的货物追踪、信息自动采集、仓储管理应用、港口应用、邮政包裹、快递等。

2. 零售领域

由沃尔玛、麦德龙等大型超市一手推动的 RFID 应用,可以为零售业带来包括降低劳动力成本、提高商品可视度、降低因商品断货造成的损失、减少商品偷窃现象等好处。可应用的过程包括商品的销售数据实时统计、补货、防盗等。

3. 制造业领域

应用于生产过程中的生产数据实时监控、质量追踪、自动化生产、个性化生产等。在贵重及精密的货品生产领域应用更为迫切。可应用的过程包括汽车的自动化、个性化生产,汽车的防盗,汽车的定位,制作高安全系数的汽车钥匙等等。

4. 身份识别领域

RFID 技术由于天生的快速读取和难伪造的特性,而被广泛应用于个人的身份识别证件。可应用的过程包括电子护照项目、身份证、学生证等各种电子证件。

5. 防伪安全领域

RFID 技术具有很难伪造的特性,但是如何应用于防伪还需要政府和企业的积极推广。可应用的领域包括贵重物品的防伪、票证的防伪等。

6. 服装领域

可以应用于服装的自动化生产、仓储管理、品牌管理、单品管理、渠道管理等过程,随着电子标签价格的降低,这一领域将有很大的应用潜力。但是在应用时,必须得仔细考虑如何保护个人隐私的问题。

7. 资产管理

当电子标签的成本不断降低时,几乎所有的物品都可以采用 RFID 标签进行资产防伪、防盗和追溯等资产管理。

8. 交通领域

可应用的过程包括高速公路不停车缴费系统、出租车管理、公交车枢纽管理、铁路机车识别、旅客的机票、快速登机以及旅客的包裹追踪等应用。

9. 食品领域

水果、蔬菜、生鲜和食品等新鲜度管理,但由于食品、水果、蔬菜、生鲜含水分多,会影响正常的标签识别,所以该领域的应用将在标签的设计及应用模式上有所创新。

10. 动物识别

驯养动物、畜牧牲口、宠物等识别管理,动物的疾病追踪,畜牧牲口的个性化养殖等。

11. 军事领域

主要用于弹药管理、枪支管理、物品管理、人员管理和车辆识别与汽车定位等,美国在伊拉克战争中已有大量使用。

12. 医疗领域

可以应用于医院的医疗器械管理,病人身份识别,婴儿防盗等领域。医疗行业对标签的成本比较不敏感,所以该行业将是 RFID 应用的先锋之一[6]。

参 考 文 献

[1]　盛红梅,李旭伟. 蓝牙技术主要原理综述[J]. 计算机时代,2009(3)：83.

[2]　Michael Miller. Discovering Bluetooth [M]. NJ：Sybex Inc.,2001.

[3]　许毅,陈建军. RFID 原理与应用[M]. 北京：清华大学出版社,2013.

[4]　游战清,李苏剑. 无线射频识别技术理论与应用[M]. 北京：电子工业出版社,2004.

[5]　宁焕生. RFID 重大工程与国家物联网[M]. 北京：机械工业出版社,2012.

[6]　贝毅君,干红华. RFID 在物联网中的应用[M]. 北京：人民邮电出版社,2013.

[7]　信息产业部电信研究院通信标准研究所. 射频识别(RFID)技术研究[R]. 北京：信息产业部电信研究院通信标准研究,2006.

第13章

chapter *13*

传感器网络

13.1 概　　述

无线自组织传感器网络被认为是新世纪最重要的技术之一。无线传感器网络应用前景非常广阔,能够广泛应用于军事、环境监测和预报、健康护理、智能家居、建筑物状态监控、城市交通、大型车间和仓库管理,以及机场、大型工业园区的安全监测等领域。随着"感知中国"、"智慧地球"等国家战略性的课题提出,传感器网络技术的发展对整个国家的社会与经济,甚至人类未来的生活方式都将产生重大意义[1]。

最近20年间,以互联网为代表的计算机网络技术给世界带来了深刻变化,然而,网络功能再强大,网络世界再丰富,终究是虚拟的,与现实世界还是相隔的。互联网必须与传感器网络相结合,才能与现实世界相联系。集成了传感器、微机电系统和网络散打技术的新型传感器网络(又称为物联网)是一种全新的信息获取和处理技术,其目的是让物品与网络连接,使之能被感知、方便识别和管理。物联网用途广泛,遍及智能交通、环境保护、政府工作、公共安全、平安家居、智能消防、工业监测、老人护理、个人健康等多个领域。物联网被称为继计算机、互联网之后,世界信息产业的第三次浪潮。业内专家认为,物联网一方面可以提高经济效益,大大节约成本;另一方面可以为全球经济的复苏提供技术动力。目前,美国、欧盟、中国等都在投入巨资深入研究探索物联网。

随着美国"智慧地球"计划的提出,物联网已成为各国综合国力较量的重要因素。美国将新兴传感网技术列为"在经济繁荣和国防安全两方面至关重要的技术"。加拿大、英国、德国、芬兰、意大利、日本和韩国等加入传感网的研究,欧盟将传感网技术作为优先发展的重点领域之一。据Forrester等权威机构预测,下一个万亿级的通信业务将是传感网产业,到2020年,物物互联业务与现有人人互联业务之比将达到30∶1。

如图13-1所示,传感器网络由数据感知网络和数据分发网络组成,并由统一的管理中心控制。无线传感器网络(Wireless Sensor Networks,WSN)是新型的传感器网络,同时也是一个多学科交叉的领域,与当今主流无线网络技术一样,均使用802.15.4的标准,由具有感知能力、计算能力和通信能力的大量微型传感器节点组成,通过无线通信方式形成的一个多跳的自配置的网络系统,其目的是协作地感知、采集和处理网络覆盖区域中感知对象的信息,并发给观察者。强大的数据获取和处理能力使得其应用范围十分广泛,可以被应用于军事、防爆、救灾、环境、医疗、家居、工业等领域,无线传感器网络已

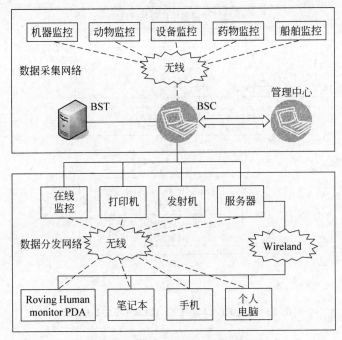

图 13-1 无线传感器网络示意图[2]

得到越来越多的关注。由此可见,无线传感器网络的出现将会给人类社会带来巨大的变革。

13.2 无线传感器网络

13.2.1 IEEE 1451 与智能传感器

理想的传感器节点应该包括以下功能:安装简易、自我识别、自我诊断、可靠性、节点间时间同步、软件功能及数字信号处理、标准通信协议与网络接口。

如图 13-2 和图 13-3 所示,为了解决传感器与各种网络相连的问题,以 Kang Lee 为首的一些有识之士在 1993 年就开始构造一种通用智能化传感器的标准接口。在 1993 年 9 月,IEEE 第九届技术委员会即传感器测量和仪器仪表技术协会决定制定一种智能传感器通信接口的协议,在 1994 年 3 月,美国国家技术标准局 NIST 和 IEEE 共同组织了一次关于制定智能传感器接口和制定智能传感器网络通用标准的研讨会。经过几年的努力,IEEE 会员分别在 1997 年和 1999 年投票通过了其中的 IEEE 1451.2 和 IEEE 1451.1 两个标准,同时成立了两个新的工作组对 IEEE 1451.2 标准进行进一步的扩展,即 IEEE 1451.3 和 IEEE 1451.4。IEEE、NIST 和波音、惠普等一些大公司积极支持 IEEE 1451,并在传感器国际会议上进行了基于 IEEE 1451 标准的传感器系统演示[3]。

IEEE 1451.2[2] 标准规定了一个连接传感器到微处理器的数字接口,描述了电子数据表格 TEDS(Transducer Electronic Datasheet) 数据格式,提供了一个连接 STIM 和

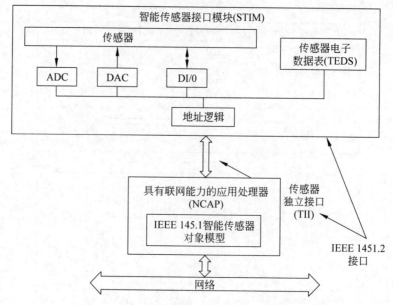

图 13-2 IEEE 1451.1 和 IEEE 1451.2 框架[4]

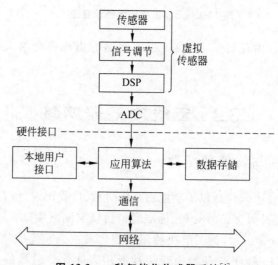

图 13-3 一种智能化传感器系统[4]

NCAP 的 10 线的标准接口 TII,使制造商可以把一个传感器应用到多种网络中,使传感器具有"即插即用(plug-and-play)"兼容性。这个标准没有指定信号调理、信号转换或 TEDS 的如何应用,由各传感器制造商自主实现,以保持各自在性能、质量、特性与价格等方面的竞争力。

IEEE 1451.1[2]定义了网络独立的信息模型,使传感器接口与 NCAP 相连,它使用了面向对象的模型定义提供给智能传感器及其组件。该模型由一组对象类组成,这些对象类具有特定的属性、动作和行为,它们为传感器提供一个清楚、完整的描述。该模型也为传感器的接口提供了一个与硬件无关的抽象描述。该标准通过采用一个标准的应用编程接口(API)来实现从模型到网络协议的映射。同时,这个标准以可选的方式支持所有的接口模型的通信方式,如其他的 IEEE 1451 标准提供,如 STIM、TBIM(Transducer Bus Interface Module)和混合模式传感器。

IEEE P1451.3[2] 提议定义一标准的物理接口指标,为以多点设置的方式连接多个物理上分散的传感器。这是非常必要的,比如说,在某些情况下,由于恶劣的环境,不可能在物理上把 TEDS 嵌入在传感器中。IEEE P1451.3 标准提议以一种"小总线"(mini-bus)方式实现变送器总线接口模型(TBIM),这种小总线因足够小且便宜可以轻易地嵌入到传感器中,从而允许通过一个简单的控制逻辑接口进行最大量的数据转换。

作为 IEEE 1451[2] 标准成员之一,IEEE P1451.4 定义了一个混合模式变送器接口标准,如为控制和自我描述的目的,模拟量变送器将具有数字输出能力。它将建立一个标准允许模拟输出的混合模式的变送器与 IEEE 1451 兼容的对象进行数字通信。每一个 IEEE P1451.4 兼容的混合模式变送器将至少由一个变送器、变送器电子数据表格 TEDS 和控制和传输数据进入不同的已存在的模拟接口的接口逻辑。变送器的 TEDS 很小但定义了足够的信息,可允许一个高级的 1451 对象来进行补充。

IEEE 1451[2] 传感器代表了下一代传感器技术的发展方向。网络化智能传感器接口标准 IEEE 1451 的提出将有助于解决由于目前市场上多种现场网络并存的现象。相信,随着 IEEE P1451.3、IEEE P1451.4 标准的陆续制定、颁布和执行,基于 IEEE 1451 的网络化智能传感器技术已经不再停留在论证阶段或实验室阶段,越来越多成本低廉具备网络化功能的智能传感器/执行器涌向市场,并且将要更广泛地影响着人类生活。网络化智能传感器将对工业测控、智能建筑、远程医疗、环境及水文监测、农业信息化、航空航天及国防军事等领域带来革命性影响,其广阔的应用前景和巨大的社会效益、经济效益和环境效益不久将展现于世。

13.2.2　无线传感器网络体系结构

典型的无线传感器网络结构如图 13-4 所示,传感器节点经多跳转发,再把传感信息送给用户使用,系统构架包括分布式无线传感器节点群、汇集节点、传输介质和网络用户端。节点通过飞行器撒播、人工埋置或火箭弹射等方式任意散落在被监测区域内。传感器网络是核心,在感知区域中,大量的节点以无线自组网(Ad hoc network)方式进行通信,每个节点都可充当路由器的角色,并且每个节点都具备动态搜索、定位和恢复连接的能力,传感器节点将所探测到的有用信息通过初步的数据处理和信息融合之后传送给用户,数据传送的过程是通过相邻节点接力传送的方式传送回基站,然后通过基站以卫星信道或者有线网络连接的方式传送给最终用户。

无线传感器网络作为一种新型的网络,其主要特点如下。

(1)电源能力局限性。节点通常由电池供电,每个节点的能源是有限的,一旦电池能量耗尽,节点就会停止正常工作。

(2)节点数量多。为了获取精确信息,在监测区域通常部署大量传感器节点,通过分布式处理大量采集的信息能够提高监测的精确度,降低对单个节点传感器的精度要求,大量冗余节点的存在,使得系统具有很强的容错性能,大量节点能够增大覆盖的监测区

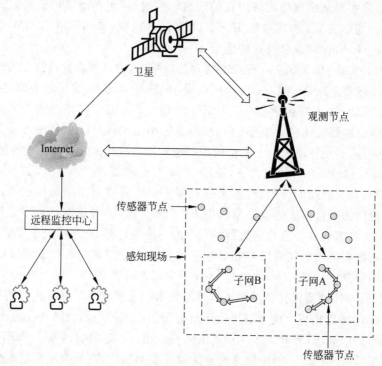

图 13-4 线传感器网络体系结构[5]

域,减少盲区。

(3) 动态拓扑。无线传感器网络是一个动态的网络,节点可以随处移动,某个节点可能会因为电池能量耗尽或其他故障,退出网络运行,也可能由于工作的需要而被添加到网络中。

(4) 自组织网络。在无线传感器网络应用中,通常情况下传感器节点的位置不能预先精确设定。节点之间的相互邻居关系也不能预先知道,如通过飞机撒播大量传感器节点到面积广阔的原始森林中,或随意放置到人不可到达或危险的区域。这样就要求传感器节点具有自组织的能力,能够自动进行配置和管理。无线传感器网络的自组织性还要求能够适应网络拓扑结构的动态变化。

(5) 多跳路由。网络中节点通信距离一般在几十到几百米范围内,节点智能与它的邻居直接通信。如果希望与其射频覆盖范围之外的节点进行通信,则需要通过中间节点进行路由。无线传感器网络中的多跳路由是由普通网络节点完成的,没有专门的路由设备。这样每个节点既可以是信息的发起者,也可以是信息的转发者。

(6) 以数据为中心。传感器网络中的节点采用编号标识,节点编号不需要全网唯一。由于传感器节点随机部署,节点编号与节点位置之间的关系是完全动态的,没有必然联系。用户查询事件时,直接将所关系的事件通告给网络,而不是通告给某个确定编号的节点。网络在获得指定事件的信息后汇报给用户。这是一种以数据本身作为查询或者传输线索的思想。所以通常说传感器网络是一个以数据为中心的网络。

13.3　无线传感器网络的应用

由于无线传感器网络可以在任何时间、任何地点和任何环境条件下获取大量翔实而可靠的信息,因此,无线传感器网络作为一种新型的信息获取系统,具有极其广阔的应用前景,可被广泛应用于国防军事、环境监测、设施农业、医疗卫生、智能家居、交通管理、制造业、反恐抗灾等领域。

13.3.1　军事应用

早在 20 世纪 90 年代美国就开始了无线传感器网络的军事应用研究工作。无线传感器网络非常适合应用于恶劣的战场环境中,能够实现监测敌军区域内的兵力和装备,实时监测战场状况、定位目标物、监测核攻击或者生物化学攻击等。下面将列举一些目前西方国家在无线传感器网络军事应用方面的主要研究[6]。

1. 智能微尘(smart dust)

智能微尘是一个具有计算机功能的超微型传感器,它由微处理器、无线电收发装置和使它们能够组成一个无线网络的软件共同组成。将一些微尘散放在一定范围内,它们就能够相互定位,收集数据并向基站传递信息。近几年,由于硅片技术和生产工艺的突飞猛进,集成有传感器、计算电路、双向无线通信模块和供电模块的微尘器件的体积已经缩小到了沙粒般大小,但它却包含了从信息收集、信息处理到信息发送所必需的全部部件。未来的智能微尘甚至可以悬浮在空中几个小时,搜集、处理、发射信息,它能够仅依靠微型电池工作多年。智能微尘的远程传感器芯片能够跟踪敌人的军事行动,可以把大量智能微尘装在宣传品、子弹或炮弹中,在目标地点撒落下去,形成严密的监视网络,敌国的军事力量和人员、物资的流动自然一清二楚。

2. 沙地直线(A Line in the Sand)

2003 年 8 月,俄亥俄州开发"沙地直线",这是一种无线传感器网络系统。在国防高级研究计划局的资助下,该系统开发成功,实现了在整个战场范围内侦测正在运行的金属物体的目标。这种能力意味着一个特殊的军事用途,例如,侦察和定位敌军坦克和其他车辆。这项技术有着广泛的应用可能,正如所提及的这些现象,它不仅可以感觉到运动的或静止的金属,而且可以感觉到声音、光线、温度、化学物品,以及动植物的生理特征。

3. C4ISRT 系统

无线传感器网络的研究直接推动了以网络技术为核心的新军事革命,诞生了网络中心战的思想和体系。传感器网络将会成为 C4ISRT(command,control,communication,computing,intelligence,surveillance,reconnaissance and targeting)系统不可或缺的一部分。C4ISRT 系统的目标是利用先进的高科技技术,为未来的现代化战争设计一个集命令、控制、通信、计算、智能、监视、侦察和定位于一体的战场指挥系统,受到了军事发达国家的普遍重视。因为传感器网络是由密集型、低成本、随机分布的节点组成的,自组织性和容错能力使其不会因为某些节点在恶意攻击中的损坏而导致整个系统的崩溃,这一点是传统的传感器技术所无法比拟的,也正是这一点,使传感器网络非常适合应用于恶劣的战场环境中,包括监控我军兵力、装备和物资,监视冲突区,侦察敌方地形和布防,定位攻击目标,评估损失,侦察和探测核、生物和化学攻击。在战场,指挥员往往需要及时准确地了解部队、武器装备和军用物资供给的情况,铺设的传感器将采集相应的信息,并通过汇聚节点将数据送至指挥所,再转发到指挥部,最后融合来自各战场的数据形成我军完备的战区态势图。在战争中,对冲突区和军事要地的监视也是至关重要的,当然,也可以直接将传感器节点撒向敌方阵地,在敌方还未来得及反应时迅速收集利于作战的信息。传感器网络也可以为火控和制导系统提供准确的目标定位信息。在生物和化学战中,利用传感器网络及时、准确地探测爆炸中心将会为我军提供宝贵的反应时间,从而最大可能地减小伤亡。

13.3.2　医疗卫生应用

随着技术的进步、成熟和新产品的出现,传感器网络在医疗行业的应用将会越来越广泛,越来越成为医疗保健中不可或缺的技术。在此给出几种具有代表性的医疗行业的无线传感器网络的应用以及相应的体系结构。

1. 远程健康监测

远程健康监测无线传感器网络系统体系结构如图 13-5 所示。患者家中(也可以包括一定区域的户外)部署传感器网络,对患者的活动区域实现覆盖。患者根据病情、健康状况等佩戴可以提供必要生理指标监测的无线传感器节点,这些节点可以对患者的重要生理指标进行实时监测,如血压、心率、呼吸等。传感器节点获取的数据可以在本地进行简单处理,然后进行聚集并通过基站(PC 或 PDA)通过互联网或移动通信网传送到提供远程健康监测服务的医院,医院的远程健康监测服务器和监测系统对每位被监测患者的生

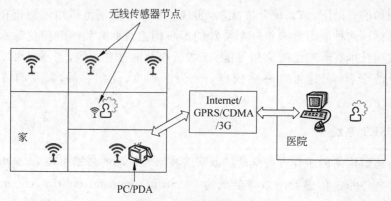

图 13-5　远程健康监测[7]

理指标进行实时分析,通过诊断专家系统判断患者的健康状况。如果发现患者出现异常或危险则进行报警并快速做出救护措施。同时,本系统还可以提供其他辅助功能,如患者的定位跟踪[7]。

2. 基于传感器网络的住院患者管理

无线传感器网络应用于医疗行业的另一个典型的场景是住院患者的管理。住院患者管理无线传感器网络系统体系结构如图 13-6 所示。在病房部署传感器网络实现对整个病房的覆盖,患者根据病情可以携带具有检测能力的无线传感器节点(如血压、呼吸、心率等)或仅仅是 RFID 标签。通过传感器网络在对患者必要的生理指标进行实时监测的同时还允许患者在一定范围内自由活动,这不仅对于患者的身体机能的恢复有益,还有助于让患者保持良好的情绪,对于患者的病情康复很有帮助。由于每个病床都部署相应的传感器,所以医生还可以全面掌握患者的休息情况。当患者在病房或在病房外活动(要求病房外也要部署传感器网络)时,医生仍然可以对其进行定位、跟踪,并及时获取其生理指标参数。

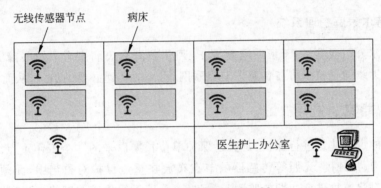

图 13-6 住院患者管理系统[7]

美国罗切斯特大学的科学家们使用无线传感器网络创建了一个智能医疗房间,使用微尘来测量居住者的血压、脉搏、呼吸、睡觉姿势以及每天的活动状况。英特尔公司也推出了无线传感器网络的家庭护理技术,通过在鞋、家具以及家用电器等中嵌入半导体传感器,帮助老年人以及残障人士的家庭生活,利用无线通信将各传感器联网可高效传递必要的信息从而方便接受护理,而且还可以减轻护理人员的负担。

13.3.3 环境及农业应用

由于现代农业的发展必须走规模化生产经营之路,这使农业种植的区域更加集中,规模更大,品种更多,部分野生农作物的培育还必须在野外。这给农业技术人员的种植培育增加了难度,提高了管理成本。为了使农作物获得增产丰收,必须使农作物长久生长在适宜的环境里,这就要利用监测系统随时采集农作物生长期内的环境参数,与其正常生长所需的环境参数做对比,及时调整环境条件。而传统的监测系统造价昂贵,体积庞大,通常在监测区域布线,在电源供给困难的区域不易部署,同时在一些人员不能到达

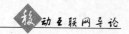

的区域也很难进行监测。而且部署一旦完毕就很难再根据新的监测需求灵活改变布局。而无线传感器网络凭借其轻便、易部署等特点在环境监测及农业方面得到广泛的应用[8]。

近年来无线传感器网络在诸多领域已经有了一些典型的成功应用。

1. 大鸭岛生物环境监测系统

大鸭岛位于美国缅因州以北15km处,是一个动植物自然保护区。美国加州大学伯克利分校的研究人员通过无线传感器网络对大鸭岛上海燕的栖息情况进行监测,从而对海鸟活动与海岛微环境进行研究。

2. 自动洒水系统

由 Digital Sun 公司设计,是一套自动化无线传感器网络系统,该系统在没有工作人员管理与控制的情形下,有效且全自动地管理家庭花园内洒水的工作。该系统很好地解决了人工洒水不适合的洒水问题。

3. 英特尔家庭护理系统

由英特尔公司研发,用于帮助老龄人士、阿尔茨海默氏病患者以及残障人士的家庭生活。利用无线通信技术将各传感器节点联网,可高效传递必要的信息,从而方便护理。

13.3.4 智能家居应用

对珍贵的古老建筑进行保护,是文物保护单位长期以来的一个工作重点。将具有温度、湿度、压力、加速度、光照等传感器的节点布放在重点保护对象当中,无须拉线钻孔,便可有效地对建筑物进行长期的监测[9]。此外,采用无线传感器网络,可以让楼宇、桥梁和其他建筑物能够自动感觉并监测到它们本身的状况,使得安装了传感器网络的智能建筑自动将它们的状态信息发送到管理部门,从而可以使管理部门按照优先级来进行一系列的修复工作。在居家生活中,可以在家电和家具中嵌入传感器节点,通过无线网络与Internet 连接,将会为人们提供舒适、方便和更具人性化的智能家居环境。通过布置于房间内的温度、湿度、光照、空气成分等无线传感器,感知居室不同部位的微观状况,从而对空调、门窗以及其他家电进行自动控制,提供给人们智能、舒适的居住环境。一个典型的智能家居监测系统结构图如图 13-7 所示。

13.3.5 其他应用

无线传感器网络还可用于交通控制,一些危险的工业环境,如井矿、核电厂等。工作人员可以通过使用特殊的传感器,特别是生物化学传感器监测有害、危险物等信息,最大限度地减少其对人民群众生命安全造成的伤害。此外还可以用于工业自动化生产线等诸多领域,英特尔公司正在对工厂中的一个无线网络进行测试,该网络由 40 台机器上的 210 个传感器组成,这种监控系统将大大改善工厂的运作条件,可以大幅降低检查设

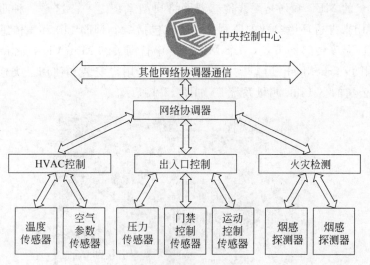

图 13-7　智能家居监测系统[5]

备的成本,同时由于可以提前发现问题,因此将能够缩短停机时间,提高效率,并延长设备的使用时间[10]。

13.4　无线传感器网络系统

　　商业化的无线传感器产品中最常见的就是智能节点。美国加州大学伯克利分校是无线传感器研究开展较早的美国高校。基于他们研发成果的无线传感器器件称为 Mote,这也是目前最为通用的一张无线传感器网络产品,是由 Crossbow 公司生产的,如图 13-8 所示。最基本的 Mote 组建是 MICA 系列处理器无线模块,完全符合 IEEE 802.15.4 标准。最新型的 MICA2 可以工作在 868/916、433 和 315MHz 3 个频带,数据速率为 40kb/s,通信范围可达 1000 英尺。其配备了 128KB 的编程用闪存和 512KB 的测量用闪存,4KB 的 EEPROM,串行通信接口为 UART 模式。

Berkeley Crossbow 微粒

图 13-8　Crossbow 系统演示图[2]

　　Crossbow 的 MEP 系列是无线传感器网络典型系统之一。这是一种小型的终端用户网络,主要用来进行环境参数的监测。该系统包括 2 个 MEP410 环境传感器节点,4 个 MEP510 温度/湿度传感器节点,一个 MBR410 串行网关和 MoteView 显示和分析软件。整个系统采用了 TrueMesh TM 拓扑结构,非常便于用户安装和使用。类似的产品还有 Microstrain 公司的 X-Link 测量系统等,如图 13-9 所示。

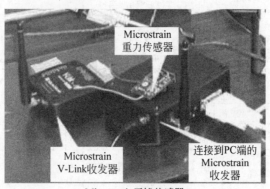

图 13-9　Microstrain 系统演示图[2]

参 考 文 献

[1]　杨卓静,孙宏志,任晨虹. 无线传感器网络应用技术综述[J]. 中国科技信息,2010(13):127-129.

[2]　Lewis F L. Wireless sensor networks [J]. Smart environments:technologies,protocols,and applications,2004(1):11-46.

[3]　童利标,徐科军,梅涛. IEEE 1451 标准的发展及应用探讨[J]. 传感器世界,2002(6):25-32.

[4]　Lee K. IEEE 1451:A standard in support of smart transducer networking [C]. Proceedings of the 17th IEEE IMTC,2000:525-528.

[5]　杜晓明,陈岩. 无线传感器网络研究现状与应用[J]. 北京工商大学学报(自然科学版),2008(1):16-20.

[6]　杨宏武. 无线传感器网络的军事应用研究[J]. 舰船电子工程,2007(5):41-43.

[7]　马碧春. 无线传感器网络在医疗行业的应用展望[J]. 中国医院管理,2006(10):73-74.

[8]　杨诚. 无线传感器网络在环境监测中的应用[D]. 江苏:江苏大学,2007.

[9]　刘广. 物联网技术及其应用[J]. 江西信息应用职业技术学院院报,2014(1):1024-1028.

[10]　司海飞,杨忠,王珺. 无线传感器网络研究现状与应用[J]. 机电工程,2011(1):16-20.

人物介绍——图灵奖得主 Edmund M. Clarke 教授

Edmund M. Clarke,卡耐基梅隆大学教授,美国科学院院士,形式逻辑研究方面模型检查的开创者之一。因开发模型检测技术,并使之成为一个广泛应用在硬件和软件工业中非常有效的算法验证技术所做的奠基性贡献,成为 2007 年度图灵奖获得者之一。

Edmund M. Clarke 的简介如下。

1967 年从美国南部的弗吉尼亚大学获得了数学学士学位,1968 年从杜克大学获得了数学硕士学位。1976 年,在康奈尔大学计算机系获得博士学位。然后,Clarke 在杜克大学任教两年。1978 年,加入了哈佛大学并担任助理教授一职。1982 年,Clarke 离开哈佛加入了卡内基梅隆大学计算机系,并在 1989 年被评为全职终身教授。在研究方面,他首先着手于实数的非线性问题。1981 年,爱德蒙·克拉克与自己的博士生首次提出模型检测的想法,并用在自动机并发系统的验证研究上,主要使用 SAT 验证完成模型检测,主要针对有界模型。然而从理论推导到实际工程应用是有距离的,因为实际系统大多都是混合系统,尤其是数值方法直接地使用会出现许多错误。为此,爱德蒙教授的团队针对他们的思想开发出了 dReal 实用工具,该工具主要利用 DPLL、间隔算法、限制性算法等思想研究实际问题。实际中,信息物理系统是一个庞大的系统,对于系统安全性问题的研究至关重要。针对这一研究目标,爱德蒙团队验证了卡普勒猜想、无人驾驶汽车、心脏模拟仿真等问题。

参 考 文 献

[1] https://en. wikipedia. org/wiki/Edmund_M. _Clarke.

[2] http://baike. baidu. com/view/8437893. htm.

chapter *14*

物 联 网

14.1 物联网综述

新一代信息技术的重要组成部分——物联网，即 The Internet of things，就是物物相连的互联网。这一定义有两层意思：其一，物联网的基础与核心还是互联网，只是在现有互联网基础上的扩展和延伸的网络；其二，其用户端扩展和延伸到了任何物体间，可以进行信息的通信和交换。由此得出物联网的概念是：通过射频识别（RFID）、激光扫描器、红外感应器、定位系统等传感设备，把任何物体与互联网相连接，按约定的协议，进行信息交换和通信，以实现对物体的智能化管理、定位、识别、监控、跟踪的一种新型网络。

14.1.1 物联网的历史

1999 年，在美国召开的移动计算和网络国际会议提出了物联网的概念，当时的翻译还称为是传感网，认为它是下一个世纪人类社会产业发展又一个潜在的增长点。2003年，美国《技术评论》提出物联网相关技术将是未来改变人们生活的十大技术之首。2005年 11 月 17 日，在突尼斯举行的信息社会世界峰会（World Summit on the Information Society，WSIS）上，国际电信联盟发布了《ITU 互联网报告 2005：物联网》，正式确定了物联网的概念。物联网的定义是：通过射频识别技术设备、红外感应器、全球定位系统 GPS、激光扫描器等信息传输设备，通过一定的网络协议，把任何物品与互联网连接起来，进行信息交换和通信，以实现智能化识别、定位、跟踪、监控和管理的一种网络。

2009 年 1 月 28 日，奥巴马就任美国总统后，对于物联网的发展给予了极大的关注，在其与美国工商业领袖的圆桌会议上，IBM 首席执行官彭明盛首次提出物联网相关的"智慧地球"这一概念，提出将物联网信息化技术应用到人们日常的社区基础设施建设当中，建议新政府投资新一代的智慧型社区类应用基础设施。此概念得到了美国政府和企业的高度关注和认同，此后，美国即开启了一系列物联网建设的投资，以智能电网、数字城市为代表，并将该理念逐渐扩展到全球。

14.1.2 物联网的发展近况

美国是物联网技术的倡导者和先行者之一，在较早时期就开展了物联网及相关技术的研究。2009 年 1 月 7 日,IBM 公司与美国智库机构信息技术与创新基金会(ITIF)就共同向奥巴马政府提交了名为"The Digital Road to Recover: A Stimulus Plan to Create Jobs, Boost Productivity and Revitalize America"的报告,旨在建议美国政府新增 300 亿美元投资与智能电网、智能医疗、宽带网络 3 个领域。2009 年,奥巴马把 IBM 公司提出的"智慧地球"(传感器网+互联网)确定为国家战略,主要从电力、医疗、城市、交通、供应链、银行六大领域切入。目前重点在智能电网和智慧医疗两方面开展工作。奥巴马把"宽带网络等新兴技术"定位为振兴经济、确立美国全球竞争优势的关键战略,并在随后出台的总额 7870 亿美元《经济复苏和再投资法》中对上述战略建议具体加以落实。《经济复苏和再投资法》希望从环保能源、医疗卫生、教育科技等方面着手,通过政府投资、减税等相关措施来改善经济、增加就业,并且带动美国长期持续有效的发展,其中鼓励发展物联网政策主要体现在推动宽带、能源、与医疗三大领域开展物联网技术的应用。

2007 年,欧盟出台了《RFID 在欧洲——迈向政策框架的步骤》,称 RFID 是信息社会发展进入新阶段的新入口,是经济增长和就业的动力。2009 年 6 月,欧盟委员会向欧洲议会、理事会、欧洲经济和社会委员会及地区委员会递交了《欧盟物联网行动计划(Internet of Things—An action plan for Europe)》,以确保欧洲在构建物联网的过程中起主导作用。2009 年 9 月,欧盟发布《欧盟物联网战略研究线路图》,提出到 2010 年、2015 年、2020 年 3 个阶段物联网研发路线图,并提出了物联网在航空航天、汽车、医药、能源等 18 个领域。2009 年 10 月,欧盟委员会以政策形式对外发布了物联网战略。欧洲物联网市场较为成熟,特别是西欧市场,已经完成了工业流程自动化、公共交通系统、机械服务、汽车信息通信终端、车队管理、自动售货机、安全监测、城市信息化等领域的应用。与西欧物联网市场相对比,东欧物联网市场虽用 GPRS 及 GSM 方式的产品带来了一些利润,但总体仍处于发展阶段。在车辆信息通信领域,欧盟制定并推行了 e-Call 计划,旨在降低车辆事故数目和加快事故反应时间。

20 世纪 90 年代中期以来,日本政府先后出台了 e-Japan、u-Japan、i-Japan 等多项国家信息技术发展战略,从大规模开展信息基础设施建设入手,稳步推进,不断拓展和深化信息技术的应用,以此带动本国经济社会发展。其中,日本的 i-Japan、u-Japan 战略与物联网概念有许多相似之处。2008 年,日本总务省提出了 u-Japan XICT 政策,其中 x 代表不同领域乘以 ICT 的含义,一共涉及 3 个领域——"地区 xICT"、"产业 ICT"、"生活(人)xICT"。将 u-Japan 政策的重心从之前的单纯关注居民生活品质提升拓展到带动产业及地区发展,即通过各行业、地区与 ICT 的深化融合,进而实现经济增长的目的。2009 年 7 月,又颁布了信息化战略——i-Japan 战略,提出:将政策目标聚焦在三大公共事业(政府电子化治理、人才教育培养、健康医疗信息服务);到 2015 年,实现"新的行政改革"的目标,使行政流程透明化、简化、标准化、效率化,同时推动远程教育、远程医疗等应用领域的发展。

我国的物联网产业亦有不俗表现。2010 年,全国物联网产值达到 1933 亿元,国内相关物联网企业有约 1700 家,主要从事传感器生产,且各相关产业的专利优势及核心竞争力也较强。中国移动、中国电信已经成为全世界最大的通信服务、互联网企业。M2M 市场也已经是全世界最大的,拥有终端数量已经达到 1000 万。我国在芯片技术、通信技术、网络技术、协同技术、云计算技术等相关方面已经取得了一定成果,在 RFID、新兴传感器等核心技术也已经有自己的专利发明,2010 年全世界第一颗二维码解码芯片就是中国发布的。近几年,我国积极制定物联网产业相关标准,我国已经成为 WG7 成员国之一,可以主导传感网络国际化标准的制定及引导工作。我国物联网产业与 3 个产业各个领域都有结合,比如说食品安全追溯系统。

国内物联网产业已经初步形成环渤海、长三角、珠三角,以及中西部地区等四大区域集聚发展的总体产业空间格局。其中,长三角地区产业规模位列四大区域的首位。环渤海地区是国内物联网产业重要的研发、设计、设备制造及系统集成基地。该地区关键支撑技术研发实力强劲、感知节点产业化应用与普及程度较高、网络传输方式多样化、综合化平台建设迅速、物联网应用广泛,并已基本形成较为完善的物联网产业发展体系架构。主要集中在北京、天津、河北等地区,比如天津重点发展智能感知设备产业链。长三角地区是我国物联网技术和应用的起源地,在发展物联网产业领域拥有得天独厚的先发优势。凭借该地区在电子信息产业深厚的产业基础,长三角地区物联网产业发展主要定位于产业链高端环节,从物联网软硬件核心产品和技术两个核心环节入手,实施标准与专利战略,形成全国物联网产业核心与龙头企业的集聚。例如,上海以世博园物联网应用示范为基础,在嘉定、浦东地区建立物联网产业基地。珠三角地区是国内电子整机的重要生产基地。在物联网产业发展上,珠三角地区围绕物联网设备制造、软件及系统集成、网络运营服务,以及应用示范领域,重点进行核心关键技术突破与创新能力建设、着眼于物联网基础设施建设、城市管理信息化水平提升,以及农村信息技术应用等方面。中西部地区物联网产业发展迅速,各重点省市纷纷结合自身优势,布局物联网产业,抢占市场先机。湖北、四川、陕西、重庆、云南等中西部重点省市依托其在科研教存和人力资源方面的优势,以及 RFID、芯片设计、传感传动、自动控制、网络通信与处理、软件及信息服务领域较好的产业基础,构建物联网完整产业链条和产业体系,重点培存物联网龙头企业,大力推广物联网应用示范工程。

14.1.3　物联网的应用

物联网产业的发展都是由应用需求为导向的,物联网应用集中于各个垂直产业链,主要是现有物联网技术所推动的一系列产业领域的应用,包括现代农业、工业制造、现代物流、智能电网、智能交通、公共安全、环境保护、智能医疗、智能健康、智能教育等。具体分析如下。

1. 农业

物联网在农业上的应用主要体现在水利灌溉、农机具管理、温室大棚管理、粮食仓储和农产品溯源等方面。其中,作为农业高产重要手段的温室大棚管理发展最为成熟。在温室大棚生产、管理过程中,通过电磁感应传感器、光谱传感器、CNSS 传感器、红外传感器、霍尔传感器对土壤重金属含量、环境空气湿度、土壤 PK 等含量信息进行采集,然后通过传输网络传输到相应的数据库系统,再到数据分析系统,最后从而实现农作物高效、优质、低耗的工业化生产方式。

2. 石油化工

石油化工是重要的产业基础,它为国民经济的运行提供能源和基础原料,同时石油制品还可以生产多元化产品。物联网技术应用于石油化工行业,可以减少野外作业,提高巡检效率,实现实时监控,减少事故及能耗,实现透明化管理,提高准确性与时效性,从而提高生产效率,促进石油化工行业的发展。智能化石油化工主要有油井远程监控及建设数字化油田、运输线监控、井下工具管理系统、安全监测系统等方面。典型案例有大庆油田的企业网基础平台、胜利油田的 8 大系统。

3. 矿产行业

矿产行业是我国基础性产业之一,近几年来我国矿产事故频频发生,物联网技术跟矿产行业很好地结合应该可以大大减少事故的发生及提高矿产产业发展的效率。主要应用需求为井下环境安全监控、井下人员管理、自动化控制管理等。例如,井下环境监测可以通过布设在掘进面和矿工随时携带的传感器,系统可以实现瓦斯浓度、温度、湿度、粉尘浓度等物理量的监测;矿工管理系统包括矿工定位系统与矿工体征监控系统,矿工定位可以通过无线传感网或 RFID 等多种技术手段实现。矿工体征监控系统可以通过在矿工身上的传感器,实现对矿工生命特征的监测,在发生生产事故的时候,系统即可以判断遇险矿工的生存状况,同时为救援提供了关键的信息;矿山自动化管理系统主要包括井下自动化通风系统、变压机自动化控制系统、自动化供电系统、自动化充填系统。典型案例有陕西神东煤矿智能化管理系统、宁夏的矿产信息化。

4. 智能制造业

制造业是指对原材料进行加工或者再加工,以及对零部件装备工业的总称。制造业体现了一个国家的生产力发展水平,是区别发达国家与发展中国家的重要因素。物联网技术在我国制造业的应用需求主要在车间管理、供应链管理、安全管理 3 个方面,所以就形成对应的有车间管理系统、物流仓储管理系统、供应链管理系统。车间管理系统主要是借助 RFID 技术,实现对产品的全程控制跟追溯,改善传统的工作模式。一个完整的智能的生产全过程控制系统,就是把 RFID 技术运用于订单、计划、任务、备料、冷加工、热加工、精加工、检验、包装、仓管、运输等生产整个过程,从而实现企业闭环生产。典型案例有 BMW 公司装备线 RFID 系统精确定位车辆和工具。例如,BMW 德国雷根斯堡集装厂采用一套 RFID 实时定位系统(RTLS),将被集装的汽车与正确的工具相匹配,根据车辆的识别码(VIN)自动化实现每辆车的定位化装备。由 Ubisense 提供的这套 RTLS 系统使汽车制造商可以再长达 2km 装备线将每辆车位置精确定位到 15cm 内。

5. 电力电网

有数据显示目前约有 30% 的电能在传输过程中损耗,如果采用信息通信技术加强对电网的监控管理,有望大大减少传输中损耗的电能。物联网技术应用与电力电网可以体现在 3 个环节上。第一在发电环节上,应用物联网技术可以提高常规机组状态监测水

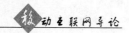

平,结合电网运行情况,实现快速调节和深度调峰,提高机组灵活和稳定的控制水平;第二在输电环节上,能够提高输电可靠性、设备检修模式以及设备状态自动诊断技术的水平,保障输电线路运行安全;第三在变电环节上,应用物联网技术可以提高设备状态检修,资产全寿命管理,变电站综合自动化建设的智能化水平。例如,2009 年 2 月,美国政府将智能电网项目作为其绿色经济振兴计划的关键性支柱之一。研究数据显示,现代化的数字电网将使美国能耗降低 10%,室内气体排放量减少 25%,并节省 800 亿美元新建电厂的费用。

6. 智能建筑

建筑业是全球仅次于工业的第二大能源消耗产业。在建筑物中,可以采用更为智能的技术来监控照明、供暖和通风系统。仅就美国而言,此举可以将商用建筑行业每年的能源费用降低近 30%。而在全球,智能化建筑每年可减少 16.8 亿吨碳排放。智能楼宇应用项目,就是通过物联网智能网关将通信与传感控制网融合起来,可以把楼宇类能耗、废弃排放、自来水、污水排放等各类数据采集起来,传输到综合应用平台上做统计与分析,进行节能减排的分析判断,从而提出优化能耗的建议和控制,使得楼宇的能耗能够显著降低,有关研究表明最多的情况下能降低 20%。

7. 智能环保

智能环保主要体现在环境监测上,环境监测(environmental monitoring)指通过对影响环境质量因素的代表值的测定,确定环境质量(或污染程度)及其变化趋势。其实就是通过卫星或者其他传感设施对水体、空气、土壤等进行检测、信息的采集,形成相关的实时实地的数据监控、传递到控制中心,这样人们可以预防噪声污染、水体污染等。智能环保系统的应用,可以使人们实时实地、连续完整地监测到环境相关信息,对各种环境问题起到实现预防的效果。现在我国的智能环保发展较为广泛,有污染监控、环境在线控制、环境卫星遥感等多个方面。

8. 智能交通

物联网技术在智能交通的诸多方面都有着广泛的应用前景,包括:交通数据采集;交通信息发布;电子收费;非接触检测技术;智能交通信号控制;交通安全;停车管理;客货车枢纽交通管理;综合信息服务平台;智能公交与轨道交通;车载导航系统;交通诱导系统;安全与自动驾驶;综合信息平台技术;多功能集成的 ITS 混合系统控制技术。基于物联网技术的智能交通可以大大减少二氧化碳的排放,同时也可以减少能源的消耗,其他各种相关的废物排放也会减少,这样人们的生活质量会大大增加。目前物联网在智能交通上通过导航系统可以为客户提供最科学的路线,这样就减少了很多资源的浪费,同时对交通的畅通也起到推动作用。

9. 绿色通信

通信业的发展面临着很多问题,21 世纪是信息时代也是环保时代,有数据显示,目前

ICT 行业二氧化碳排放量已经达到所有行业的 2%，这已经是很大一部分比例了，随着全球温室效应的加剧及人民对环保的需求的加强，怎么样将物联网技术用于到通信产业也将是个很好的产业。运用物联网技术也能很好地解决这一问题。通信行业成为未来节能降耗首要部分。运用传感器技术对机房内温、湿度、压力、烟雾等情况进行实时监测，自动控制实现智能化通风、换热，可实现有效节能。

10. 智能家居

智能家居定义为：以住宅为平台，兼备建筑、网络通信、信息家电、设备自动化，集系统、结构、服务、管理为一体的高效、舒适、安全、便利、环保的生活环境。一般智能家居系统都具有安全监控、娱乐功能、远程控制家电、家居办公、远程办公、信息服务、社会服务等功能。通过计算机、电视、手机等，实现在线视频点播、交互式电子游戏等娱乐功能。还有就是通过未来互联网也就是物联网网上购物、网络订票等电子商务功能，以及网上商务联系、视频会议等家居办公。社会服务：通过与智能社区及社会服务机构的合作，实现包括账户查询/缴费、远程医疗、远程教育、金融服务、社区服务等各种社会服务功能。

11. 智能教育

物联网在教育方面的应用目前主要体现在智能校园卡系统和信息化校园上。智能校园卡系统：通过将电信手机终端与校园一卡通在终端上集成，利用随身携带的手机 UIM/SIM 卡作为身份识别和刷卡消费的电子钱包，提高使用的便捷性。学校的学生或者老师，可以使用该卡来考勤、支付水电费用、支付食堂餐费。目前主要功能主要包括近距离刷卡服务、身份识别服务；可随身携带的电子钱包；多种充值方式（银行转账、POS 机充值）等。还有体现在课堂教学上：在教室里安装有感知光线的功能的传感器，通过监控光线亮度，随时控制教室照明灯的明亮，还可以根据光线强度自动调节学生所使用的计算机屏幕亮度；学生可以在教室内利用计算设备读取本地或调用异地嵌入了传感器的物体的数据用于学习。这样可以实现节能、高校的智能的教育。

14.2 超宽带无线通信技术

随着无线通信技术的发展和商业化的加深，无线通信系统日新月异，各个公司提供的服务也如恒河沙数，导致可利用的频谱资源日趋饱和。同时，客户对无线通信系统的要求仍在不断提高，希望其提供更高的数据传输速率和更好的稳定性，具有更低的运营和检修成本，并减小其单位时间功耗，以获得更好的服务体验和商业基础。在这样的背景下，超宽带无线通信技术受到了人们的青睐。超宽带无线通信技术，即 Ultra Wideband，简称为 UWB，是一种利用纳秒至微秒级的非正弦波窄脉冲传输数据的无载波通信技术。现在，超宽带技术已逐渐成为无线通信领域研究、开发的一个热点，并被视为下一代无线通信的关键技术之一。

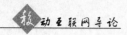

14.2.1　超宽带无线传输技术的历史

超宽带无线通信技术的基本思想可以追溯到 20 世纪 40 年代。当时，人们对 Maxwell 方程的通解的研究不断加深，1942 年，DeRosa 提交的关于随机脉冲系统的专利正是其中超宽带无线通信技术的基础之一。到了 20 世纪 60 年代，科学界的研究已经深入到了受时域脉冲响应控制的微波网络的瞬态动作。在 20 世纪 70 年代，Harmuth、Ross 和 Robbins 等先行公司在雷达系统应用方面的研究使得超宽带无线通信技术获得了重要的发展。当时，超宽带无线通信技术主要利用占用频带极宽的超短基带脉冲进行通信，所以又称为基带、无载波或脉冲系统，而到 20 世纪 80 年代后期，该技术开始被称为"无载波"无线电，或脉冲无线电，美国国防部在 1989 年首次使用了"超带宽"这一术语。1993 年，美国南加州大学通信科学研究所的 R. A. Scholtz 在国际军事通信会议（MILCOM'93）发表论文，介绍了采用冲激脉冲进行跳时调制的多址技术，从而开辟了将冲激脉冲作为无线电通信信息载体的新途径。

目前，业界有两种超宽带无线通信技术标准。其一是以 Intel 与德州仪器为首支持的 MBOA 标准，其二是以摩托罗拉为首的 DS-UWB 标准。两者的分歧主要体现在超宽带无线通信技术的实现方式上：前者采用多频带方式，后者为单频带方式。在 MBOA 标准阵营，Intel 公司在其开发商论坛上展示了该公司第一个采用 90nm 技术工艺处理的 UWB 芯片；同时，该公司还首次展示多家公司联合支持的、采用 UWB 芯片的、应用范围超过 10M 的 480Mb/s 无线 USB 技术。在 DS-UWB 标准阵营，三星在国际消费电子展上展示了全球第一套可同时播放 3 个不同的 HSDTV 视频流的无线广播系统，采用了摩托罗拉公司的 Xtreme Spectrum 芯片，该芯片组是摩托罗拉的第二代产品，已有样片提供，其数据传输速度最高可达 114Mb/s，而功耗不超过 200mW。双方在这场讨论中各不相让，这两个阵营均表示将单独推动各自的技术。2003 年 12 月，在美国新墨西哥州的阿尔布克尔市举行了 IEEE 有关 UWB 标准的大会上，两者近乎平分秋色，都没有占据绝对优势，预示着这一标准之争仍将持续下去。

随着超宽带无线通信技术的发展，其他国家和公司也纷纷开展研究计划。例如，Wisair、Philips 等六家公司成立了 Ultrawaves 组织，进行 UWB 在设备高速传输的可行性研究。位于以色列的 Wisair 多次发表所开发的 UWB 芯片组。STMicro、Thales 集团和摩托罗拉等 10 家公司和团体则成立了 UCAN 组织，利用 UWB 达成 PWAN 的技术，包括实体层、MAC 层、路由与硬件技术等。PULSERS 是由位于瑞士的 IBM 研究公司、英国的 Philips 研究组织等 45 家以上的研究团体组成，研究 UWB 的近距离无线界面技术和位置测量技术。日本在 2003 年元月成立了 UWB 研究开发协会，计有 40 家以上的学者和大学参加，并在同年 3 月构筑 UWB 通信试验设备。中国在 2001 年 9 月初发布的"十五"国家 863 计划通信技术主题研究项目中，首次将"超宽带无线通信关键技术及其共存与兼容技术"作为无线通信共性技术与创新技术的研究内容，鼓励国内学者加强这方面的研究工作。IC 设计公司 XtremeSpectrum 在 2003 年夏天被摩托罗拉并购，该公司在 2002 年 7 月推出芯片组 Trinity 及其参考用电路板，芯片组由 MAC、LNA、RF、Baseband 所组成，耗电量为 200mW，使用 3.1GHz 至 7.5GHz 频段，速度为 100Mb/s。

为了争夺未来的家庭无线网络市场,许多厂商都已推出了自己的网络产品,如 Intel 的 Digital Media Adapter,Sony 的 RoomLink(这两种适配器应用的是 802.11),Xtreme Spectrum 则推出了基于 UWB 技术的 TRINITY 芯片组和一些消费电子产品。而 Microsoft 推出了 Windows XP Media Center Edition 以确保 PC 成为智能网络的枢纽。

14.2.2　超宽带无线传输技术的特点

UWB 具有安全性好,处理增益高,多径分辨能力强,传输速率高,系统容量大,抗干扰性能强,功耗低,定位精确,成本低等诸多优势,主要应用于室内通信、高速无线 LAN、家庭网络、无绳电话、安全检测、位置测定、雷达等领域。

(1) 安全性好。通信系统的物理层技术先天具有良好的安全性。无线电波空间传播的“公开性”是无线电通信较之有线通信的固有不足,因此无线通信的安全性一直是备受关注的问题。由于超宽带无线电的射频带宽可达 1GHz 以上,且所需平均功率很小,因而其信号被隐蔽在环境噪声和其他信号中,难以被他人检测。对一般通信系统,UWB 信号相当于白噪声信号,并且大多数情况下,UWB 信号的功率谱密度低于自然的电子噪声,从电子噪声中将脉冲信号检测出来是一件非常困难的事。采用编码对脉冲参数进行伪随机化后,脉冲的检测将更加困难。

(2) 处理增益高。超宽带无线电处理增益主要取决于脉冲的占空比和发送每个比特所用脉冲数,可以做到比目前实际扩谱系统高得多的处理增益。

(3) 多径分辨能力强。由于常规无线通信的射频信号大多为连续信号或其持续时间远大于多径传播时间,多径传播效应限制了通信质量和数据传输速率。由于超宽带无线电发射的是持续时间极短的单周期脉冲且占空比极低,多径信号在时间上是可分离的。假如多径脉冲要在时间上发生交叠,其多径传播路径长度应小于脉冲宽度与传播速度的乘积。由于脉冲多径信号在时间上不重叠,很容易分离出多径分量以充分利用发射信号的能量。大量的实验表明,对常规无线电信号多径衰落深达 10~30dB 的多径环境,对超宽带无线电信号的衰落最多不到 5dB。

(4) 传输速率高。数字化、综合化、宽带化、智能化和个人化是通信发展的主要趋势。长期以来,科研单位将大量的人力和财力花费在研究提高信道容量上,但常规无线电的数据传输速率仍不能令人满意。从信号传播的角度考虑,超宽带无线电由于多径影响的消除而使之得以传输高速率数据。民用商品中,一般要求 UWB 信号的传输范围为 10m 以内,再根据经过修改的信道容量公式,其传输速率可达 500Mb/s,是实现个人通信和无线局域网的一种理想调制技术。UWB 以非常宽的频率带宽来换取高速的数据传输,并且不单独占用已经拥挤不堪的频率资源,而是共享其他无线技术使用的频带。在军事应用中,可以利用巨大的扩频增益来实现远距离、低截获率、低检测率、高安全性和高速的数据传输。具体来说,UWB 调制采用脉冲宽度在 ns 级的快速上升和下降脉冲,脉冲覆盖的频谱从直流至 GHz,不需常规窄带调制所需的 RF 频率变换,脉冲成型后可直接送至天线发射。脉冲峰峰时间间隔在 10~100ps 级。频谱形状可通过甚窄持续单脉冲形状和天线负载特征来调整。UWB 信号在时间轴上是稀疏分布的,其功率谱密度相当低,RF 可同时发射多个 UWB 信号。UWB 信号类似于基带信号,可采用 OOK,对应脉冲键控、脉冲振幅调制或脉位调制。UWB 不同于把基带信号变换为无线射频(RF)的常规无线系统,可视为在 RF 上基带传播方案,在建筑物内能以极低频谱密度达到 100Mb/s 数据速率。为进一步提高数据速率,UWB 应用超短基带丰富的 GHz 级频谱,采用安全信令方法(Intriguing Signaling Method)。基于 UWB 的宽广频谱,FCC 在 2002 年宣布 UWB 可用于精确测距,金属探测,新一代 WLAN 和无线通信。为保护 GPS、导航和军事通信频段,UWB 限制在 3.1GHz～10.6GHz 和低于 41dB 发射功率。

(5) 系统容量大。超宽带无线电发送占空比极低的冲激脉冲,采用跳时地址码调制,便于组成类似于 DS-CDMA 系统的移动网络。由于超宽带无线电系统具有很高的处理增益,并且具有很强的多径分辨能力,因此超宽带无线电系统用户数量大大高于 3G 系统。

(6) 抗干扰性能强。实验系统证明,超宽带无线电具有很强的穿透树叶和障碍物的能力,有希望填补常规超短波信号在丛林中不能有效传播的空白。实验表明,适用于窄带系统的丛林通信模型同样可适用于超宽带系统。此外,UWB 采用跳时扩频信号,系统具有较大的处理增益,在发射时将微弱的无线电脉冲信号分散在宽阔的频带中,输出功率甚至低于普通设备产生的噪声。接收时将信号能量还原出来,在解扩过程中产生扩频增益。因此,与 IEEE 802.11a、IEEE 802.11b 以及蓝牙相比,在同等码速条件下,UWB 具有更强的抗干扰性,传输速率高。UWB 的数据速率可以达到几十 Mb/s 到几百 Mb/s,有望高于蓝牙 100 倍,也可以高于 IEEE 802.11a 和 IEEE 802.11b。

(7) 功耗低。UWB 系统使用间歇的脉冲来发送数据,脉冲持续时间很短,一般在 0.20～1.5ns 之间,有很低的占空因数,系统耗电可以做到很低,在高速通信时系统的耗电量仅为几百 μW～几十 mW。民用的 UWB 设备功率一般是传统移动电话所需功率的 1/100 左右,是蓝牙设备所需功率的 1/20 左右。军用的 UWB 电台耗电也很低。因此,UWB 设备在电池寿命和电磁辐射上,相对于传统无线设备有着很大的优越性。

(8) 定位精确,便于多功能一体化。冲激脉冲具有很高的定位精度,采用超宽带无线电通信,很容易将定位与通信合一,而常规无线电难以做到这一点。超宽带无线电具有极强的穿透能力,可在室内和地下进行精确定位,而 GPS 定位系统只能工作在 GPS 定位卫星的可视范围之内;与 GPS 提供绝对地理位置不同,超短脉冲定位器可以给出相对位置,其定位精度可达厘米级。

(9) 成本低。在工程实现上,UWB 比其他无线技术要简单得多,可全数字化实现。它只需要以一种数学方式产生脉冲,并对脉冲产生调制,而这些电路都可以被集成到一个芯片上,设备的成本将很低。

14.2.3 超宽带无线传输技术的应用

由于 UWB 具有强大的数据传输速率优势,同时受发射功率的限制,在短距离范围内提供高速无线数据传输将是 UWB 的重要应用领域,如当前 WLAN 和 WPAN 的各种应用。总的说来,UWB 主要分为军用和民用两个方面。在军用方面,主要应用于 UWB 雷达、UWBLPI/D 无线内通系统(预警机、舰船等)、战术手持和网络的 PLI/D 电台、警戒雷达、UAV/UGV 数据链、探测地雷、检测地下埋藏的军事目标或以叶簇伪装的物体。民用方主要包括以下 3 个方面：地质勘探及可穿透障碍物的传感器；汽车防冲撞传感器等；家电设备及便携设备之间的无线数据通信等。

UWB 技术多年来一直是美国军方使用的作战技术之一，但由于 UWB 具有巨大的数据传输速率优势，同时受发射功率的限制，在短距离范围内提供高速无线数据传输将是 UWB 的重要应用领域，如当前 WLAN 和 WPAN 的各种应用。此外，通过降低数据率提高应用范围，具有对信道衰落不敏感、发射信号功率谱密度低、安全性高、系统复杂度低，能提供数厘米的定位精度等优点。

1997 年 10 月，时域公司在美国海军陆战队基地进行了"秘密行动链路"（Stealthlink）超宽带无线电的现场演示。6 部电台同时开通了 3 条链路，包括移动式点对点操作和距离超过 900m 的全双工传输，并与其他配对链路以 32kb/s 的速率交换数字图像。

美国国防部特种技术办公室提供资金，由多频谱公司开发非视距超宽带话音与数据分组电台。1997 年 12 月，多频谱公司对一种工作在 VHF 低端的电台进行了试验，专门开发的抗干扰电路可确保在电磁密集的频带上可靠地工作。1998 年 6 月，特种计划办公室根据天龙星座计划，与多频谱公司签订了一项 212 万美元的后续合同，开发在多信道保密网上的低截获/检测概率话音和数据通信以及图像传输。该公司还根据第二期合同开发出样机，验证了利用超宽带通信系统传送高分辨率视频、对来自 SINCGARS 战斗网无线电的信息进行转信、向无人驾驶飞行器发送指令的可行性。

超宽带无线电的最新应用之一，是为美国国防部开发高速移动、多节点的超宽带 Ad hoc 无线通信网络。该网络支持话音/数据（128kb/s）和高速视频（11544Mb/s）传输，建立战术超宽带 Ad hoc 无线网络，在 2001 年 6 月，由 MSSI 公司、Thales 公司和 Rockwell 公司联合研制的该实验系统（DRACO）完成现场演示，组成 10 人的战术无线网络，在战术通信范围内提供数字话音、数据和视频业务，该系统被认为是无线 Ad hoc 网络发展的里程碑。2001 年 1 月，MSSI 完成了由美国海军部门支持的利用超宽带无线电技术 PALIS（Precision Asset Location and Identification System）的现场测试和评估，该系统在非常复杂的多径环境中能很好地完成定位和识别，其性能远远超过同时参与测试的利用 DSSS 技术的系统。2001 年 7 月底，MSSI 公司完成了其长距离超宽带无线电地面波收发信机的首次现场测试。这套为海军设计的系统不仅能提供非视距范围内在船与船、船与岸之间提供 30 帧/秒的视频传输，还能完成在城市峡谷中的分布式传感器网络通信。

UWB 第二个重要应用领域是家庭数字娱乐中心。在过去几年里，家庭电子消费产品层出不穷。PC、DVD、DVR、数码相机、数码摄像机、HDTV、PDA、数字机顶盒、MD、MP3、智能家电等出现在普通家庭里，正是"旧时王榭堂前燕，飞入寻常百姓家"。家庭数字娱乐中心的概念是：将来住宅中的 PC、娱乐设备、智能家电和 Internet 都连接在一起，人们可以在任何地方使用它们。举例来说，储存的视频数据可以在 PC、DVD、TV、PDA 等设备上共享观看，可以自由地同 Internet 交互信息，你可以遥控 PC，让它控制你的信息家电，让它们有条不紊地工作，也可以通过 Internet 联机，用无线手柄结合音、像设备营造出逼真的虚拟游戏空间。

14.3　软件无线电

在模拟通信体系逐渐让位于数字体系的过程中，出现了许多中频数字化接收机。例如，英国的 PVS 3800 接收机，工作频率为 0.5MHz 至 1GHz，可以在电子战环境中进行搜索、监听和分析识别。但这些接收机只能工作在单一的频段和模式，功能单一且发展潜力有限。在"沙漠风暴"行动中，这些问题暴露无遗，美军不得不借助于许多额外的无线电台才保证了通信联络。而在民用体系中，各国往往采用不同的通信体系，给用户和代理商都带来了很多不便。为了解决这些互通问题，软件定义的无线电（Software Defined Radio，SDR）应运而生。由于它基于软件定义的无线通信协议而非通过硬连线实现，具有高度的灵活性和开放性。

14.3.1　软件无线电的历史

20 世纪 90 年代初开始，通信界有多种数字无线通信标准共存，如 GSM、CDMA-IS95 等；由于每一种制式对其手机都有不同的要求，不同制式间的手机无法互连互通。在军界，不同设备间的互通问题也备受关注，各国军方进行了经济的探索，力使不同的设备既能满足互通的要求，也要满足抗干扰和保密性好的要求。一种设想是研制多频段多功能的电台，用一个系列的电台代替其他所有电台。但是考虑到更新换代的问题，这种经济方法显然是不经济的。

1992 年 5 月，MILTRE 公司的 Jeo Mitola 提出了软件无线电的概念：构造一个具有开放性、标准化、模块化的通用硬件平台，将各种功能（如工作频段、调制解调、数据格式、加密、通信协议等）用软件来完成，并使宽带 A/D 与 D/A 转换尽可能靠近天线，以研发具有高度灵活性和开放性的新一代无线通信系统。这一系统将最大限度地利用现有的通信系统，并将极具升级潜力。同年 IEEE 通信杂志（Communication Magazine）出版了软件无线电专集。当时，涉及软件无线电的计划有军用的 SPEAKEASY（易通话），以及为第三代移动通信（3G）开发基于软件的空中接口计划，即灵活可互操作无线电系统与技术（FIRST）。1996 年 3 月发起"模块化多功能信息变换系统"（MMITS）论坛，1999 年 6 月改名为"软件定义的无线电"（SDR）论坛。1996 年至 1998 年间，国际电信联盟（ITU）制定第三代移动通信标准的研究组对软件无线电技术进行过讨论，SDR 也将成为 3G 系统实现的技术基础。从 1999 年开始，由理想的 SWR 转向与当前技术发展相适应的软件无线电。1999 年 4 月，IEEEJSAC 杂志出版一期关于软件无线电的选集。同年，无线电科学家国际联合会在日本举行软件无线电会议。同年还成立亚洲 SDR 论坛。1999 年以后，研究机构集中关注使 SDR 的 3G 成为可能的问题。

目前以美国和西欧为主导的发达国家都在积极地致力于软件无线电技术的研究和系统的开发利用。美国在其国防技术领域计划中，将软件无线电视为战场无缝通信的基石和首要的技术挑战，认为是用来解决多网络、多兵种合成部队和商业环境中通信设备互操作性问题的有效手段。其最终目标是：在此基础上发展利用商业标准和协议，达到战术系统之间以及战术系统与全球通信系统之间的自动化无缝接口,实现数据/语音一体化传输和数字战场通信,确保战区内分散在各处的阵地,直到最低梯队步兵和每艘舰艇和每架飞机之间能够进行可靠、透明、安全的连通。

在美国防部计划的推动下,其他一些国防电子公司也展开了多频段多模式电台研制工作。据报道,美国哈里斯公司已研制成功一种 AN/VRC-94(E)的多频段车载收发信机,可与其他电台(如 AN/PRC-117A 和 AN/VRC-94A)互通。美国马格纳斯克公司也研制出 AN/GRC-206(V)多频段多模式电台,该系列产品是为美国三军实施前方地域控制、空中交通管制和空中补给支持行动而设计的,它是一种 HF/VHF/UHF 综合通信系统。美陆军正在研制新一代三频段的超高频战术卫星通信终端,以实现真正意义上的互通能力。

在中国,软件无线电技术受到相当重视,在"九五"和"十五"预研项目和"863"计划中都将软件无线电技术列为重点研究项目。"九五"期间立项的"多频段多功能电台技术"突破了软件无线电的部分关键技术,开发出 4 信道多波形样机。我国提出的第三代移动通信系统方案 TD-SCDMA,就是利用软件无线电技术完成设计。

众所周知,由于各种各样的原因,IMT2000 或称 3G 标准并未如其初始所设想的那样,形成一个全球统一的标准,而是形成了欧洲的 WCDMA、北美的 CDMA2000 和中国的 TD-SCDMA 为代表的系列标准。多种不同标准带来的一个问题就是手机在不同制式标准之间的漫游和兼容问题。此外,考虑到 3G 标准从现有 2G 标准平滑过渡的问题,3G 的手机最好还同时支持 GSM 和 CDMA-IS95 协议。如果采用软件定义无线电技术,使用通用的软件平台,通过手动配置/自动查找的方式,依次工作在可能的工作频段和制式模式下,对接收到的数字信号采用针对性的软件处理方案处理,从中选出并跳转到最适合的工作频段和制式下进行通信,就可实现对各种模式的全兼容,其优势将是不言而喻的。

当然,要实现 SDR 的目标,人们还需要面对巨大的挑战,包括体系结构、宽带可编程、可配置的射频和中频技术等。而在用软件定义无线电方案实现不同的无线通信制式时,TD-SCDMA 标准由于其特性,更容易与软件定义无线电方案相结合。因为 TD-SCDMA 是唯一明确将智能天线和高速数字调制技术设计在标准中,明确用软件无线电技术来实施的标准。同时,TD-SCDMA 技术用 SDR 来实现相对也比较方便。

首先,TD-SCDMA 标准中每个频带的带宽较窄,信号处理量不是很大,易于使用软件平台实现,而不必采用处理速度要求非常高的硬件平台,因此移植到基于软件定义无线电方案非常容易,不必再考虑如何由硬件平台转换到软件平台。

其次,TD-SCDMA 标准中上、下行信号都采用同步传输方式,因此在解调时可以采用实现方案相对简单的相干解调方案,而不必使用复杂的非相干解调,也使得软件编程处理量下降,便于实现。

14.3.2　软件无线电的特点

软件无线电的主要特点如下。

1. 很强的灵活性

软件无线电可以通过增加软件模块的方式增加新的功能；可以与其他任何电台进行通信，也可以作为其他电台的射频中继；可以通过无线加载改变软件模块或更新软件。设备的这种可以重配置的方便性给公共服务业带来了巨大的益处。例如，为准备应对诸如洪水、火山喷发、火车失事以及飓风，政府储备了额外的无线电设备。通常充完电置于仓库中。这就会出现问题，因为充完电的电池会慢慢地放电。当紧急情况出现时，设备被分发到新参加救援的人，实际上就不知道设备是否还能够工作，或还能工作多久。SDR为此问题提供了一种解决方法，允许救援组织机构，如国家运输安全委员会（NTSB）采用现场机构使用的频率和协议迅速升级其无线电设备。而不必使用那些可能已经没有电专用的设备，救援机构可以通过采用适当的安全手段和加密密钥，使用他们的设备帮助管理紧急事件。

2. 较强的开放性

由于采用了标准化和模块化的结构，软件无线电的硬件部分可以随着技术的发展而更新扩展，软件业可以不断更新升级；软件无线电可以同时与新体系下与旧体系下的电台通信，延长了旧体系电台的使用寿命，也增加了自身的生命周期。举例来说，SDR可以进行重新配置以处理多种通信协议，即所谓"灵巧"无线电的概念。一个灵活的SDR可以处理802.11a、802.11b和CDMA（码分多址）协议，所有这些均来自一个单一的设计。这就意味着一个无线电终端设备可以作为手机工作，还可以切换为无绳电话工作。然后又可以作为无线互联网设备下载E-mail，然后接收GPS（全球定位系统）信号，当用户回家时甚至可以当作开启车库门的钥匙。

3. 很强的经济性

由于模块化和软件无线电的结构，SDR可以为制造商和用户提供高效、低成本的解决方案。

14.3.3　软件无线电的应用

一言概之，软件无线电就是把空中所有可能存在的无线通信信号全部收下来进行数字化处理，从而与任何一种无线通信标准的基站进行通信。从理论上说，使用软件无线电技术的手机与任何一种无线通信制式都兼容。虽然在理论上软件无线电有良好的应用前景，但在实际应用时，它需要极高速的软、硬件处理能力。由于硬件工艺水平的限制，直到今天，纯粹的软件无线电概念也没有在实际产品中得到广泛应用。但一种基于软件无线电概念基础上的软件定义无线电技术却越来越受到人们的重视。在2001年10月份举行的ITU-8F会议上，软件定义无线电被推荐为今后无线通信发展极有可能的方向。

现在，许多公司已有运行不同SDR无线电通信协议和标准的商用产品。有许多公司在SDR领域中工作，其中包括Intel、Morphics Technology、Chameleon、Vanu以及

Raytheon 等公司。在 SDR 领域还在进行着重要的学术研究。研究者在开发新的高效能算法,基于 ASIC(专用集成电路)的可重构结构,用于 SDR 的数字信号处理,以及在 SDR 芯片中应用 FPGA(现场可编程门阵列)。

在民用方面,软件无线电也取得了很大的发展,如高速通信系统、遥测系统、高速导航系统、图像传输系统、移动数据终端产品等,又比如大家熟知的 3G/4G。利用软件无线电技术,不但降低了成本,还提高了系统的灵活性。

14.3.4　软件无线电的发展前景

软件定义无线电是一项快速发展的技术,可以解决当今以硬件为基础的无线电和不兼容通信协议面临的许多问题。采用可编程硅片和灵活的软件体系结构,SDR 成为通信和计算的合理的发展方向。应用 SDR,进行另一次互联网下载就可以简单地完成升级,很像在计算机上运行一个新应用或进行一次版本的更新。

SDR 技术是由于最近在 CMOS、RF 技术和其他领域的进展才能得以实现商用化。SDR 产品最可能出现在某些特殊领域,如军事和公共安全应用。当某些工具和架构被开发出来,规模经济效应起作用后,普通消费者使用的 SDR 设备才会随之出现。

开始 SDR 提供的功能是让用户能够再配置和升级单一的设备以支持多功能和多协议。这就可以让人们从一种无线电环境转移到另一种无线电环境时能够以不同的方式使用同一种无线电设备。将来,SDR 将允许无线电完成智能网络通信和其他先进功能。便携式 SDR 设备不仅可以在不同的无线电设备间建立通信连接,还可以在不存在无线电连接的地方建立起通信架构。SDR 甚至可以作为基站补充现有架构的不足。

由于技术和规则还有待于完善,SDR 技术还处于幼稚阶段。还有广阔的天地等待着对 SDR 感兴趣的开发者去开辟,以便推动这种灵活、低成本技术的未来发展。

14.4　射 频 识 别

射频识别(Radio Frequency Identification,RFID)是一种无线通信技术,可以通过无线电信号识别特定目标并读写相关数据,而无须识别系统与特定目标之间建立机械或光学接触。无线电信号是通过调成无线电频率的电磁场,把数据从附着在物品的标签上传送出去,以自动辨识与追踪该物品。

14.4.1　射频识别的历史

RFID 技术的起源要追溯到二战时期,被美军用于战争中识别自家和盟军的飞机。在 20 世纪 60 至 70 年代,RFID 通信系统在实验室实验研究中快速发展,并有了一些应用尝试,例如 Sensormatic、Checkpoint 和 Knogo 公司将其用于电子防窃系统(EAS)。

到了 20 世纪 80 年代,RFID 技术产品进入商业应用阶段,各种规模应用开始出现。在美国,RFID 技术被用于交通运输(高速公路通行)和身份识别(智能身份证)。在欧洲,RFID 技术则聚焦于短程动物跟踪和工商业系统。使用 RFID 技术建成的世界第一个商业通行应用程序于 1987 年在挪威投入使用。

20 世纪 90 年代之后,RFID 技术标准化问题日趋得到重视,RFID 产品得到广泛应用,RFID 产品逐渐成为人们生活中的一部分。随着 IBM 工程师开发出一种 UHF RFID(超高频射频识别)系统,世界上第一个开发高速公路电子收费系统 1991 年在俄克拉马州建成。1999 年,EAN、宝洁和吉列联手在麻省理工建立了自动识别中心(the Auto-ID Center),致力于研究使用低价的微芯片和天线来制造 RFID 标签。

自 2001 年起,标准化问题日趋为人们所重视,RFID 产品种类更加丰富,有源电子标签、无源电子标签及半无源电子标签均得到发展,电子标签成本不断降低,规模应用行业扩大,RFID 技术的理论知识得到进一步丰富和完善。单芯片电子标签、多个电子标签无冲突可读可写、无源电子标签的远距离识别、适应高速移动物体的 RFID 定位监控正在逐步成为现实。RFID 技术的一个重要的里程碑出现在 2003 年 6 月,在芝加哥举办的"零售系统会议"上,Wal-Mart 公司授权其供应商关于 RFID 标签计划。

目前,RFID 技术在全球已经发展相当成熟,美国、欧洲、日本、南非等国家都已经有比较先进的 RFID 产品。美国一直在 RFID 技术应用方面处于领先地位,其软硬件技术和应用方面一直处于世界的前列,RFID 标准的建立在其带领下日趋成熟。日本电子方面的发展也推动了其 RFID 技术的发展,并且已有自己的 RFID 标准(UID 标准)。目前 RFID 产业主要集中在 RFID 技术应用比较成熟的欧美市场。飞利浦、西门子、ST、TI 等半导体厂商基本垄断了 RFID 芯片市场;IBM、HP、微软、SAP、Sybase、Sun 等国际巨头抢占了 RFID 中间件、系统集成研究的有利位置;Alien、Symbol、Tran score、Matrics、Impinj 等公司则提供 RFID 标签、天线、读写器等产品及设备。

比较之下,我国的 RFID 技术还比较落后。我国虽然从事 RFID 产品的公司不在少数,但是缺乏自主创新能力;我国的低频 RFID 产品较为成熟,但是在 UHF(超高频)产品方面则比较落后。

14.4.2　射频识别的特点

射频识别技术的主要特点如下。

1. 快速扫描

RFID 辨识器可同时辨识读取数个 RFID 标签,具有速度快、非接触、无方向性要求、多目标识别、运动识别等特征。

2. 体积小型化、形状多样化

RFID 在读取上并不受尺寸大小与形状限制,不需为了读取精确度而配合纸张的固定尺寸和印刷品质。此外,RFID 标签更可往小型化与多样形态发展,以应用于不同产品。

3. 抗污染能力和耐久性

传统条形码的载体是纸张,因此容易受到污染,但 RFID 对水、油和化学药品等物质具有很强抵抗性。此外,由于条形码是附于塑料袋或外包装纸箱上,所以特别容易受到折损;RFID 卷标是将数据存在芯片中,因此可以免受污损。

4. 可重复使用

现今的条形码印刷上去之后就无法更改,RFID 标签则可以重复地新增、修改、删除 RFID 卷标内储存的数据,方便信息的更新。

5. 穿透性和无屏障阅读

在被覆盖的情况下,RFID 能够穿透纸张、木材和塑料等非金属或非透明的材质,并能够进行穿透性通信。而条形码扫描机必须在近距离而且没有物体阻挡的情况下,才可以辨读条形码。

6. 数据的记忆容量大

一维条形码的容量是 50B,二维条形码最大的容量可储存 2~3000 个字符,RFID 最大的容量则有数 Mega Bytes。随着记忆载体的发展,数据容量也有不断扩大的趋势。未来物品所需携带的资料量会越来越大,对卷标所能扩充容量的需求也相应增加。

7. 安全性

由于 RFID 承载的是电子式信息,其数据内容可经由密码保护,使其内容不易被伪造及变造。

14.4.3 射频识别的应用

以下给出射频识别技术的一些应用实例。

1. 门禁系统应用射频识别技术

这项技术可以实现持有效电子标签的车不停车,方便通行又节约时间,提高路口的通行效率,更重要的是可以对小区或停车场的车辆出入进行实时监控,准确验证出入车辆和车主身份,维护区域治安,使小区或停车场的安防管理更加人性化、信息化、智能化、高效化。

2. 溯源技术

这项技术有 3 种:一种是 RFID 无线射频技术,在产品包装上加贴一个带芯片的标识,产品进出仓库和运输就可以自动采集和读取相关的信息,产品的流向都可以记录在芯片上;另一种是二维码,消费者只需要通过带摄像头的手机拍摄二维码,就能查询到产品的相关信息,查询的记录都会保留在系统内,一旦产品需要召回就可以直接发送短信给消费者,实现精准召回;还有一种是条码加上产品批次信息(如生产日期、生产时间、批号等),采用这种方式生产企业基本不增加生产成本。

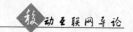

3. 食品溯源

电子溯源系统可以实现所有批次产品从原料到成品、从成品到原料 100% 的双向追溯功能。这个系统最大的特色功能就是数据的安全性，每个人工输入的环节均被软件实时备份。采用 RFID 技术进行食品药品的溯源在一些城市已经开始试点，包括宁波、广州、上海等地，食品药品的溯源主要解决来食品来路的跟踪问题，如果发现了有问题的产品，可以简单地追溯，直到找到问题的根源。

4. 产品防伪

RFID 技术经历几十年的发展应用，技术本身已经非常成熟，在我们日常生活中随处可见，应用于防伪实际就是在普通的商品上加一个 RFID 电子标签，标签本身相当于一个商品的身份证，伴随商品生产、流通、使用各个环节，在各个环节记录商品各项信息。标签本身具有以下特点：唯一性、高安全性、易验证性、保存周期长。为了考虑信息的安全性，RFID 在防伪上的应用一般采用 13.56MHz 频段标签，RFID 标签配合一个统一的分布式平台，这就构成了一套全过程的商品防伪体系。RFID 防伪虽然优点很多，但是也存在明显的劣势，其中最重要的是成本问题。

14.5 低功耗蓝牙无线技术

低功耗蓝牙无线技术又称为是"小蓝牙"，是一种能够方便快捷地接入手机和一些诸如翻页控件、个人掌上电脑(PDA)、无线计算机外围设备、娱乐设备和医疗设备等便携式设备的一种低能耗无线局域网(WLAN)互动接入技术。

14.5.1 低功耗蓝牙无线技术的历史

蓝牙是一种短距离无线通信技术，由爱立信公司于 1994 年开发，用于代替传统电缆形式的串口通信 RS-232，实现串口接口设备之间的无线传输。蓝牙技术工作在无须申请执照的 ISM(Industrial Scientific Medical) 2.4GHz 频段，频谱范围为 2400MHz～2483.5MHz，采用高斯频移键控调制方式。为了避免与其他无线通信协议的干扰(如ZigBee)，射频收发机采用跳频技术，在很大程度上降低了噪声的干扰和射频信号的衰减。蓝牙将该频段划分为 79 个通信信道，信道带宽为 1MHz。传输数据以数据包的形式在其中的一条信道上进行传输，第一条信道起始于 2402MHz，最后一条信道为 2480MHz。通过自适应跳频技术进行信道的切换，信道切换频次为 1600 次/秒。

蓝牙是一种基于主从模式框架的数据包传输协议。网络结构的拓扑结构有两种形式：微微网(Piconet)和分布式网络(Scatternet)。在网络拓扑架构中，蓝牙设备的主从模式可以通过协商机制进行切换。主设备通过时间片循环的方式对每个从设备进行访问，与此同时从设备需要对每个接收信道进行监听，以便启动唤醒工作模式。在微微网中，一个主设备可以同时与 7 个蓝牙从设备进行数据的交换，其他从设备与主设备共用同一时钟。在单通道数据交换过程中,蓝牙主设备通过偶数信道发送数据给从设备,并通过奇数信道接收数据。与此相反,蓝牙从设备通过奇数信道发送数据给主设备,偶数信道接收数据。通常情况下,数据包的长度可占用 1 个、3 个或 5 个信道。

在研究人员视蓝牙低功耗无线技术(ULP 蓝牙)为新的希望之前,想把无线连接加到设计中的设计工程师面对着扑朔迷离的各种选择,如 WiMAX(IEEE 802.16d)、WiFi(IEEE 802.11b/g/n)、蓝牙(IEEE 802.11.15.1)、ZigBee(IEEE 802.15.4)。不同的技术似乎覆盖了整个无线通信领域,包括从远距离、高带宽一直到短距离、低功耗(适合电池供电的便携式装置使用)。但是,许多工程师意识到迫切需要另外一种无线射频技术,其能够在小型个人便携式产品之间协作,而且耗电量极小,电池的寿命能够达到数月至一年。由于缺乏这样一个开放的标准,在消费类应用系统领域留下了一个利润丰厚的市场,它需要专门的解决方案来填补超低功耗(在发射或接收时低于 15mA 且平均电流在微安的范围)短距离(数十米)无线连接的空白。专有解决方案都具备高带宽、抗干扰、价格好、电池寿命令人羡慕的特点。例如,Nordic Semiconductor 的 nRF24xxx 系列 2.4GHz 收发器在全球数以百万计的无线鼠标器、键盘、保健传感器和运动手表中应用得非常成功;其中,nRF24101 收发器在发射或接收功率为 0dBm、速度为 2Mb/s 时,消耗电流约 12mA;把 Nordic 的 nRF2601 无线桌面协议(WDP)用在无线鼠标器中时,正常使用的情况下两节 AA 电池的寿命约为一年,相比之下,使用蓝牙的同类鼠标器寿命仅一个月。

专有解决方案的产品的缺点是彼此之间不能协作。点到点连接的终端产品制造商主要通过专有解决方案的优异性价比获利,而几乎都不关心这个问题。但一些想以无线方式和其他公司产品连接起来,或想使用其他的收发器的制造商,就不能采用专有解决方案。由此,低功耗蓝牙无线通信应运而生。芬兰手机制造商 Nokia 于 2006 年 10 月率先提出 Wibree 技术,该协议在与经典蓝牙协议(BDR/BR)相互兼容的基础之上,将能耗技术指标引入其中,目的是为了降低移动终端短距离通信的能量损耗,从而延长了独立电源的使用年限。2010 年 10 月蓝牙技术联盟(SIG)正式将低功耗蓝牙(BLE)协议并入 Bluetooth V4.0 协议规范。当 Wibree 低功耗无线技术协议被蓝牙联盟接纳后,开发商将它集成到了现有的蓝牙规格当中,并将其名称改为 ULP 蓝牙,现在又被称为低能耗蓝牙(Bluetooth Low Energy,BLE)。

与经典蓝牙协议相比,低功耗蓝牙技术协议在继承经典蓝牙射频技术的基础之上,对经典蓝牙协议栈进行进一步简化,将蓝牙数据传输速率和功耗作为主要技术指标。在芯片设计方面,采用两种实现方式,即单模(single-mode)形式和双模形式(dual-mode)。双模形式的蓝牙芯片是将低功耗蓝牙协议标准集成到经典蓝牙控制器中,实现了两种协议共用。而单模蓝牙芯片采用独立的蓝牙协议栈(Bluetooth Low Energy Protocol),它是对经典蓝牙协议栈的简化,进而降低了功耗,提高了传输速率。

14.5.2 低功耗蓝牙无线技术的特点

低功耗蓝牙技术的主要特点如下。

(1)超低峰值。

(2)低功耗。在支持低功耗蓝牙技术协议的蓝牙设备厂商的努力下,其所推出的蓝牙芯片的功耗得到了很大程度的降低,一节纽扣电池即可供低功耗蓝牙智能设备正常工作数月甚至数年之久。

（3）可靠性高。低功耗蓝牙的设计非常可靠。它采用了跳频技术,每隔一段时间就从一个频率跳到另一个频率,不断搜寻干扰较小的信道。因此,从根本上保证了数据传输的可靠性。

（4）低成本。低功耗蓝牙设备可采用现有的标准 CMOS 工艺技术制造。由于其时序要求不像标准蓝牙那样严格,加之其协议栈被设计得非常简练,因此它的研发和生产成本相对较低。由于低功耗蓝牙设备工作在 2.4GHz 频段,无须缴纳版权或专利费用,也降低了它的成本。

（5）传输速率高。低功耗蓝牙的传输速率最高可达 2Mb/s。

（6）安全性高。ULP 蓝牙技术提供了数据完整性检查和鉴权功能,采用 128 位 AES 对数据进行加密,使网络安全能够得到有效的保障。

（7）支持不同厂商设备间的互操作。

14.5.3　低功耗蓝牙无线技术的应用

最初使用蓝牙低功耗无线技术的有娱乐、医疗保健和办公电子设备。一个人在训练时可以利用配备了蓝牙双模式芯片的智能手机作为个人局域网(PAN)的中心,而组成这个 PAN 的设备有:安装了 ULP 蓝牙的跑鞋、心率腕带和运动手表。也有可能把这个数据传送到配备适当的 GPS 装置,它能够根据当前的进展速度预测使用者会到什么地方去。另外,运动手表能够与健身房中步行机上的 ULP 蓝牙芯片进行通信,把数据传送到智能电话上。ULP 蓝牙也可以用来监测心率和血压,并定期地发送短信给医院的医生;或在跑步时记录心率、距离和速度,发送至其他手机上。在娱乐方面,甚至可以通过 ULP 蓝牙技术用移动电话驾驶玩具赛车避开障碍物。由于手机上的双模式蓝牙芯片能够与其他配备蓝牙的装置和配备 ULP 蓝牙的独立产品进行通信,许多新的商机会涌现。独立式芯片也将能够与其他的独立式芯片直接沟通。

低功耗蓝牙技术的核心关键在于芯片研发技术。这一技术现在被国外知名的半导体厂商所垄断,如英国的 Cambridge Silicon Radio(CSR)公司,美国的 TI 公司、NORDI公司,德国的 Infineon Technologies 公司等。这些公司推出的蓝牙处理芯片被各大电子产品开发商应用到各自的产品研发中,比方说苹果手机、三星手机(Samsung Galaxy SⅢ)、Windows 8、MacBook Pro Laptops、Garmin GPS Hiking Watch、Nike 运动跑鞋、卡西欧电子表、MOTOACTV 等智能电子产品均支持低功耗蓝牙通信技术。

14.6　人体局域网

人体局域网(Body Area Networks,BAN)技术简称为体域网,是使用信息化技术,将人体作为媒介转换成可以高速传输数据的宽带网络的技术。人体局域网由一套小巧可动、具有通信功能的传感器和一个身体主站(或称 BAN 协调器)组成,以人体为中心,由和人体相关的网络元素(包括个人终端,分布在人身体上、衣物上、人体周围一定距离范围,如3m内甚至人身体内部的传感器、组网设备等)组成的通信网络。通过BAN,人可以和其身上携带的个人电子设备如PDA、手机等进行通信,数据采集、同步和处理等。通过BAN和其他数据通信网络,比如其他用户的BAN网络,无线或者有线接入网络,移动通信网络等成为整个通信网络的一部分,和网络上的任何终端如PC、手机、电话机、媒体播放设备、数码相机、游戏机等进行通信。BAN将把人体变成通信网络的一部分,从而真正实现网络的泛在化。

14.6.1 人体局域网的历史

目前,BAN的研究在世界上处于起步阶段:欧洲微电子研究中心(IMEC)已启动BAN相关的计划,拟突破感知、通信、材料、工艺等BAN技术瓶颈;美国TI公司提出了BAN标准化框架,建议了部分通信技术指标,但技术规范与标准细节仍待进一步研究;我国政府的资助计划尚未启动BAN的研究。

IEEE 802.15工作组于1998年3月正式成立,致力于WPAN的物理层(PHY)和媒体访问层(MAC)的标准化工作。截至现在已分为6个任务组,其中第6工作组TG6于2007年12月成立,开始制定IEEE 802.15.6标准。IEEE 802.15.6将会成为一个在人体(不限于人体)体内或身体表面进行短距离无线通信的技术标准规范。

在无线通信系统中,周围环境对传输有着重要的影响,在过去的几十年中,Rappaport、Bultitude等人已经对传统的无线传输信道进行了大量的实验研究,传统无线传输机制主要有直射以及由于周围环境所引起的反射、衍射、散射。然而随着无线技术的发展,越来越多的领域正在将无线技术融入其中,无线通信呈现出短距、高速、时变、个人化的发现趋势,对于这样的无线通信系统,一般来说电磁环境比较复杂。一个比较典型的应用环境是人体局域网(BAN),首先由于无线人体局域网应用于人体,为了保证电磁波对人体的影响,发射功率非常低,显然和其他的短距无线通信技术相比,BAN需要的短距通信技术在相同的功率下,数据传输速率更高;或者在相同的数据传输速率下,需要的功率更低。因此周围环境的电磁干扰影响大,很多时候信号可能会淹没在噪声之中。再者,人体域网络的拓扑结构是准静态的,人体的运动会改变无线传输信道。再加上人体组织对于电磁信号的吸引与反射各异,电磁环境非常复杂,BAN信道测量与建模是BAN研究中的热点话题。根据现有无线人体局域网信道建模的研究结果,根据传输方法不同,BAN的传输信道分为体内与体外两条信道。

14.6.2 人体局域网的应用

人体局域网的应用主要包括以下几类。

(1) 医疗保健。智能诊断、治疗以及自动送药系统,病患监护与老龄人看护。BAN可实现自然状态下获取、处理、组网传输心电、血压、血糖、心音、血氧饱和度(SPO2)、体温、呼吸等评价个人生命体征的生理信号,可实现生命体征的连续、实时、远程监护。

(2) 无线接入/识别系统。人体体表器件之间的无线信息传输与识别。

（3）导航定位服务。旅游、安全、残障人士辅助系统和智能运输系统。

（4）个人多媒体娱乐。使用可穿戴型计算机收看 DVD。

（5）军事及太空应用。智能服装、战场人员管理和用于太空员监控的传感器。

14.7　认知无线电

认知无线电是一种可通过与其运行环境交互而改变其发射机参数的无线电。它具有侦测（sensing）、适应、学习、机器推理、最优化、多任务以及并发处理/应用的性能。

14.7.1　认知无线电的历史

随着无线通信技术的飞速发展，特别是无线局域网（Wireless Local Area Network，WLAN）、无线个人域网（Wireless Personal Area Network，WPAN）的发展，越来越多的应用通过无线的方式接入互联网，使得原本就拥挤的通信信道变得更加堵塞，稀缺的频谱资源显得更捉襟见肘。频谱资源短缺已成为制约无线通信发展的严重瓶颈！为解决日益增长的频谱需求与频谱资源匮乏之间的矛盾，人们长期致力于研究更有效、合理的频谱管理和利用方式。一方面，通过频分多址（Frequency Division Multiple Access，FDMA）、时分多址（Time Division Multiple Access，TDMA）和码分多址（Code Division Multiple Access，CDMA）等多址技术，实现在有限可用频段内支持更多的通信用户；另一方面，在给定频率、带宽及发射功率等约束条件下，通过调制、编码及多天线等技术最大化频谱使用效率。遗憾的是，受限于香农极限定律，上述方案均不能为通信系统增加额外的可用容量，频谱资源短缺问题并未从根本上得到解决。

幸运的是，"频谱短缺"仅是一种假象。调查研究表明，实际已分配的大部分授权频谱，在时间和空间上的利用率极其低下。美国联邦通信委员会（Federal Communication Commission，FCC）在报告中指出，根据时间和空间的差异，已分配授权频谱的利用率在 15％ 至 85％ 大范围之间波动。而另外一份来自美国国家无线电网络研究实验床（National Radio Network Research Testbed，NRNRT）项目的测量报告更是确认了这一授权频谱利用率低下的事实。该项目对美国 6 个不同地区的 30Hz～3GHz 之间不同频段利用率的统计结果显示，6 个测试地区的平均频谱利用率仅为 5.2％，其中最大频谱利用率为 13.1％，最小频谱利用率仅为 1％。可见，"频谱短缺"假象是由目前的固定频谱分配体制造成。为充分利用已分配授权频谱的空闲，FCC 建议在全球范围内开展并使用认知无线电技术，实现开放频谱体系，提高频谱资源的利用率。

1999 年，J. Mitola 提出认知无线电的概念，建议将认知无线电应建立在软件无线电的基础上，并工作在应用层。为实现认知无线电实用化，美国开始放宽相关的频谱使用限制。FCC 于 2003 年 12 月针对"FCC 规则第 15 章"公布了修正案，修正案中提到"只要具备认知无线电功能，即使是其用途未获许可的无线终端，也能使用需要无线许可的现有无线频带"。另一方面，FCC 在其工作报告中考虑在 TV 频段实现开放频谱体系。2003 年，从事高尖端军事设备开发的美国雷声公司从美国国防高级研究计划局

(DARPA)手中接下有关研发下一代无线通信计划(XG)的合同,进行下一代无线技术研究和开发。XG 计划将研制系统方法和关键技术,包括认知无线电技术,以实现通信和传感器系统中的动态频谱应用。国际标准化组织 IEEE 802.22 工作组于 2004 年 10 月正式成立,别称为 Wireless Regional Area Network,其目的是使用认知无线电技术,将分配给电视广播的 VHF 用 HF 频带用作宽带访问线路。IEEE 802.22 将要制定的是无线通信的物理层与 MAC 层规格,设想的数据通信频率为数 Mb/s 至数十 Mb/s。2004 年 Network Centric Cognitive Radio Platform 成立,由美国 Rutgers 大学的 WINLAB 小组、Lucent Bell Labs 和 Georgia Institute of Technology 组成,目的是实现一个高性能的认知无线电实验平台,用来测试各种动态无线网络协议。美国自然科学基金委员会 (NSF)于 2004—2005 年连续两年在未来网络研究计划(NeTs)中资助认知无线电网络的研究。NSF 无线移动计划工作组(WMPG)在 2005 年 8 月的研究报告中将认知无线电列为下一代无线互联网的重要支撑技术之一。欧盟开展动态利用频谱资源的 EZR(End to End Reconfigurability)项目。我国于 2005 年启动关于认知无线电的 863 预研课题,由西安电子科技大学李建东教授主持负责。

14.7.2　认知无线电的特点

认知无线电的主要特点如下。

1. 认知能力

认知能力使认知无线电能够从其工作的无线环境中捕获或者感知信息,从而可以标识特定时间和空间内未使用的频谱资源(频谱空穴),并选择最适当的频谱和工作参数。根据瑞典皇家科学院(KTH)使用的认知循环,这一任务主要包括频谱感知、频谱分析和频谱判定 3 个步骤。频谱感知的主要功能是监测可用频段、检测频谱空穴;频谱分析估计频谱感知获取的频谱空穴特性;频谱判定根据频谱空穴的特性和用户需求选择合适的频段传输数据。技术上主要涉及物理层、MAC 层等相关的频谱感知技术。

2. 重构能力

重构能力使得认知无线电设备可以根据无线环境动态编程,从而允许认知无线电设备采用不同的无线传输技术收发数据。在不对频谱授权用户产生有害干扰的前提下,利用授权系统的空闲频谱提供可靠的通信服务,这是重构的核心思想。当该频段被授权用户使用时,认知无线电有两种应对方式:一是切换到其他空闲频段进行通信;二是继续使用该频段,但改变发射功率或者调制方案,以避免对授权用户造成有害干扰。技术上主要涉及频谱分配和认知 QoS 两部分。

14.7.3　认知无线电的应用

在民用领域,认知无线电的应用如下。

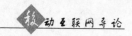

1. 在 WRAN 中的应用

IEEE 已于 2004 年 10 月正式成立 IEEE 802.22 工作组——无线区域网（WRAN）工作组，2007 年下半年完成了标准化工作。IEEE 802.22 的核心技术就是 CR 技术。依据 IEEE 802.22 功能需求标准，WRAN 空中接口面临的主要挑战是灵活性和自适应性。此外，相比别的 IEEE 标准，IEEE 802.22 空中接口的共存问题也很关键，如侦听门限、响应时间等多种机制还需要进行大量的研究。

2. 在 Ad hoc 网络中的应用

当认知无线电技术应用于低功耗、多跳自组织网络时，需要新的 MAC 协议和路由协议支持分布式频率共享系统的实现。一般的多跳 Ad hoc 网络在发送数据包时需要预先确定通信路由，采用 CR 技术后，因来自周围无线系统的干扰波动较大，需要不断地更改路由。因此，用于 Ad hoc 网络中的传统路由技术已不再适用。针对这种情况，有研究者提出了采用空时块码（Space Time Block Code，STBC）分布式自动重传请求（Automatic Repeat Request，ARQ）技术，利用包的重传来代替路由技术。该方法可根据周围的环境，避开干扰区域自适应选择路由。此外，由于网络路由协议的最优选择很大程度上依赖于物理层环境（如移动性、传播路径等）的变化和应用的需求（如 QoS 等），而在 Ad hoc 认知无线电网络中，多种业务的 QoS 需求变化比网络拓扑的变化还要快，因此，有必要研究次优化路由协议，以保证长期的网络性能优化。

3. 在 UWB 中的应用

最初将 CR 技术应用于超宽带（UWB）系统中，即认知 UWB 无线电技术的提出是为了实现直接序列超宽带（Direct Sequence UWB，DS-UWB）和多频带正交频分复用（Multiband Orthogonal Frequency Division Multiplexing，MB-OFDM）两种 UWB 标准的互通，以及解决 IEEE 802.15.3a 物理层 DS-UWB 和 MB-OFDM 两种可选技术标准竞争陷入僵局的问题。由于 UWB 系统与传统窄带系统之间存在着不可避免的干扰，将 CR 技术与 UWB 技术相结合以解决干扰问题，已成为近几年研究的热点，尤其是对 UWB 系统中基于 CR 的合作共存算法的研究较多。一个有效的方法是将 CR 机制嵌入到 UWB 系统中，如以跳时-脉冲位置调制（Time Hopping-Pulse Position Modulation，TH-PPM）为例，通过预先检测到的干扰频率，并相应选择合适的跳时序列，可将 UWB 系统与传统窄带系统间的干扰减至最小。

4. 在 WLAN 中的应用

具有认知功能的无线局域网（WLAN）可通过接入点对频谱的不间断扫描，从而识别出可能的干扰信号，并结合对其他信道通信环境和质量的认知，自适应地选择最佳的通信信道。另外，具有认知功能的接入点在不间断进行正常通信业务的同时，通过认知模块对其工作的频段以及更宽的频段进行扫描分析，从而可尽快地发现非法恶意攻击终端。这种技术应用在其他类型的宽带无线通信网络中也会进一步提高系统的性能和安全性。

5. 在网状（Mesh）网中的应用

认知 Mesh 网络是近几年出现的全新的网络结构，它具有无线多跳的网络拓扑结构，通过中继的方式有效地扩展网络覆盖范围。由于微波频段受限于视距传输，基于认知无线电技术的 Mesh 网络将有利于在微波频段实现频谱的开放接入。

6. 在 MIMO 系统中的应用

在无线通信许多新的研究热点中，都有可应用认知无线电的场合。认知 MIMO 技术可显著提高无线通信系统的频谱效率，这是认知无线电技术的主要目标，故将认知无线电系统与 MIMO 技术结合，将能提供载波频率和复用增益的双重灵活性。

7. 在公共安全和应急系统中的应用

这些年来，公共安全和应急系统急切地需要增加频谱分配量来减轻频谱拥塞状况，提高协同工作能力，利用 CR 可以提高公共安全和应急系统的保障水平。SDR 论坛的公共安全特别兴趣工作小组，分析了 CR 在公共安全方面的应用开发，提出在灾难性情况下当一般的基础设施无法正常运行时，CR 设备和网络的灵活特性将起到关键作用。

8. 在军事领域认知无线电的应用

（1）频谱管理。战场频谱管理是一个非常重要的课题，各国军方都非常重视这一问题的研究。然而，目前基本都采用固定频率分配的形式进行战场频谱分配。从实战情况来看，这种方案是不完全成功的。一方面，这种分配方案不但导致频谱资源利用率较低，而且容易导致系统内部或者友军之间互相产生电磁干扰；另一方面，这种分配方案需要在战斗开始前花费大量的时间进行频谱规划；此外，通信频率一旦确定，在战斗状态下，无论发生什么情况都无法更改。因此，在战场形势瞬息万变的现代战争中，固定频谱分配方案容易贻误战机。由于 CR 能够对所处区域的战场电磁环境进行感知，对所需带宽和频谱的有效性进行自动检测，因此，借助 CR 可以快速完成频谱资源的分配，在通信过程中还可以自动调整通信频率。这样，不仅提高了组网的速度，而且提高了整个通信系统的电磁兼容能力。有了认知无线电技术，军方将不再局限于一个动态的频率规划，而是可以从根本上适应需求的变化。美国联邦通信委员会把认知无线电看成是可能对频谱冲突产生重大影响的少数几种技术之一，而美国军方则因为在频谱规范方面面临着巨大的难题，所以也对认知无线电十分感兴趣。由于静态的、集中的频谱分配策略已不能满足灵活多变的现代战争的要求，因此未来通信的频谱管理应该是动态的、集中与分布相结合的，每一部电台都将具有无线电信号感知功能（侦察功能）。军用认知无线电如能将通信与侦察集成到一部电台里，那么组成的通信网络就具有很多感知节点和通信节点。军用认知无线电台还可以使军方根据频谱管理中心分配的频率资源与感知的频率环境来确定通信策略，而频谱管理中心还可以从军用认知无线电台获取各地区的频谱利用及受扰信息，这样就形成了集中与分布式相结合的动态频谱管理模式，使得部署更加方便。

（2）高抗干扰通信。在未来的战场环境中,抗干扰将是军事通信的一个重要课题。电子对抗的传统做法是首先通过战场无线电检测,侦察战场电磁环境,然后将侦察到的情况通过战役通信网传达给电子对抗部队,由担任电子对抗任务的部队实施干扰。这种方式不仅需要大量的人力、物力,而且需要担任电磁环境侦察和电子对抗的部队密切配合。因此,从侦察到实施干扰的周期较长,容易贻误战机。CR通过感知战场电磁频谱特性,能够快速、准确地进行敌我识别,可以一边进行电磁频谱侦察,一边快速实施或躲避干扰,实现传统无线电所不具备的电子对抗能力。可以根据频谱感知、干扰信号特征以及通信业务的需求选取合适的抗干扰通信策略。比如,进行短报文通信时,可以采用在安静频率上进行突发通信的方式;当敌方采用跟踪式干扰时,可采用变速调频等干扰策略。

（3）提高通信系统容量。无线频谱资源短缺的问题,不仅在民用领域比较突出,在军用领域也是如此。尤其是在现代战争条件下,多种电子设备在有限的地域内密集开设,使得频谱资源异常紧张。而且,随着民用无线电设备的更新换代和用户数量的急剧增加,对频谱的需求也越来越多。一些国家的一些组织已经申请将部分军用频谱划归民用,这一动向无疑进一步加剧了军用无线电频谱资源短缺的问题。而CR能够动态利用频谱资源,理论上可使频谱利用率提高数十倍。因此,即使是部分采用CR,也能较大幅度提高整个通信系统的容量。

参 考 文 献

[1] 盛惠兴,霍冠英,王海滨. 认知无线电[J]. 计算机测量与控制,2007(11)：1671-4598.

[2] 赵勇. 认知无线电的发展与应用[J]. Telecommunication Engineering,2009(6)：20-24.

[3] 李红岩. 认知无线电的若干关键技术研究[D]. 北京：北京邮电大学,2009.

[4] 朱平. 认知无线电关键技术研究[D]. 合肥：中国科学技术大学,2010.

[5] 李庆. 认知无线电系统若干关键技术研究[D]. 南京：解放军信息工程大学,2013.

[6] 杨磊,认知无线电系统中若干关键技术的研究[D]. 大连：大连理工大学,2012.

[7] 徐加伟. 基于低功耗蓝牙无线通信技术的交通数据检测方法研究[D]. 哈尔滨：哈尔滨工业大学,2013.

[8] Thomas Embla Bonnerud. 蓝牙低功耗无线技术的价值[J]. EDN电子设计技术[J],2008：11-46.

[9] 罗玮. 一种新兴的蓝牙技术[J]. 现代电子科技,2010(10)：72.

[10] 岳光荣. 超宽带无线电综述[J]. 解放军理工大学学报(自然科学版),2002(5)：14-19.

[11] 张靖,黎海涛,张平. 超宽带无线通信技术及发展[J]. 电信科学,2001(11)：3-7.

[12] 张在琛,毕光国. 超宽带无线通信技术及其应用[J]. 移动通信,2004(1)：110-114.

[13] 祝林芳. 基于测量的人体局域网RLMN信道模型的研究与应用[D]. 昆明：云南大学,2013.

[14] 洪涛. 体域网结构及信道特性研究[D]. 重庆：重庆大学,2012.

[15] 李丽. 体域网中关键技术及实现[D]. 西安：西安电子科技大学,2013.

[16] 盛楠. 无线体域网信道模型及同步技术研究[D]. 上海：上海交通大学,2009.

[17] 范建华,王晓波,李云洲. 基于软件通信体系结构的软件定义无线电系统[J]. 清华大学学报,

2011(8)：1031-1037.

[18] 杨小牛. 软件无线电原理与应用[M]. 北京：电子工业出版社,2001.

[19] 周惇. 基于射频识别的室内定位系统研究[D]. 西安：电子科技大学,2013.

[20] 史伟光. 基于射频识别技术的室内定位算法研究[D]. 天津：天津大学,2012.

[21] 黄玉兰. 射频识别(RFID)核心技术详解[M]. 北京：人民邮电出版社,2010.

[22] 徐济仁. 射频识别技术及应用发展[J]. 数据通信,2009(10)：73-74.

[23] 韩益锋. 射频识别阅读器的研究与设计[D]. 上海：复旦大学,2005.

[24] 程钰杰. 我国物联网产业发展研究[D]. 合肥：安徽大学,2012.

[25] 郑欣. 物联网商业模式发展研究[D]. 北京：北京邮电大学,2011.

[26] 李奕. 物联网信道模型及相关技术研究[D]. 天津：天津大学,2011.

[27] 华光学. 软件无线电的系统仿真[D]. 西安：西北工业大学,2005.

人物介绍——IEEE Fellow 刘云浩教授

　　刘云浩,清华大学信息学院长江学者特聘教授、博士生导师,清华大学软件学院院长、清华大学信息学院副院长。主要研究方向为分布式系统和无线传感器网络(RFID)、网络物理层、网络隐私和安全、网络管理和诊断、定位。

　　刘云浩的简介如下。

　　在美国密西根州立大学计算机系获得工学硕士和博士学位。2004—2011 年在香港科技大学计算机科学与工程系历任助理教授、副教授、系研究生部主任。2011 年 7 月入选国家首批青年千人计划,任清华信息科学与技术国家实验室特别研究员,教育部信息系统安全重点实验室主任,清华大学可信网络与系统研究所所长。2013 年任清华大学软件学院院长。

参 考 文 献

[1]　http://www.greenorbs.org/people/liu/.

[2]　http://baike.baidu.com/view/1665421.htm.

第 15 章

软件定义网络

随着物联网及云计算等新兴技术的发展以及智能终端的普及,互联网与人类的生活息息相关。人类的工作、生活、学习、生产都离不开网络,从科技发展、企业管理、电子商务到社交网络,互联网上承载的业务类型日益丰富,但是这种数据量爆炸式的增长也带来许多弊端。TCP/IP 架构体系不能满足快速响应以及大量的数据传输业务,网络安全问题也亟待解决,尽管许多新的协议被用来弥补这种弊端,但是这种补丁式的措施使得网络系统越来越臃肿,当云计算被提出后,由美国斯坦福大学 Cleanstate 研究组提出的一种新型网络架构——软件定义网络(Software Defined Network,SDN),它为未来的网络发展提供了新方向。

15.1 网络发展概述

15.1.1 计算机网络发展现状

1969 年 11 月,美国国防部高级研究计划署开发了世界上第一个封包交换网络 ARPANet,成为了全球互联网的鼻祖。该系统实现了以通信子网为中心的主机互连,将分散在洛杉矶的加利福尼亚州大学洛杉矶分校、加州大学圣巴巴拉分校、斯坦福大学、犹他州大学四所大学的 4 台大型计算机通过通信设备与线路互连起来,使得单机故障不会导致这个网络系统的瘫痪。

1983 年 1 月,为满足共享资源以及更大范围的网络需求,ARPANet 完全转换为 TCP/IP,由网络层的 IP 和传输层的 TCP 组成,是 Internet 最基本的协议,同时也是国际互联网的基础,于 1984 年被美国国防部定位为所有计算机网络的标准。自此之后 Internet 进入商业化发展阶段,标志网络时代的正式到来。其中 IPv4 作为互联网协议的第四版,作为第一个被广泛使用的协议,成为了如今物联网技术的基础。IPv6 作为第六版物联网协议,采用 128 位 IP 地址,获得较小的路由表,提高网络安全性,缓解了 IPv4 仅有 32 位 IP 地址所造成的网络地址消耗殆尽的问题。

TCP/IP 作为广泛使用的协议共包括了四层体系结构:应用层、传输层、网络层、网络接口层。目前,计算机网络采用了以 IP 为核心的网络协议体系结构,如图 15-1 所示。在该体系中 IP 是整个系统的核心。IP 仅保持路由功能,利用高层网络层实现冲突检测、可靠传输,从而保证了网络核心的高效与简洁。可是另一方面来讲,计算机网络的小核心大边缘的网络架构虽然易于新业务的接入,却大大增加了边缘管理的复杂度。

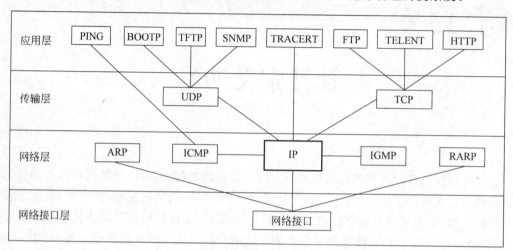

图 15-1　以 IP 为核心的网络协议体系结构

随着网络的大范围推广及智能终端的广泛使用,同时业务的数据量也成倍地增长,为实时地对网络进行监控与管理,需要实现智能化网络系统,所以目前网络采用的是混合式管理模式,将部分管理功能固化在网络设备中,网络管理人员仅需输入命令行配置相应网络节点的协议与参数,网络节点就可以自行动态地根据协议更新状态,接入网络,转发数据等,并用分布式路由协议对网络节点进行控制,同时实现控制与转发的功能。

物联网与人们的生活息息相关,从基础通信、社交网络、商务应用、科学研究到新闻娱乐,几乎所有的信息都与互联网不可分割。社会人际关系逐步与网络融合,但是网络给人类生活带来的便利同时也是一把双刃剑,随之而来的是如何保障信息安全与个人隐私以及如何获得一个更稳定与可靠的网络环境。

15.1.2　计算机网络发展面临的问题

据中国互联网络信息中心统计,截至 2013 年 12 月中国网民规模达 6.18 亿,随着业务的增多客户数目的增加,网络的规模变得庞大且复杂。为了满足各类业务,在不同的网络层面上存在着大量的网络协议,仅与交换机、路由器相关的协议就已经超过了 6000多个。同时随着网络业务数目的大量增加,导致业务的突发事件可能性增加,网络的稳定性与可靠性降低,一些突发事件就可能造成网络的瘫痪。2005 年 4 月 11 日,南海海域产生地震造成全国用户无法登录外国网站。2009 年 5 月 21 日,DNS 服务商 DNSPod 遭受黑客攻击,大量网民开始使用电信服务商,大量的数据业务最终导致南方发生大面积断网。2013 年 1 月 21 日,也发生了全国大面积断网,初步判断为网络攻击所致,这样的例子层出不穷。

基于分布式的网络结构中,大量网络节点分在网络中,在不同的节点之间需要通信来交换网络状态信息,路由表信息交换与更新,虽然实现了智能管理,但是却耗费了大量节点的计算资源与带宽，30％以上的 CPU 处理周期被用来检测周边网络情况，30％～50％的网络带宽被用于与业务无关的应用。针对日益扩大的互联网中存在的问题，网络工程师们提出了大量解决方案，但是这些协议只是缓解了部分问题，却没有从根本上解决问题，发展到今日，基于 TCP/IP 架构的互联网暴露出了可靠性低、安全性低、可拓展性低、兼容性低等诸多问题，网络数据层日益增大的需求远远超过了控制层的发展速度，极大地限制了网络业务的发展。

网络安全问题最近也越来越引起人们的重视，TCP/IP 设计的初衷主要是以牺牲网络带宽为代价，来达到提高抗干扰能力，作为主要用于科学研究与政府管理的非商业应用网络，IP 并没有考虑安全问题。2011 年 CSDN 社区网站被攻击，人人网等社交网站也相应遭到攻击，大量客户私人信息被泄露。2013 年 12 月，美国大型零售商 Target 遭到攻击，信用卡信息及个人信息被盗，涉及客户的姓名、邮寄地址、电话号码、E-mail 等信息，造成了足额损失。随着互联网进一步深入到人们日常生活，网络安全防御也愈加困难，因安全问题造成的经济损失也越来越严重，并且很难在短时间之内改善或解决网络安全问题，尽管可以通过杀毒软件、防火墙等措施预防，但是目前并没有形成正规的、有规模的防御手段。

另外，由于目前网络安全、分组检测、网络过滤等功能并没有挂到网络设备上，需要通过特定的网络设备来实现，如 BARS、CDN、QoE 检测器、防火墙等，这使得网络中硬件设备的数量高居不下，可拓展性不强，网络功能上线周期长等诸多问题。同时硬件设备过多也导致电量消耗大。2008 年仅用于互联网中路由器与服务器的设备的冷却就耗电 8680 亿度，几乎占据全球总耗电量的 5.3％。如何构建绿色网络，响应全球节能减排的号召也成为了计算机网络领域的一个重要问题。

随着云计算技术的迅速发展，对已有的网络结构又提出新的要求。云计算在服务于数据中心之间进行超大规模的数据访问，建立一个虚拟的资源池，使得所有网络节点都可以进行资源共享。它要求网络可以实时地改变带宽，在虚拟机、服务器及数据中心间实现低延迟、高吞吐量的网络连接。高灵活性、高可靠性的要求使得现有网络的更新成为当务之急。

15.1.3　云计算网络

云计算是分布式计算技术的一种，通过利用大量的分布式计算机对数据进行计算，而非本地计算机或远程服务器中，从而将计算处理程序转化为多个较小的子程序，再由多部分布式服务器所组成的系统计算分析之后将结果传回本地。分布式计算就是在多个应用之间共享信息，这些应用不仅可以在同一台计算机上运行，也可以在多个分布式的计算机上进行计算。这种通过分布式计算及服务器虚拟化技术，将分散的信息通信技术池化，将分散的资源集中起来形成资源池，再动态地分配给不同的应用，极大程度地提高了信息化系统的资源利用率。

云计算网络主要分为虚拟机（Virtual Machine，VM）、服务器、数据中心（Internet Data Center，IDC）及用户 4 个部分，与传统业务不同，云计算网络利用服务器虚拟化技术使得服务器和存储设备达到软硬件结合。在传统网络架构中，用户与 IDC 之间的数据交换量较大,但是云计算分布式的计算使得同一个应用所需的数据可以从多个服务器上获得,为了及时地整合信息,大大增加了服务器之间的数据流量,所以 IDC 与 IDC 之间的网络变化最大,才能满足云计算的虚拟化要求。

服务器虚拟化是指借助虚拟化应用实现在单台服务器上运行多个操作系统,虚拟化技术使得操作系统摆脱了束缚,单个系统间的隔离度高,单个虚拟机的死机不会影响其他虚拟机与所在服务器,而云计算中一个核心技术就是虚拟机动态迁移,由于整个 IDC 业务都是基于虚拟机,所以无论在公共云、私有云还是混合云中,虚拟机动态迁移都是一个重要的场景,它要求在不中断服务的前提下,可以将 VM 动态地迁移到其他物理服务器上,同时还要保留原有的 IP 地址与迁移前应用运行的状态。作为云计算的关键技术,服务器虚拟化首先要解决两个问题:一是如何简化现有的网络,二是如何解决生成树无法大规模部署问题,找到合适途径实现分布式网络部署。

针对云业务的快速发展与虚拟化的要求,目前虽然已有一些解决方案,但是却没有形成统一的、标准化的、拓展性高的解决方案,目前已有的网络结构无法从根本解决矛盾,因此计算机网络的改革已迫在眉睫,而软件定义网络的出现给人们带来了启发,迅速成为了网络界的研究热点。

15.2 软件定义网络

15.2.1 软件定义网络的发展

2006 年斯坦福大学开启 Clean Slate 课题,其根本目的是为了重新定义网络结构,从根本上解决现有网络难以进化发展的问题。2007 年,斯坦福大学的学生 Martin Casado 在网络安全与管理的项目 Ethane 中实现了基于网络流的安全控制策略,利用集中式控制器将其应用于网络终端,从而实现对整个网络通信的安全控制。2008 年,Nick McKeown 教授等人基于 Ethane 的基础提出了 OpenFlow[①] 的概念。基于 OpenFlow 为网络带来的可编程的特性,Nick McKeown 教授和他的团队进一步提出了软件定义网络的概念,自此之后 SDN 正式登上历史舞台。

2011 年,在 Nick 教授的推动下,为推动 SDN 架构、技术的规范和发展工作,Google、Facebook、NTT、Verizon、德国电信、微软、雅虎 7 家公司联合成立了开放网络基金会(Open Network Foundation,ONF),目前成员 96 家,我国国内企业包含华为、中兴、腾讯、盛科等。

2012 年 4 月,在开放网络峰会(Open Network Submit,ONS)上谷歌宣布其主干网络 G-Scale 已全面在 OpenFlow 上运行,使广域线路的利用率从 30% 提升到接近 100%。作为首个 SDN 的商用案例,使得 OpenFlow 正式从学术界的研究模型,转化为可以实际使用的产品,因此软件定义网络也得到了广泛的关注,推动了 SDN 的发展热潮。

---

① McKeown N,Anderson T,Balakrishnan H,et al. OpenFlow:enabling innovation in campus networks[J]. ACM SIGCOMM Computer Communication Review,2008,38(2):69-74。

　　2012 年 7 月,软件定义网络(SDN)先驱者、开源政策网络虚拟化私人控股企业 Nicira 以 12.6 亿被 VMware 收购,实现了网络软件与硬件服务器的强隔离,同时这也是 SDN 走向市场的第一步。2012 年 7 月 30 日,SDN 厂商 Xsigo Systems 被 Oracle 收购,实现了 Oracle VM 的服务器虚拟化与 Xsigo 网络虚拟化的一整套的有效结合。作为网络设备中的领头者,思科公司也在 2012 年向 Insieme 注资 1 亿美元,来加强在 SDN 领域方面的产品技术。2012 年底,AT&T、英国电信(BT)、德国电信、Orange、意大利电信、西班牙电信公司和 Verizon 联合发起成立了网络功能虚拟化产业联盟(Network Functions Virtualisation,NFV),旨在将 SDN 的理念引入电信业。目前由 52 家网络运营商、电信设备供应商、IT 设备供应商以及技术供应商组建。

　　在我国,也有越来越多的企业与学者投入到 SDN 的研究中。2012 年,国家"863"项目未来网络体系结构和创多所高校参与,并且提出了未来网络体系结构创新环境(Future Internet innovation Environment,FINE)。2013 年 4 月,中国 SDN 大会作为我国首个大型 SDN 会议在北京举行,将 SDN 引入到我国现有网络中,并在 2014 年 2 月成功立项 S-NICE 标准,S-NICE 是在目前的智能管道中使用 SDN 技术的一种智能管道应用的特定形式。

15.2.2　软件定义网络定义

　　2012 年 4 月 13 日,ONF 在白皮书中发布了对 SDN 的定义[①],软件定义网络是一种可编程的网络架构,如图 15-2 所示,不同于传统的网络架构,SDN 实现了控制层与转发层的分离,它不再以 IP 为核心,而是通过标准化实现集中管理且可编程的网络,将传统网络

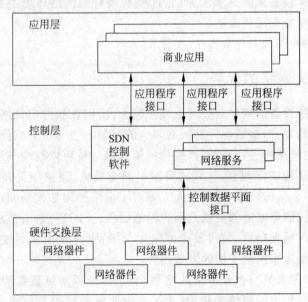

图 15-2　软件定义网络结构示意图

---

①　*Software defined network*:*the new norm for network*。

设备紧耦合的网络架构分解成由下至上的应用层、控制层、硬件交换层,在最高层中用户可以自定义应用程序从而触发网络中的定义。

在 SDN 网络中控制面与转发面分离,控制层与应用层接口称为北向 API (Application Program Interface)接口,为应用层提供集中管理与编程接口,可以利用软件来定义网络控制与网络服务,用户可以通过这个接口实现与控制器点之间的通信。转发面与控制面的接口称为南向 API 接口,由于 OpenFlow 协议仍在起步状态,并没有足够的标准来控制网络,目前大部分的研究热点都在南向 API 接口。南向 API 接口统一了网络所支持的协议,使得转发面的资源可以直接进行调度,接收指令直接进行数据转发。

在目前的网络架构中,每个数据交换中心都需要根据相应的转发规则进行判断,而在 SDN 架构中控制面与数据面相分离,转发面仅需要转发功能,通过控制中心来判断转发策略,因此大大减少了整个网络体系中智能节点的数量。这种标准化的北向接口提供了很好的编程接口,使得网络对硬件的依赖性大大减少,同时可以实现图形界面,更加方便用户的使用。而中央控制器作为一个软件实体,可以覆盖整个网络,同时在整个网络中可以有多个控制器。大大增强了控制面的可用性。另一方面,作为控制数据流的 OpenFlow 也可以被编程,实现了物理网络拓扑与部署的分离,控制器可以与 OpenFlow 相连,将交换层彻底从应用层分离出来。

虽然通过软件定义网络使得各种网络功能软件化,可以更方便地实现网络协议与各种网络功能,大大减少网络设备的数量,但是它仍在刚起步进行测试的阶段,为了可以利用真实环境中的物理设备搭建新的网络架构,需要在不影响整个网络系统的条件下将新的网络运行新的网络设备来测试算法,可是这些在现有的网络环境中是无法实现的,因此在现实中的网络研究仍需要改进。

现有网络与 SDN 架构对比如图 15-3 所示。

15.2.3　软件定义网络的优势

由于传统的网络设备的固件对硬件依赖性较大,所以在软件定义网络中将网络控制与物理网络拓扑分离,从而摆脱硬件对网络架构的限制。当网络被软件化时就可以像升级、安装软件一样对其架构进行修改,直接利用编程接口就可以改变其逻辑关系,从而满足企业对整个网站架构进行调整、扩容或升级。而交换机、路由器等硬件资源并不需要改变,因此既节约了大量的成本,同时又大大缩短了网络架构迭代周期,集中化的网络控制使得各类协议与控制策略能够更快地到达网络设备。SDN 这种开放的、基于通用操作的面向所有使用者的编程接口,使得整个网络更加灵活,并且可拓展度更高,毫无疑问,软件定义网络必然是未来网络架构的发展趋势。

除了 SDN 给开发人员与企业带来的便利性,它也使得网络数据的控制与管理变得更加高效与稳定。在传统的网络架构中,为了实现实时的监控与控制,不同的网络节点之间需要根据协议传送大量的路由表与状态信息等诸多数据,这耗费了许多 CPU 资源与网络带宽,尤其是近几年网络节点的大量增加使得这种问题日益突出。而在软件定义网络中,由于所有网络节点都由中央控制器集中管理,各个网络节点之间只需要进行数

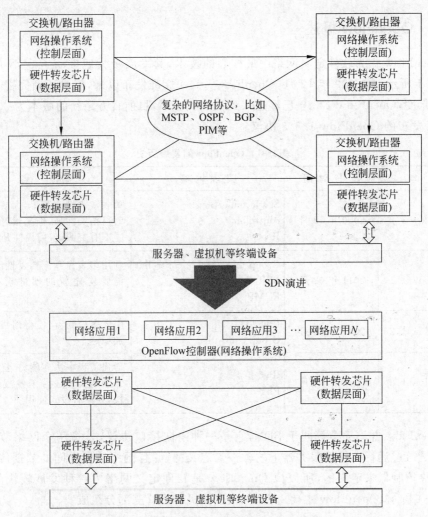

图 15-3 现有网络(上)与 SDN(下)架构对比

据交换,因此大大减少了交互信息带来的资源消耗。另一方面,由于南向 API 接口收集了所有的网络信息,包括了节点的状态信息以及网络链路的状态信息,由于可以更好地构建出实时的统一的网络监控图,可以更快捷地计算出最优路径,因此大大提高了各个链路的利用率。

15.3 软件定义网络关键技术

为了实现通过软件定义网络的功能并对上层应用进行编程,SDN 的关键技术主要有三大核心机制:一是基于流的数据转发机制;二是基于中心控制的路由机制;三是面向应用的编程机制。所有的核心技术都是围绕这三大机制而产生的,而 OpenFlow 作为实现SDN 的主要技术,备受业内人士的瞩目。

15.3.1 OpenFlow 概述

OpenFlow 作为软件定义网络中最核心的技术,其发展极大地推动了 SDN 的发展,如表 15-1 所示,自 2009 年 12 月,OpenFlow[①] 1.0 标准发布以来,经过不断完善与改进,截至本年度,OpenFlow 1.3.4 已经进入到批准状态了,目前官方最新的版本为 2013 年 9 月 27 日发布的 OpenFlow 1.3.3 协议。

表 15-1 OpenFlow 的发展历史

版　本	发布时间	实现内容	特　点
OpenFlow 1.0	2009 年 12 月	Single table/Single controller IPv4	单表流表设计简单,大规模部署时可拓展性强,但是很好地利用了旧有资源,仅需固件升级
OpenFlow 1.1	2011 年 02 月	Group table/Single controller MPLS\VLAN ECMP	利用多表提升流转发性能,但是需要构建新的硬件设备搭建系统
OpenFlow 1.2	2011 年 12 月	IPv6 Group controller	引入多控制器,使得网络系统更加稳定
OpenFlow 1.3	2012 年 04 月	IPv6 扩展 PBB	增强了版本协商能力,提高系统兼容性,但是由于发展进程较快,并没有投入使用

OpenFlow 并不完全等同于 SDN,它是一种南向接口协议,是指两个网络节点之间的链路是通过运行在外部服务器上的软件来定义的,并且网络节点之间的数据传输都是通过中央控制器来定义的,所以说 OpenFlow 是软件定义网络中一种发展较快的技术。如图 15-4 所示,OpenFlow 主要由控制器、交换机与协议三部分组成。

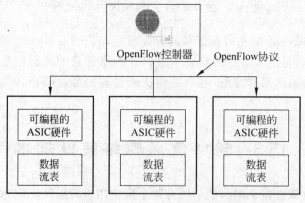

图 15-4 OpenFlow 基本组成示意图

---

① OpenFlow 协议官方网站:https://www.opennetworking.org/en/sdn-resources/onf-specifications/openflow。

　　控制器是整个系统的核心,它负责收集所有网络节点与链路的状态信息,维护全局统一资源视图,优化流表智能决策,并将决策发送给交换机。在规范中定义每个流信息的决策流程为:更新流表信息,修改交换机中现有流表;配置交换机;转发所有未知数据包。与传统网络交换机不同,在 OpenFlow 中交换机不再有智能功能,它仅保留转发功能,依据控制器管理硬件的流表转发数据。OpenFlow 的网络协议与其他网络协议一样,其最终目的都是实现对数据通路的程序指令,但是在实现数据通路指令时 OpenFlow 是所有协议的融合,它既包括客户端服务器技术又包含了各种网络协议。

　　在图 15-5 所示的流程图中,数字代表了步骤,步骤从 1 开始(步骤 0 是初始化阶段)。为了简化整个模型,我们先从简单情况入手,首先考虑纯 OpenFlow 模式下运行,OpenFlow 交换机和 OpenFlow 控制器之间是单段链路。如果从步骤 0 开始,那么需要连通 OpenFlow 交换机和 OpenFlow 控制器。首先是在 OpenFlow 交换机与 OpenFlow 控制器之间建立连接。控制器与交换机之间的连接是独立的,每一条连接都仅有一个控制器与一个交换机,并且控制层通过网络管理可以访问多个 OpenFlow 交换机,当然,用户端和服务器之间的连接仍需要 TCP。

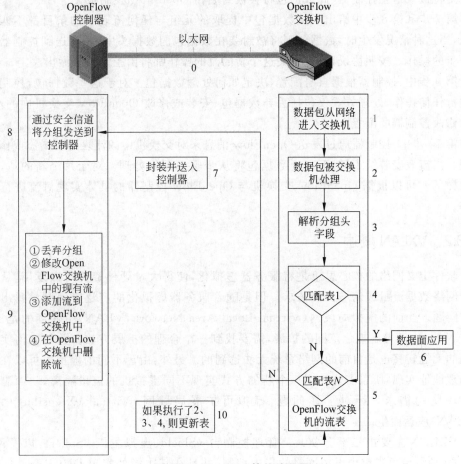

图 15-5　OpenFlow 协议流程图

在第 1 步中,数据包进入 OpenFlow 交换机后,将被交给交换机中运行的 OpenFlow 模块,这个数据包可以是控制报文也可以是数据包文。

第 2 步中,交换机负责 PHY(物理层)级的处理,主要对数据分组进行处理,然后数据包将交给在客户端交换机上运行的 OpenFlow 客户端。

在第 3 步中,数据包在交换机内进行处理,交换机内的 OpenFlow 协议将对数据包的数据头进行交换分析,从而判定数据包的类型。一般采用的方法是提取数据包的 12 个元组之一,从而根据后面步骤中安装的流表中对应元组进行匹配。

在第 4 步和第 5 步中,当交换机获取了可进行匹配的元组信息后,就开始从头至尾扫描流表。流表中的操作在扫描过后就将被提取出来。在 OpenFlow 协议中,可以通过不同的实现方式来优化扫描,减少扫描量,提高流表使用效率。

第 6 步中,元组匹配完成后,所有与特定流相关联的操作就全部结束。这些操作通常包括转发数据包、丢弃数据包,或者将数据包发送至控制器。如果执行的是从交换机中转发数据包的操作,那么数据包就将被交换。如果没有针对流的操作,那么流就会被后台丢弃,流里面所包含的数据包也将被丢弃)。如果流中没有与数据包匹配的条目,数据包则将被发送至控制器(此数据包将会被封装在 OpenFlow 控制报文中)。

第 7 步和第 8 步中给出了从数据包中提取的元组与任何流表中的条目都不匹配的情况,当这种情况发生时,数据包则将被封装在数据包的数据头中,并发送到控制器进行进一步的操作。按照协议,所有有关这个新的流的操作都将由控制器来做出决定。

第 9 步中,控制器根据自身配置,决定如何处理数据包。对于这些数据包,控制器并不进行任何操作,处理方式仅包括丢弃数据包、安装或修改 OpenFlow 交换机内的流表,或者修改控制器的配置。

第 10 步中,控制器通过发送 OpenFlow 消息来对交换机中的流表进行增添或修改的处理。当流表安装结束后,下一个数据包将从步骤 6 开始处理。对于每个新的流,流程是一样的。可以根据 OpenFlow 交换机与 OpenFlow 控制器的具体实现对流进行删除操作。

15.3.2　VXLAN 概述

软件定义网络的核心思想是将服务器虚拟化,使得大量硬件资源得以复用,从而满足对网络数据流量成倍增长的需求。但是随着服务器虚拟化的广泛应用时暴露出以下一些问题。当前的虚拟局域网(Virtual Local Area Network,VLAN)中使用的是 12 位 VLAN 账号,随着虚拟化范围的扩展,需要找到一个合理的扩展方法。并且如何实现虚拟机的无缝转移也是目前的网络系统无法达到的。另外,由于不同的虚拟机可以在同一个物理地址实现,所以需要找到一个新的方式实现不同虚拟机的流量隔离,从而满足多租户环境的需求。针对上述问题,虚拟可扩展局域网(Virtual eXtensible LANs,VXLAN)应运而生。

VXLAN 主要由三部分实现:管理控制台 vShield、虚拟主机 vSphere,以及网关。vShield 控制台负责整个虚拟网络的集中控制,并且在其边缘处实现 DHCP、NAT、防火墙、负载均衡、DNS 等网络服务,主机用来实现 VTEP 通道,网关并不是所有系统都需要的,它负责不同 VXLAN 网络之间的路由。

如图 15-6 所示为 VXLAN 案例,来解释 VXLAN 的功能。数字代表了步骤,步骤从 1 开始(步骤 0 是初始化阶段)。初始化阶段是指在两个虚拟机交互信息之前,需要先处理两个虚拟机之间的应答消息(ARP)。

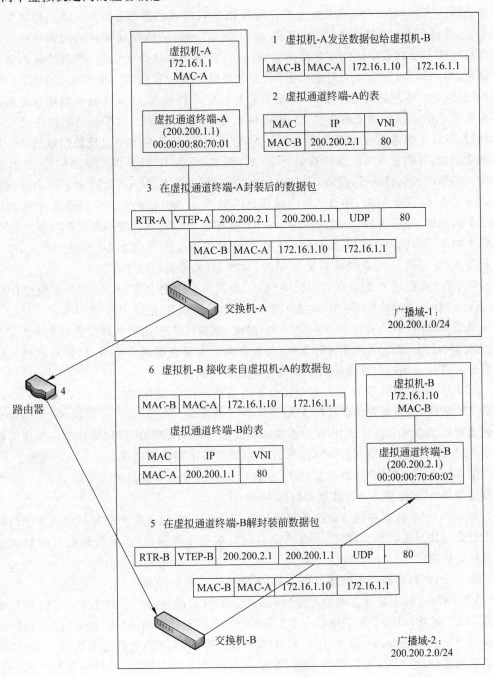

图 15-6　VXLAN 案例

在初始化过程中,首先假设这样一种情况:虚拟机 A 想要和一个在不同的主机上的虚拟机 B 进行交互。它需要发送一个消息到指定的虚拟机,但是它不知道指定虚拟机的MAC 地址。首先,虚拟机 A 发送一个 ARP 数据包来获取虚拟机 B 的 MAC 地址。然后这个 ARP 通过物理服务器的虚拟通道终端 A 封装成一个多址传送的数据包,而且这个是多址传送到一个和 VNI 有关的组织。所有和 VNI 有关的虚拟通道终端都会接收那个数据包,并且把虚拟通道终端 A/虚拟机 A 的 MAC 地址的映像加到它们的表格中。虚拟通道终端 B 也接收了这个多址传送的数据包,它解封装这个数据包,然后填满内部的数据包,即 ARP 应答消息需要主机中 VNI 中某部分的所有端口。虚拟机 B 接收 ARP应答消息的指令,然后建造一个 ARP 应答消息回复的数据包,并发送给和物理服务器的虚拟机 B 相关的虚拟通道终端 B。当虚拟机 B 在它的为虚拟机 A 准备的表格中建立一个映射,且这个映像指向虚拟通道终端 A 时,它将封装 ARP 应答消息反馈信息成单一传播的数据包,并把它发送给虚拟通道终端 A。注意,目标 IP 将是虚拟通道终端 A 的 IP地址。如果已经选择路径,或者,它是在同在二层网域,目标 MAC 会成为下一个路由器的 MAC 地址,目标 MAC 地址成为虚拟通道终端 A 的 MAC 地址。虚拟通道终端 A 接收这个数据包,并解封装,之后发送这个 ARP 反馈给虚拟机 A。虚拟通道终端 A 在它的表格中加上一个映射:虚拟通道终端 B 的 IP 地址与虚拟机 B 的 MAC 地址。至此,准备过程完成,虚拟机 A 与虚拟机 B 交互 MAC 地址,开始准备后续工作。

第 1 步,虚拟机 A 想要和虚拟机 B 交互,发送出一个附上源 MAC 的数据包(MAC-A)、目标 MAC(MAC-B)、源 IP 地址 172.16.1.1 和目标 IP 地址 172.16.1.10。

第 2 步,虚拟机 A 是未知 VXLAN 的,然而,虚拟机 A 归附的物理服务器是 VXLAN80 的一部分。这个虚拟通道终端节点,在这个例子中是虚拟通道终端 A,检查表格来确认它是否有一个到达目标虚拟机 B 的 MAC 地址的入口。

第 3 步,虚拟通道中 A 封装这个来自于虚拟机 A 的数据包,加上一个 VXLAN 80 的VXLAN 数据头,和有着特定目标 VXLAN 端口的 UDP 数据头,一个新的源 IP 作为虚拟通道终端 A 的 IP,新目标 IP 作为虚拟通道终端 B 的 IP,源 MAC 地址作为虚拟通道终端 A 的 MAC 地址,而且目标 MAC 作为链接开关 A 的路由器的接口的 MAC 地址。

第 4 步,当数据包到达路由器时,它将执行正常的路由和依据相应接口进行转发,然后调整外层 header 源 MAC 地址和目标 MAC 地址。

第 5 步,这个数据包到达虚拟通道终端 B,并且当数据包有一个带有 VXLAN 端口的用户数据包协议的数据头,虚拟通道终端 B 解封装这个数据包,然后发送内部的数据包给目标虚拟机。

第 6 步,内部的数据包被虚拟机 B 接收,整个通信过程结束。

VXLAN 实际上是建立在物理 IP 网络之上的虚拟网络,两个 VXLAN 可以具有相同的 MAC 地址,但一个段不能有一个重复的 MAC 地址。VXLAN 采用 24 位虚拟网络标识符(Virtual Network Identifier,VNI)来标识一个 VXLAN,因此最大支持 16 000 000个逻辑网络,通过 VNI 可以建立管道,在第三层网络上覆盖第二层网络,帮助 VXLAN跨越物理三层网络。同时,VXLAN 还采用了虚拟通道终端(VXLAN Tunnel End Point),每两个终端之间都有一条通道,并可以通过 VNI 来识别,VTEP 将从虚拟机发出/接收的帧封装/解封装,而虚拟机并不区分 VNI 和 VXLAN Tunnel。

15.3.3 其他关键技术

15.3.3.1 交换机关键技术

在数据层面的关键技术主要是 OpenFlow 交换机中关于流表的设计,交换机是整个网络的核心,实现了数据层的数据转发功能,而转发功能主要是依据控制器发送的流表完成。流的本质是数据通路,是指具有相同属性数据数组的逻辑通道,关于每一个流的数据分组都作为一个表项存在流表中。在 OpenFlow 交换机中同时包括流表,还包括与控制器通信时所用到的安全通道。流表一般需要硬件实现,普遍的做法是采用三态内容寻址存储器(Ternary Content Addressable Memory,TCAM),在最新的标准中规定,流表项主要由匹配域、优先级、计数器、指令、超时、小型文本文件组成。而安全通道则全部通过软件实现,控制器与交换机之间的通信消息与传输数据在安全通道里通过安全套接层(Secure Sockets Layer,SSL)实现。

匹配域中包含传统网络的 L2~L4 的众多参数,在最新版本的协议中匹配域多达 40个,并且每个匹配字段都可以被统配。优先级则表明了流表项的匹配次序,每条流表项都包含一个优先级。计数器主要负责统计每个流匹配的比特数及数据分组数目等。指令值一共有 4 种取值,转发到特定端口、封装并转发到控制器、将数组分组交由控制器统一处理及丢弃数据。超时记录了匹配的最大长度或者流的最长有效时间,在匹配时如果超过了匹配最大长度,则删除该表项,而且当流表项被应用后,如果使用时间超过了最长有效时间,流表将会被强行失效,当然针对不同的情况,有关超时的设定都可以由用户自行设定或者根据网络自身状况以及流的自身特性而定。小型文本文件,也就是 Cookie 尽在控制器中应用,对流做一些更新或删除操作。

15.3.3.2 控制器关键技术

作为整个 OpenFlow 中最核心的部分,中央控制器需要收集所有网络链路中的信息来维护全局统一资源视图,优化流表并发送给交换机,同时也是网络编程接口,根据协议与用户的要求执行应用层对底层资源的决策指令。

目前在 OpenFlow 控制器中,一些研究人员提出了分布式控制的思想,如图 15-7 所示,在网络中存在多部控制器,每个控制器都可以直接控制与它相连的交换机,同时每个控制器之间也相互连接,互相交换网络信息,从而构成一个完整的网络视图。这与传统网络架构相比的优势在于,由于服务器硬件的高速发展,单台服务器的计算能力要远超过 1000 台交换机的计算能力,因此利用服务器取代交换机实现控制层,就可以大大地减少网络延迟,同时利用这种在交换机之上的控制层可以更好地分配数据流,更加合理地利用网络资源,避免网络拥挤与网络资源空闲状况。

当然,不论是集中式控制还是分布式控制都要依据网络自身的情况而定。集中式控制需要采用主备式控制器,这就需要合理解决主备控制器的切换问题,以及面对故障时的应急措施,这种控制方式完全可以满足小规模网络。另一方面当面对大规模网络时,

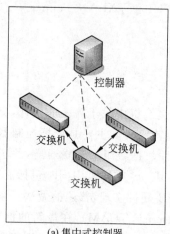
(a) 集中式控制器

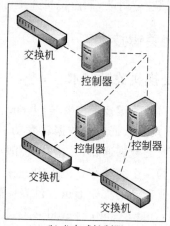
(b) 分布式控制器

图 15-7　集中式控制器与分布式控制器

需要采用多控制器的分布式网络,但是当才有集群式的控制器时,同样要面临如何使各个服务器协同工作与共享信息的问题。

在 OpenFlow 中控制器可以选择主动模式或者被动模式。在主动模式下,控制器需要自动更新流标信息,并发送到交换机处,但是在控制机主动模式中,交换机不能将失配的数据传回控制器,只能接收从控制器传来的流表,当然为了提高效率,控制器需要一次性将所有转发规则写入流表传给交换机。在被动模式中,控制器只有在收到交换机转发的失配数据分组时,才会更新流表,并发送到交换机处。

15.3.3.3　控制器接口关键技术

控制器接口分为南向接口和北向接口,南向接口主要是定义消息格式,通过 OpenFlow 协议连接控制器与交换机,其中交换机既包括物理上的设备,也包括虚拟交换机,如 vSwitch 等。北向接口是一种向上层提供控制应用层的软件接口,为了在保有原有网络资源的基础上部署 SDN 网络,北向接口向用户提供的平滑演进 SDN 的开放 API 的方案也应运而生。该方案主要是之间在硬件设备上开放可编程接口,使用户可以进行设备控制、更改应用,甚至于深入到修改设备底层的操作系统,比起传统的网络架构,用户将拥有更高的控制权限。

15.3.3.4　应用面关键技术

软件定义网络应用层的主要挑战是如何将现有的成熟的技术融入 SDN 架构中,SDN 的核心特征是动态智能地自主收集网络信息,而与现有的网络信息度量技术有机地结合可以更高效地实现应用层的优化。但是传统的协议都不支持 SDN 软件化的接口,因此未来应用层最急需解决的问题是如何更改现有的协议使其可以通过中央控制器对底层的网络资源进行集中控制,获取网络信息。

需要指出的是,虽然 SDN 的高速发展都是由 OpenFlow 发展而来,但是在发展的过程中也存在着许多非 OpenFlow 的解决方案,如思科的开放网络环境架构及其产品

onePK 开放 API 功能接口等。

15.4　软件定义网络标准现状

目前,SDN 的标准化工作还处于探索阶段,部分具有先驱性的协议发展地较为成熟,但是总体的从场景、需求到整体架构统一的标准还在进一步的研究之中。下面将从两个方面来介绍 SDN 标准化工作的现状:标准化组织和开源项目。

15.4.1　标准化组织

从事 SDN 标准化研究工作的组织包括开放网络基金会(Open Network Foundation,ONF)、互联网工程任务组(Internet Engineering Task Force,IETF)、国际电信联盟(International Telecommunication Union,ITU)、欧洲电信标准协会(European Telecommunication Standards Institute,ETSI)和中国电信标准化协会(China Communication Standards Association,CCSA)。

2011 年 3 月,德国电信、脸书、谷歌、微软、雅虎等公司联合成立了一家非赢利性组织 ONF[1]。ONF 的宗旨是通过对可编程 SDN 进行开发和标准化,实现对网络的改造和构建。2012 年 4 月,ONF 发布白皮书 *Software-defined Networking：The New Norm for Networks*。在该白皮书中,ONF 定义了 SDN 架构的三层体系结构,包括基础设施层、控制层和应用层三层。SDN 能够给企业或网络运营商带来诸多好处,包括混合运营商环境的集中控制、网络自动化运行和维护、增强网络的可靠性和安全性等。不过早在 ONF 成立之前,2009 年 10 月,第一个可商用的 OpenFlow 1.0 版本发布,随后 2011 年 2 月发布了 OpenFlow 1.1 版本。OpenFlow 协议主要描述了 OpenFlow 交换机的需求,涵盖了 OpenFlow 交换机的所有组件和功能。2011 年 ONF 成立之后,OpenFlow 协议的研究工作大大加快,2011 年 10 月,ONF 发布了 OpenFlow 1.2 版本,提供了可扩展的匹配支持以及更大的灵活性。2012 年 6 月,ONF 发布了 OpenFlow 1.3 版本,增加了基于流的度量、基于连接的过滤、重构能力协商以及更加灵活的交换处理等特性。

IETF 一直致力于研究互联网技术的演进发展。早在 SDN 概念提出之前,IETF 就已经朝着 SDN 的方向进行了前期的探索。其转发与控制分离工作组(Forwarding Control Element Separation,ForCES)的研究目标就是定义一种架构,用于逻辑上分离控制平面和转发平面。其应用层流量优化工作组(Application-layer Traffic Optimization,ALTO)则制定一种提供应用层流量优化的机制,让应用层做出选择,实现流量的优化。2011 年 11 月,IETF 成立了 SDN BoF 工作组。该工作组提出了若干针对软件定义网络的基本架构和异构网络集成控制机制的标准草案[2]。

ITU[3] 主要由两个研究工作组进行 SDN 的相关研究,分别是 SG 11 和 SG 13。SG

---

[1]　ONF,https://www.opennetworking.org。

[2]　IETF,http://www.ietf.org。

[3]　ITU,http://www.itu.int。

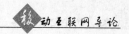

13 主要研究 SDN 的功能需求和网络架构及其标准化。SG 11 则开展 SDN 信令需求和协议的标准化,包括软件定义的宽带接入网应用场景及信令需求、SDN 的信令架构、基于宽带网关的灵活网络业务组合和信令需求、跨层优化的接口和信令需求等。

ETSI 以及 CCSA 等组织虽然还没有发布 SDN 方面的标准,但是已经开始了相关的研究工作。主要对 SDN 的应用及发展、架构及关键技术进行讨论和研究。

15.4.2 开源项目

目前,比较成熟的开源项目有如下几个项目:OpenDaylight①、POF② 和 OCP③。OpenDaylight 于 2013 年 4 月成立,成员包括 CISCO、Ericsson、IBM、Microsoft 等涵盖通信、计算机、互联网领域的企业。OpenDaylight 项目将研发一系列技术,为网络设备提供 SDN 的控制器。无感知转发(Protocol Oblivious Forwarding,POF)是华为公司于 2013 年 3 月发布的首个 SDN 方面的协议,是一个转发平面的创新技术。POF 控制单元下发的通用指令使得转发设备支持任何先后有的基于数据分组的协议,使得 SDN 的控制和转发彻底分离。开放计算项目(Open Compute Project,OCP)主要由脸书公司推动,旨在为互联网提供高效节能的开源网络交换机,通过共享设计来促进专业服务器的有效性和需求。

---

① OpenDaylight,http://www.opendaylight.org。
② POF,http://www.poforwarding.org。
③ OCP,http://www.opencompute.org。

第 16 章

智能机器人网络

随着互联网的飞速发展,各种高科技新型产业的出现,人型智能机器人逐渐进入了人们的生活。起初的人形机器人仅仅能够依据人们对他输入的命令进行执行,并不具备智能化,人们希望机器人能够对外界的刺激做出反应,就跟人一样,从而"智能"这一概念应运而生,智能机器人的出现,是为了给人类提供更好的服务。但是随着人们的需求的不断提高,仅仅一台机器人并不能满足人们的需要,可以使用多个机器人协作来更快更好地完成更复杂的任务,这之中涉及各个机器人之间的通信协调。如果将一个智能机器人看成是一个网络节点,机器人和机器人之间的通信就可以看作是一个网络拓扑结构中节点与节点的通信,如何设计出更优的通信模式是一个很有价值的问题。本章中首先会对智能人型机器人及网络模块的软硬件进行介绍,并对智能机器人网络所涉及的问题与技术做一个简单的分析。

16.1 智能机器人平台

智能机器人的行动能力与感知外界世界的能力依赖于各式各样的硬件设备,同时,仅仅依靠硬件也不能够满足对机器人的控制,还需要软件上对其进行编程。本小节对一些比较成熟的机器人平台的软硬件设备以及应用做一些介绍。

16.1.1 NAO 人型机器人

1. 硬件平台

NAO 人型机器人如图 16-1 所示。

NAO 是一个 58cm 高的仿人型机器人,它们都是由法国 Aldebaran Robotics 机器人公司建造的,这款机器人功能十分强大,由大量的传感器、电机,以及软件构成,以下是对该机器人所拥有的硬件设备。

(1) 25 个电机,可控制全身各个关节的移动。

(2) 2 个摄像头,920p,每秒最多可摄取 30 个图像。

(3) 1 个惯性导航仪,确定自己是否处于直立状态。

(4) 4 个麦克风,探测、追踪并识别发声物体,完成语音识别。

图 16-1　NAO 人型机器人[7]

（5）声呐测距仪，能够感知周围的物体，测量范围为 0～70cm。

（6）2 套红外线接收器。

（7）触摸传感器和压力传感器。

（8）Wi-Fi 和以太网支持。

NAO 这款机器人最突出的特点在于其运动控制模块非常精细，人型机器人的一个很大的难点在于如何能够让其平稳地行走，该公司对人型机器人硬件的设计在世界上处于领先地位。可以看出 NAO 这款机器人拥有完善的传感器系统以及一些高阶的传感器，比如麦克风、惯性导航仪、触摸、压力传感器，这使得它可以对多种外界的信号做出判断所以在功能上要远远超过普通的人型机器人。

除此之外，NAO 机器人支持 Wi-Fi 和以太网，与 Wi-Fi IEEE 802.11g 标准兼容，可在 WEP 和 WPA 网络中使用，该功能实现了 NAO 机器人与 PC、机器人与机器人之间的通信功能。

2. 软件开发环境

1）操作系统

NAO 机器人使用的是 Intel Atom 1.6GHz 处理器（见图 16-2），该处理器位于其脑部，运行的是 Linux 内核，该 Linux 内核支持该机器人所使用的操作系统 NAOQi，这是一个全新的操作系统，由该公司开发，专门用于控制 NAO 机器人。

一些简单的智能小车等机器人多使用单片机和 ARM 板，这两种硬件计算能力有限，单片机的

图 16-2　Intel Atom 1.6GHz 处理器[8]

处理速率达不到图像级别所需的运算量，寄存器数量也不够多。ARM 板上可以移植 Linux 系统，可以处理图像，但是跟计算机相比，处理速度和运算能力还是差得很远。NAO 机器人所用的 ATOM 1.6GHz 处理器是一款适用于笔记本的单核 CPU，该款 CPU 虽然跟计算机上的 CPU 相比仍然属于小型 CPU，但是对于机器人平台来说已经足以负担起该平台所需的处理速率。

操作系统 NAOQi 是一个建立在自然互动和情感基础上的操作系统，提供了一种方便实用的全新人机互动手段,借助该强大的操作系统,NAO 可以向使用者提供最丰富、最全面的人机互动。更重要的是,该操作系统完全开源,无论是你想做一些上层的应用还是做一些底层的代码,都是允许的,所有使用该机器人的研究机构都可以参与机器人的开发。

2) 编程语言

Aldebaran 公司向所有用户提供一套内容全面、简便易用的软件开发工具包 SDK。通过这个工具包,无论编程水平如何,任何用户都可为机器人创建行为程序。此外,这个多平台工具包可以和多种语言和机器人平台兼容,编程语言包括 Java、JavaScript、C++、Python、Matlab 等各种被广泛应用的语言,只要掌握其中一门语言,就可以参与其中的开发。其 SDK 包含 3 个重要的模块,用于辅助人们更好地进行开发。

(1) Choreraphe:该编程软件完全由公司自主研发,该软件拥有直观的图形界面、丰富的标准动作库和先进的编程功能,如图 16-3 所示为该软件编程界面的截图。

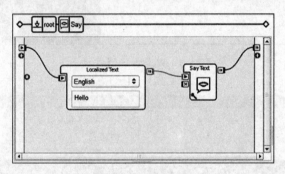

图 16-3　编程软件界面[7]

(2) Webots:Webots for NAO 是一个理想的模拟工具,类似于人们其余软件所用的仿真器,可以在该软件中建立一个虚拟的坏境来模拟程序的结果。可以通过该软件来测试我们的算法,避免了真实环境的构建,图 16-4 所示为软件界面展示。

(3) Monitor:Monitor 是一个应用程序,向用户提供 NAO 看到及感知到的反馈信息,用户可轻松得到机器人的传感器和电机获取的精准数据,比如说通过 laser 模块,可以观察当前 laser 模块对地形的扫描结果,如图 16-5 所示。其中黑颜色的点表示障碍物。

可以从网络上直接下载操作系统和 SDK 工具链,如图 16-6 所示,除此之外,NAO 机器人也提供了大量的例程供人们开发之前先进行学习,熟悉操作,对于更多的资料可在 http://www.aldebaran.com/zh/geng-shang-yi-ceng-lou 进一步的查询。

3. 应用

该机器人可以完成各种各样的功能,比如说语音识别控制,人们可以通过语音直接控制其完成开关电视等诸多功能。也可以通过摄像头模块做一些图像处理,将处理结果上传到 PC。本小节主要涉及一个关于利用机器人的网络模块来完成的一个项目——机器人世界杯。

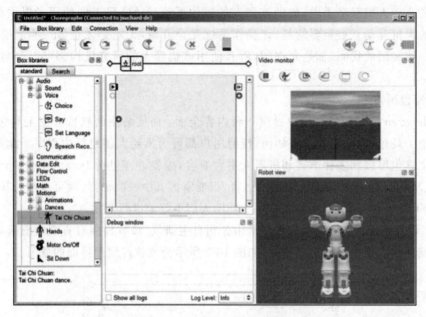

图 16-4   Webots 界面展示[7]

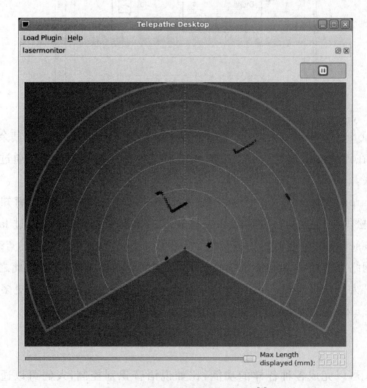

图 16-5   laser 模块扫描展示图[7]

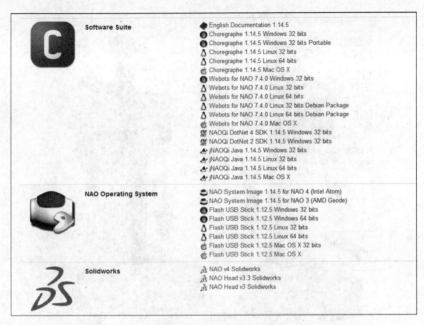

图 16-6   编程软件下载[7]

FIRA(Federation of International Robot-Soccer Association)是由韩国人创立的组织,从 1997 年开始,FIRA 每年都举行一次机器人足球世界杯决赛(FIRA Robot-Soccer World Cup),简称 FIRA RWCFIRA 的比赛项目主要有超微机器人足球赛、单微机器人足球赛、微型机器人足球赛、小型机器人足球赛、自主式机器人足球赛、拟人式机器人足球赛。所用的机器人正是法国 Aldebaran Robotics 机器人公司建造的机器人 NAO。机器人比赛现场如图 16-7 所示。

图 16-7   机器人世界杯[8]

该比赛从硬件方面需要机器人、摄像头、计算机和通信模块,机器人通过其摄像头抓取图像送到中央 PC,通过 PC 上的图像处理,判断场上的局势,并给出机器人行进的策略,通过通信模块传回机器人控制其行动,如此循环,使得机器人在场上自动比赛。

16.1.2   H20 系列人型机器人

1. 硬件设备

H20 机器人硬件结构如图 16-8 所示,该机器人由加拿大公司生产。

以下对其硬件特性进行介绍。

(1) 前胸配置触摸平板电脑,可用于播放视频、音频。

(2) 尺寸:43cm(长)×38cm(宽)×140cm(高)。

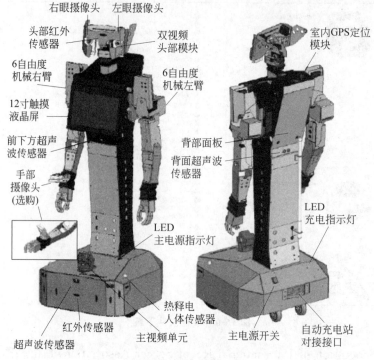

右眼摄像头　左眼摄像头

头部红外
传感器

双视频
头部模块

室内GPS定位
模块

6自由度
机械右臂

6自由度
机械左臂

12寸触摸
液晶屏

前下方超声
波传感器

背部面板

背面超声波
传感器

手部
摄像头
(选购)

LED
充电指示灯

LED
主电源指示灯

热释电
人体传感器

红外传感器

超声波传感器

主视频单元

主电源开关

自动充电站
对接接口

图 16-8　H20 机器人[10]

（3）导航和定位提供点到点的避障导航。

（4）室内 GPS 和方向导航系统。

（5）IEEE 802.11g无线网络。

（6）超声波和红外模块。

（7）高清晰度的摄像头。

2. 软件编程环境

使用 Microsoft Robotics Studio、Visual Studio 2008 C♯、VC++ 或 VB 即可进行开发，可以完成低阶的机器人控制，包含位置、速度、加速度控制，传感器信息获取，机器人状态监测等功能。

除此之外公司提供了 PC 端的控制界面，分为多个子系统，如图 16-9 所示，可以直接对机器人的状态进行查看，对机器人进行运动控制。

3. 应用

该机器人主要用于陈列室、展览馆的接待机器人。除一些公有的模块之外，该机器人带有室内 GPS，在室内行进定位方面比较杰出，可以自动避障到地图的指定位置处。

16.1.3　国内机器人现状

目前国内并没有过多较为成熟的人形机器人平台，以上两种机器人均是国外公司制

可使用专用控制器
进行直接控制

可以脚本文件形式导入
数据,进行连续动作

双目视觉高速视频
摄像头,实时视频
信号 (集成双向语
音通信),视频信号
可在控制PC直接
录制为流媒体格式

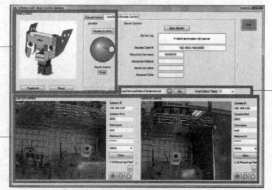

(a) 头部控制子系统

可以脚本文件形式
导入数据,进行连
续动作

手臂实时高速视频信号
(集成双向语音通信),
视频信号可在控制PC
直接录制为流媒体格式
(选购)

手臂自由度细节参数
设置单元

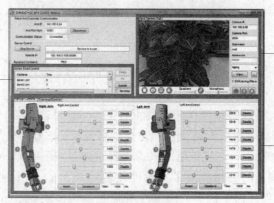

(b) 双臂控制子系统

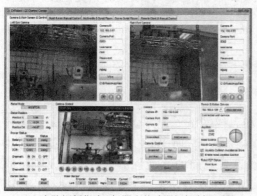

(c) 多路视频集成&机器人传感器组控制子系统

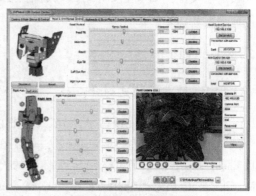

(d) 机器人实时交互控制子系统

图 16-9　各机器人子系统模块控制界面[10]

作,近期国内研究出了一款商用型的服务机器人塔米,如图 16-10 所示。它是中国唯一一个实用化、商品化的服务机器人,能像人一样自由说话,能听懂 200 多个中文句子,通过"眼睛"可以识别主人和物体并说出他们的名字,能够自动绕开障碍物自由行走。

图 16-10　塔米机器人[8]

16.2　网络模块

为了组建智能机器人网络，通信模块是必不可少的，目前主流的通信模块有 Wi-Fi、蓝牙、ZigBee 等，其中蓝牙通信只能支持点对点的传输，所以采用蓝牙这种通信方式来组建网络是十分不方便的。17.1 节介绍的机器人都是通过 Wi-Fi 来相互通信，模块内置于机器人之中，制作机器人的公司提供了大量网络传输相关的 API 接口可供调用，方便开发者对机器人进行编程。即使机器人内部并不带有通信模块，也可以利用其扩展接口来外接通信硬件。本节主要介绍两种通信方式：Wi-Fi 和 ZigBee，以及对相关的硬件设备做简单的介绍。

16.2.1　Wi-Fi

1. Wi-Fi 传输模式简介

Wi-Fi 是指一种无线信号，很多人会把它和无线网络混为一谈。无线网络是能够将个人电脑、手持设备等终端以无线方式相互连接的技术，而 Wi-Fi 是无线通信技术的品牌，目的是改善基于 IEEE 802.11 标准的无线设备之间的互通性。目前机器人所用的 Wi-Fi 通信模块是遵从 IEEE 802.11 标准的，Wi-Fi 支持 AP 模式的基础网传输和 Ad hoc 的自组网传输方式。所有设备连接到 AP(Access Point)，如果设备与设备之间想要相互通信，那么设备首先发送数据到 AP，由 AP 发送至另一设备。AP 可以是网络中的一个机器人或者是一个公共的 AP，网络中的所有机器人连接到公共 AP 的环境下也可以进行相互通信。Ad hoc 模式是指不需要 AP，两台设备直接通过 Wi-Fi 进行通信，Ad hoc 网络中所有的节点地位平等，没有中心，如果设备请求与覆盖范围之外的其他设备进行通信，可以通过多跳传输。对于智能机器人网络，可以使用 AP 模式通过 PC 对机器人进行控制，也可以通过 Ad hoc 或者 AP 模式，实现机器人和机器人之间的通信。

2. TI Simple Link CC3000

TI Simple Link CC3000 模块是一款完备的无线网络处理器,此处理器简化了互联网连通性的实施(见图 16-11)。TI 的 SimpleLink Wi-Fi 解决方案大大降低了主机微控制器(MCU)的软件要求,并因此成为使用任一低成本和低功耗 MCU 的嵌入式应用的理想解决方案。该芯片可与智能机器人的控制板相连作为通信模块。芯片服从 IEEE 802.11b/g 标准,内部存有 TCP/IP 协议栈,传输速度为 11Mb/s。TI 公司提供了完整的 SDK、大量的 API 编程接口,方便开发者对该开发板进行开发。

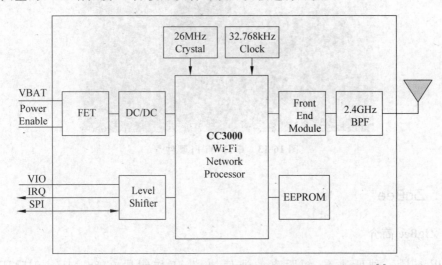

图 16-11 针对 TI SimpleLink CC3000 模块的 Wi-Fi 解决方案[6]

该芯片与机器人控制板的连接示意图如图 16-12 所示,机器人控制板作为主设备,CC3000 作为从设备。通过 SPI(Serial Peripheral Interface)串行外设接口互相连接,SPI 是一种高速的、全双工、同步传输的通信总线。图中 SPI_CLK 为控制时钟信号,SPI_CS 用作对从设备的片选,SPI_DOUT 和 SPI_DIN 分别为主设备向从设备发送数据通道和从设备向主设备发送数据通道。通过这种连接可以将机器人控制板处理的数据发送到 CC3000 模块发送至目的地。

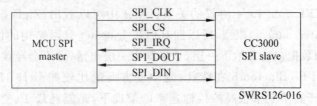

图 16-12 芯片与控制板的互连示意图[6]

3. 串口 Wi-Fi 模块

串口 Wi-Fi 模块是基于 UART 接口的符合 Wi-Fi 无线网络标准的嵌入式模块,内置无线网络协议 IEEE 802.11 协议栈以及 TCP/IP 协议栈,能够实现用户串口数据到无线网络之间的转换。硬件实物如图 16-13 所示。通过串口 Wi-Fi,传统的串口设备也能轻松接入无线网络,实现互相通信。该模块可以通过跳线连接到控制板上相应的 UART 引脚,完成数据传输与发送。设备支持基础网和自组网两种传输方式。控制板可以通过串口发送"AT+控制指令集"对串口 Wi-Fi 进行控制。串口 Wi-Fi 的传输速度比较低,最高仅仅有 11kb/s,可以用于一些数据量较小、对数据传输实时性要求较低的网络。

图 16-13　串口 Wi-Fi 硬件[8]

16.2.2　ZigBee

1. ZigBee 简介

ZigBee 是一种低速率、短距离的通信协议,工作频段在 868MHz、915MHz 和 2.4GHz 3 个频段上,其中 2.4GHz 频段比较常用。最大数据率为 250kb/s。ZigBee 主要应用于一些电量供给有限、要求低耗的应用中,由于机器人是由电池供给能量,与 Wi-Fi 相比,ZigBee 耗能更少,对于传输一些小的数据,或者控制指令是可以满足速度上的要求的。所以 ZigBee 是一个比较适合于机器人网络平台的协议。

ZigBee 与 IEEE 802.15.4 并不是同一个概念,IEEE 802.15.4 规定了数据链路层和物理层的一些协议,而 ZigBee 囊括了 IEEE 802.15.4 的前两层协议准则,并加入了自己定义的网络层和应用层的协议。图 16-14 中给出了 ZigBee 协议的分层结构并展示了 ZigBee 协议和 IEEE 802.15.4 协议的关系。从图中可以看出,ZigBee 协议是基于 OSI (Open System Interconnect)模型,所以拥有传统 Internet 分层结构的优点,每层各司其职,将处理之后的数据包转发给下一层,如果其中一层出错,也不会导致非常大的损失。

ZigBee 与 Wi-Fi,Bluetooth 在能耗、复杂度方面的比较如图 16-15 所示,可以看出 ZigBee 的优点在于在不要求很高的传输速率的前提下,是能耗最小、复杂度最低的一个通信协议。

由于其能耗低的突出优点,目前 ZigBee 模块被广泛应用于传感器网络,在传感器网络中的一个典型应用就是在家里监测病人的血压、血糖、心率等指标,病人通过带有一个具有 ZigBee 模块,同时能够测量各项指标的设备,通过 ZigBee 模块可以将采集来的数据发送到本地的服务器,通过 Internet 发送到医院供医生查看,达到足不出户就可以检查

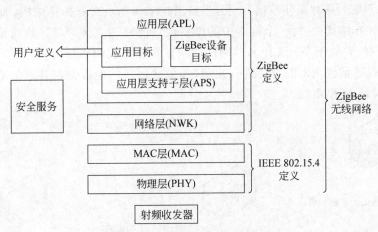

图 16-14 ZigBee 无线网络协议层

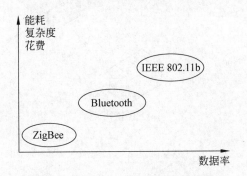

图 16-15 ZigBee、Wi-Fi Bluetooth 的比较

身体的效果。ZigBee 协议目前还没有被广泛到机器人网络领域,但是通过其特性可以看出将此协议用于机器人网络是有前景的。

在一个 ZigBee 网络下,设备分为两种主要类型:一种类型称为全功能设备(Full Function Device,FFD),这种设备能够完成任何基于 IEEE 802.15.4 协议的任务并且可以再网络中充当任何角色;另一种称为半功能设备(Reduced Function Device,RFD),此种设备功能受限。比如,一个全功能设备能够和一个 ZigBee 网络下的任何设备进行通信,但是半功能设备仅仅能够和全功能设备进行通信。半功能设备的内存以及处理能力要弱于全功能设备。

如果将设备再进行详细的分类,可以分成以下三类。

(1) 主协调器(PAN coordinator):负责传递信息的全功能设备,并且还是一个全局的控制器。

(2) 协调器(coordinator):负责传递信息的全功能设备。

(3) 设备(device):一般为半功能设备,不具有协调器功能,仅与协调器进行通信。

也就是说,一个 ZigBee 网络的路由功能是由主协调器完成的,如果一个设备想要与其他设备进行通信,并且该设备在其通信范围之外,这时就需要经过协调器分配路由路线。同时,ZigBee 网络的设备加入网络,退出网络,也需要主协调器的控制。

ZigBee 网络的两种拓扑结构分别是星型拓扑结构和点对点拓扑结构,如图 16-16 所示。在星型拓扑结构中,每一个网络中的设备仅仅能够和主协调器进行通信,主协调器负责集中控制,类似于 Wi-Fi 中基础网的架构。在点对点的拓扑结构中,每一个设备能够直接和在其通信范围内的设备进行通信,如果通信目的地设备在其通信范围之外,则通过主协调器分配路由规则。

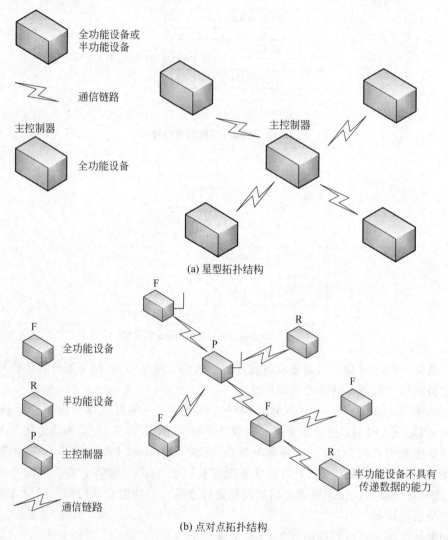

图 16-16 星型拓扑结构和点对点拓扑结构

2. TI 公司芯片 CC2530

TI 公司芯片 CC2530 是用于 2.4GHz IEEE 802.15.4、ZigBee 和 RF4CE 应用的一个真正的片上系统(SoC)解决方案,图 16-17 为 CC2530 的方框图,图中模块大致可以分为三类:CPU 和内存相关的模块,外设、时钟和电源管理相关的模块,以及无线电相关的模块。

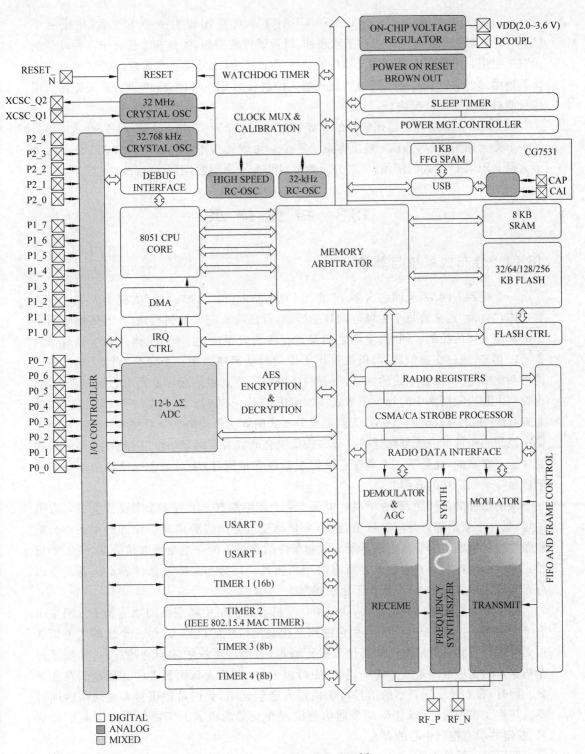

图 16-17　CC2530 的方框图[6]

图 16-17 中所示的 USART 0 和 USART 1 可被配置为一个 SPI 主/从或一个 UART。它们为 RX 和 TX 提供了双缓冲，以及硬件流控制，因此非常适合于高吞吐量的全双工应用。每个都有自己的高精度波特率发生器，因此可以使普通定时器空闲出来用作其他用途。所以我们可以通过智能机器人控制板的 SPI 与 CC2530 进行扩展连接。用作智能机器人的通信模块。

CC2530F256 结合了德州仪器的业界领先的黄金单元 ZigBee 协议栈（Z-Stack），提供了一个强大和完整的 ZigBee 解决方案。Zstack 协议栈为半开源的协议栈，TI 公司提供了大量 API 接口供人们使用，一部分函数被封装为了库函数，不允许修改。

16.3　相关拓展

16.3.1　分布式系统与算法

一个机器人网络，里面包含多个"自治"的机器人，每一个"自治"的机器人都可以称为主体，"自治"意味着每个主题可以独立行动，自己决策应该如何行动，并不依赖于网络中的其他主体的控制。同时，主体之间又是存在着联系的，主体与主体之间依靠通信设备可以互连，通过交换信息，可以决策出更优的行动策略。在一个完全"自治"的机器人网络系统中，并不像集中式的网络，所有的网络中的节点将信息传输到中心控制服务端，由控制中心决策网络中的每一个节点该如何进行下一步的行动，而是一个"多主体"的分布式系统（multi-agent system），人们需要分布式的算法来使得这个系统能够在不依赖于集中控制的条件下完成目标任务。分布式系统会面临着新问题，这些问题在许多集中式系统是不存在的，此处举一个例子——限制条件满足问题，来对分布式系统中面临的新问题做一个入门性的介绍。

限制条件满足问题，即一个系统中每一个个体中都有一个或多个需要你去设置取值的量，每一个变量都有对应的取值范围，变量与变量之间需要满足一定的约束条件。限制条件满足问题是为了找出满足所有限制条件的前提下的一组变量取值方案，或者得出结论并没有这样一种方案能满足所有的约束条件。而分布式限制条件满足问题是指以分布式算法解决该问题，不依赖于集中控制。

为了更好地描述问题的意义，我们举一个机器人网络中体现该问题的例子。网络中有 3 个机器人，如图 16-18 所示，黑色的圆点代表网络中的机器人，每一个机器人可以通过无线信号与其通信范围内的其他人进行通信，考虑到系统中障碍物的存在，导致了每个机器人的通信范围是一个椭圆，从图中可以看出，机器人与机器人的通信范围存在重叠。同时，有 3 种不同频率的信号可供机器人通信使用，我们希望机器人在通信的同时不会产生互相干扰，所以任何两个通信范围存在交集的机器人不能使用相同频率的信号，假定并没有控制中心的存在。

问题可以等价为图 16-19 所示的系统，X_1、X_2、X_3 为网络中的机器人，每一个机器人都可以从 3 种频率中任选一种进行传输，这 3 种不同频率的信号我们用 3 种不同的颜色表示，分别为红色、蓝色和绿色。此时问题就变为，图着色问题，如何给三角形的 3 个顶点填充一个颜色组合,使得任何两个顶点的颜色都不相同。

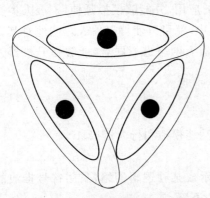

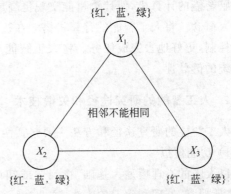

图 16-18　分布式条件满足问题举例　　　　图 16-19　　问题的等价表示

如果是集中式系统,可以通过控制中心分配好 3 个节点的颜色,将结果分别传输到 3 个节点,问题就可以解决。但是前提条件是并没有这样一个中心存在,机器人能够自己选择频率并将选择的频率信息发送给其余的机器人,并能够依据收到的其余机器人选择的频率信息选择自己的频率,但是并不能够给其余机器人发送控制信息控制其余机器人选择频率。

给出的例子中的限制条件可能并不具有实际意义,但是该例子展示出了这样一类问题的特点。解决此类问题的一个著名的方法是 ABT(Asynchronous Backtracking Algorithm)算法,这是一种启发式的算法,并将网络中的所有主体按照优先级进行排序。在最开始所有节点先尝试着选择一种方案,并将选择结果通知给优先级比其本身低的邻居节点,主体根据收到的信息来修改自己的方案,如果没有满足条件的方案,那么将不匹配信息回馈给优先级比他高的上一级邻居节点,上一级根据某些算法准则选择另外一种方案,再次将信息传递给相邻节点,如此往复,最终得出方案结果或无解,本处并不介绍算法的具体步骤,有兴趣的读者可以自行查阅。

构建一个分布式系统的优点在于各个主体的独立性很强,集中式系统中如果控制中心出现了问题,那么会导致整个系统的瘫痪,然而分步式系统单个个体的故障并不影响整个系统的正常运作,分布式机器人系统配合下面两章介绍的人工智能与机器学习,在机器人领域是很有前景的。

16.3.2　人工智能

随着科学技术的不断发展,人类运用机械学、计算机、生物学、电力学等技术研究出机器人,以为人类提供更好的服务。现在的大部分机器人,虽然具备一定程度的人工智能,却仍然不能摆脱固定行为模式,以及无法根据获取的信息对自己的行为进行优化学习。而未来研究的机器人将以更高程度的人工智能为核心,是具有感知、思维和行动的智能机器人,它可以获取、处理和识别多种信息,自主地完成较复杂的操作任务。

目前的计算机存在很大的局限性:智能低下,缺乏自学习、自适应、自优化能力,不能满足信息化社会的迫切要求。人工智能是研究使计算机来模拟人的某些思维过程和智能行为(如学习、推理、思考、规划等)的学科,主要包括计算机实现智能的原理、制造类似于人脑智能的计算机,使计算机能实现更高层次的应用,并能够模拟延伸,扩展人类智能的新兴概念。将人工智能的计算机搭载在机器人中,就可以使得机器人智能地对其行动进行控制,更好地去完成任务。将人工智能与机器人网络进行融合,能够提升机器人网络系统的健壮性。

1. 人工智能的研究途径和关键技术

人工智能的研究途径和方法主要包括两类:功能模拟和行为模拟。

1)功能模拟

以人脑的心理模型为基础,将问题或知识表示成某种逻辑网络,采用符号推演的方法,实现搜索、推理和学习的方法,主要特征包括以下五点。

(1) 立足于逻辑运算和符号操作,适合于模拟人的逻辑思维过程。

(2) 知识用显示的符号表示,容易表达人的心理模型。

(3) 现有的数字计算机可以方便地实现高速的符号处理。

(4) 易于模块化。

(5) 以知识为基础。

2)行为模拟(行为主义、进化主义、控制论学派)

(1) 基于感知-行为模型的研究途径和方法。

(2) 模拟人在控制过程中的智能活动和行为特征:自寻优、自适应、自组织、自学习。

(3) 强调智能系统与环境的交互,认为智能取决于感知和行动。

(4) 智能只有放在环境中才叫真正的智能,智能的高低体现在对环境的适应上。

目前,比较成型的人工智能控制的技术包括模糊控制技术、神经网络控制技术、专家控制技术、学习控制技术、分层递阶控制技术。

(1) 模糊控制技术:以模糊集合理论为理论基础,使控制系统像人一样基于定性的模糊的知识进行控制决策成为可能。

(2) 神经网络控制技术:模仿人类神经网络,神经网络具有高速实时的控制特点,也具有很强的适应性和信息综合能力。同时神经网络也具有学习能力,能够解决数学模型或规则描述难以处理的问题。

(3) 专家控制技术:基于知识的系统,主要面向各种非结构化的问题,经过各种推理过程达到系统的目标。

(4) 学习控制技术:此部分与17.3.3节机器学习联系紧密,学习的意义主要是自动获取知识,积累经验,根据已经掌握的知识经验来进行更优的控制决策。

(5) 分层地接控制技术:智能控制系统除了实现传统的控制功能以外,还要实现规划、决策、学习等智能功能。因此智能控制往往需要将各个部分协调好,分层处理各项任务。

2. 人工智能的应用

人工智能被广泛应用于机器人控制领域,智能机器人已经在工业、空间海洋、军事、医疗等众多领域取得了应用,并取得巨大的效益。此外,在机器视觉、指纹识别、人脸识别、视网膜识别、虹膜识别、掌纹识别、专家系统、自动规划方面也有广泛的应用,其中机器视觉常常与智能机器人相结合,智能机器人视觉技术已经比较成熟,堪比人眼。也是目前人工智能技术中最贴近人类本身智能的一项技术。

美国的 irobot 公司生产的 Roomba 是应用了人工智能的机器人产品,它的作用是定时清扫你的房间,Roomba 的外形如图 16-20 所示。

可以通过控制机器人上装有的自动清扫控制按钮来设置机器人的清扫时间。机器人不仅可以在你的控制之下进行清扫,通过定时设置清扫时间,当你外出时,也可以让它自动完成清扫工作。电池的电量足够机器人一次清扫 3 个房间。由于机器人外形适应于各种复杂的环境,所以在房间中一些你难以触及的死角,机器人可以进入并清扫干净。它身上装有多个感应器,使其避免掉落楼梯。Roomba 会自动侦测地板表面的情况,从地毯到硬地面,或从硬地面到地毯,它都会自动调整清扫模式。此种全自动

图 16-20　Roomba 吸尘机器人

的吸尘机器人涉及对采集到的传感器数据进行分析和整理,并自动对机器人的行进决策。

16.3.3　机器学习

1. 简介

学习这个词对人们并不陌生,贯穿着人的一生,人通过学习可以获得知识和技能,人们希望机器人可以具备像人一样的学习能力,然而在当前科技水平下,机器人即使依赖各种复杂的传感器,也做不到跟人类完全一样,能够完全凭借自身的认知、感觉能力来应付各种复杂的情况。我们可以通过编程等方式教给机器人一些学习规则,使得机器人在给定数据的情况下,能够具备从数据中获取知识的能力。

下面给出机器学习的定义:假设 W 是给定世界的有限或无限所有观测对象的集合,由于人们的观测能力有限,只能获得这个世界的一个子集 Q,称为样本集,机器学习就是根据这个样本集,推算世界的 W 模型,使得推算的世界模型尽可能的贴近真实情况。

机器学习的发展过程可以分为以下几个时段。

(1) 神经元模型研究(20 世纪 50 年代中期到 60 年代中期)。也称为机器学习最热烈的时期,最具代表性的工作是罗森勃拉特 1957 年提出的感知器模型。

(2) 符号概念提取(20 世纪 60 年代中期到 70 年代初期)。主要研究目标是模拟人类的概念学习过程。这一阶段神经元模型研究落入低谷,称为机器学习的冷静时期。

(3) 知识强化学习(20 世纪 70 年代中期到 80 年代初期)。人们开始把机器学习和各种实际应用相结合,尤其是专家系统在知识获取方面的需求。也有人称这一阶段为机器学习的复兴时期。

（4）连接学习和混合性学习（20 世纪 80 年代中期至今）。把符号学习和连接学习结合起来的混合型学习系统研究已成为机器学习研究的新的热点。

2. 机器学习的主要算法

机器学习中领域中有很多著名的算法，这些算法支撑着机器学习的概念和框架。本小节对机器学习中比较著名的几个算法进行简要的介绍。

1）决策树模型

机器学习中，决策树是一个预测模型，它代表的是对象属性与对象值之间的一种映射关系。树中每个节点表示某个对象，而每个分叉路径则代表某个可能的属性值，而每个叶节点则对应从根节点到该叶节点所经历的路径所表示的对象的值。决策树仅有单一输出，若欲有复数输出，可以建立独立的决策树以处理不同输出。从数据产生决策树的机器学习技术称为决策树学习，通俗地说就是决策树。

2）最大期望（EM 算法）

在统计计算中，最大期望（Expectation-Maximization，EM）算法是在概率模型中寻找参数最大似然估计的算法，其中概率模型依赖于无法观测的隐藏变量，是一种迭代算法。最大期望经常用在机器学习和计算机视觉的数据集聚（Data Clustering）领域。最大期望算法经过两个步骤交替进行计算，第一步是计算期望（E），也就是将隐藏变量像能够观测到的一样包含在内从而计算最大似然的期望值；另外一步是最大化（M），也就是最大化在第一步找到的最大似然的期望值，从而计算参数的最大似然估计。这一步找到的参数然后用于下一次期望计算步骤，这个过程不断交替进行。

3）K-means 算法

k-means algorithm 算法是一个聚类算法，把 n 的对象根据它们的属性分为 k 个分割，$k<n$。它与处理混合正态分布的最大期望算法很相似，因为它们都试图找到数据中自然聚类的中心。它假设对象属性来自于空间向量，并且目标是使各个群组内部的均方误差总和最小。假设有 k 个群组，S_i，$i=1,2,\cdots,k$。μ_i 是群组 S_i 内所有元素 x_j 的重心，或叫中心点。

k-means 算法的一个缺点是，分组的数目 k 是一个输入参数，不合适的 k 可能返回较差的结果。另外，算法还假设均方误差是计算群组分散度的最佳参数。

3. 机器学习的应用[11]

现今，机器学习已应用于多个领域，远超出大多数人的想象，下面就是假想的一日，其中很多场景都会碰到机器学习：假设你想起今天是某位朋友的生日，打算通过邮局给她邮寄一张生日贺卡。你打开浏览器搜索趣味卡片，搜索引擎显示了 10 个最相关的链接。你认为第二个链接最符合你的要求，单击了这个链接，搜索引擎将记录这次点击，并从中学习以优化下次搜索结果。然后，检查电子邮件系统，此时垃圾邮件过滤器已经在后台自动过滤垃圾广告邮件，并将其放在垃圾箱内。接着你去商店购买这张生日卡片，并给你朋友的孩子挑选了一些尿布。结账时，收银员给了你一张 1 美元的优惠券，可以用于购买 6 罐装的啤酒。之所以你会得到这张优惠券，是因为款台收费软件基于以前的统计知识,认为买尿布的人往往也会买啤酒。然后你去邮局邮寄这张贺卡,手写识别软件识别出邮寄地址,并将贺卡发送给正确的邮车。当天你还去了贷款申请机构,查看自己是否能够申请贷款,办事员并不是直接给出结果,而是将你最近的金融活动信息输入计算机,由软件来判定你是否合格。最后,你还去了赌场想找些乐子,当你步入前门时,尾随你进来的一个家伙被突然出现的保安给拦了下来。"对不起,索普先生,我们不得不请您离开赌场,我们不欢迎老千"。

机器学习在日常生活中的应用如图 16-21 所示,左上角按顺时针顺序依次使用到的机器学习技术分别为人脸识别、手写数字识别、垃圾邮件过滤和亚马逊公司产品的推荐。

图 16-21　机器学习的实例[9]

机器学习非常重要,目前在各个领域都面临着对大量的数据分析,人们不想在大量的数据中迷失自己,机器学习有助于人们更好地分析数据,从中抽取有用的信息。

参 考 文 献

[1]　NAO 机器人官网. http://www.aldebaran.com.

[2]　华亨科技. CC2530 中文数据手册完全版[EB/OL]. http://www.hhnet.com.tw.

[3]　北京掌宇集电科技官网. http://www.drrobot.cn.

［4］　Farahani S. ZigBee wireless networks and transceivers［M］. NJ：Newnes，2011.

［5］　Shoham Y，Leyton-Brown K. Multiagent systems：Algorithmic，game-theoretic，and logical foundations［M］. Cambridge：Cambridge University Press，2009.

［6］　TI. Chip datasheet［EB/OL］. http://www. arrownac. com/manufacturers/texas-instruments.

［7］　Aldebaran. NAO 是谁［EB/OL］. http://www. aldebaran. com/zh/ji-qi-ren-nao-shi-shui.

［8］　NAO. Choregraphe overview［EB/OL］. http://doc. aldebaran. com/1-14/software/choregraphe/choregraphe_overview. html.

［9］　图灵社区. 机器学习基础［EB/OL］. http://www. ituring. com. cn/article/2064.

［10］　掌宇集电科技. 掌宇机器人简介［EB/OL］. http://www. drrobot. cn/index. php? m＝default. product.

［11］　袁野. 何谓机器学习，机器学习能做些什么［EB/OL］. http://www. csdn. net/article/2013-04-27/2815066-Machine-learning-Python.

人物介绍——图灵奖得主 Les Valiant 教授

Les Valiant，英国科学家，哈佛大学计算机和应用数学系的教授，Valiant-Vazirani theorem 提出者，是英国皇家学会会士、美国科学院院士。2010 年，他因在计算理论方面，特别是机器学习领域中的概率近似正确理论的开创性贡献而获得图灵奖。Les Valiant 的简介如下。

1949 年 3 月 28 日出生。曾在英国剑桥大学国王学院、伦敦帝国学院和华威大学接受教育。1974 年获得英国华威大学计算机科学博士学位。1982 年，成为美国哈佛大学教授，任教于哈佛大学工程和应用科学学院。曾在卡内基梅隆大学、利兹大学、爱丁堡大学任教。他在计算理论方面最大的贡献是 Probably approximately correct learning。PAC 模型可解决信息分类的问题。此学习模型对于机器学习、人工智能和其他计算领域（如自然语言处理、笔迹识别、机器视觉等）都产生了重要影响。除计算机复杂性理论之外，他还为并行计算和分布式计算做出了重要的贡献。最大的贡献是 1984 年的论文 *A Theory of the Learnable*，使诞生于 20 世纪 50 年代的机器学习领域第一次有了坚实的数学基础，从而扫除了学科发展的障碍，这对人工智能诸多领域包括加强学习、机器视觉、自然语言处理和手写识别等都产生了巨大影响。可以说，没有他的贡献，IBM 公司也不可能造出 Watson 这样神奇的机器来。他在计算复杂性理论方面也有重要贡献。他 1979 年提出的上下文无关分析算法，至今仍然是最快的算法之一。在并行与分布式计算领域，他 1990 年提出了著名的 BSP 并行模型，至今还是这一学科的必读论文。

参 考 文 献

[1] https://en.wikipedia.org/wiki/Leslie_Valiant.

[2] http://baike.baidu.com/view/6265182.htm.

第17章

移动智能小车网络

移动智能小车是嵌入式领域的一大应用之一,其中的应用非常广泛,包括智能家居、自动驾驶、环境监控、无人搜救等。智能小车也是机器人研究领域的一项重要内容。它集机械、电子、检测技术与智能控制于一体。智能小车可以适应不同环境,不受温度、湿度等条件的影响,完成危险地段、人类无法介入等特殊情况下的任务。本章将介绍在移动互联网的大潮下,在智能小车上的一些应用。

17.1 智能车的平台

首先介绍一下国内外公司生产的一些智能小车的运行平台。

1. Digilent 公司的 ZRobot

ZRobot 主要搭载一个 ZedBoard 嵌入式板,其包含 Zynq-7000 处理器,可以运行 Linux 操作系统。如图 17-1 所示,ZRobot 小车包含了很多模块:摄像头、超声波、Wi-Fi 以及可以拓展的蓝牙 UART 接口等。

图 17-1　ZRobot 小车[1]

ZRobot 上搭载的主要嵌入式板为 ZedBoard。ZedBoard 的主要处理芯片为 Zynq7000,其内部包含一个 Processing System(PS)和一个 Programmable Logic(PL)。PS 相当于一个 ARM 处理器,PL 相当于是一个 FPGA,两者搭配,可以配置的灵活性相当大。

在 ZedBoard 上，可以运行 Linux Linaro 操作系统，将文件系统存放在 SD 卡中。当然，也可以使用 Xilinx 公司的 SDK 来在线烧写程序，避免操作系统交叉编译的麻烦。车载的 Wi-Fi 路由器是 TP-Link 公司提供的小型无线路由器，可以用作计算机、手机连接小车、控制小车的接口。下层电机板的超声波模块可以检测前方 4m 以内的障碍，并且通过并串转换支持多达 3 个超声波模块。下层驱动板还有很多 USB 接口，可以支持摄像头的读取图像。在上层 ZedBoard 中可以使用 OpenCV 图像处理库来处理摄像头读入的图像。并且可以通过 C 程序实现边缘检测等功能。ZedBoard 还支持额外的 UART 接口设备，如蓝牙。通过 UART 连接蓝牙模块，可以实现小车与小车、小车与手机之间的通信。此外，还可以通过车轮上的 Wheel Encoder 来测量轮胎转过的圈数，这样可以记录车辆行驶的距离。

开发此款小车的软件有 Plan Ahead、Xilinx Platform Studio、Xilinx SDK、Ubuntu 计算机，这些软件会完成处理器配置、PL 部分逻辑电路编写、C 代码和驱动编写这些工作，流程比较复杂。但是对想学习硬件和软件的同学来说，这个平台非常理想。

2. 飞思卡尔杯智能车

每年都会有全国的飞思卡尔智能车大赛，比赛形式为车辆按照规定线路，最快完成比赛的获胜。比赛分摄像头、光电、电磁三组，都设有冠军席位。其设计内容涵盖了控制、模式识别、传感技术、汽车电子、电气、计算机、机械、能源等多个学科的知识。

以摄像头为线路识别的小车主要是通过识别白底黑线，判断前方的轨迹，从而使车辆沿着正确的轨迹行驶。基于图像中的道路参数识别，不仅可以识别道路的中心位置，同时还可以将道路的方向、曲率等信息得到。基于 CCD 器件，通过图像信息处理的方式得到道路信息，可以有效进行车模运动控制，提高路径跟踪精度，提高车模运行速度。

以电磁线为引导标志的小车主要是小车前段安装有电磁感应器，通过自动识别赛道中心线位置处由通有 100mA 交变电流的导线所产生的电磁场进行路径检测。这是因为，导线周围的电场和磁场，按照一定规律分布。通过检测相应的电磁场的强度和方向可以反过来获得距离导线的空间位置，这正是人们进行电磁导航的目的。

以光电管作为主要引导传感器车模需要在前端架设很长的光电阵列，激光横向的阵列在扫过路线中央的黑线时会有一个分布，在跟踪处理这个分布变化中控制小车前进。这里面包括轻质量机械设计、大前瞻传感器、连续化算法、噪声抑制、驱动优化这些比较复杂的内容。

总的来说，这类智能车都是以跟踪赛道为目的的，在控制理论上占领大头，但在无线网络这一块，却没用到。但是在一些智能车大赛的创新项目里，可以看到许多辆车合作的智能交通系统演示，包括自动识别前方车辆、自动停泊等技术。可以说，只要为道路赛的智能车加上无线模块，那么它的潜力将会非常大。

3. 上海因仑电子科技有限公司

上海因仑电子科技有限公司提供的基于 ARM 智能开发系统的小车是结合无线通信的小车。其 ARM 智能开发模块由 Philips LPC2146 作为核心控制处理器，控制电路提供 14 路模拟输入端口、8 路数字输出端口、2 路 PWM 控制端口、2 路方向控制端口、1 路 I²C 扩展控制端口,提供给学生做智能控制的创新扩展使用。控制器的源代码完全开放,方便学生深入学习并掌握单片机的编程及外围设备控制,并可方便地移植到其他类处理器上。

其包含的主要模块如下。

(1) 显示模块:由 LCD1602 液晶组成。

(2) USB 及串口模块:该模块由 MAX322 串口电平转换电路组成。

(3) 信号输出模块:10 位 ADCs 共提供了 6/14 模拟输入的转换。

(4) 32 位定时器/外部事件计数器(带 4 路捕获和 4 路比较通道)。

MCU 系统主要采用 STC89C58 作为核心控制处理器进行控制,包括 9 个部分,即 CPU 控制板、1602 液晶模块、万能扩展板、360°高精度进口数字伺服电机、各类传感器、高精度模块化铝合金机构件、高性能锂电池、传感器及扩展元件套件。其基本功能如下。

(1) 避障碍物功能:在开发智能体项目运动过程中,如有障碍物,由红外发射管发射的红外信号被反射给红外接收管,红外接管将此信号经过 I/O 端口传送到单片机中,主芯片通过内部的代码调节从而使智能体绕过障碍物前行。

(2) 避悬崖功能:当走到悬崖处时,I/O 端口将收到一个电平信号,此电平信号将通过相应端口传送入主芯片中,主芯片通过内部代码完成智能体的避悬崖操作。

(3) 液晶显示功能:可实时显示当前按键的控制功能。

(4) 丰富的可扩展功能,如完成声控智能车设计、实现悬崖报警功能。

这类小车虽然不能运行复杂的操作系统,但是可利用性还是非常高的。因为它们不仅包含摄像头、超声波、轮驱模块等,还可以与 WSN 无线传感网结合,组成一个覆盖式的无线自组网络,以达到车队合作完成任务的功能。

4. 北京掌宇集电科技有限公司[2]

这家公司可谓是专业生产特种高端移动机器人的,其产品大多在工业界而非学术界,因此价格比较高,但是还是可以拿来分析。

1) i90 无线智能机器人开发平台

如图 17-2 所示,i90 可以实现远程监控、远距离临场,以及自动导航、巡视等功能。可以利用 Microsoft Robotics Studio 或者是 Visual Studio 2008 C♯或者是 Visual Studio 6.0 VB 及 VC++ 进行开发。

其硬件特性有:高分辨率摄像头、2 个直流马达配光学编码器、IEEE 802.11g 无线通信模块、7 个红外距离传感器、3 个超声波测距模块、2 个人体移动感应模块、LCD 触摸屏等。

2) Sputnik2 无线智能机器人[2]

如图 17-3 所示,Sputnik2 也可以实现 i90 所实现的功能,而且它有一对摄像头,因此可以像人眼一样识别物体的距离。它同样配有高分辨率摄像头、2 个直流马达配光学编码器、IEEE 802.11g 无线通信模块、7 个红外距离传感器、3 个超声波测距模块、2 个人体移动感应模块、LCD 触摸屏等。

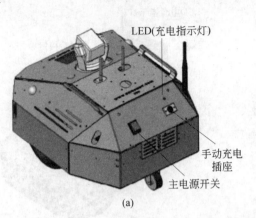

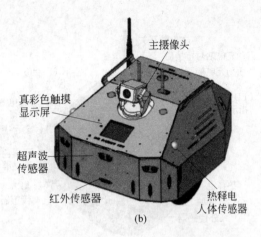

图 17-2 **i90**

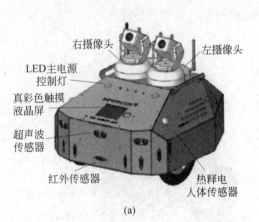

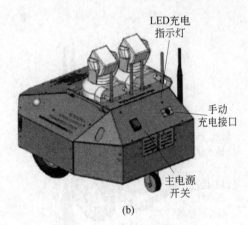

图 17-3 **Sputnik2**

3) Sentinel3 保全警卫机器人[2]

如图 17-4 所示，Sentinel3 配备精确的 StarGazer 室内定位系统及智能充电站，具有远程监控、远距离临场、自动规划、障碍物避开、自动充电等功能。

Sentinel3 的硬件特性有：室内定位系统、40 片地标贴、自动充电站、摄像头、马达、光学编码器、无线模块、红外、超声波、人体移动感测、LCD 触屏、操纵杆等。通过 C♯ 或者 C++ 编程可以在计算机上完成机器人控制、位置和速度读取、状态检测、电压侦测等。它还可以加装 6 自由度手臂、语音模块、RFID 远距离通信模块等。

4) Scout2 无线侦查机器人[2]

如图 17-5 所示，Scout2 配备有 2 个可握的抓手，可配一个腕带式 CCD 摄像头，实现了 Sentinel3 的所有功能。其硬件特性有：2 个爪，每个 6 自由度，可以举起 300g 的物体，高清摄像头、2 马达、无线模块、红外、超声波、人体感应模块、LCD 触屏、操纵杆等。

5) X80Pro 无线智能机器人

如图 17-6 所示，X80Pro 配备了更多的感测模块以及更强大的负载能力。它配备有：2 马达、每转 800 格的光学编码器、无线模块、7 个红外、6 个超声波、1 个倾斜/加速感测

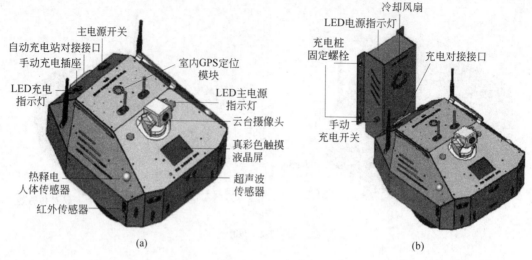

主电源开关
自动充电站对接接口
手动充电插座
LED充电指示灯
室内GPS定位模块
LED主电源指示灯
云台摄像头
真彩色触摸液晶屏
超声波传感器
热释电人体传感器
红外传感器

(a)

冷却风扇
LED电源指示灯
充电桩固定螺栓
充电对接接口
手动充电开关

(b)

图 17-4　Sentinel3

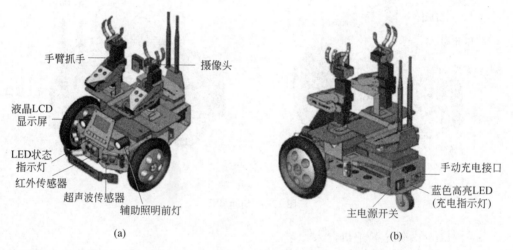

手臂抓手
摄像头
液晶LCD显示屏
LED状态指示灯
红外传感器
超声波传感器
辅助照明前灯

(a)

手动充电接口
蓝色高亮LED（充电指示灯）
主电源开关

(b)

图 17-5　Scout2

机器人无线模块天线
液晶LCD显示屏
温度传感器
热释电人体传感器
红外射频控制模块
倾斜加速度传感器
摄像头
主电源开关
红外传感器
超声波传感器

(a)

超声波传感器
7.2V电池盒
红外传感器

(b)

图 17-6　X80Pro

模块、1 个环境温度计、2 个人体感测模块、1 套红外线遥控模块、LCD 显示模块。

同时,X80Pro 还可以选配激光测距仪、高精度室内 GPS 定位和方向导航系统。

然而,北京掌宇集电科技有限公司生产的机器人小车都是工业界高度集成化的成品,其开发利用性能不算高,不开源。

17.2 学术界移动小车机器人的研究应用

下面介绍一下移动智能小车在学术界的研究应用,主要是用于室内开拓、定位的。

17.2.1 Leap-Frog Path Design

如图 17-7 所示,使用三辆小车和一种特定的组合步伐,使得直线前进的误差缩小至每 140m 偏离 1.1m。简单地来看就是其中 2 辆小车不动,第三辆前进,然后交替进行。但是,如何尽可能减小误差涉及很多数学知识。

图 17-7 三辆小车协同行走

小车配备的是摄像头,可以识别其他车辆上的红色球体,以便测量出相对角度和距离。所谓的步伐,其实就是 3 辆小车组成一个等边三角形,然后其中一辆小车垂直穿过另外两辆小车之间,然后交替前行,如图 17-8 所示。

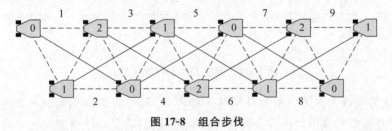

图 17-8 组合步伐

这种步伐的结果就是使得组合前进的偏离误差最小化。这是通过数学计算,使得小车之间的 information gain 最大化得到的。

17.2.2 Real-Time Indoor Mapping

这篇文章使用到的小车机器人是只具有短距离传感器的。这类基于路径长度计和左右两个 bumper sensor 的小车就像一个盲人一样,需要在复杂的室内环境中"摸索"。

假设室内的形状都是长方形的,转角都是直角,那么这类小车在每次碰撞到墙之后都进行一次 90°转,然后继续行驶。也就是说,小车的行驶角度是离散的,使用一段段的直线和直角角度,就可以画出室内的地图,也可以为小车自己定位。

从图 17-9 可以发现,左边小车自己推算的路径和转弯虽然呈弧形,但是根据墙面是直的这个假设,可以把弯的部分变直,就形成了右边正确的室内图。

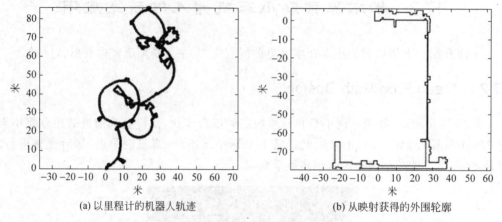

(a) 以里程计的机器人轨迹　　　　　　(b) 从映射获得的外围轮廓

图 17-9　小车路径和修正后地图

图 17-10 举例说明了角度的离散性,也就是说每次转角都是 90°的倍数,只要按照一定的原则,就可以没有死角地扫完整个室内。

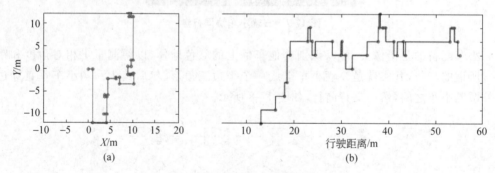

图 17-10　真实路径和行驶角度

当然,这篇文章里面的小车没有配备无线模块,但是可以利用多辆小车之间的协同合作来共同开拓新的室内地图。分配任务避免重复扫描,是一个研究点。

17.2.3　Fully Distributed Scalable Smoothing and Mapping

这篇文章提到了多个小车机器人之间信息交互融合,从而更好地定位的技术。多个小车之间的地标信息交流可以让一个小车"看到"别的小车看得到而自己看不到的地方,扩大了整个团队的效率。而且文中的算法是分布式的,因此有拓展小车规模的潜力。

如图 17-11 所示,A(红色小车)和 B(蓝色小车)在行驶的过程中可能会观察到同样的一些地标(☆),于是两者可以利用地标的互相关来建立联系,如图 17-12 所示。

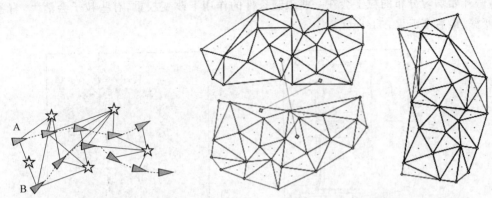

图 17-11　两个小车观察到同样路标　　　　　　图 17-12　Local 地图融合

地标的融合可以使用图形处理的方法,如图 17-13 所示,A、B 两辆小车观察到的地标网其实是类似的,那么可以做一个数据关联,只需要给出 2 个直接的关联(绿线),就可以将整个地标联系起来,融合为右边的网络。

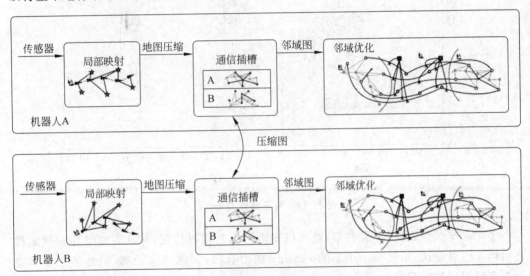

图 17-13　地标融合

当然,小车之间的数据通信会使用到无线模块,这篇文章为小车组队分布式地完成任务提供了基础,因为识别相同地标可以有助于任务分配。

17.2.4　Cooperative Multi-Robot Estimation and Control

利用小车的距离传感器在一个已知的环境里去定位一些目标,每个小车载有一个射频距离传感器,即只能得出目标的大概距离范围,而不能精确地锁定目标。机器人团队使用粒子滤波器(见图 17-14)确定目标的位置,并不断寻求最大化的交互信息。无论是滤波器和控制方向都是以集中的方式进行的。

如图 17-14(a)所示,两辆小车分别向两边行驶,然后向上,最后汇聚。在这个过程中,一开始均匀分布的粒子会在一些限制条件的作用下改变权重,有些粒子会消失,有些会变深,最后都汇聚在 target 点上。

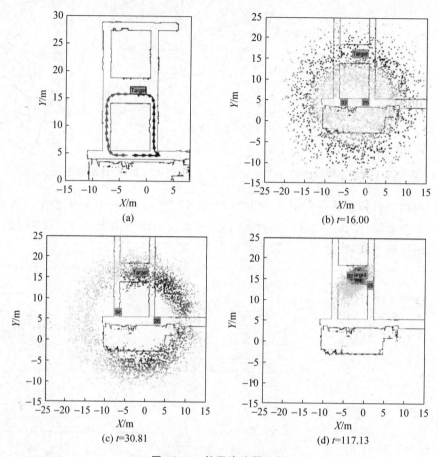

(a)

(b) t=16.00

(c) t=30.81

(d) t=117.13

图 17-14　粒子滤波器示意

　　多个小车合作,通过信息共享,就可以知道目标的相对位置,并且更加迅速有效地接近目标。也就是说,虽然每个小车的 sensing 能力有限,只能感知距离,但是多个小车联合起来就可以达到目标。

17.2.5　Local vs. Global

　　如图 17-15 所示,为了给多个机器人定位,可以采用分布一些无线节点的方法,利用 range-based 定位方法计算小车与 3 个已知 WSN 节点的距离来获取小车本身的位置,如图 17-16(a)图。

　　三角定位可以确定小车采集到的 map 的 Global 信息,而多个小车的 map 要进行融合,需要知道相对坐标变换,于是作者提出了图 17-16(b)中 2 辆小车相对位置定位方法,也就是每个小车都装 3 个 WSN 节点,然后通过对这 3 个节点的 range 分析,可以估计出它们之间的相对距离和角度。这是一篇将无线传感器网络和 SLAM 机器人室内定位结合的文章,对于移动小车网络这个题目贡献比较大。

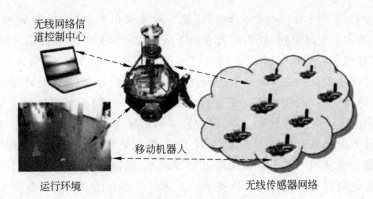

图 17-15　WSN robot 示意图

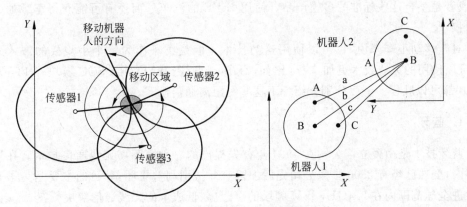

图 17-16　三角定位 2 个小车之间定位

17.3　移动智能小车网络在产业界的应用

目前,关于移动智能小车系统的研究已成为机器人学领域一个充满活力、具有挑战性的前沿发展方向。尤其在汽车行业越来越智能化的今天,把已有的导航机器人、视觉导航系统等,通过无线自组网应用到汽车通信领域显得尤为重要。移动自组网(Mobile Ad hoc Networks)是一种不依赖任何基础设施、可随时随地组建、无中心和自组织的特殊无线移动通信网络。开发这样一种网络就需要 Ad hoc 技术和当今国际研究热点——802.11p 协议[15]。

下面介绍一下 802.11p 协议。IEEE 802.11p(又称为 WAVE,Wireless Access in the Vehicular Environment)是一个由 IEEE 802.11 标准扩充的通信协议,主要用于车载电子无线通信。它本质上是 IEEE 802.11 的扩充延伸,符合智能交通系统的相关应用。应用层面包括高速车辆之间以及车辆与 ITS 路边基础设施(5.9MHz 频段)之间的数据交换。IEEE 1609 标准则基于 IEEE 802.11p 通信协议的上层应用标准[16]。

IEEE 802.11p 对传统的无线短距离网络技术加以扩展,可以实现对汽车非常有用的功能,包括更先进的切换机制(handoff scheme)、移动操作、增强安全、识别

(identification)、对等网络(peer-to-peer)认证。最重要的是,在车载规定频率上进行通信。将充当 DSRC(专用短程通信)或者面向车载通信的基础。车载通信可以在汽车之间进行,也可以是汽车与路边基础设施网络之间进行。从技术上来看,对进行了多项针对汽车这样的特殊环境的改进,如更先进的热点切换、更好地支持移动环境、增强了安全性、加强了身份认证等,若要实现真正商用,不同厂商产品间的互通性至关重要,因此首先将标准在 IEEE 获得通过至关重要,现在看来这似乎不是什么难事。目前的车载通信市场很大部分上由手机通信所主导,但客观上说,蜂窝通信覆盖成本比较高昂,提供的带宽也比较有限。而使用 802.11p 有望降低部署成本、提高带宽、实时收集交通信息等,而且支持身份认证则有望使代替 RFID 技术。上述的优势有助于刺激厂商将 Wi-Fi 内置入汽车中,而为节省成本和方便起见,厂商极有可能将与传统的 a/b/g 工作于同一频段之中,或者是整合这些标准的多模产品。使用 IEEE 的汽车厂商还有可能获得车载通信的运营权[16]。

对于移动小车来说,也可以使用这类技术。但是小车作为一个小规模的嵌入式平台,可以使用的无线技术更加广泛,比如,ZigBee、蓝牙、Wi-Fi、RF SOC 模块、NFC,甚至 UWB 都可以胜任。下面分别介绍一下这些短距离通信模式。

1. 蓝牙

蓝牙技术是由爱立信公司在 1994 年首先提出的一种短距离无线通信技术。在短短几年内,全球已经有 2500 多家公司先后加盟蓝牙特别利益集团,其目的主要是为了开发和促进全球范围内在 2.4GHz ISM 频段的短距离、低成本的无线通信解决方案[17]。蓝牙标准的协议栈组成如图 17-17 所示。

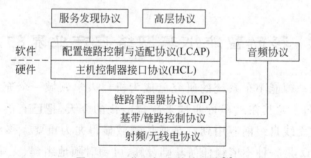

图 17-17　蓝牙标准的协议栈[8]

图 17-17 中的高层协议包括串口通信协议(RFCOMM)、电话控制协议(TCS)、对象交换协议(OBBX)、控制命令(AT Command)、vGard 和 vCalender 电子商务表中协议等与因特网相关的协议。蓝牙系统一般由无线单元、链路控制单元、链路管理单元和蓝牙软件 4 个功能单元组成。作为一种小范围无线连接技术,蓝牙能够在设备间实现方便快捷、灵活安全、低成本、低功耗的数据和语音通信,是目前实现无线个域网的主流技术之一。但是,蓝牙的传输距离一般小于 10m。即使在信号放大器的帮助下,通信距离最多可达几十米。

2. 超宽频技术（UWB）[9]

超宽频（UWB）技术在很长一段时间内被归为军事类技术，但如今极有可能扩展至一般消费性产品领域。超宽频通过基带脉冲作用于天线的方式发送数据。其被允许在 3.1GHz~10.6GHz 的波段内工作。UWB 的历史可以追溯到 20 世纪 60 年代，但是其快速发展期是在 20 世纪 70 年代，其中大部分集中在雷达系统，包括探地雷达系统。由于 UWB 技术一直运用在军事技术中，直到 2002 年 2 月 14 日，美国联邦通信委员会才批准该技术使用在民用领域中。尽管 UWB 技术在小范围、高分辨率、能够穿透墙体、地面和身体的雷达和图像系统中应用广泛，并且具有支持高达 110Mb/s 的数据传输率，不需要压缩数据，可以快速、简单、经济地完成视频数据的处理工作等特点，但是其传输距离也在 10m 范围内。UWB 技术在汽车防撞系统中的应用是非常有前途的，戴姆勒克莱斯勒公司已经研究出了一种用于自动刹车系统的雷达，在不久的将来会成为汽车上不可缺少的一个选件。

3. 近距离无线传输 NFC[10]

近距离无线传输（Near Field Communication，NFC）是由飞利浦、诺基亚和索尼三家公司推出的一种短距离无线通信技术标准。NFC 采用了双向识别和连接的技术，在 20cm 距离内主要工作在 13.56MHz 频段。NFC 最初只是网络技术和遥控识别的合并，但是随着快速的发展，现在已经发展成为无线连接技术。它能快速自动地建立无线网络，为各种蜂窝设备、蓝牙设备等提供一个虚拟连接，使各种电子设备可以在短距离范围内进行通信。这种短距离的交互大大简化了整个认证识别过程，使电子设备间的访问更安全、更直接、更清楚，而且不用再听到各种电子噪声。尽管 NFC 技术使多个设备之间可以进行无线连接，彼此交换数据或服务成为可能，并且可以将其他类型无线通信加速，实现更快的无线数据传输，但是 NFC 的作用距离进一步缩短。

4. 无线局域网（Wi-Fi）[11]

Wi-Fi 是 IEEE 定义的一个无线网络通信的工业标准（IEEE 802.11）。Wi-Fi 实质上是一种商业认证，它是目前世界上应用最为广泛的 WLAN 标准，采用的波段是 2.4GHz。Wi-Fi 技术具有以下突出优势。

（1）无线电波的覆盖范围广，其覆盖半径大概为 100m。

（2）虽然无线通信质量不是很好，安全性差，但是传输速度非常快。

（3）可靠性高，建网速度快，便捷，可移动性好，网络结构弹性化。

尽管 IEEE 802.11b 协议具有各种优势，但是其缺点是速率仍不够高，且所在的 2.4GHz 的 ISM 频段带宽窄，仅有 85MHz，同时还容易受微波、蓝牙等多种干扰源的干扰，致使无线信号的噪声比较多。

5. ZigBee[12]

ZigBee 是一种以 IEEE 802.15.4 技术标准为基础的新兴的短距离、低速率无线网络技术,它是一种介于蓝牙技术和无线标记技术的技术提案,主要用于近距离的无线连接和无线数据传输。它拥有自己的无线电标准,在数以千计的微小的传感器之间相互协调通信。这些传感器只需要很少的能量就能通过无线电波将数据从一个传感器传到另一个传感器,所以它的通信效率非常高。最后,这些数据可以进入计算机用于分析或者被另外一种无线技术收集。ZigBee 组成的无线数传网络平台可以拥有多达 65 000 个无线数传模块。每个 ZigBee 网络数传模块相当于移动网络的一个基站,相互之间可以在整个网络范围内进行相互通信;每个网络节点间的传输距离可以从标准的 75m 扩展到几百米甚至几千米;另外,整个网络还可以与其他各种网络连接,如互联网。ZigBee 技术具有以下几方面的特点。

(1) 省电:通常情况下,两节五号电池可以使用长达 6 个月到 2 年的时间。

(2) 可靠:采用了碰撞避免机制,有效地避免了数据发送时的竞争和冲突。

(3) 时延短:针对时延敏感的应用做了优化,通信时延都非常短。

(4) 网络容量大:可支持高达 65 000 个通信节点。

(5) 安全:提供数据完整性检查和鉴权功能,加密算法采用通用 AES-128。

(6) 高保密性:64 位出厂编号和支持 AES-128 加密。

ZigBee 网络主要是为自动化控制过程的数据传输而建立的,移动通信网的基站价值一般都在百万元人民币以上,每个 ZigBee 通信节点的价值一般都在 1000 元人民币以下;而且每个通信节点除了本身可以与监控对象(如智能小车)连接进行数据采集和监控,还可以自动中转别的网络节点传输过来的数据,此外每个 ZigBee 通信节点还可以在自己信号覆盖的范围内,与多个不承担中转任务的孤立子节点无线连接。总的来说 ZigBee 技术的各种特点适合建立多智能小车系统专用的通信系统。

移动互联网在汽车领域应用潜力巨大。首先,汽车正在变成一个移动化的智能设备,终极的状态正如谷歌的无人驾驶汽车。其次,承载着与汽车性能、驾驶相关的各种数据逐渐在开放,而数据就是创新生产力。再次,"车载"是一个特殊且十分适合移动端产品的应用场景。即使你并不会开车,智能交通类、用车类产品也开始陆续走入你的生活。

17.3.1 无人驾驶汽车

无人驾驶汽车集自动控制、体系结构、人工智能、视觉计算等众多技术于一体,是计算机科学、模式识别和智能控制技术高度发展的产物。国内在近期初步取得了一定的成果。2010 年 10 月 16 日,由丰田公司赞助的"中国智能车未来挑战赛[13]"在西安正式开赛。官方对这套能让汽车"智能"起来并可以"无人驾驶"的模型称为"视听觉信息的认知计算"。通俗来说就是,让计算机和传感器代替人来获得驾驶中最依赖的视觉和听觉信息,并使车辆进行正常的行驶。毫无疑问,这样的好处是巨大的。在日益拥堵的城市中,开车已经成了最累的事情之一,驾驶员需要时刻集中注意力控制车辆慢慢前进,既不会堵住后面的车,又不会追到前面的车,手挡车辆的驾驶者的疲劳程度则更加一等。如果无人驾驶能够完全变为现实,那将对汽车的发展有重大的影响。

谷歌在无人驾驶方面一直走在前面,谷歌已获得了将半自动混合驾驶汽车转型为全自动驾驶的技术专利。如图 17-18 所示,Google 的这种新型汽车可以识别"路线带",并由其输入数据,告知汽车何处停车,或发出"前行 10m"等简单指令;同时,另一套感应装置用来感知行驶过程中的环境,例如树木、路灯及一些知名的标识等。此项专利中"路线带"主要是通过在道路上设立标记来实现,尽管射频连接似乎是一种更可行的方式。在过去数年间,谷歌已经将这项技术在包括丰田普锐斯在内的数个车型上展开实验。在 16 万英里的行驶距离中,有超过 1000 英里实现了自动行驶。此项技术是汽车行业迈向全自动化的重要一步。一旦将此项技术与谷歌地图结合,前景必将十分广阔[18]。

图 17-18 谷歌无人驾驶车[14]

虽然无人驾驶汽车目前已经在内华达州的公共高速路上进行测试,但是目前还不能对消费者进行发售,预计还需要几年时间。据美联社称,汽车厂商如果要测试无人驾驶技术,根据 2011 年美国内华达州率先通过无人驾驶汽车行驶合法化的法案后,相关的法规细则随后出台。这部法规是由 Google 无人汽车制造商、保险公司和执法部门联合起草的[18]。

无人驾驶汽车可以很好地解决如超速、疲劳驾驶等问题。通过互联网连接的车联网还可以知道周围车辆的位置,以避免跟车过紧或者发生碰撞。车联网还可以结合导航设备完成最短时间或者最节油路径规划、精确预测到达时间等功能。

商业上,车联网可以实现车与车之间通信、车与基础设施通信,这样一来广告商就可以对来往车辆进行有选择性地发放广告,以降低成本。而且通过互联网,可以及时得知车辆事故地点和伤亡情况。

17.3.2 无线传感网络

无线传感器网络(WSN)是新兴的下一代传感器网络,在国防安全和国民经济各方面均有着广阔的应用前景。小车的移动互联网可以看作是无线传感网络,只不过节点是可以移动的而已。

无线传感器一般由数据采集单元、处理输电源等部分组成。被监测物理信号的形式决定了传感器类型,如温度传感器等。处理通常选用嵌入式数据传输单元,主要由低功耗、短距离的无线通信模块组成。微型化操作系统选用嵌入式操作系统,如 Vxworks、μCOS-II、μClinux、TinyOS 等。

传感器网络与传统网络相比有一些独的特点,主要如下。

(1) 节点密集,每个节点既是传感器又是路由。

（2）具有有限的计算能力和通信以及电源供应。

（3）独特的底层通信传输媒介。

（4）传感器节点间无中心、自组织，多跳通信。

（5）可以同时通过多条信源——信宿路由传输数据。

（6）网络具有很强的鲁棒性和良好伸缩。

通过在移动智能小车平台上实现无线传感网，可以有以下应用。

1. 环境监测[19]

随着人们对于环境问题的关注程度越来越高，需要采集的环境数据也越来越多，无线传感器网络的出现为随机性的研究数据获取提供了便利，并且还可以避免传统数据收集方式给环境带来的侵入式破坏。比如，英特尔公司研究实验室研究人员曾经将 32 个小型传感器接入互联网，以读出缅因州"大鸭岛"上的气候，用来评价一种海燕巢的条件。无线传感器网络还可以跟踪候鸟和昆虫的迁移，研究环境变化对农作物的影响，监测海洋、大气和土壤的成分等。此外，它也可以应用在精细农业中，来监测农作物中的害虫、土壤的酸碱度和施肥状况等。

2. 医疗护理[19]

罗彻斯特大学的科学家使用无线传感器创建了一个智能医疗房间，使用微尘来测量居住者的重要征兆（血压、脉搏和呼吸）、睡觉姿势以及每天 24 小时的活动状况。英特尔公司也推出了基于 WSN 的家庭护理技术。该技术是作为探讨应对老龄化社会的技术项目 Center for Aging Services Technologies（CAST）的一个环节开发的。该系统通过在鞋、家具以家用电器等家中道具和设备中嵌入半导体传感器，帮助老龄人士、阿尔茨海默氏病患者以及残障人士的家庭生活。利用无线通信将各传感器联网可高效传递必要的信息从而方便接受护理。而且还可以减轻护理人员的负担。英特尔公司主管预防性健康保险研究的董事 Eric Dishman 称，"在开发家庭用护理技术方面，无线传感器网络是非常有前途的领域"。

3. 军事领域[19]

由于无线传感器网络具有密集型、随机分布的特点，使其非常适合应用于恶劣的战场环境中，包括侦察敌情、监控兵力、装备和物资，判断生物化学攻击等多方面用途。美国国防部远景计划研究局已投资几千万美元，帮助大学进行"智能尘埃"传感器技术的研发。

还有就是目标跟踪，实现所谓"超视距"战场监测。UCB 的教授主持的 Sensor Web 是 Sensor IT 的一个子项目。原理性地验证了应用 WSN 进行战场目标跟踪的技术可行性，翼下携带 WSN 节点的无人机（UAV）飞到目标区域后抛下节点，最终随机撒落在被监测区域，利用安装在节点上的地震波传感器可以探测到外部目标，如坦克、装甲车等，并根据信号的强弱估算距离，综合多个节点的观测数据，最终定位目标，并绘制出其移动的轨迹。虽然该演示系统在精度等方面还远达不到装备部队用于实战的要求，这种战场侦察模式尚未应用于实战,但随着美国国防部将其武器系统研制的主要技术目标从精确制导转向目标感知与定位,相信 WSN 提供的这种新颖的战场侦察模式会受到军方的关注。

4. 住房家居[20]

在建筑领域,采用无线传感器网络,可以让大楼、桥梁和其他建筑物能够自身感觉并意识到它们的状况,使得安装了传感器网络智能建筑自动告诉管理自身感觉并意识到它们的状况,从而可以让管理按照优先级进行定期维修工作。

家居方面,智能家居系统的设计目标是将住宅内各种设备连接起来,使它们能够自动运行、相互协作,为居住者提供尽可多的便利和舒适。

5. 其他用途[19]

WSN 还被应用于一些危险的工业环境,如井矿、核电厂等,工作人员可以通过它来实施安全监测。也可以用在交通领域作为车辆监控的有力工具。此外还可以在工业自动化生产线等诸多领域,英特尔公司正在对工厂中的一个无线网络进行测试,该网络由40 台机器上的 210 个传感器组成,这样组成的监控系统将可以大大改善工厂的运作条件。它可以大幅降低检查设备的成本,同时由于可以提前发现问题,因此将能够缩短停机时间,提高效率,并延长设备的使用时间。尽管无线传感器技术仍处于初步应用阶段,但已经展示出了非凡的应用价值,相信随着相关技术的发展和推进,一定会得到更大的应用。

17.4　总　　结

移动智能小车网络结合了车联网和无线传感网,可以说在现实生活中和研究领域的作用是十分巨大的。智能小车的平台目前已经十分成熟,而 WSN 在研究领域也是很热门的。所以两者在硬件上并不难结合,而在软件和理论层面有一定开发的工作量。移动智能小车网络仍是高校学生练手的好地方。

参 考 文 献

[1]　ZRobot 官网. http://zrobot.org/.

[2]　北京掌宇集电科技有限公司官网. http://www.kandh.com.cn/.

[3]　Tully Stephen, George Kantor, HowieChoset. Field and Service Robotics [M]. Berlin: Springer,2010.

[4]　Zhang Ying,et al. Real-time indoor mapping for mobile robots with limited sensing [C]. IEEE 7th International Conference on Mobile Ad hoc and Sensor Systems. IEEE,2010:12-17.

[5]　Cunningham, Alexander, et al. Fully distributed scalable smoothing and mapping with robust multi-robot data association [C]. IEEE International Conference on Robotics and Automation,

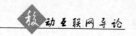

IEEE,2012：112-116.

[6] Charrow，Benjamin，Nathan Michael，Vijay Kumar. Cooperative multi-robot estimation and control for radio source localization [J]. Experimental Robotics. 2013(3)：1-22.

[7] Fu，Siyao，et al. Local vs. global：Indoor multi-robot simultaneous localization and mapping in wireless sensor networks [C]. International Conference on Networking，Sensing and Control，IEEE,2010：1822-1826.

[8] Wikipedia. Bluetooth [EB/OL]. https://en. wikipedia. org/wiki/Bluetooth.

[9] Wikipedia. Ultra-wideband [EB/OL]. https://en. wikipedia. org/wiki/Ultra-wideband.

[10] Wikipedia. Near field communication [EB/OL]. https://en. wikipedia. org/wiki/Near_field_communication.

[11] Wikipedia. Wi-Fi [EB/OL]. https://en. wikipedia. org/wiki/Wi-Fi.

[12] Wikipedia. ZigBee [EB/OL]. https://en. wikipedia. org/wiki/ZigBee.

[13] 百度百科. 中国智能车未来挑战赛[EB/OL]. http://baike. baidu. com/view/4572422. htm.

[14] 百度百科. 谷歌无人驾驶车[EB/OL]. http://baike. baidu. com/view/8279448. htm.

[15] 中国科学技术大学. 基于车载自组网模式的小车互联应用技术开发[R]. 合肥：中国科学技术大学,2010.

[16] Wikipedia. IEEE 802.11p [EB/OL]. https://en. wikipedia. org/wiki/IEEE_802.11p.

[17] 王旭. 一种短距离无线数据通信系统的设计和实现[D]. 成都：电子科技大学,2007.

[18] 粤嵌教育. 无人驾驶的智能汽车技术引领未来智能时代[EB/OL]. http://www. gec-edu. org/hydt/show/55881.

[19] Wikipedia. Wireless sensor network [EB/OL]. https://en. wikipedia. org/wiki/Wireless_sensor_network.

[20] 物联网世界. 无线传感器网络应用实例[EB/OL]. http://www. iotworld. com. cn/html/Library/201112/41dae95be0096483. shtml.

人物介绍——人工智能专家 Judea Pearl 教授

Judea Pearl，美国计算机科学家和哲学家，美国国家工程院院士，也是 AAAI 和 IEEE 的资深会员。2011 年，他因通过概率和因果推理的算法研发在人工智能取得的杰出贡献而获得图灵奖。Judea Pearl 的简介如下。

Judea Pearl 毕业于以色列理工学院，在那里获得了电气工程学科的学士学位。1965 年，他获得了 Rutgers 大学的物理学硕士学位，同年获得了布鲁克林理工学院的电气工程学的博士学位。他曾在 Electronic Memories 公司研究高级存储器。在 1970 年，他在 RCA 研究实验室工作，负责超导存储设备的研究。之后他加入了加州大学洛杉矶分校(UCLA)计算机科学学院。2012 年，Judea Pearl 获得了以色列理工学院颁发的科学技术领域奖项 Harvey Prize。2008 年，他获得富兰克林研究所计算机与认知科学专业的富兰克林奖章。他还曾被 ACM 和 AAAI 提名 2003 年的 Allen Newell 奖。其著作 *Causality：Models，Reasoning，and Inference* 创立了因果推理演算法，为他赢得了 2011 年英国伦敦经济和政治科学学院的 Lakatos 奖，评语中说"他为科学哲学做出了重大的杰出贡献"。Judea Pearl 的工作改变了人工智能，他通过在不确定的条件下为信息处理创造了一个具有代表性的计算基础。他的工作超出了基于逻辑理论基础的人工智能以及基于规则科技的专家系统范畴。他指出智能系统所面临的不确定性是一个核心问题，并且提出概率论算法作为知识获取及表现的有效基础。

参 考 文 献

[1] http://bayes.cs.ucla.edu/jp_home.html.
[2] https://en.wikipedia.org/wiki/Judea_Pearl.

第18章

四旋翼在无线网络中的应用

四旋翼飞行器具有飞行能力特殊、机动性能高、负载承重能力相对较高等多种优势。在灾难救援、物联运输、自主导航等相关应用中表现出了极大的优势。在世界各国高校，自主微型飞行器也是当前研究重点。

18.1　在物联运输方面的应用

2013年12月，亚马逊的首席执行官杰夫·贝佐斯在美国消费电子展上展出一款名为PrimeAir的小型无人驾驶飞机（见图18-1），试图建立一种新的货物交付方式。PrimeAir飞机可利用GPS定位和自动驾驶技术在半小时之内将货物送到客户家中，其前提是包裹质量不超过5磅（86%的订单质量小于5磅）。该系统包含无人驾驶直升机等待、准备运送、运送范围为传送带末端10英里（17km）范围内三部分[1]。亚马逊方面还表示，只要联邦航空管理局出台了无人机的规章制度，无人机送货计划就可以进入商业运营阶段了[2]。我国顺丰快运公司也有类似的无人机快递实验正在开展，主要用于偏远地区的快件配送。

图18-1　Amazon无人机[3]

美国的创业公司Matternet致力于在发展中国家或道路崎岖交通不便的地方实现高价值的货物运输（如药品、电子设备等），其运输工具就是无人机。企业的创始人意识到全球有10亿人生活在缺乏可靠公路系统的区域，而无人机却能以可靠的方式运输重要物资。

18.2　在自主导航方面的应用

　　无人机作为校园导航助手来说是大有可为的。MIT 的 SENSEable City Lab 于 2013 年推出了 SkyCall(见图 18-2)服务,用于校园导航。如果游客或师生不知道目的地的具体位置,只要在校园内点击事先装好在手机上的 APP,SkyCall 系统会根据 GPS 的定位信息派送一架四轴飞行器飞到他们面前。之后只需要向手机里输入相应的数字,飞行器就能把他们带到目的地。

图 18-2　MIT Skycall[4]

　　飞行器可以根据人的移动速度自动调制自己的导航速度。另外,用户还可以通过 Wi-Fi 跟飞行器进行通信,命令它原地滞留、恢复飞行等。飞行器上安装的超声波传感器可以避免可能的碰撞。不过有时候它们会遇到千奇百怪的故障,甚至偏离 GPS 位置,这些都是研究人员需要改进和完善的地方[5]。

18.3　在遥感测绘方面的应用

　　目前,国家海洋局第三海洋研究所海洋声学与遥感实验室正在利用四旋翼无人机进行海洋遥感测绘的工作。据科研人员介绍,外形像蜘蛛的白色四旋翼无人机是高空拍照能手,可在 1000m 以下的任意高度悬停和飞行,并从空中对海岛、海岸带等进行立体"扫描",帮助科研人员获取全面的地理测绘、海洋遥感等方面的现状信息。它不仅可以到达地面调查人员无法到达的地方,而且可在较短时间内完成调查工作[6]。此外,使用遥感卫星会受到时段的限制和天气的影响,而无人机可以突破了时间、天气,甚至空管等因素的限制,完成许多遥感卫星不能完成的任务。

18.4　在其他方面的应用

　　无人机还可以在雾霾天气防治工作中大显身手。目前,中航工业已经研制出一种用于消雾的柔翼无人机,是一种以冲压翼伞为机翼提供升力的低速无人机。该机正在机场和港口进行初期试验。其工作原理为,将吸湿颗粒用柔翼无人机播撒在指定区域,吸湿颗粒可催化产生大量凝结核,从而使水汽凝结为大水滴而使雾消失。相比于固定翼无人机,柔翼无人机具有有效载荷大、飞行安全可靠、飞行时间长等优点[7]。

　　无人机的民用前景也非常广阔。无人飞机的爱好者 Chris Anderson 正在着手一个 follow me box 的项目[8]。使用者可以在皮带上别一个手机大小的盒子,用它来遥控一个飞行机器人。飞行机器人上安装有摄像头,可以记录你的每一瞬间。目前遥控摄像飞机被用于遇险探险者的搜寻、考古遗址的调查等。Anderson 还认为飞行器将会向个人电脑一样"私人化",未来人手一台无人飞行器的时代也许不远了。

参 考 文 献

[1]　David Pierce. Delivery drones are coming: Jeff Bezos promises half-hour shipping with Amazon Prime Air [EB/OL]. http://www. theverge. com/2013/12/1/5164340/delivery-drones-are-coming-jeff-bezos-previews-half-hour-shipping.

[2]　熙怡. 亚马逊拟推无人机快递,30 分钟可送货上门[EB/OL]. http://news. ifeng. com/world/detail_2013_12/03/31747883_0. shtml.

[3]　Amazon. Amazon Prime Air [EB/OL]. http://www. amazon. com/b? node=8037720011.

[4]　MIT. MIT Skycall [EB/OL]. http://senseable. mit. edu/skycall/.

[5]　NHZY. SkyCall:MIT 研制出来的无人机导航系统[EB/OL]. http://www. nhzy. org/15502. html.

[6]　Dview. 海洋局四旋翼无人机遥感测绘弥补卫星不足[EB/OL]. http://www. dview. com. cn/xwzx_zz_512. html.

[7]　陆晨. 柔翼无人机能否消除雾霾[N]. 科技日报,2014-03-26(7).

[8]　宗仁. 我们将生活在一个无人驾驶飞机的世界[EB/OL]. http://www. leiphone. com/news/201406/1225-keats-drones-are-coming. html.

人物介绍——机器人专家 Vijay Kumar 教授

Vijay Kumar(1962 年 4 月 12 日生)是一名印第安的机器人专家,在宾夕法尼亚大学任 UPS 基金教授,专业领域包括工程和应用力学、电子与系统工程、计算机信息科学方面。因对多机器人队形的协同控制而著名。目前有自己的机器人研究团队,主要研究的问题为多机器人协作探索,协同搬运,3D 环境下的运动控制等。在理论和实验两方面都有巨大的研究成果,是机器人领域领军的研究团队。

Vijay Kumar 曾在 TED 上做了一次关于四旋翼飞机的精彩报告。如图中所展示的四旋翼飞机只有手掌般的大小,但是通过精密的控制算法以及视觉运动检测系统可以对飞机做到非常精细的控制。视频中展示飞机可以根据障碍物自调整自己的飞行策略。除了单个飞机的控制之外,多个飞机可以以分布式的算法实现非常漂亮的队形切换,以及协同搬运木块,进一步地,在互不干扰的情况下,共同用积木搭建起建筑物。目前,四旋翼飞机的控制和协作探索是一个非常有前景的领域,Kumar 在此方面近期投入了很大精力。

他所带领的实验室现在正在研究的项目有如下几个方面,这些方面均是机器人领域很前沿的课题:自治的小型无人机、可扩展且自治的集群机器人队伍、合作处理和搬运、飞行机器人的环境探索和地图构建、打印机器人、微生物机器人、人型机器人等。

参 考 文 献

http://www.kumarrobotics.org/.

第19章

MIMO 无线通信系统

19.1 简 介

19.1.1 MIMO 技术基本概述

在过去的几十年时间里,无线通信技术经历了快速的发展过程,各式各样的无线接入设备已经成为人们日常生活中不可分割的一部分。近年来,用户数量不断增长的同时,用户需求也在不断提高,从一开始的语音、文字业务到现在的高清图片、视频、下载业务,大数据量、高传输速率、更加可靠的信息传输质量已经成为目前无线通信网络的主要要求。显然,更快、更可靠的信息传输质量是下一代无线通信的必然发展趋势。

为了实现这一目标,学术界和工业界做出了很多努力。然而,大多数传统的无线通信技术都着重于如何进一步加强频域资源的利用,这种方法本身就有着很大的局限性。一方面,受限于香农公式,系统的信道容量无法超过相应的理论上限;另一方面,目前频谱资源已经成为一种稀缺资源,各个频段已经得到了充分的规划安排,不能再无限度地加以使用。基于以上情况,寻找一个全新的角度进行无线系统开发已经成为一项迫切的任务。

MIMO(Multiple-Input Multiple-Output,多输入多输出)技术正是这一背景下被提出的。作为一种新兴的无线通信技术,MIMO 技术可以在不增加频带带宽的情况下成倍提高信道容量,提供更高的数据传输速率以及更可靠的传输质量,因此一经提出就受到广泛的关注。MIMO 技术要求系统发射端和接收端配备多根天线同时进行传输,在这种系统结构下,发射端与接收端之间会形成多条传输路径,从而使系统的信息传输速率得到较大的提高。MIMO 系统信道传输路径与传统的 SISO(Single-Input Single-Output,单输入单输出)系统对比如图 19-1 所示。

(a) SISO系统传输路径　　　　　(b) 2x2 MIMO系统传输路径

图 19-1　SISO 系统与 MIMO 系统传输路径对比图

从图 19-1 中可以看出，SISO 系统发射端与接收端之间只存在一条传输路径，而 MIMO 系统发射端与接收端之间存在多条传输路径，如 2×2 MIMO 中存在 4 条传输路径。

MIMO 技术实际上是一种对空间域的开发利用，它可以将传统通信技术中的一项不利因素——多径，加以利用并在空间域上实现分集、复用。通过增加发射端和接收端的天线数量，MIMO 系统的信息传输速率可以得到成倍的提高。

MIMO 技术的一个重要特点就是对多径效应进行了有效利用。多径效应，即发射端发射出的无线信号由于电磁波的散射、绕射等原因在自由空间中形成多条传输路径，使得到达接收端的信号具有不同的时延、频偏等特性。在传统的无线通信系统中，多径效应会造成接收端信号的随机波动，这一效应会使得无线通信系统的通信质量和可靠性受到严重的影响，是以一个应该尽量避免的不利因素。然而，在 MIMO 系统中，多径效应却被当作一个有利因素加以利用，实现了更高容量的信息传输。通过在发射端对需要传输的各路信号进行空时编码，在接收端对各天线接收到的信号进行相应的处理，MIMO 技术可以实现更高效、更可靠的信息传输。

另外，不同于传统的无线通信技术，MIMO 技术对空间域进行了有效的利用。前面已经提到过，MIMO 系统中信道部分存在多条传输路径，并且，这些路径是并行传输的。因此只要在接收端采用相应的干扰消除技术，就可以有效地将发射端发射的多路信号分离开。

通过结合适当的空时编码技术，MIMO 系统可以获得空间上的分集增益和复用增益。直观上理解，空间分集就是在这些并行的传输路径上传输相同的信息，接收端将接收到的各路信号进行处理并加以对比，尽可能消除信道对信号施加的影响，从而提高信息传输的可靠性；空间复用就是在这些并行的传输路径上传输不同的信息，接收端通过某些处理方法将各路信号恢复出来，由于每一次收发过程都可以获得更多的数据量，整个系统的信息传输速率可以得到极大的提高。

目前已经提出了很多不同的空时编码方案，这些方案在复杂度、分集增益、复用增益等方面各有优劣，其中两种典型的分集与复用空时编码方式为 Alamouti 和 BLAST，在接下来的章节中还会对这两种空时编码方法进行进一步的讨论。

19.1.2　MIMO 技术在 Wi-Fi 系统中的应用

凭借其在空间域上的分集与复用，MIMO 技术可以为无线通信系统的信息传输提供更高的频谱效率和更可靠的传输质量。因此，该技术已经被广泛地应用到许多实际系统中，并被列入多项无线标准协议。例如，Wi-Fi 系统的 802.11n、802.11ac 协议，WiMAX 系统的 802.16e 协议、LTE 系统协议等。

接下来将着重介绍一下 MIMO 技术在 Wi-Fi 系统中的应用。

Wi-Fi 技术发展至今已经十分成熟，其相应的 802.11 系列标准从最初的 802.11a、802.11b 到最近推出的 802.11ac，各个标准支持的最高传输速率以及各自之间的兼容性等方面都得到了显著的提高。802.11 系列各标准的相关参数、特点如表 19-1 所示。

表 19-1　802.11 系列标准比较

标　准	工作频段	数据传输率	特　　点
802.11a	5GHz	54Mb/s	较高传输速率,干扰小,但成本较高
802.11b	2.4GHz	11Mb/s	成本低,但传输速率较低,干扰大
802.11g	2.4GHz	54Mb/s	兼容性好
802.11n	2.4/5GHz	600Mb/s	支持 MIMO,使用 Alamouti 空时编码
802.11ac	5GHz	1Gb/s	支持更多的 MIMO 空间留,支持多用户 MIMO

　　Wi-Fi 系统往往处在散射丰富的环境中,如室内或者建筑物分布稠密的市区。通常情况下,这种环境中发射端与接收端之间会存在多条数据流,进而影响整个系统的通信质量。然而,这种短距离、动态信道的环境却正好符合 MIMO 技术的理论假设。MIMO 技术正是利用传输空间中的多径效应实现空间分集、复用,从而提高传输速率或者传输可靠性,提高整个系统的网络容量。

　　追求更高的传输速率、更广的覆盖范围和更可靠的传输质量一直是长期以来无线通信领域的努力目标,Wi-Fi 也不例外。提高系统性能的一个重要方法是增加频带宽度。然而,随着无线通信的快速发展,有限的频谱资源已经十分饱和,过度增加带宽只能使得这一问题持续加剧,无法长远进行。除了频谱资源问题,发射功率、干扰、信号衰减等问题也是阻碍 Wi-Fi 发展的重要因素。MIMO 技术可以从另一个角度对 Wi-Fi 的性能进行改进。基于 MIMO 技术,Wi-Fi 系统的数据传输速率可以成倍提高,并且不会增加额外带宽,更加重要的是,由于减小了每条链路上的数据负载量,信号传输距离也得到了一定程度上的延长。在 MIMO 技术的支持下,利用 Wi-Fi 进行无延迟、大数据量的多媒体应用传输成为了可能。

　　目前,MIMO 技术已经正式被写入 Wi-Fi 的 802.11n 标准中,该标准下传输速率可以达到几百兆位每秒,相比与之前的 802.11b/a 等标准有了十分明显提高。可以预见,未来 MIMO 将更加广泛地被用在 Wi-Fi 设备上。

19.2　系　统　模　型

19.2.1　系统结构

　　除了多天线收发及其相应的数据处理过程外,MIMO 系统整体结构与一般的无线通信系统类似。图 19-2 为整体的 MIMO 通信系统结构框图,其中图 19-2(a)为发射机部分,图 19-2(b)为接收机部分。

　　发射机部分首先根据需要对输入的位流进行编码、交织,使码流拥有合适的码率并且能够在一定程度上抵抗突发错误;然后进行调制,将二进制的位流映射为复数形式的符号序列;接下来进行空时编码,空时编码模块是 MIMO 系统所特有的,在该模块中,通过某种特定的编码方式将一路符号序列编码成为多路符号序列,并分别对应每一根发射天线;最后进行波束赋形、上采样的操作,并将最终处理完成的多路数据从对应的天线上发射出去。

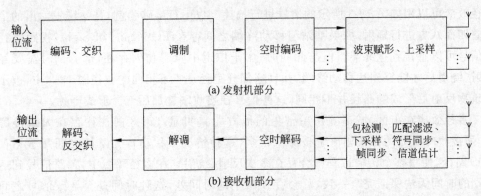

图 19-2　**MIMO 通信系统结构框图**

接收机部分首先需要对天线接收到的多路信号进行处理,处理步骤包括包检测、匹配滤波、下采样、符号同步、帧同步、信道估计等,检测与同步部分与一般的无线通信系统相差并不大,但是信道估计部分却需要进行相应的改动,具体改动的部分根据所采用的空时编码方法而有所不同;下一步需要进行的是空时解码,在这个模块中,多路数据流能够通过相应的解码技术恢复成为一路数据流;接下来是解调过程,解调可以将符号数据流反映射成为对应的位流;最后,通过相应的反交织和解码过程,原始位流可以被恢复出来。

19.2.2　信道模型

1. 多径效应

无线通信系统的信道就是人们所处的自然环境,由于通信距离、障碍物遮挡物、终端移动等方面的影响,无线通信系统的信道是十分复杂的,并且会对最终的通信质量产生很大的影响。根据影响效果的不同,无线信道可以看作主要由两个方面的影响叠加而成,即大尺度衰落和小尺度衰落。信道影响可以表示为

整体信道衰落 ＝ 大尺度衰落 × 小尺度衰落

大尺度衰落描述的是当发射机与接收机相距较远(几百米甚至上千米)的情况下信号的衰落情况。大尺度衰落主要表现为信号强度的下降,这种影响是相对稳定的,短时间内不会发生变化的。当发射机与接收机的位置固定下来后,大尺度衰落可以看作是不变的。

小尺度衰落描述的是在较短的时间或较短的距离内,信号的强度、相位发生快速变化的信道模型。影响小尺度衰落的原因有很多,如用户终端的移动速度、传输环境中物体的移动速度、信道传输带宽等。而其中一个很重要的影响因素就是多径效应。

多径效应是指由于传输信道中存在很多障碍物,当在信号传输过程中碰到这些障碍物后会产生相应的绕射和散射,因此发射信号会被分散为多路并且每一路都经历不同的信道到达最终的接收机。接收机接收到的信号可以表示为各路信号的矢量叠加,多径效应会使得接收到的信号产生相位和幅度上的随机波动,导致码间干扰、相位模糊等现象。

多径效应可以用如图 19-3 所示的情景进行描述。以下行链路为例,基站塔发射出的信号向着四面八方进行辐射,如果基站与移动终端之间存在 LOS(Line-of-Sight,视距路径),则信号可以直接到达终端。但与此同时,由于信道中障碍物的存在,部分信号需要经过反射、绕射后才能够到达移动终端,并且这部分路径是各不相同的。在图 19-3 中,被不同建筑物反射后形成的路径并不相同,这些信号在接收端叠加后就会形成干扰。

多径效应在市区、城镇等房屋密集的地方尤其明显。市区内往往存在大量楼房建筑,而接收端所处的位置相比于楼房低很多,这种情况下移动台与基站之间几乎不存在LOS 路径,使得整个传输过程中会存在多次反射、绕射。在多径环境中,各路信号到达接收端的时间无法保证完全一致,总会存在微小的时间差,这种时间差会导致信号之间产生相互干扰,矢量合成后引起信号失真。

2. MIMO 系统信道模型

信道特性是 MIMO 系统中非常重要的一个部分,基于前面对于多径信道的讨论分析,可以对 MIMO 系统的信道进行如下建模。

MIMO 系统的结构框图可以用图 19-4 进行表示。

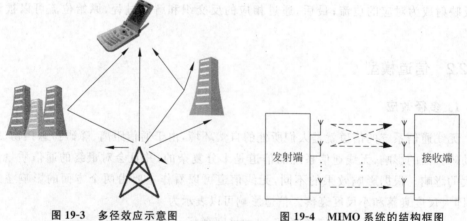

图 19-3　多径效应示意图　　　　图 19-4　MIMO 系统的结构框图

如图 19-4 所示,发射端和接收端均使用多根天线进行信息传输,设两端天线数为 N_T 和 N_R。由于多径效应,自由空间中会形成 $N_T \times N_R$ 条传输路径,每一根接收天线会收到 N_T 个发射信号的叠加。根据具体无线环境的不同,这 $N_T \times N_R$ 条路径的相关程度也会有所不同。对于 MIMO 系统来说,各条传输路径之间的独立性越强,可以获得的分集增益和复用增益就会越大。

多径信道可以建模为一个具有时变特性的冲击响应,接收到的信号 $y(t)$ 可以表示为发射信号 $x(t)$ 和信道冲击响应 $h(t)$ 的卷积:

$$y(t) = x(t) \otimes h(t) = \int_{-\infty}^{t} x(\tau)h(t-\tau)\mathrm{d}\tau$$

这种信道模型的对应的频域表示为

$$y = Hx + n$$

其中，x 表示发射信号，y 表示接收信号，H 表示频域下的信道矩阵，n 表示信道中叠加的噪声，一般可以认为其为加性高斯白噪声。在 SISO 系统中，由于采取单天线发射单天线接收的模式，x、y、H、n 都是一维变量。而在 MIMO 系统中，各变量的具体表示形式根据收发天线数量不同而有所区别。

在 MIMO 系统中，频域的信道模型可以表示为

$$y = Hx + n$$

当发射端使用 N_T 根天线，接收端使用 N_R 根天线时，发射端的 N_T 维信号矢量可以表示为 $x = \begin{bmatrix} x_1 & x_2 & \cdots & x_{N_T} \end{bmatrix}^T$，$x_m$ 表示第 m 根天线发射的信号，$m = 1, 2, \cdots, N_T$；接收端的 N_R 维信号矢量可以表示为 $y = \begin{bmatrix} y_1 & y_2 & \cdots & y_{N_R} \end{bmatrix}^T$，$y_n$ 表示第 n 根天线接收的信号，$n = 1, 2, \cdots, N_R$；信道噪声 n 可以用 N 维矢量表示为 $n = \begin{bmatrix} n_1 & n_2 & \cdots & n_{N_R} \end{bmatrix}^T$，信道矩阵 H 可以用 N_T 行 N_R 列的矩阵表示为

$$H = \begin{bmatrix} h_{11} & h_{12} & \cdots & h_{1N_T} \\ h_{21} & h_{22} & \cdots & h_{2N_T} \\ \vdots & \vdots & \ddots & \vdots \\ h_{N_R1} & h_{N_R2} & \cdots & h_{N_RN_T} \end{bmatrix}$$

h_{nm} 表示第 m 根发射天线到第 n 根接收天线间的信道衰落因子。从表达式中可以看出，每一根天线接收到的信号都是各路发射信号的矢量和，例如，第一根天线接收到的信号 y_1 可以表示为 $y_1 = h_{11}x_1 + h_{12}x_2 + \cdots + h_{1N_T}x_{N_T}$。

通过 MIMO 系统的信道模型可以看出，由于使用了多天线进行传输，MIMO 系统的信道状况较传统的 SISO 系统增加了更多的不确定因素，并且对应的发射端、接收端信号处理技术也更为复杂。

19.3　信道容量分析

19.3.1　信道模型分析

第 19.2 节中已经给出了 MIMO 系统的信道模型：

$$y = Hx + n$$

这里为了接下来的分析方便，对该模型进行如下假设，可以证明这些假设是满足一般性的。

(1) 信道中的噪声为独立同分布的加性高斯白噪声（AWGN），噪声的平均功率为 $\sigma^2 = E[n^H n]$。

(2) 信道假设为满足独立同分布的平坦瑞利衰落信道。

(3) 若信号的平均发射功率为 P，则发射信号 x 满足 $E[x^H x] \leqslant P$。

(4) MIMO 系统的收发天线数目分别记为 N_R 和 N_T。

在整个 MIMO 系统中，信道状态信息（Channel State Information, CSI）是一个十分重要的条件，发射端、接收端是否知道 CSI 对于信道容量、具体的信号处理方式有着很大

的影响。CSI 可以进一步分为发射端信道状态信息（Channel State Information at Transmitter，CSIT）和接收端信道状态信息（Channel State Information at Receiver，CSIR）。如图 19-5 所示，接收端的信道信息 CSIR 一般比较容易获得，通过对接收到的信号进行信道估计就可以较准确地获得对信道矩阵的估计 $\hat{\boldsymbol{H}}$；而发射端的信道信息 CSIT 一般需要通过接收端的反馈获得，接收端将估计出的信道信息通过反馈链路发回到发射端。然而这一过程往往存在时延，因此发射机只能获得上一时刻的信道信息，如果信道状况随时间变化很大，则发射端获得的信道信息无法保证其准确性。因此，最常见的场景是有 CSIR 但无 CSIT。

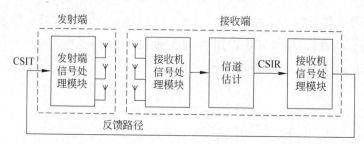

图 19-5　发射端、接收端获取信道信息的方法

如果已知 CSIT 或 CSIR，发射端或接收端可以进行相应的数据处理过程，进而提高整个无线系统的通信质量。对于发射端，利用 CSIT 可以进行预编码。预编码是一种波束赋形的方法，直观上理解，就是在发射之前根据信道信息 CSIT 对码流进行预先编码，以抵消掉之后信道对于信号施加的影响。预编码技术是将信号处理过程的复杂度向发射端转移的过程。相比于移动终端，基站往往拥有更强的数据处理能力，因此在下行链路中，使用预编码技术可以将数据处理工作更多地集中于发射端基站，减轻移动终端的数据处理量并提高整体系统的通信质量。对于接收端，利用 CSIR 可以抵消信道的影响并提高信息传输的准确性。CSIR 可以通过信道估计过程获得，一般方法是在发射信号前端添加训练序列，训练序列是一串提前规定好的有着特定内容的符号序列。经过信道后，信道会对训练序列和信号施加同样的影响，接收端通过将接收到的训练序列与原始的训练序列进行对比可以获得信道信息 CSIR。

19.3.2　SISO 系统中的香农定理

1940 年，克劳德·香农提出了著名的香农定理，香农定理指出了可靠通信的速率上限：

$$C = B\log_2(1 + \mathrm{SNR})$$

其中，C 为信道容量，单位 b/s，表示在给定带宽情况下系统完成可靠传输的速率理论上限；B 为频带带宽，单位为 Hz；SNR 为接收信噪比，$\mathrm{SNR} = P/\sigma^2$。

当信息传输速率 $R < C$ 时，系统能够在任意小的误码率下进行传输，此时称为可靠传输。香农定理指出，只要能够满足香农极限的要求，总可以找到一种编码方式完成可靠传输。但是，这种编码方式可能会导致编码、解码部分复杂度非常高。而当信息传输速

率 $R > C$ 时,不存在任何一种编码方式能够保证可靠传输。

19.3.3　MIMO 系统的信道容量分析

利用奇异值分解,可以将信道矩阵 H 分解为

$$H = UDV^H$$

其中,H 表示一个 $N_R \times N_T$ 维的信道矩阵;U 表示一个 $N_R \times N_R$ 维的酉矩阵;V 表示一个 $N_T \times N_T$ 维的酉矩阵;D 表示一个 $N_R \times N_R$ 维的对角矩阵,该对角矩阵对角线上的元素为信道矩阵 H 的 N 个奇异值,这些奇异值按递减的方式进行排序(即 $\sigma_1 \geqslant \sigma_2 \cdots \geqslant \sigma_N$),其中 $N = \min\{N_T, N_R\}$。信道矩阵 H 有 R_H 个正的奇异值,其中,R_H 是矩阵 H 的秩,并满足 $R_H \leqslant \min\{N_T, N_R\}$。

在已知 CSIT 和 CSIR 的情况下,通过适当的信号处理过程,可以将 MIMO 系统的信道转换为并行、无干扰的信道。

设要传输的数据流为 $\tilde{x}$,首先其进行变换使得最终通过天线发射出去的信号为 $x = V\tilde{x}$,经过信道后接收机接收到的信号为 y,再对其进行变换得到信息数据 $\tilde{y} = U^H y$。这个过程可以用图 19-6 进行描述。其中 x、y 是经过信道的数据流,因此满足:

$$y = Hx$$

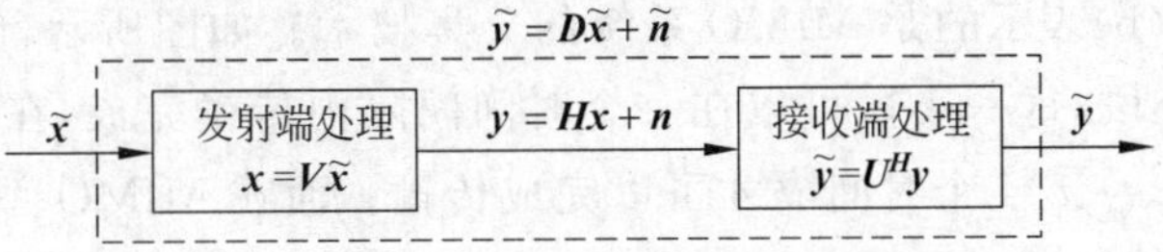

图 19-6　MIMO 信道等效示意图

而 $\tilde{x}$、$\tilde{y}$ 是系统实际传输的数据,对于它们而言信道可以等效为对角矩阵 D:

$$
\begin{aligned}
\tilde{y} &= U^H y \\
&= U^H (H(V\tilde{x}) + n) \\
&= U^H (UDV^H) V\tilde{x} + U^H n \\
&= D\tilde{x} + \tilde{n}
\end{aligned}
$$

其中,$\tilde{n} = U^H n$,与 n 满足同样的分布。发射端的 $x = V\tilde{x}$ 变换就是一种预编码过程。

通过上面的分析过程可以看出,在 CSIT 和 CSIR 都已知的情况下,MIMO 信道可以被等效为一个非常理想的无干扰信道。此时利用注水算法对功率分配进行最优化后可以得到:

$$C = \sum_{i}^{R_H} \left[\lg(\mu \sigma_i^2) \right]^+$$

其中,$x^+ = \max[0, x]$,μ 是通过注水算法得到的因子。进一步计算可以得到功率平均分配情况下的信道容量表达式:

$$C = \lg\det \left(I_{N_T} + \frac{\rho}{N_R} HH^H \right)$$

其中,ρ 为接收端信噪比。

从上面的分析过程可以看出，MIMO 系统可以突破传统 SISO 系统的香农极限，获得更高的信道容量。关于 MIMO 信道容量的一个重要结论是：信道容量 C 会随着 $\min(N_T, N_R)$ 呈线性增长。这一结论为 MIMO 系统信道容量的提高提供了理论依据。

19.4　空时编码技术

19.4.1　分集与复用

前面的分析已经指出，由于发射端和接收端使用多根天线，MIMO 系统具有更高的信道容量。利用这些增加的信道容量，可以实现分集和复用，进一步提升系统的通信质量。空间分集可以理解为一种重复传输，发射端对数据流进行一定的编码操作，使得各个码字之间满足某种特定的约束关系，接收端在进行相应的处理过程后可以将数据流恢复，并达到降低误码率的效果。空间复用相较于空间分集比较简单，发射端将数据流分成多个子数据流并从不同的天线发射出去，通过使用复用技术，可以在不增加带宽的情况下成倍地提升数据传输速率。

空间分集与复用的具体实现方式如图 19-7 所示，图 19-7(a) 表示的是 MIMO 系统的复用技术，图 19-7(b) 表示的是 MIMO 系统的分集技术。如图所示，假设将需要传输的数据流划分为 4 小段，每一小段可以在一个时间间隔内传输完成，在传统的 SISO 系统中，需要经过 t_1、t_2、t_3、t_4 4 个时间隔才可以完成传输。而在 MIMO 系统中，假设发射端配备有两根天线，如果使用复用技术，则将这 4 小段数据分配到两根天线上并行传输，完成全部传输只需要两个时间间隔 t_1、t_2，通过使用复用技术，传输同样多的数据量只需要更少的传输时间，因此数据传输速率得到了极大的提高；如果使用分集技术，传输时间并

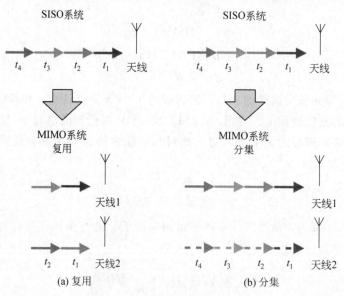

图 19-7　MIMO 系统的分集与复用

不会减少，仍然为 4 个时间间隔，但是每一小段数据都可以获得一个传输自己的"副本"的机会，这里使用的"副本"一词指的并不是单纯的原始数据的复制，而是通过某些编码方法产生的与原始数据有着某种联系的不同码字。接收端完成接收后，通过对原始数据及其"副本"进行相应处理，可以降低传输过程中的误码率。

19.4.2　空时编码方法

1. 分层空时码（LSTC）、空时网格码（STTC）、空时分组码（STBC）

最早被提出的空时编码方法是分层空时码（LSTC），这种编码方法采用复用的方式将数据流分割后再进行传输，可以获得很高的传输速率。空时分层码的代表是 BELL 实验室的 BLAST 空时编码方法，BLAST 又可以分为 D-BLAST、V-BLAST 和 H-BLAST，其中 D-BLAST 可以更加充分地利用空间分集资源，但同时实现复杂度也更高，V-BLAST 相较于 D-BLAST 性能有所下降，但是实现复杂度低，因此应用更加普遍。1998 年，Tarokh 等人提出了空时网格码（STTC），这种编码方式可以充分利用空间分集以获得更高的可靠性，然而其相应的实现复杂度会随着传输速率的增加呈现指数形式的增长，在实际系统中难以实现。空时分组码（STBC）是一种利用正交原理进行编码的编码方案，虽然性能较 STTC 有所下降，但是接收端的译码复杂度比 STTC 减小很多。STBC 的一个典型代表是 Alamouti 空时编码方法。通过 Alamouti 编码后各路码字之间具有正交性，这一性质使得接收端译码工作极大简化。

接下来对这三类空时编码方法进行简要说明。

1）分层空时码（LSTC）

分层空时码主要利用空间复用原理。发射端将数据流按发射天线数目 N_T 进行分割，每根天线负责一部分数据的传输；接收端可以通过迫零算法、最大似然比算法等完成对接收信息的恢复工作。

2）空时网格码（STTC）

空时网格码是发送分集和网格编码调制（TCM）的结合，能够同时考虑分集增益和编码增益。发射端将信息比特流分别映射到 N_T 个符号流上，并将这些符号流经发射天线以并行的方式发射出去；接收端采用 Viterbi 译码，因此 STTC 的实现复杂度非常高。

3）空时分组码（STBC）

空时分组码的一个典型代表是 Alamouti 空时编码。Alamouti 方案中发射端采用两根发射天线，编码后的两路发射序列正交，因此可以实现完全分集。后来 Tarokh 等人在 Alamouti 的基础上提出了 STBC，使其可以应用到更多发射天线数的无线通信系统中。

在译码复杂度方面：空时网格码＞分层空时码＞空时分组码；在频谱利用率方面：分层空时码＞空时网格码＞空时分组码。接下来，对两种常用的空时编码方法——Alamouti 编码和 V-BLAST 编码进行介绍说明。

2. Alamouti 空时编码方法

Alamouti 方案有 3 种基本形式：1 根发射天线 2 根接收天线、2 根发射天线 1 根接收天线和 2 根发射天线 2 根接收天线。下面以 2 根发射天线 1 根接收天线为例进行简单介绍。

图 19-8 为 2 根发射天线 1 根接收天线情况下的 Alamouti 编解码示意图。Alamouti 空时编码方式如表 19-2 所示,具体如下。

t 时刻:天线 0 发送 s_0,天线 1 发送 s_1。

$t+T$ 时刻:天线 0 发送 $-s_1^*$,天线 1 发送 s_0^*。

在时刻 t,接收天线接收到的信号为

$$r_0 = r(t) = h_0 s_0 + h_1 s_1 + n_0$$

其中 n_0 为 t 时刻的信道噪声。

在时刻 $t+T$,接收天线接收到的信号为

$$r_1 = r(t+T) = -h_0 s_1^* + h_1 s_0^* + n_1$$

其中 n_1 为 $t+T$ 时刻的信道噪声。

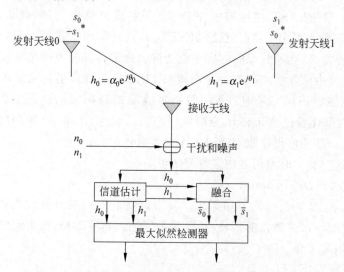

图 19-8　2 根发射天线 1 根接收天线下的 Alamouti 分集方案[1]

表 19-2　Alamouti 空时编码方案

	天线 0	天线 1
t 时刻	S_0	S_1
$t+T$ 时刻	$-S_1^*$	S_0^*

接收端接收到信号 r_0、r_1 后,通过一些简单的变换可以抵消掉信号之间的互相干扰,将两路信号分离开来。变换原理如下。

将接收到的信号记为 $\boldsymbol{r}$,则:

$$\boldsymbol{r} = \begin{bmatrix} r_0 \\ r_1^* \end{bmatrix} = \begin{bmatrix} h_0 & h_1 \\ h_1^* & -h_0^* \end{bmatrix} \begin{bmatrix} s_0 \\ s_1 \end{bmatrix} + \begin{bmatrix} n_0 \\ n_1^* \end{bmatrix}$$

注意,此处 r_1 取共轭变为 r_1^*。将上式中的信道矩阵记为 $\boldsymbol{H}$,则可以表示为

$$r = H \begin{bmatrix} s_1 \\ s_2 \end{bmatrix} + \begin{bmatrix} n_0 \\ n_1^* \end{bmatrix}$$

将最终要得到输出信息记为 y，则有：

$$y = H^H r = H^H H \begin{bmatrix} s_0 \\ s_1 \end{bmatrix} + \begin{bmatrix} n_0 \\ n_1^* \end{bmatrix}$$

$$= \begin{bmatrix} |h_0|^2 + |h_1|^2 & 0 \\ 0 & |h_0|^2 + |h_1|^2 \end{bmatrix} \begin{bmatrix} s_0 \\ s_1 \end{bmatrix} + \begin{bmatrix} n_0 \\ n_1^* \end{bmatrix}$$

$$y_0 = (|h_0|^2 + |h_1|^2)s_0 + n_0$$
$$y_1 = (|h_0|^2 + |h_1|^2)s_1 + n_1^*$$

接下来，对处理得到的信号 y_0 和 y_1 进行最大似然比检测，可以得到最终结果。

从上述分析过程可以看出，Alamouti 方案可以在接收端实现线性解码，大大降低了译码复杂度。

3. V-BLAST 空时编码方法

BLAST(Bell Labs Layered Space-Time)根据符号映射方式的不同可以分为 3 类：对角分层空时编码(D-BLAST)、垂直分层空时编码(V-BLAST)和水平分层空时编码(H-BLAST)。其中，V-BLAST 由于其较高的频谱利用率以及较低的实现复杂度得到了广泛的应用，接下来对其进行简要介绍。

V-BLAST 发射端编码方式比较简单，如图 19-9 所示，是一种基本的空间复用过程。

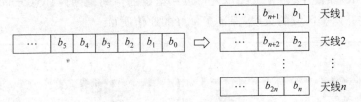

图 19-9　V-BLAST 编码方式

V-BLAST 的重点研究内容主要集中在接收端，即信号检测过程，这一过程可以通过多种不同的算法进行实现。

从降低误码率的角度出发，最佳的检测算法是最大似然(ML)检测算法。但是，最大似然算法的复杂度很高，在对于实时性要求比较严格的系统中难以实现。另一种比较简单的算法是线性检测算法，迫零(ZF)和最小均方误差(MMSE)是其中的代表。ZF 算法在接收端对接收到的信号乘以一个加权矩阵，使得由信道引起的干扰变为零。该算法的实现复杂度较低，但在抑制干扰的同时也会造成部分有用信息的损失，因此只有在较高信噪比的情况下才能维持良好的性能。MMSE 算法的基本思想是使解码出的数据与原始数据之间的均方误差最小，相比于 ZF 算法，MMSE 算法的信号分离质量并不是很好，但是却具有较好的抗噪性能。

除了这些基本的检测算法，V-BLAST 的检测算法还存在很多其他方法，如串行干扰消除(SIC)检测算法、并行干扰消除(PIC)检测算法、QR 分解、球形译码等。这些算法在译码性能、复杂度等方面各有优劣,具体使用哪种需要根据实际的应用场景而定。

19.5 MIMO 技术的几种应用场景

19.5.1 分布式 MIMO

分布式天线系统(Distributed Antenna System,DAS)由于其架构灵活,在克服信道阴影效应、提供更大空间分集方面有着独特的优势,一直以来都是无线通信系统中的一项关键技术。分布式天线系统主要由两部分构成:中心处理器以及远程天线单元。一般情况下,在一片较大的空间区域内,中心处理器位于某处特定的位置,而远程天线单元分散在整个空间区域中,并通过光纤与中心处理器相连。在这种结构下,根据实际需要远程天线单元可以延伸到任意远的地方。将分布式天线系统的这种系统结构与 MIMO 技术的多天线特点相结合,就构成了人们所说的"分布式 MIMO 系统(Distributed-MIMO)"。

分布式 MIMO 系统是相对于集中式 MIMO 系统而言的。如图 19-10 所示,图 19-10(a)表示传统的集中式 MIMO 系统,图 19-10(b)表示分布式 MIMO 系统。集中式 MIMO 系统是一种点对点的通信系统,这种系统更多地关注小尺度衰落,而忽略了阴影效应、天线位置分布等问题对于整个系统的影响。在集中式 MIMO 系统中,当基站与移动终端之间存在阴影区域时,两者之间的通信质量会受到严重影响。然而,在如图 19-10(b)所示的分布式 MIMO 系统中,由于天线位置可以在给定的空间范围内任意分布,因此总会存在某些能够绕开阴影区域的天线,保证了良好的通信质量。

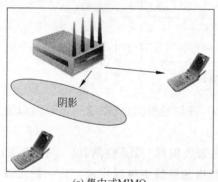
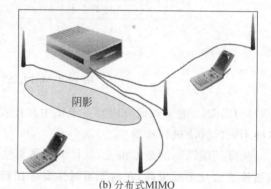

(a) 集中式MIMO   (b) 分布式MIMO

图 19-10 集中式 MIMO 与分布式 MIMO

分布式 MIMO 系统的主要优点如下。

1. 抗阴影效应

分布式 MIMO 系统具有很好的抗阴影效应特性。由于其天线位置可以任意放置,分布式 MIMO 系统可以以一种更加"均匀"的方式对给定空间进行覆盖。这样的系统结构下移动终端总能找到一个离自己距离较近、通信效果较好的天线,从而避免了所有天线到移动终端的路径状况都不佳的情况。

2. 获得大尺度衰落分集

一般情况下,分布式 MIMO 系统中发射端天线之间间距很大,因此可以近似地认为每一条传输路径都是相互独立的,小尺度衰落和大尺度衰落两个方面都相互独立。传统的集中式 MIMO 由于天线分布集中,往往只能获得小尺度衰落分集,然而,分布式 MIMO 在获得小尺度衰落分集的同时还可以获得大尺度衰落分集,即宏分集。这一特点将使得 MIMO 系统信道容量进一步提高。

虽然分布式 MIMO 系统具有抗阴影效应、获得大尺度衰落分集等优势,但是这种系统架构同样会带来一些问题。其中一个主要问题是如何处理各路信号的不同时延,由于分布式系统中各个天线位置分散,各条路径信道状况差别很大,从而导致各路信号到达移动终端的时间不完全一致,对接下来的信号处理工作带来困难。

19.5.2　虚拟 MIMO

凭借其特有的优势,MIMO 技术已经成为无线通信系统中的一项关键技术。然而,在实际应用却存在一个重要的限制——用户端设备难以配备多根天线。出于便携性、美观性的考虑,用户端设备外观往往十分小巧。如果安装多副天线,加上其附加的射频电路,会使得用户端设备的复杂度进一步增加,影响用户体验。即使可以克服复杂度问题,仍然存在天线间距过小的问题。MIMO 系统一般要求发射端和接收端任意两根天线之间的间距至少大于传输信号的半个波长,这一点在用户端设备上难以实现。从前面的分析中可以看出,无论从资源成本还是空间尺寸的角度考虑,用户端设备都不适合配备多根天线。

那么,这种情况下应该如何实现 MIMO 系统呢? 虚拟 MIMO 正是为解决这一问题而提出的。

虚拟 MIMO 是指将多个只配备单天线的用户联合起来看作一个整体单元,则这个单元可以等效为是具有多根天线的。只要用户之间的组合选取适当,各个用户到达基站的路径可以看作是相互独立的,整个系统可以等效为一个 MIMO 系统。由于各个用户端之间并未直接相连,因此称这种形式的系统为虚拟 MIMO 系统。当通信系统中一端是基站,一端是多个用户时,将这种虚拟的 MIMO 结构称为多用户 MIMO(Multi-User MIMO)。如果将“虚拟”的概念进一步推广,即通信系统的两端都由多个单天线设备组成,则将这种结构的系统称为网络化 MIMO(Network MIMO)。传统概念下的 MIMO 系统,多用户 MIMO 系统以及网络化 MIMO 系统的结构如图 19-11 所示。

另外,根据各个单天线用户间是否存在协作,虚拟 MIMO 可以有两种不同的实现方式:“有协作通信方式的虚拟 MIMO 技术”和“无协作通信的虚拟 MIMO 技术”。有协作通信方式的虚拟 MIMO 技术是指各个单天线用户之间可以互相通信、共享数据。因此各个用户之间可以进行联合发送,充分考虑各条路径的信道状态,以达到尽量避免干扰、优化通信质量的目的。无协作通信的虚拟 MIMO 技术是指各个单天线用户之间不存在信息交流,各自独立地向基站发送信息。这种系统中各个用户的协调工作主要由基站完

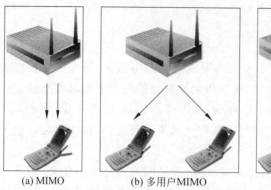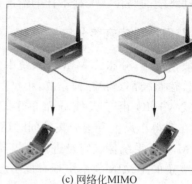

(a) MIMO   (b) 多用户MIMO   (c) 网络化MIMO

图 19-11   MIMO、多用户 MIMO、网络化 MIMO

成,因此对基站端的相关算法要求较高。

接下来对多用户 MIMO 系统和网络化 MIMO 系统进行进一步说明。

1. 多用户 MIMO

多用户 MIMO 技术主要应用在无线局域网、蜂窝 MIMO 系统这类需要一个基站同时与多个移动终端进行通信的系统中。由于基站需要同时接收或发送多个数据流,一个重要的问题就是如何解决各个用户之间的相互干扰。

在多用户 MIMO 系统的上行链路中,基站需要能够分离出不同用户的不同数据流,这个过程一般可以通过不同的多址接入方式实现。在多用户 MIMO 系统的下行链路中,基站需要同时向多个用户发送不同的数据。各个用户所需的信息通过一定的编码方式联合在一起,因此对于每个用户而言,想要得到自己的数据,不仅需要知道自己的信道信息,还需要知道所有其他用户的信道信息,这一要求往往是难以实现的。因此一种可行的方案就是在发射端基站采用预编码技术。基站可以获得所有用户的信道信息,通过预编码技术提前抵消掉信道的影响,使得每个用户都接收到无干扰的信号。

目前,多用户 MIMO 技术已经被列入了 Wi-Fi 的 802.11ac 协议。

多用户 MIMO 系统的主要优点如下。

1)允许用户端配备单天线

通过前面的分析可以看出,用户端设备的天线数量是限制 MIMO 系统发展的一个重要因素。而多用户 MIMO 系统允许每个用户端只配备单天线,这一特点使得 MIMO 技术的广泛应用成为可能。

2)各路信道不相关性更好

传统的 MIMO 系统在传输过程中存在许多限制因素,由于信道很难保证完全分集,单用户 MIMO 的实际系统容量总是无法达到理论值。而在多用户 MIMO 系统中,信道之间的相关性、信道矩阵不满秩等问题都可以得到有效解决,因此可以更加充分地利用分集增益,提供更好的传输质量。

2. 网络化 MIMO

网络化 MIMO 也可以理解为一种分布式的多用户 MIMO。与一般的多用户 MIMO 系统不同,由于基站端采取分布式结构,网络化 MIMO 在克服小区内干扰方面有着其独特的优势。另外,研究表明,网络化 MIMO 的整体系统容量随着接入点数量的增长呈现线性增长,这一特点使得实现大规模、高速率的 MIMO 系统成为可能。

参 考 文 献

Alamouti. A simple transmit diversity technique for wireless communications [J]. IEEE Journal on Selected Areas in Communications,1998(8): 1451-1458.

第 20 章

安卓编程与智能手机

随着移动设备的迅速发展，操作系统也在不断进化。塞班的风靡和没落，iOS 的热潮，安卓的迅速扩张，Windows Phone 和 BlackBerry 的逐渐消退，这些告诉我们，只有最有生命力的系统才能站住脚跟。安卓系统之所以强大，不仅仅是因为其开源的特质、基于 Linux 的血统，而且还因为它为开发者提供了很完善的开发平台，使用 Java 这个风靡全球的语言编写，容易上手。

安卓从诞生开始，到现在已经更新到 4.4 的版本了，其中增加了旧版本中没有的诸如 Wi-Fi direct 等功能。图 20-1 给出了安卓系统的发展史。

Version	Nickname	Release date	API level	Distribution
4.3	Jelly Bean	July 24, 2013	18	0.0%
4.2.x	Jelly Bean	November 13, 2012	17	6.5%
4.1.x	Jelly Bean	July 9, 2012	16	34.0%
4.0.3-4.0.4	Ice Cream Sandwich	December 16, 2011	15	22.5%
3.2	Honeycomb	July 15, 2011	13	0.1%
3.1	Honeycomb	May 10, 2011	12	0.0%
2.3.3-2.3.7	Gingerbread	February 9, 2011	10	33.0%
2.3-2.3.2	Gingerbread	December 6, 2010	9	0.1%
2.2	Froyo	May 20, 2010	8	2.5%
2.0-2.1	Eclair	October 26, 2009	7	1.2%
1.6	Donut	September 15, 2009	4	0.1%
1.5	Cupcake	April 30, 2009	3	0%

图 20-1　Android 系统[1]

每个版本都以一个食物来命名，最常见的是 Jelly Bean 和 Gingerbread 两个版本，各占到了当前使用人数的约三分之一。与开发者相关的是 API 等级，它表示安卓开发包提供的 API 资源的等级，如果要在高版本的手机上编程，需要下载相应高级别的 API。

20.1　安卓系统的架构

Android 系统架构大致分为四层，如图 20-2 所示。

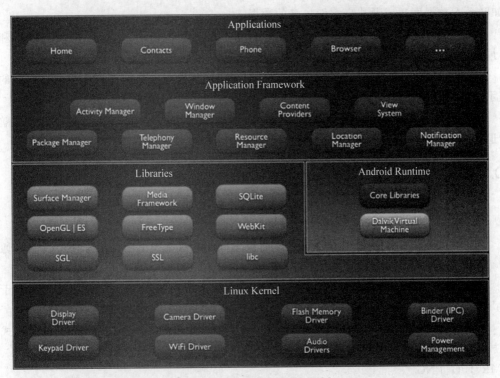

图 20-2　Android 系统架构图[2]

Android 的系统架构和其操作系统一样，采用了分层的架构。从架构图看，Android 分为 4 个层，从高层到低层分别是应用程序层、应用程序框架层、系统运行库层和 Linux 核心层。

20.1.1　应用程序层（Applications）

Android 会同一系列核心应用程序包一起发布，该应用程序包括 E-mail 客户端、SMS 短消息程序、日历、地图、浏览器、联系人管理程序等。所有的应用程序都是使用 Java 语言编写的。

20.1.2　应用程序框架层（Application Framework）

开发人员也可以完全访问核心应用程序所使用的 API 框架。该应用程序的架构设计简化了组件的重用；任何一个应用程序都可以发布他的功能块并且任何其他的应用程序都可以使用其所发布的功能块（不过得遵循框架的安全性限制）。同样，该应用程序重用机制也使用户可以方便地替换程序组件。

隐藏在每个应用后面的是一系列的服务和系统，其中包括如下。

（1）丰富而又可扩展的视图（Views），可以用来构建应用程序，它包括列表（lists）、网格（grids）、文本框（text boxes）、按钮（buttons），甚至可嵌入的 Web 浏览器。

（2）内容提供器（Content Providers）使得应用程序可以访问另一个应用程序的数据

（如联系人数据库），或者共享它们自己的数据。

（3）资源管理器（Resource Manager）提供非代码资源的访问，如本地字符串、图形和布局文件（layout files）。

（4）通知管理器（Notification Manager）使得应用程序可以在状态栏中显示自定义的提示信息。

（5）活动管理器（Activity Manager）用来管理应用程序生命周期并提供常用的导航回退功能。

20.1.3 系统运行库（Libraries+Runtime）

1. 程序库

Android 包含一些 C/C++ 库，这些库能被 Android 系统中不同的组件使用。它们通过 Android 应用程序框架为开发者提供服务。以下是一些核心库。

（1）系统 C 库。一个从 BSD 继承来的标准 C 系统函数库（libc），它是专门为基于 embedded Linux 的设备定制的。

（2）媒体库。基于 Packet Video Open CORE，该库支持多种常用的音频、视频格式回放和录制，同时支持静态图像文件。编码格式包括 MPEG4、H. 264、MP3、AAC、AMR、JPG、PNG。

（3）Surface Manager。对显示子系统的管理，并且为多个应用程序提供了 2D 和 3D 图层的无缝融合。

（4）Lib Web Core。一个最新的 Web 浏览器引擎，支持 Android 浏览器和一个可嵌入的 Web 视图。

（5）SGL。底层的 2D 图形引擎。

（6）3D libraries。基于 OpenGL ES 1.0 APIs 实现，该库可以使用硬件 3D 加速（如果可用）或者使用高度优化的 3D 软加速。

（7）Free Type。位图（bitmap）和矢量（vector）字体显示。

（8）SQLite。一个对于所有应用程序可用，功能强劲的轻型关系型数据库引擎。

2. Android 运行库

Android 包括一个核心库，该核心库提供 Java 编程语言核心库的大多数功能。每一个 Android 应用程序都在它自己的进程中运行，都拥有一个独立的 Dalvik 虚拟机实例。Dalvik 被设计成一个设备可以同时高效地运行多个虚拟系统。Dalvik 虚拟机执行（.dex）的 Dalvik 可执行文件，该格式文件针对小内存使用做了优化。同时虚拟机是基于寄存器的，所有的类都经由 Java 编译器编译，然后通过 SDK 中的 dx 工具转化成.dex 格式由虚拟机执行。Dalvik 虚拟机依赖于 Linux 内核的一些功能，比如线程机制和底层内存管理机制。

20.1.4　Linux 内核

Android 的核心系统服务依赖于 Linux 2.6 或者 Linux 3.3 内核，如安全性、内存管理、进程管理、网络协议栈和驱动模型。Linux 内核也同时作为硬件和软件栈之间的抽象层。这一层涉及驱动和架构相关的底层代码，一般程序不会碰到。

20.2　编程环境的搭建

安卓是用 Java 写的，那么就必须有 JDK 等软件支持。一般来说初级程序员可以使用 Eclipse ＋ Android SDK 来搭配开发。这里给大家推荐安卓开发官网，很多信息都可以找到：http://developer. android. com/sdk/index. html。下面较为详细地介绍搭建过程。

（1）安装 Java JDK。如图 20-3 所示，下载 JDK 的地址：http://www. oracle. com/technetwork/java/javase/downloads/jdk8-downloads-2133151. html。

Java SE Development Kit 8

You must accept the Oracle Binary Code License Agreement for Java SE to download this software.

○ Accept License Agreement　　　● Decline License Agreement

Product / File Description	File Size	Download
Linux ARM v6/v7 Hard Float ABI	83.51 MB	⬇ jdk-8-linux-arm-vfp-hflt.tar.gz
Linux x86	133.57 MB	⬇ jdk-8-linux-i586.rpm
Linux x86	152.47 MB	⬇ jdk-8-linux-i586.tar.gz
Linux x64	133.85 MB	⬇ jdk-0-linux-x64.rpm
Linux x64	151.61 MB	⬇ jdk-8-linux-x64.tar.gz
Mac OS X x64	207.72 MB	⬇ jdk-8-macosx-x64.dmg
Solaris SPARC 64-bit (SVR4 package)	135.5 MB	⬇ jdk-8-solaris-sparcv9.tar.Z
Solaris SPARC 64-bit	95.53 MB	⬇ jdk-8-solaris-sparcv9.tar.gz
Solaris x64 (SVR4 package)	135.78 MB	⬇ jdk-8-solaris-x64.tar.Z
Solaris x64	93.15 MB	⬇ jdk-8-solaris-x64.tar.gz
Windows x86	151.68 MB	⬇ jdk-8-windows-i586.exe
Windows x64	155.14 MB	⬇ jdk-8-windows-x64.exe

图 20-3　下载 JDK

（2）配置环境变量。需要添加如下环境变量，如图 20-4 所示。

```
JAVA_HOME->C:\jdk1.6.0_10
Classpath->.;%JAVA_HOME%\lib;%JAVA_HOME%\lib\tools.jar
Path->%JAVA_HOME%\bin;%JAVA_HOME%\jre\bin
```

（3）打开命令行，输入 javac，如果返回如图 20-5 所示，即安装完成。

（4）安装 Eclipse and Android SDK。从 http://developer. android. com/sdk/index. html 下载 SDK 开发包，然后在 Eclipse 里设置 SDK 路径即可。打开 Eclipse 之后如

图 20-4　环境变量

图 20-5　javac 返回值

图 20-6 所示。

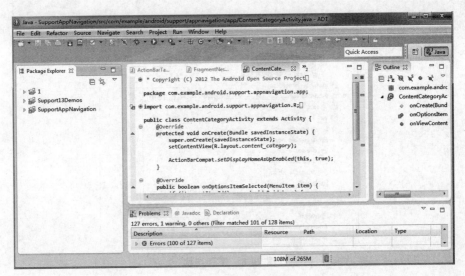

图 20-6 Eclipse 界面

在 Eclipse 中,需要更新安卓 SDK,以便使用在最新的系统版本上。打开 SDK 管理器,如图 20-7 所示,选择所需的 APIs 即可下载。

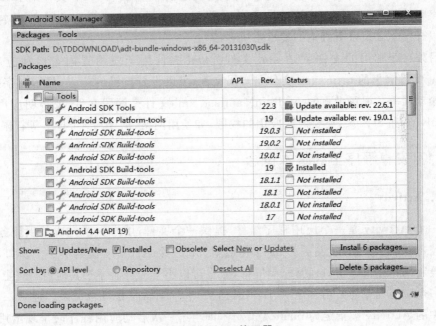

图 20-7 SDK 管理器

20.3 安卓工程

在 Eclipse 中创建一个工程,其结构如图 20-8 所示。

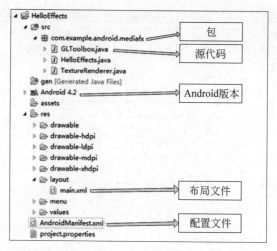

图 20-8　工程结构

其中,最上面是包的名字,学过 Java 的读者都知道 package 这个概念,对程序打包是一个很好的代码重用的方式。后缀为 java 的文件就是源代码,每一个应用都有一个main Activity,这个继承了 Activity 类的子类就是整个应用的入口。其他的 Java 文件都可以声明其他类,或者声明函数,与 C/C++ 类似。Android 4.2 说明 API 的版本为 4.2,即可以开发 4.2 及以下版本的安卓手机。

另外一个常用的文件就是 xml 文件。xml 文件用于应用界面布局和应用配置。Layout 文件夹里的 main.xml 文件是布局文件,可以设置按键的位置、显示文字的位置、添加滚动屏等。根目录下的 AndroidManifest.xml 文件是配置文件,要声明应用中用到的 Activity 和 Service,还要声明应用的权限,如使用网络、需要写入 SD 卡等权限。

20.3.1　安卓程序里的基本概念

1. Activity

一个 Activity 是一个应用程序组件,提供一个屏幕,用户为了完成某项任务可以用来交互,例如拨号、拍照、发送 E-mail、看地图。每一个 Activity 被给予一个窗口,在上面可以绘制用户接口。窗口通常充满屏幕,但也可以小于屏幕而浮于其他窗口之上。

一个应用程序通常由多个 Activities 组成,它们通常是松耦合关系。通常,一个应用程序中的 Activity 被指定为 main Activity,即当第一次启动应用程序时呈现给用户的那个 Activity。每一个 Activity 然后可以启动另一个 Activity 以完成不同的动作。每一次一个 Activity 启动,前一个 Activity 就停止了,但是系统保留 Activity 在一个栈上(back stack)。当一个新 Activity 启动,它被推送到栈顶,取得用户焦点。back stack 符合简单"后进先出"原则,所以,当用户完成当前 Activity,然后单击 back 按钮,它被弹出栈(并且被摧毁),然后之前的 Activity 恢复。

创建一个 Activity,必须创建一个 Activity 的子类(或者一个 Activity 的子类的子类）。在子类中，需要实现系统回调的回调方法，当 Activity 在它的生命周期的多种状态中转换时，例如，当 Activity 被创建、停止、恢复或摧毁。两个最重要的回调方法如下。

onCreate()：必须实现这个方法。当创建你的 Activity 时系统调用它。在你的实现中，你应该初始化你的 Activity 的基本组件。更重要的是，这里就是你必须调用 setContentView 来定义 Activity 用户接口而已的地方。

onPause()：当用户离开你的 Activity（虽然不总是意味着 Activity 被摧毁）时系统调用这个方法。

为了提供一个流畅的用户体验，应该使用若干其他生命周期回调函数并表操作异常中断会引起 Activity 被中断甚至被摧毁。

2. Service

Service 是 Android 系统中的四大组件之一（Activity、Service、Broadcast Receiver、ContentProvider），它跟 Activity 的级别差不多，但不能自己运行，只能后台运行，并且可以和其他组件进行交互。Service 可以在很多场合的应用中使用，比如播放多媒体的时候用户启动了其他 Activity，这时程序要在后台继续播放，比如检测 SD 卡上文件的变化，再或者在后台记录你地理信息位置的改变等，总之服务总是藏在后台的。Service 的启动有两种方式：context.startService() 和 context.bindService()。

context.startService() 启动流程：context.startService()→onCreate()→onStart()→Service running→context.stopService()→onDestroy()→Service stop。如果 Service 还没有运行，则 Android 先调用 onCreate()，然后调用 onStart()；如果 Service 已经运行，则只调用 onStart()，所以一个 Service 的 onStart() 方法可能会重复调用多次。如果是调用者自己直接退出而没有调用 stopService 的话，Service 会一直在后台运行，该 Service 的调用者再启动起来后可以通过 stopService 关闭 Service。所以调用 startService 的生命周期为 onCreate→onStart（可多次调用）→onDestroy。

context.bindService() 启动流程：context.bindService()→onCreate()→onBind()→Service running→onUnbind()→onDestroy()→Service stop. onBind() 将返回给客户端一个 IBind 接口实例，IBind 允许客户端回调服务的方法，比如得到 Service 的实例、运行状态或其他操作。这个时候把调用者（Context，例如 Activity）会和 Service 绑定在一起，Context 退出了，Service 就会调用 onUnbind→onDestroy 相应退出。所以调用 bindService 的生命周期为 onCreate→onBind（只一次，不可多次绑定）→onUnbind→onDestory。在 Service 每一次的开启关闭过程中，只有 onStart 可被多次调用（通过多次 startService 调用），其他 onCreate、onBind、onUnbind、onDestory 在一个生命周期中只能被调用一次。

3. ContentProvider

应用场景：在 Android 官方指出的 Android 的数据存储方式总共有 5 种，分别是 Shared Preferences、网络存储、文件存储、外储存储、SQLite。我们知道，一般这些存储都只是在单独的一个应用程序之中达到一个数据的共享，而且这些知识在前面都有介绍，有时候人们需要操作其他应用程序的一些数据,例如,需要操作系统里的媒体库、通讯录等,这时就可能通过 ContentProvider 来满足我们的需求了。

ContentProvider 向人们提供了在应用程序之间共享数据的一种机制,我们知道,每一个应用程序都是运行在不同的应用程序的,数据和文件在不同应用程序之间达到数据的共享不是没有可能,而是显得比较复杂,而正好 Android 中的 ContentProvider 达到了这一需求,比如有时需要操作手机里的联系人、手机里的多媒体等一些信息,都可以用到这个 ContentProvider 来达到我们所需。

如何理解 ContentProvider:上面说了一大堆 ContentProvider 的概述,可能大家还是不太特别理解 ContentProvider 到底是干什么的,下面以一个网站来形象地描述这个 ContentProvider,可以这么理解,ContentProvider 就是一个网站,它向我们去访问网站这里的数据达到了一种可能,它就是一个向外提供数据的接口。既然它是向外提供数据,人们有时也需要去修改数据,这时就可以用到另外一个类来实现这个对数据的修改,即 ContentResolver 类,这个类就可以通过 URI 来操作数据。

4. BroadcastReceiver

广播接收器 BroadcastReceiver 是一个专注于接收广播通知信息,并做出对应处理的组件。很多广播是源自于系统代码的——比如,通知时区改变、电池电量低、拍摄了一张照片或者用户改变了语言选项。应用程序也可以进行广播——比如说,通知其他应用程序一些数据下载完成并处于可用状态。

应用程序可以拥有任意数量的广播接收器以对所有它感兴趣的通知信息予以响应。所有的接收器均继承自 BroadcastReceiver 基类。

广播接收器没有用户界面。它们可以启动一个 Activity 来响应它们收到的信息,或者用 Notification Manager 来通知用户。通知可以用很多种方式来吸引用户的注意力——闪动背灯、震动、播放声音等。一般来说是在状态栏上放一个持久的图标,用户可以打开它并获取消息。

Android 中的广播事件有两种:一种就是系统广播事件,比如,ACTION_BOOT_COMPLETED(系统启动完成后触发)、ACTION_TIME_CHANGED(系统时间改变时触发)、ACTION_BATTERY_LOW(电量低时触发)等;另外一种是人们自定义的广播事件。

(1) 注册广播事件。注册方式有两种:一种是静态注册,就是在 AndroidManifest.xml 文件中定义,注册的广播接收器必须要继承 BroadcastReceiver;另一种是动态注册,是在程序中使用 Context.registerReceiver 注册,注册的广播接收器相当于一个匿名类。两种方式都需要 IntentFilter。

(2) 发送广播事件。通过 Context.sendBroadcast 来发送,由 Intent 来传递注册时用到的 Action。

(3) 接收广播事件。当发送的广播被接收器监听到后,会调用它的 onReceive()方法,并将包含消息的 Intent 对象传给它。onReceive()中代码的执行时间不要超过 5s,否则 Android 会弹出超时对话框。

5．Intent

Intent 是一种运行时绑定机制,它能在程序运行过程中连接两个不同的组件。通过 Intent,人们的程序可以向 Android 表达某种请求或者意愿,Android 会根据意愿的内容选择适当的组件来完成请求。例如,有一个 Activity 希望打开网页浏览器查看某一网页的内容,那么这个 Activity 只需要发出 WEB_SEARCH_ACTION 给 Android,Android 就会根据 Intent 的请求内容,查询各组件注册时声明的 Intent Filter,找到网页浏览器的 Activity 来浏览网页。

Android 的 3 个基本组件(Activity、Service 和 Broadcast Receiver)都是通过 Intent 机制激活的。要激活一个新的 Activity,或者让一个现有的 Activity 做新的操作,可以通过调用 Context. startActivity()或者 Activity. startActivityForResult()方法。

要启动一个新的 Service,或者向一个已有的 Service 传递新的指令,调用 Context. startService()方法或者调用 Context. bindService()方法将调用此方法的上下文对象与 Service 绑定。

Context. sendBroadcast()、Context. sendOrderBroadcast()、Context. sendStickBroadcast() 这 3 个方法可以发送 Broadcast Intent。发送之后,所有已注册的并且拥有与之相匹配 IntentFilter 的 BroadcastReceiver 就会被激活。

Intent 一旦发出,Android 都会准确地找到相匹配的一个或多个 Activity,Service 或者 BroadcastReceiver 作为响应。所以,不同类型的 Intent 消息不会出现重叠,即 Broadcast 的 Intent 消息只会发送给 BroadcastReceiver,而绝不会发送给 Activity 或者 Service。由 startActivity()传递的消息也只会发给 Activity,由 startService()传递的 Intent 只会发送给 Service。

20.3.2　安卓应用程序的生存周期

在 Activity 的 API 中有大量的 on×××形式的函数定义,除了前面用到的 onCreate() 以外,还有 onStart()、onStop()以及 onPause()等。从字面上看,它们是一些事件回调,那么次序又是如何的呢?这就要讲到安卓 Activity 的生存周期了。

下面提供两个关于 Activity 的生命周期模型图示帮助理解,如图 20-9 和图 20-10 所示。

从图 20-10 可以看出两层循环:第一层循环是 onPause()→onResume()→onPause(); 第二层循环是 onStop()→onRestart()→onStart()→onResume()→onPause()→ onStop()。

可以将这两层循环看成是整合 Activity 生命周期中的子生命周期。第一层循环称为焦点生命周期,第二层循环称为可视生命周期。也就是说,第一层循环在 Activity 焦点的获得与失去的过程中循环,在这一过程中,Activity 始终是可见的。而第二层循环是在 Activity 可见与不可见的过程中循环,在这个过程中伴随着 Activity 的焦点的获得与失去。也就是说,Activity 首先会被显示,然后会获得焦点,接着失去焦点,最后由于弹出其他的 Activity,使当前的 Activity 变成不可见。因此,Activity 有如下 3 种生命周期。

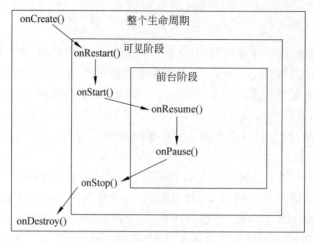

图 20-9　生存周期[3]

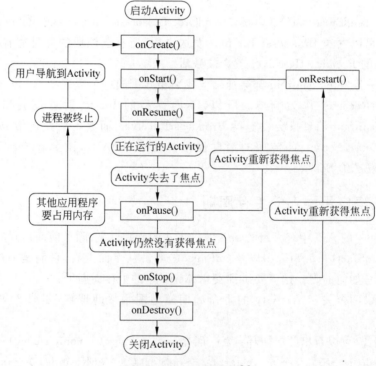

图 20-10　生存周期图[4]

整体生命周期：onCreate()→…→onDestroy()。

可视生命周期：onStop()→…→onPause()。

焦点生命周期：onPause()→onResume()。

上面 7 个生命周期方法分别在 4 个阶段按着一定的顺序进行调用，这 4 个阶段如下。

开始 Activity：在这个阶段依次执行 3 个生命周期方法，即 onCreate()、onStart()和onResume()。

Activity 失去焦点：如果在 Activity 获得焦点的情况下进入其他的 Activity 或应用程序，这时当前的 Activity 会失去焦点。在这一阶段，会依次执行 onPause() 和 onStop() 方法。

Activity 重新获得焦点：如果 Activity 重新获得焦点，会依次执行 3 个生命周期方法，即 onRestart()、onStart() 和 onResume()。

关闭 Activity：当 Activity 被关闭时系统会依次执行 3 个生命周期方法，即 onPause()、onStop() 和 onDestroy()。

如果在这 4 个阶段执行生命周期方法的过程中不发生状态的改变，那么系统会按着上面的描述依次执行这 4 个阶段中的生命周期方法，但如果在执行的过程中改变了状态，系统会按着更复杂的方式调用生命周期方法。

在执行的过程中，可以改变系统的执行轨迹的生命周期方法是 onPause() 和 onStop()。如果在执行 onPause() 方法的过程中 Activity 重新获得了焦点，然后又失去了焦点。系统将不会再执行 onStop() 方法，而是按着如下的顺序执行相应的生命周期方法：onPause()→onResume()→onPause()。如果在执行 onStop() 方法的过程中 Activity 重新获得了焦点，然后又失去了焦点。系统将不会执行 onDestroy() 方法，而是按着如下的顺序执行相应的生命周期方法：onStop()→onRestart()→onStart()→onResume()→onPause()→onStop()。

在图 20-10 所示的 Activity 生命周期里可以看出，系统在终止应用程序进程时会调用 onPause()、onStop() 和 onDestroy() 方法。而 onPause() 方法排在了最前面，也就是说，Activity 在失去焦点时就可能被终止进程，而 onStop() 和 onDestroy() 方法可能没有机会执行。因此，应该在 onPause() 方法中保存当前 Activity 状态，这样才能保证在任何时候终止进程时都可以执行保存 Activity 状态的代码。

下面对其分别详细说明 on××× 这些函数方法。

1. void onCreate(Bundle savedInstanceState)

当 Activity 被首次加载时执行。新启动一个程序时其主窗体的 onCreate 事件就会被执行。如果 Activity 被销毁后（onDestroy 后），再重新加载进 Task 时，其 onCreate 事件也会被重新执行。注意这里的参数 savedInstanceState(Bundle 类型是一个键-值对集合，大家可以看成是.NET 中的 Dictionary) 是一个很有用的设计，由于前面已经说到的手机应用的特殊性，一个 Activity 很可能被强制交换到后台（交换到后台就是指该窗体不再对用户可见，但实际上还是存在于某个 Task 中，比如一个新的 Activity 压入了当前的 Task，从而"遮盖"住了当前的 Activity，或者用户按 Home 键回到桌面，又或者其他重要事件发生导致新的 Activity 出现在当前 Activity 之上，比如来电界面），而如果此后用户在一段时间内没有重新查看该窗体（Android 通过长按 Home 键可以选择最近运行的 6 个程序，或者用户直接再次单击程序的运行图标，如果窗体所在的 Task 和进程没有被系统销毁，则不用重新加载，直接重新显示 Task 顶部的 Activity，这就称为重新查看某个程序的窗体），该窗体连同其所在的 Task 和 Process 则可能已经被系统自动销毁了，此时如果再次查看该窗体，则要重新执行 onCreate 事件初始化窗体。而这时我们可能希望用户继续上次打开该窗体时的操作状态进行操作,而不是一切从头开始。例如,用户在编辑短信时突然来电话,接完电话后用户又去做了一些其他的事情,比如保存来电号码到联系人,而没有立即回到短信编辑界面,导致了短信编辑界面被销毁,当用户重新进入短信程序时他可能希望继续上次的编辑。这种情况下就可以覆写 Activity 的 void onSaveInstanceState(Bundle outState)事件,通过向 outState 中写入一些我们需要在窗体销毁前保存的状态或信息,这样在窗体重新执行 onCreate()时,则会通过 savedInstanceState 将之前保存的信息传递进来,此时就可以有选择地利用这些信息来初始化窗体,而不是一切从头开始。

2. void onStart()

Activity 变为在屏幕上对用户可见时调用。onCreate 事件之后执行。或者当前窗体被交换到后台后,在用户重新查看窗体前已经过去了一段时间,窗体已经执行了 onStop 事件,但是窗体和其所在进程并没有被销毁,用户再次查看窗体时会执行 onRestart 事件,之后会跳过 onCreate 事件,直接执行窗体的 onStart 事件。

3. void onResume()

Activity 开始与用户交互时调用(无论是启动还是重新启动一个活动,该方法总是被调用的)。onStart 事件之后执行。或者当前窗体被交换到后台后,在用户重新查看窗体时,窗体还没有被销毁,也没有执行过 onStop 事件(窗体还继续存在于 Task 中),则会跳过窗体的 onCreate 和 onStart 事件,直接执行 onResume 事件。

4. void onPause()

Activity 被暂停或收回 CPU 和其他资源时调用,该方法用于保存活动状态,也是保护现场,窗体被交换到后台时执行。

5. void onStop()

Activity 被停止并转为不可见阶段及后续的生命周期事件时调用。onPause 事件之后执行。如果一段时间内用户还没有重新查看该窗体,则该窗体的 onStop 事件将会被执行;或者用户直接按了 Back 键,将该窗体从当前 Task 中移除,也会执行该窗体的 onStop 事件。

6. void onRestart()

重新启动 Activity 时调用。该活动仍在栈中,而不是启动新的活动。onStop 事件执行后,如果窗体和其所在的进程没有被系统销毁,此时用户又重新查看该窗体,则会执行窗体的 onRestart 事件,onRestart 事件后会跳过窗体的 onCreate 事件直接执行 onStart 事件。

7. void onDestroy()

Activity 被完全从系统内存中移除时调用，该方法被调用可能是因为有人直接调用 onFinish()方法或者系统决定停止该活动以释放资源！Activity 被销毁的时候执行。在窗体的 onStop 事件之后，如果没有再次查看该窗体，Activity 则会被销毁。

20.3.3　典型例程

下面以获取周边 Wi-Fi 信号为例子，介绍一下源代码的编写。

首先是 WifiAdmin 类的创建，里面封装了操作 Wi-Fi 模块的函数，WifiAdmin.java 代码如下：

```java
public class WifiAdmin {
//定义 WifiManager 对象
private WifiManager mWifiManager;
//定义 WifiInfo 对象
private WifiInfo mWifiInfo;
//扫描出的网络连接列表
private List<ScanResult>mWifiList;
//网络连接列表
private List<WifiConfiguration>mWifiConfiguration;
//定义一个 WifiLock
WifiLock mWifiLock;
//构造器
public WifiAdmin(Context context){
    //取得 WifiManager 对象
    mWifiManager=(WifiManager)context
            .getSystemService(Context.WIFI_SERVICE);
    //取得 WifiInfo 对象
    mWifiInfo=mWifiManager.getConnectionInfo();
}
//打开 Wi-Fi
public void openWifi(){
    if(!mWifiManager.isWifiEnabled()){
        mWifiManager.setWifiEnabled(true);
    }
}
//关闭 Wi-Fi
public void closeWifi(){
    if(mWifiManager.isWifiEnabled()){
        mWifiManager.setWifiEnabled(false);
    }
}
//检查当前 Wi-Fi 状态
```

```java
public int checkState(){
    return mWifiManager.getWifiState();
}
//锁定 WifiLock
public void acquireWifiLock(){
    mWifiLock.acquire();
}
//解锁 WifiLock
public void releaseWifiLock(){
    //判断时候锁定
    if(mWifiLock.isHeld()){
        mWifiLock.acquire();
    }

}
//创建一个 WifiLock
public void creatWifiLock(){
    mWifiLock=mWifiManager.createWifiLock("zyr-wifilock");
}
//得到配置好的网络
public List<WifiConfiguration>getConfiguration(){
    return mWifiConfiguration;
}
//指定配置好的网络进行连接
public void connectConfiguration(int index){
    //索引大于配置好的网络索引返回
    if(index >mWifiConfiguration.size()){
        return;
    }
    //连接配置好的指定 ID 的网络
    mWifiManager. enableNetwork (mWifiConfiguration. get (index).
networkId,
        true);
}
//扫描网络
public void startScan(){
    mWifiManager.startScan();
    //得到扫描结果
    mWifiList=mWifiManager.getScanResults();
    //得到配置好的网络连接
    mWifiConfiguration=mWifiManager.getConfiguredNetworks();
}
//扫描后得到网络列表
public List<ScanResult>getWifiList(){
    return mWifiList;
```

```
}
//查看扫描结果
public StringBuilder lookUpScan(){
    StringBuilder stringBuilder=new StringBuilder();
    for(int i=0; i<mWifiList.size(); i++){
        stringBuilder
                .append("Index_"+new Integer(i+1).toString()+":");
        //将 ScanResult 信息转换成一个字符串包
        //其中包括 BSSID、SSID、capabilities、frequency、level
        stringBuilder.append((mWifiList.get(i)).toString());
        stringBuilder.append("/n");
    }
    return stringBuilder;
}
//得到 MAC 地址
public String getMacAddress(){
    return(mWifiInfo==null)?"NULL" : mWifiInfo.getMacAddress();
}
//得到接入点的 BSSID
public String getBSSID(){
    return(mWifiInfo==null)?"NULL" : mWifiInfo.getBSSID();
}
//得到 IP 地址
public int getIPAddress(){
    return(mWifiInfo==null)?0 : mWifiInfo.getIpAddress();
}
//得到连接的 ID
public int getNetworkId(){
    return(mWifiInfo==null)?0 : mWifiInfo.getNetworkId();
}
//得到 WifiInfo 的所有信息包
public String getWifiInfo(){
    mWifiInfo=mWifiManager.getConnectionInfo();
    return(mWifiInfo==null)?"NULL" : mWifiInfo.toString();
}
//添加一个网络并连接
public void addNetwork(WifiConfiguration wcg){
 int wcgID=mWifiManager.addNetwork(wcg);
 boolean b=  mWifiManager.enableNetwork(wcgID,true);
 System.out.println("a--"+wcgID);
 System.out.println("b--"+b);
}
//断开指定 ID 的网络
public void disconnectWifi(int netId){
```

```
        mWifiManager.disableNetwork(netId);
        mWifiManager.disconnect();
    }
//创造 Wi-Fi 接入点信息
//分为 3 种情况:1——没有密码;2——用 WEP 加密;3——用 WPA 加密
    public WifiConfiguration CreateWifiInfo(String SSID,String Password,int
    Type)
    {
        WifiConfiguration config=new WifiConfiguration();
        config.allowedAuthAlgorithms.clear();
        config.allowedGroupCiphers.clear();
        config.allowedKeyManagement.clear();
        config.allowedPairwiseCiphers.clear();
        config.allowedProtocols.clear();
        config.SSID="\""+SSID+"\"";

        if(Type==1)//WIFICIPHER_NOPASS
        {
            config.wepKeys[0]="";
            config.allowedKeyManagement.set(WifiConfiguration.KeyMgmt.NONE);
            config.wepTxKeyIndex=0;
        }
        if(Type==2)//WIFICIPHER_WEP
        {
            config.hiddenSSID=true;
            config.wepKeys[0]="\""+Password+"\"";
            config.allowedAuthAlgorithms.set(WifiConfiguration.AuthAlgorithm.
            SHARED);
            config.allowedGroupCiphers.set(WifiConfiguration.GroupCipher.
            CCMP);
            config.allowedGroupCiphers.set(WifiConfiguration.GroupCipher.
            TKIP);
            config.allowedGroupCiphers.set(WifiConfiguration.GroupCipher.
            WEP40);
            config.allowedGroupCiphers.set(WifiConfiguration.GroupCipher.
            WEP104);
            config.allowedKeyManagement.set(WifiConfiguration.KeyMgmt.
            NONE);
            config.wepTxKeyIndex=0;
        }
        if(Type==3)//WIFICIPHER_WPA
        {
            config.preSharedKey="\""+Password+"\"";
        config.hiddenSSID=true;
        config.allowedAuthAlgorithms.set(WifiConfiguration.AuthAlgorithm.
        OPEN);
```

```
config.allowedGroupCiphers.set(WifiConfiguration.GroupCipher.TKIP);
config.allowedKeyManagement.set(WifiConfiguration.KeyMgmt.WPA_PSK);
config.allowedPairwiseCiphers.set(WifiConfiguration.PairwiseCipher.
TKIP);
//config.allowedProtocols.set(WifiConfiguration.Protocol.WPA);
config.allowedGroupCiphers.set(WifiConfiguration.GroupCipher.CCMP);
config.allowedPairwiseCiphers.set(WifiConfiguration.PairwiseCipher.
CCMP);
config.status=WifiConfiguration.Status.ENABLED;
}
return config;
}
}
```

创建完 WifiAdmin 类之后，就可以在 main activity 里面操作了，MainActivity.java
代码如下：

```
public class MainActivity extends Activity {
    @Override
    protected void onCreate(Bundle savedInstanceState){
        super.onCreate(savedInstanceState);
        setContentView(R.layout.activity_main);
        WifiAdmin wifiAdmin=new WifiAdmin(this);        //创建实例化对象
        wifiAdmin.openWifi();                           //打开 Wi-Fi
        wifiAdmin.startScan();                          //开始扫描
//如果周围有一个 Connectity 无线网,密码是 123456 的话,那么可以连接
        wifiAdmin.addNetwork(wifiAdmin.CreateWifiInfo("Connectify","123456",3));
    }
    @Override
    public boolean onCreateOptionsMenu(Menu menu){
        getMenuInflater().inflate(R.menu.activity_main,menu);
        return true;
    }
}
```

Wi-Fi 模块是安卓编程最常用的模块之一，大家可以熟悉熟悉。

20.3.4　网上的资源

在网上可以找到很多资源供大家学习。
国外大学资源：

http://synrg.csl.illinois.edu/papers.php
http://www.ruf.rice.edu/~mobile/research.html

视频资源：

```
http://www.verycd.com/topics/2929580/
http://www.verycd.com/topics/2945792/
```

博客资源：

```
http://underthehood.blog.51cto.com/2531780/670169
http://52android.blog.51cto.com/2554429/496621
http://blog.csdn.net/nokiaguy
http://blog.csdn.net/ruifdu/article/details/9120559
http://blog.csdn.net/xiaanming/article/details/9750689
http://www.oschina.net/code/snippet_811255_21652
http://stackoverflow.com
http://blog.csdn.net/luoshengyang/article/details/6567257
```

20.4　安卓手机功能介绍

现在的安卓手机，功能十分强大，内置了很多传感器，可以实现诸多功能。下面介绍普通安卓手机的内部功能。

现在的安卓手机，功能十分强大，内置了很多传感器和功能模块，可以实现诸多功能。常见传感器及功能模块如下。

(1) 加速度计(Accelerometer)。

(2) 磁力计(Magnetometer)。

(3) 陀螺仪(Gyroscope)。

(4) 全球定位系统(GPS)。

(5) 无线通信模块，例如 Wi-Fi 模块、Bluetooth 模块等。

(6) 摄像头(Camera)。

(7) 光感应器(Light sensor)。

(8) 距离传感器(Distance sensor)。

(9) 温度传感器(Temperature sensor)。

(10) 进场通信(NFC)模块。

20.5　安卓手机在研究领域的应用

有了如此多的集成传感器模块，在学术界里可以找到很多关于手机应用的论文，下面介绍其中的 20 个应用。

20.5.1　应用 1

通过手机的 GPS 和加速度传感器建立一个区域的地图。首先通过汽车的加速向量和 mean shift 算法来判断路口的位置，如图 20-11 所示。

再通过路口之间的 GPS 点来生成路径,使用 B 样条曲线拟合道路,如图 20-12 所示。

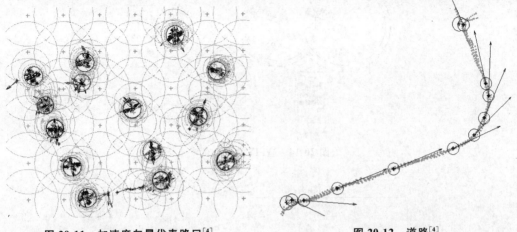

图 20-11　加速度向量代表路口[4]　　　　　　　　图 20-12　道路[4]

最后的成果和 Google 地图比较结果如图 20-13 所示。

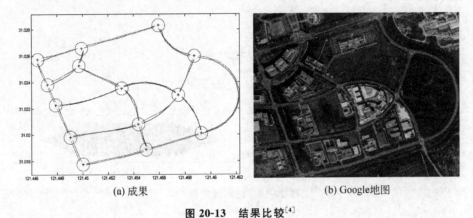

(a) 成果　　　　　　　　　　　　　(b) Google地图

图 20-13　结果比较[4]

20.5.2　应用 2

第二个应用是室内定位 Wi-Fi 指纹法。就是通过事先采集室内各个坐标的 Wi-Fi 指纹,给后进入室内的其他人进行比配定位的方法。

如图 20-14 所示,手机在不同位置,采集到的 AP 信号强度指纹都不同,因此可以用指纹匹配的方法定位。

20.5.3　应用 3

使用超声波信号进行室内定位。如图 20-15 所示,在室内固定坐标点上放置超声波发射器,然后按照固定的形式发送频率逐渐增大的超声波,中间的手机接收之后,可以计算 TDOA,从而解方程得到自己的位置。

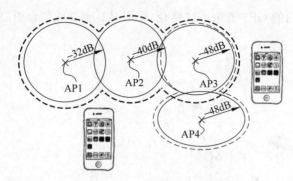

图 20-14　Wi-Fi 室内定位[5]

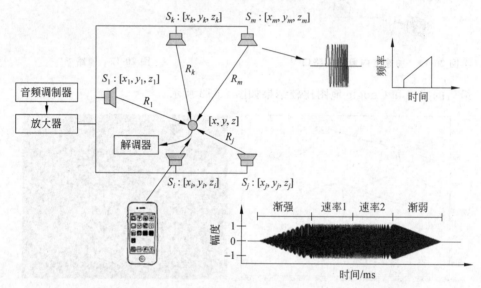

图 20-15　超声波定位[6]

20.5.4　应用 4

使用惯性器件(加速度计、陀螺仪等)定位,俗称 dead reckoning。就是利用加速度计的读数来判断人走动的步数,然后根据指南针或者陀螺仪判断走动方向,对人的一系列活动进行一个推测,计算出所在位置。但是问题就在于有漂移现象,需要一些方法纠正位置。图 20-16 显示的是楼层里 3D 定位,图 20-17 是 2D 平面定位。

20.5.5　应用 5

使用手机上的摄像头,配合 OpenCV 图像处理库,可以实现帮助盲人导航的应用,如图 20-18 所示。

通过图像处理,可以判断前方的障碍物,从而给用户音频提示,如图 20-19 所示。

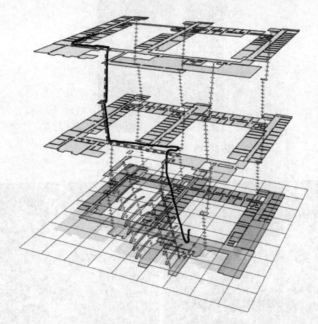

图 20-16　楼层里 3D 定位[7]

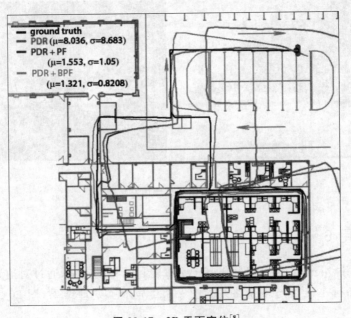

图 20-17　2D 平面定位[8]

图 20-18　手机为盲人导航[9]

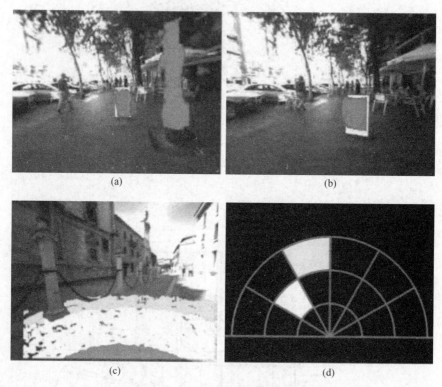

图 20-19　图像处理识别障碍[10]

20.5.6　应用 6

同样,使用 OpenCV 还可以制作基于手机的自动导航应用,通过对道路的边缘检测,可以自动判断行车位置与预期路线。图 20-20 显示了处理结果,图 20-21 指示了预定路线。

20.5.7　应用 7

利用众多手机的参与和自组网的建立,可以在智能交通领域做研究。下面是普林斯

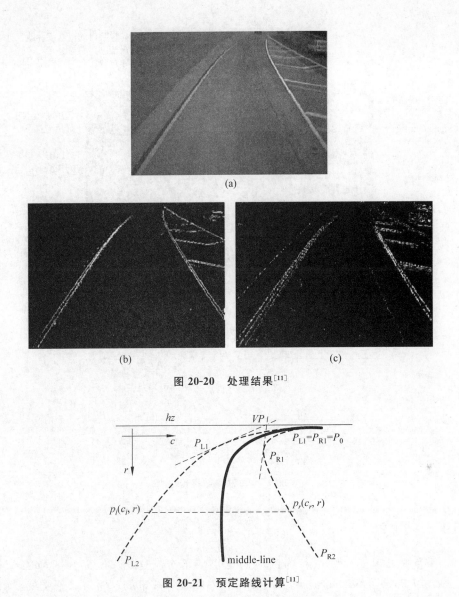

(a)

(b)　　　　　　　　　(c)

图 20-20　处理结果[11]

图 20-21　预定路线计算[11]

顿大学和 MIT 大学合作的项目：Leveraging Smartphone Cameras for Collaborative Road Advisories。就是利用车载手机对驾驶员进行最佳速度提示，使得等待红灯的概率下降，从而节油。应用界面如图 20-22 所示。

20.5.8　应用 8

在车联网领域，实现车辆内的手机高速上网是很多人追求的。这个项目利用手机之间的自组网络，实现数据的传递。这就充分利用了移动的车辆还有停着的车辆，实现数据共享。

如图 20-23 所示，车联网中的数据传递大致可以分为以上 4 种情况，数据以单跳或者多跳，在停的车和移动的车之间传递。

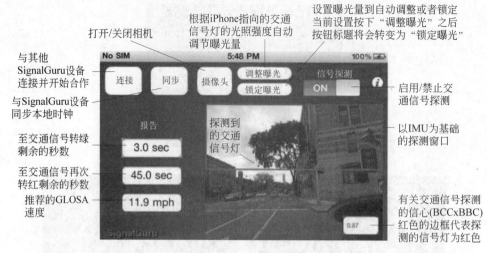

图 20-22　应用界面[12]

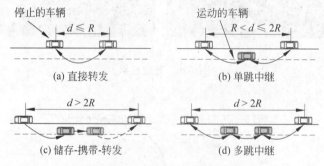

(a) 直接转发　　　(b) 单跳中继

(c) 储存-携带-转发　　　(d) 多跳中继

图 20-23　车联网数据传递[13]

20.5.9　应用 9

利用手机来观察驾驶员行为的应用也层出不穷。这篇 *CarSafe App：Alerting Drowsy and Distracted Drivers using Dual Cameras on Smartphones* 论文就利用了前后两个摄像头监视司机行为。如图 20-24 所示,如果前摄像头发现司机眼睛闭上,或者头埋下,或者后摄像头发现跟车距离过近,就会对司机发起警告。

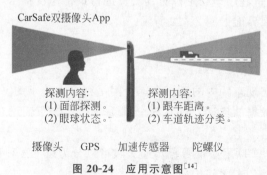

图 20-24　应用示意图[14]

20.5.10　应用 10

单个手机的 3G 下载速度不够怎么办？文章 *MicroCast：Cooperative Video Streaming on Smartphones* 告诉我们一种合作下载的方法。如图 20-25 所示，在没有 Wi-Fi 的环境下，3 台手机各自连接自己的 3G 网络下载数据，然后再在内部组成的 Wi-Fi/蓝牙网络里将数据分享，达到任务均分合作的功能。这里面涉及一些分工的算法，以及 Wi-Fi direct 的一些技术。

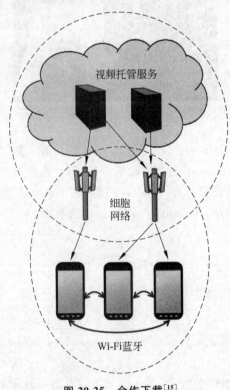

视频托管服务

细胞网络

Wi-Fi蓝牙

图 20-25　合作下载[15]

20.5.11　应用 11

NFC 虽然是比较新的功能，但是已经有大学的教授发现它不安全。在 *EnGarde：Protecting the mobile phone from malicious NFC interactions* 一文中指出，一些恶意的应用会利用 NFC 制造一些虚假的交易，以盗取银行信息。如图 20-26 所示，Tag 是利用近场电磁场与手机 NFC 模块交流的，于是作者设计了自己的硬件电路，做了些许改进，改善了安全问题。

20.5.12　应用 12

听说过能够判断用户情绪的手机应用吗？*MoodScope：Building a Mood Sensor*

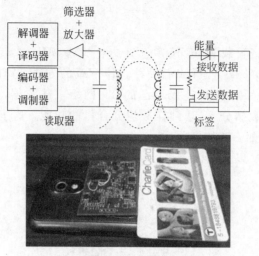

图 20-26　NFC 示意图[16]

from smartphone Usage Patterns 一文中就介绍了该功能。如图 20-27 所示，它将人的情绪分解为 Pleasure 和 Activeness 两个坐标轴，可以惊奇地发现，很多 mood 都可以在这个坐标系中找到，例如，激动就是一些 Pleasure 加一些 Active。这样就巧妙地把无法直接观察的情绪变为可观察的量，Pleasure 可以通过检测笑声、脸部识别判断，Activeness 可以通过手机抖动来判断。

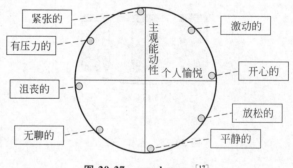

图 20-27　mood sensor[17]

20.5.13　应用 13

　　触屏手机的不安全性在这篇文章中暴露了：*TapPrints：Your Finger Taps Have Fingerprints*。该文指出，通过监视手机的传感器数据，就可以推测出用户输入的密码等信息。如图 20-28 所示，不同的触击位置，对应的陀螺仪和加速度计的测量数据不同，因此，通过训练和匹配算法，就可以以一定概率得到用户输入的数据。

　　对每个字母的推测准确度如图 20-29 所示。

　　如何增加安全性？这是个值得思考的问题。

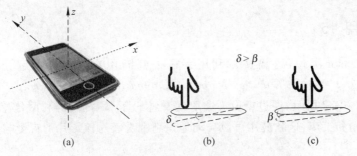

图 20-28　触击位置和转角[18]

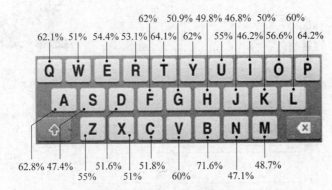

图 20-29　字母的推测准确度[18]

20.5.14　应用 14

利用手机的众包,可以很容易地为一些事件发生位置进行定位。如文章 *If You See Something , Swipe towards it*：*Crowd-sourced Event Localization using Smartphones* 所说,通过很多用户对着事件发生地划屏幕的方式,可以众包地确定事件发生的位置。

如图 20-30 所示,用户只需要向事件发生点划一下,就可以贡献一点位置信息。在服务器端,收到很多用户划的信息后,就可以大致判断事件发生地点,如图 20-31 所示。

图 20-30　Swipe 示意图[19]

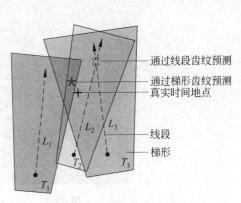

图 20-31　服务器数据处理[19]

20.5.15 应用 15

与 mood sensor 类似，这篇文章利用手机来判断用户对电影的喜爱程度：*Your Reactions Suggest You Liked the Movie：Automatic Content Rating via Reaction Sensing*。如图 20-32 所示，通过摄像头读取观看者的面部表情，再利用传感器和麦克风观察用户的抖动和笑声，这款应用可以自动地识别观看者对该影片的喜爱与否。

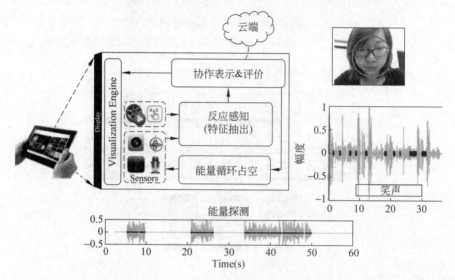

图 20-32 自动识别观看者反应[20]

20.5.16 应用 16

这是一款名叫 Sword Fight 的游戏，但是其实现技术却值得人们深入研究。在 *SwordFight：Enabling a New Class of Phone-to-Phone Action Games on Commodity Phones* 一文中，作者设计了一款能在一般手机上跑的游戏（见图 20-33），它可以利用手机产生超声波测量两个玩家的手机（剑）的距离。

图 20-33 Sword Fight 游戏[21]

　　图 20-34 显示的是手机之间发送的超声波的波形,手机接收端使用自相关和互相关来进行声波检测。这里面出彩的是测距的频率,可以达到 10Hz 以上,这是很难得的。为此作者还设计了多线程处理,将缓冲、检测、蓝牙交换数据这些耗时工作尽量压缩并行处理。总的来说值得我们学习。

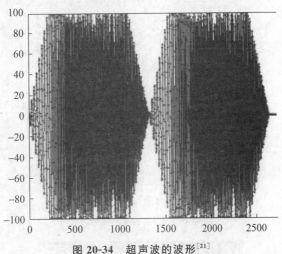

图 20-34　超声波的波形[21]

20.5.17　应用 17

　　手机除了可以一对一地对用户进行监测,还可以对多人的交互进行监测。*SocioPhone: Everyday Face-to-Face Interaction Monitoring Platform Using Multi-Phone Sensor Fusion* 这篇文章就用到了麦克风等模块,对多人交谈的语音进行分析,得到每个参与者的角色、说话的多少、语气等。如图 20-35 所示,该应用从语音信号开始,进行角色分割、特征提取、场景推算,从而得到每个参与者的特点,形成图 20-36 的结果表。

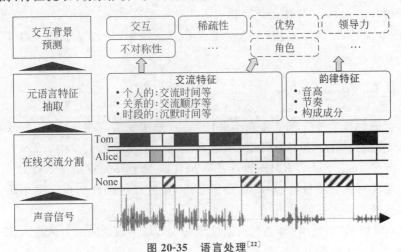

图 20-35　语言处理[22]

　　得到结果之后,该软件还能提出一些建议,比如如果 Hyojeong 说话较少,可以提示:

"why don't you listen to Hyojeong'mind?"之类。

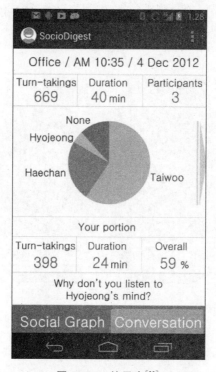

图 20-36　结果表[22]

20.5.18　应用 18

除了精确的室内定位,还有一种是逻辑定位,就是只需要定出用户在哪个特定的环境里,比如书店、酒吧、商场等。*SurroundSense:Mobile Phone Localization via Ambience Fingerprinting* 这篇文章就利用了手机多种传感器,如图 20-37 所示,通过特定地点的光线、颜色、声音等信息,为每个地点建立指纹库,然后手机就可以知道用户所在的位置了。

20.5.19　应用 19

很多人都觉得每个月的流量套餐不够用,特别是用了安卓系统之后,发现流量跑得很快。还有电池电量总是不够的问题,开通 3G 之后,不得不每天充电。*Traffic-Aware Techniques to Reduce 3G/LTE Wireless Energy Consumption* 这篇文章就对这个问题做了研究。该论文对数据流量的 pattern 做了分析,发现通过状态切换和网络访问压缩手段可以有效地减少流量和能量损耗。

如图 20-38 所示,当网络访问完后,系统维持 active 一段时间之后才进入网络待机状态。作者提出利用预测数据访问结束立即切换状态可以减少能耗。

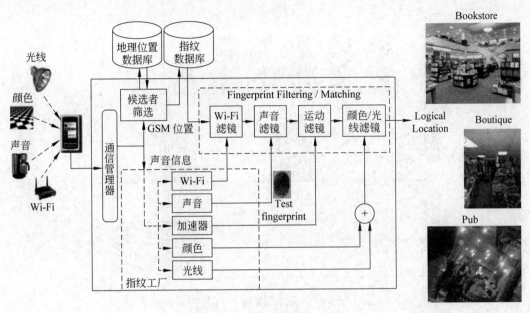

图 20-37　逻辑定位指纹提取[23]

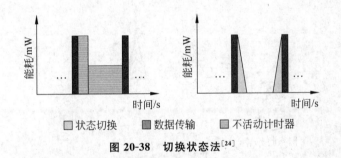

图 20-38　切换状态法[24]

图 20-39 所示的访问压缩法,是将多个网络访问需求压缩为一次性访问,这样就省去了状态切换带来的能耗损失,也就减少了很多不必要的流量。

20.5.20　应用 20

目前的安卓手机无法实现 3G、Wi-Fi 异构网的无缝切换(见图 20-40),还需要用户手动进行切换操作,这就无法避免网络中断一定时间。使用 API 提供的方法,或者使用 Linux 命令操作,其实都还无法完全实现无缝切换。但是,*MultiNets：Policy Oriented Real-Time Switching of Wireless Interfaces on Mobile Devices* 这篇文章,通过修改安卓操作系统源代码的方法,解决了这个问题,不仅可以更好地节省流量,还能节省能耗、提高总体网络吞吐率。

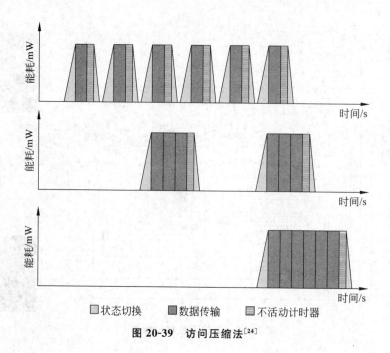

图 20-39　访问压缩法[24]

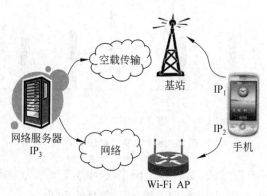

图 20-40　3G、Wi-Fi 切换[25]

　　修改操作系统虽然非常复杂,但确实是了解操作系统和网络协议的最好方法。作者自己编写的程序如图 20-41 右边所示。

　　这里要注意的是,虽然改变了 API、JNI 和 native code 层,但是 Linux 的内核还是没有改动的,即驱动层没有动。初学者可以先不去操作这么下层的 C 代码,循序渐进,从应用层学起。

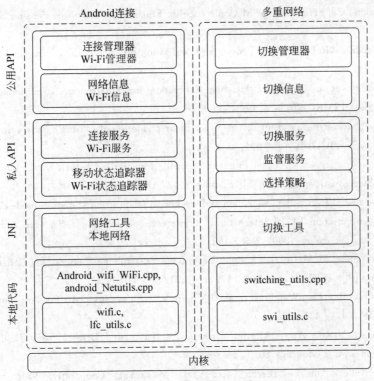

图 20-41　源代码结构[25]

20.6　总　　结

　　总的来说,安卓编程容易学习,也有足够的空间往深的地方钻。同学们在设计自己的应用的时候,不要期望一帆风顺,很多看似很简单的程序,bug 会层出不穷。大家遵循循序渐进的方法,结合学术界的论文,多学多练,定能成功。

参 考 文 献

[1] Android developer. Google Android dashboards [EB/OL]. http://developer. android. com/about/dashboards/index. html.

[2] Brady P. Android anatomy and physiology [C]. Google conference. 2008：1-2.

[3] Linux 社区. Android 生命周期解析 [EB/OL]. http://www. linuxidc. com/Linux/2011-10/44505. htm.

[4] Yiran Zhao, et al. CityDrive：a map-generating and speed-optimizing driving system [C]. INFOCOM,2014：1986-1994.

[5] Paramvir Bahl, Venkata Padmanabhan. RADAR：An In-building RF-based User Location and Tracking System [C]. INFOCOM,2000：775-784.

[6] Patrick Lazik, Anthony Rowe. Indoor Pseudo-ranging of Mobile Devices using Ultrasonic Pulse

Compression [C]. The 10th ACM Conference on Embedded Networked Sensing Systems, 2012: 99-112.

[7] Oliver Woodman, Robert Harle. Pedestrian Localisation for Indoor Environments [C]. Ubicomp, 2008: 21-24.

[8] Wonho Wang, et al. Improved Heading Estimation for Smartphone-Based Indoor Positioning Systems [C]. PIMRC, 2012: 2449-2453.

[9] En Peng, Patrick Peursum, Ling Li, et al. A Smartphone-Based Obstacle Sensor for the Visually Impaired [C]. UIC, 2010: 590-604.

[10] Alberto Rodriguez, et al. Assisting the Visually Impaired: Obstacle Detection and Warning System by Acoustic Feedback [C]. Sensors, 2012: 17476-17496.

[11] Jin-Wook Lee. Effective lane detection and tracking method using statistical modeling of color and lane edge-orientation [C]. International Conference on Computer Sciences and Convergence Information Technology, 2009: 1586-1591.

[12] E Koukoumidis, M Martonosi, L Peh. Leveraging Smartphone Cameras for Collaborative Road Advisories [J]. IEEE Trans. Mob. Comput, 2012(2): 707-723.

[13] Nianbo Liu, Ming Liu, Wei Lou, et al. PVA in VANETs: Stopped Cars Are Not Silent [C]. INFOCOM, 2011: 431-435.

[14] C W You. CarSafe App: Alerting Drowsy and Distracted Drivers using Dual Cameras on Smartphones [C]. MobiSys, 2013: 13-26.

[15] Lorenzo Keller, Anh Le, Blerim Cici, et al. MicroCast: Cooperative Video Streaming on Smartphones [C]. MobiSys, 2012: 57-70.

[16] Jeremy Gummeson, Bodhi Priyantha, Deepak Ganesan, et al. EnGarde: Protecting the mobile phone from malicious NFC interactions [C]. MobiSys, 2013: 431-435.

[17] Lane, Lin Zhong. MoodScope: building a mood sensor from smartphone usage patterns [C]. MobiSys, 2013: 389-402.

[18] Emiliano Miluzzo. TapPrints: Your Finger Taps Have Fingerprints [C]. MobiSys, 2012: 323-336.

[19] Robin Wentao Ouyang. If You See Something, Swipe towards it: Crowd-sourced Event Localization using Smartphones [C]. Ubicom 2013: 23-32.

[20] Xuan Bao, Songchun Fan, Alexander Varshavsky, et al. Your Reactions Suggest You Liked the Movie: Automatic Content Rating via Reaction Sensing [C]. Ubicom, 2013: 197-206.

[21] Zengbin Zhang. SwordFight: Enabling a New Class of Phone-to-Phone Action Games on Commodity Phones [C]. MobiSys, 2012: 1-14.

[22] Youngki Lee, Chulhong Min, Chanyou Hwang, et al. SocioPhone: Everyday Face-to-Face Interaction Monitoring Platform Using Multi-Phone Sensor Fusion [C]. MobiSys, 2013: 375-388.

[23] Martin Azizyan, et al. SurroundSense: Mobile Phone Localization via Ambience Fingerprinting [C]. MobiCom, 2009: 261-272.

[24] Shuo Deng, Hari Balakrishnan. Traffic-Aware Techniques to Reduce 3G/LTE Wireless Energy Consumption. [C]. ACM CoNEXT, 2012: 181-192.

[25] M Shahriar Nirjon, et al. MultiNets: Policy Oriented Real-Time Switching of Wireless Interfaces on Mobile Devices [C]. IEEE Real-Time and Embedded Technology and Applications, 2010: 251-260.

人物介绍——小米公司创始人雷军

雷军,中国大陆著名天使投资人,小米科技创始人、董事长兼首席执行官,金山软件公司董事长。1991年毕业于武汉大学计算机系,获得理学学士学位;1992年7月正式加盟金山软件;2007年,雷军辞任金山软件公司总裁与CEO职务,留任副董事长。

2010年4月,雷军与林斌、周光平、刘德、黎万强、黄江吉、洪峰六人联合创办小米科技公司,并于2011年8月发布其自有品牌手机小米手机。目前,小米科技已经发展成为了中国大陆本土的一个极具代表性的互联网公司,其相关业务从一开始的手机开发拓展到了平板、电视、路由器、智能家居等多个领域,估值超过100亿美元。

提及他的成功经历,雷军曾说过"站在风口上,猪也能飞起来"。找到互联网大屏智能手机这个"台风口",并且能够抓住机遇、顺势而为,是雷军取得如今成就的一个重要原因。他将互联网思维总结为七个字:专注、极致、口碑、快!

参考文献

http://baike.baidu.com/subview/50454/5076049.htm.

第 21 章

比 特 币

第一枚比特币是在 2009 年诞生的,按照当初的设想,最后一枚比特币应该在 2014 年发行,届时比特币将会达到 2100 万枚的总数。有的人把比特币视为一种货币,有的人把它看作一种商品,也有的人视它一文不值。本章将带你走近这枚充满争议的比特币,揭开它的神秘面纱。

本章里,你将了解到产生比特币的方法,比特币的交易,比特币的安全性。

21.1 比特币的诞生

比特币的设计理念是中本哲史(Satoshi Nakamoto)于 2008 年在一篇论文中提出的[1]。他在 2009 年初设计了第一个比特币挖矿软件,公布了软件的源代码。有人可能会说,开源会导致比特币网络不够安全,但事实上比特币开源不会影响比特币网络的安全性,反而由于任何人都能查看源代码,很多编程高手自愿地加入到对这一网络的修复中来,所以提高了网络的安全性,并且产生了第一个区块链(即 Block 0)。感兴趣的读者可以上 http://blockexplorer.com/b/0 来了解这个区块,也可以修改网址后缀为/b/♯, 其中♯为区块的编号,来了解任意一个已经产生的区块的信息。从这个网站的信息可以看到,第一个区块产生于 2009 年 1 月 3 日 18:15:05,产生难度为 1,发行了 50 个比特币。2014 年 5 月 10 日 06:32:34 产生了 Block 300 000,产生难度为 8 000 872 135.968 163, 即约为 Block 0 难度的 80 亿倍。在大约 19min 以后,产生了 Block 300 001,这两个 Block 发行的比特币量都变为了 25 个。在网站 http://blockchain.info/上,人们可以看到比特币的最新交易,最新挖掘出的比特币区块等信息。https://bitcoin.org/en/在这个网站上能够生成钱包,获取比特币,同时找到可以使用比特币的网站。比特币矿工通过付出自己计算设备的计算资源,获取一定量的比特币。这些计算资源被用于计算某些特定的问题。

由于计算机计算能力的发展满足 Moore's Law,所以比特币挖掘的绝对难度会不断上升。这一措施,使得网络上平均保持每十分钟产生一个新的区块,每个区块最初可以发行 50 枚比特币,但每隔四年左右,发行的比特币数减半,直到一共发行 2100 万枚比特币为止[2]。这种每四年,发行数目减半的方法可以刺激比特币的早期发行。

也正是由于比特币的挖掘难度不断上升,在 2012 年 11 月时,产生一个新比特币的计算量,比第一个比特币的计算量整整高了 100 万倍。由于这个原因,用个人计算机挖矿变得不再经济,挖矿所获得的比特币甚至还不足以补偿挖矿所用的电费,所以人们现在更多采用专用集成电路(Application-specific integrated circuit)来进行挖矿。这些生产比特币挖矿软件的公司有 AsicMiner、Avalon 等[3]。而针对个人设计的 ASIC 也逐步丧失竞争力,进而可能被集群式 ASIC 所垄断。

为了产生比特币,你的计算机究竟需要计算什么样的数学问题呢?

矿工的所谓挖矿,其实就是在确认一笔笔的交易。他们在处理交易时,计算出相应的哈希值,并且告知网络中的其他矿工,如果获得其他矿工的验证,那么就能够产生新的区块,挖到矿的矿工也会从自己的计算中以比特币的形式提取一定的报偿。而哈希值是将一定的数据通过哈希函数作用所得到的函数值。哈希函数需要满足 4 个条件:计算的有效性,函数接近单射,函数值可以隐藏原信息,函数值看起来具有随机性。

比特币也会存在伪币的问题,这一情况产生的前提是造伪币的人拥有比全网更大的计算能力。这种情况曾经产生,不过被比特币基金会的成员及时阻止了[4]。这个事情的起因是,为了减少比特币网络的同步时间,人们把比特币的数据库从 Berkeley DB 移到了 Level DB,而且网络上同时存在 0.7 版本与 0.8 版本的挖矿软件。由于这两个软件关于 lock 的协议不同,导致在两个数据库同时运行时,0.7 版本无法识别的新区块链却被 0.8 版本识别了,从而导致了区块链产生了分支。在另一个区块链最多领先 13 个区块之后,两个区块链之间的差距缩小,当然这一切都是比特币网络的开发者以及矿工们达成了共识——他们废弃了领先的区块链,选择承认 0.7 版本的区块链,最后,0.7 版本的区块链超过了 0.8 版本,0.8 版本的区块链被完全遗弃了。这个事件没有造成很大的影响,它只是使得 0.8 版本多挖的那十几个区块的比特币作废了,同时导致当时大约价值 10 000 美元的一笔 double spending。不过这一事件也反映出,由于比特币网络没有中央机构,当出现这种区块链分支的事件时只有靠大家自觉地达成协议,废弃其中一个区块链,选择另外一个区块链。但试想,万一有一部分矿工联合起来唱反调,决定继续支持 0.8 版本的区块链,那会怎么样呢? 很可能比特币网络分成了两个相互竞争的网络,同时承认比特币的厂商也会受到 double spending 的困扰。

从以上介绍可以看出,比特币的发行和流通不依赖于任何特定的机构,防止货币操控;它的发行速度稳定,有总币额的上限,不会存在通货膨胀的问题;它的造伪几乎是不可能的,这杜绝了伪币的流通。

21.2 比特币的交易

随着比特币的推广,以及更多人的认可,它也逐渐提升着自己的价值。2011 年时,1 比特币可以兑换 0.3 美元[5],在 2013 年,1 比特币最高的时候可以兑换 1135 美元[6]。从这里,我们不难发现比特币的价值波动非常大。对于这一现象,人们给出了很多解释,有的人认为,投机商人的加入哄抬了比特币的价值,带来了泡沫;而有的支持比特币的人站出来辩护,认为这是由于比特币的流通还很有限,随着流通性的增加,比特币的汇率波动会越来越小。有的人把比特币的增长称为泡沫。2013 年 4 月比特币价格从 1 比特币兑换 100 美元飙升到 1 比特币兑换 266 美元之后,又跌回了 1 比特币兑换 50 美元,这似乎印证了泡沫说。所谓泡沫不仅仅指大涨之后伴随大跌,它其实代表着人们在价格高位时对价格的认识的不理性,过高的价格是价值夸大的结果。当泡沫破灭之后,经历了泡沫的人们会意识到它的真正价值,从而比特币的价值会在低位徘徊。但是事实上,在几个月之后,1 比特币又蹿升到了可以兑换 250 美元的高位,从而这使得比特币的泡沫说就不那么站得住脚了。但不可否认,正是由于比特币价值的巨大波动,致使它很难作为一种广泛使用的支付的工具,试想,一比特币前一天还价值 1000 美元,三天后就跌倒了 600 美元,有多少商户敢接受这样的付款形式?

但毕竟比特币目前是具有一定的价值的,所以越来越多的商户也开始接受用比特币来结账,如 Atomic Mall、Clearly Canadian、Overstock. com、the Sacramento Kings、TigerDirect、Virgin Galactic and Zynga。使用比特币,人们可以买到汽车、服装、书籍、食物、黄金、珠宝、医疗器械等物品,可以获得广告、咨询、保险、法律、家政、教育等服务,也可用于旅行、健身、娱乐等方面。http://usebitcoins. info 上有很多比特币的商家。同时,在这个网站上有一个世界地图,从上面可以看到目前使用比特币在世界各国能够获得的各种服务。著名的维基解密网站在遭到许多国家的金融封锁以后,依靠接受比特币捐助存活了下来(比特币的交易不受某一特定组织约束)。维基解密网站曾在超过半年的时间里面遭到金融封杀,由于这家网站依靠捐款存活,而几乎所有主流捐款方式如 Visa、Mastercard 以及 Bank of American 都被禁止用于对维基解密网站的捐助。在遭遇严重的资金危机之后,维基解密网站宣布将接受比特币捐款。由于比特币的存储与交易不受任何银行的控制,同时比特币的特性也使得它的交易无法被追踪,这就使得它具有了挽救维基解密网站的能力[7]。2013 年 11 月,塞浦路斯的 University of Nicosia 成为第一个接受用比特币来缴纳学费的学校。

此外,比特币与传统货币的相互兑换也变得越来越方便。2013 年 10 月,世界上第一台比特币 ATM 机在加拿大的一家咖啡厅出现了。居民可以在这家咖啡店用比特币进行消费,并且可以用加元在柜员机上购买比特币或者用比特币兑换加元。这大大化简了比特币的交易过程。同时,许多使用这种 ATM 机的人是第一次接触比特币,这也显示了比特币还有很大的用户拓展空间。2013 年 10 月,百度声明,用户可以用比特币购买百度相关的一些服务[8]。2014 年 3 月,香港出现了第一台比特币柜员机。

比特币的所有交易都在网络上公开,人们可以查到任何一笔交易双方的公钥地址。但由于无法将公钥地址与具体的人联系起来,所以比特币的交易又是保护隐私的。当一笔交易发生时,需要经过多个随机选中的节点验证交易的正当性。一般经过 6 次以上的核对以后,一笔交易就基本达成了,之后被写入区块链,并且不再能够被更改。交易双方为了加快交易的验证速度,可以提高交易的手续费,从而吸引更多的计算资源。为了验证交易双方的身份,需要交易人提供私钥。由于公钥是公开的,所以,一旦一个账户的私钥被泄露了,它钱包里的比特币就可以被偷走。并且一旦比特币被转走,这一交易在程序上就是不可逆的,不可能有机构可以帮你把转走的比特币再转回你的钱包中,这时,只能诉诸法律。

比特币用户的信息都存储在钱包中,这个钱包可以放在网上由其他机构保管,也可以下载到自己的计算机上,甚至打印出来,脱机保管。

比特币由于交易时对用户信息的高度保密,所以有时也用在一些非法交易之中。比如洗钱、贩毒、贩枪等。由于被用于非法用途,同时也为了维护本国金融秩序的稳定,世界上越来越多的国家开始对比特币的交易、流通进行管理。中国政府声明,比特币从根本上来说不是一种货币。从 2013 年 12 月开始,中国政府开始限制比特币与其他流通货币之间的兑换。中国政府声称,这样做是为了防止虚拟货币的交易干扰到正常的金融市场。禁令明确规定,虚拟货币只能用于购买虚拟商品而不能用于现实商品的购买。禁令还指出,虚拟货币交易可能涉及洗钱、赌博、盗窃与诈骗,所以需要规范。而腾讯公司的Q 币作为一种在中国广泛使用的虚拟货币也受到这一禁令的影响,不过腾讯公司表示对这一规定完全拥护。2014 年 1 月,俄罗斯联邦中央银行公开声明,不鼓励个人以及企业在交易之中使用比特币。2013 年开始,美国政府要求比特币交易必须遵守传统货币交易的规定,防止被用于洗钱以及从事恐怖活动。不过在 2014 年 4 月,美国政府也明确表示比特币挖矿,或者出租自己的计算能力给别人挖矿不被认为是资金转换的方式。同时,前美联储主席 Ben Bernanke 曾表示说,政府说比特币是合法的,但是并不代表它经历了市场检验,同时在投资上是安全的,并且适合作为一种全球货币。日本作为又一大经济体,目前还没有关于比特币交易的限制,但是日本银行也表示会研究比特币相关的事宜。

21.3　比特币的安全性

人们在使用一种货币进行交易时,主要关注以下四点的安全性:货币价值的安全性,账户的安全性,交易的安全性,以及交易双方隐私的安全性。下面的内容将分析比特币在这 4 个方面的安全性到底如何。

首先是比特币价值的安全性。正如前面所说,比特币的价值波动很大。波士顿大学的研究人员 Mark T. Williams 发现比特币价值的波动幅度是黄金的 7 倍。他对比特币的价值持相当悲观的态度。他认为比特币并不是一种未来货币,而只是一种狂热投机的产物。他将比特币与美元对比,他认为美元是由美国政府的信用所支撑的,而比特币没有这种信用支撑,同时缺乏稳定和可以预期的价格,从而限制了它在贸易中的使用。他指出,现阶段,几乎没有值得信赖的零售商支持用比特币来结算交易。他认为比特币的使用者是一群计算机怪人,他们不懂得市场以及全球经济的运行规则。除去这些怪人,比特币的使用者就是那些投机商人,以及犯罪分子。他认为比特币不具有价值,因为它不是通过有意义的劳动产生的,它现在虚高的价值是一种投机、欺骗、夸大的体现。他还指出,一旦比特币市场上的投机商人大量抛售比特币,当卖家超过买家时,比特币市场就会崩溃,其他比特币使用者也会离开这个市场,使得比特币的价值变为 0[9]。

对于比特币最终将趋于什么样的价值,人们的预测大相径庭。有的人认为比特币的价值最终将趋于 0[10],有的人认为比特币的价值最终会趋向 1 比特币兑换 40 000 美元[11]。总而言之,如果将比特币作为一种投资方式的风险是很大的。比特币由于价值的不安全性,也导致了目前推广的局限性。

然后,我们来看比特币账户的安全性。比特币用户可以生成一个 wallet.dat 文件脱机保管。但是很自然有一个问题，如果一个用户丢失了它的钱包，并且没有任何其他人通过某种途径捡到了这个钱包，那么钱包中的比特币将无法被找回，并且从比特币流通中消失，除非钱包被再次寻回。这会导致，最终在比特币流通中的比特币数量无法达到预定的 2100 万个的上限，但这一情况的发生也会使得剩下的可以流通的比特币变得更加值钱。

钱包中的比特币就像所有货币一样也面临被盗的风险。比特币的交易是通过验证用户的私钥来确保交易的合法性，所以，一旦用户的私钥被盗，那么任何人拿着这个私钥都可以支出对应账户里面的比特币。2014 年，全球最大的比特币交易平台 Mt. Gox 停止运作，原因是用户的 75 万比特币以及公司持有的 10 万比特币被黑客通过系统漏洞窃取了，这些比特币当时大概价值 5 亿美元。2014 年 3 月，一家比特币银行 Flexcoin 关门，原因是该银行价值 65 万美元的比特币被盗。由于比特币的交易是不可逆的，一旦黑客将盗取的钱包中的比特币转走，这些钱就只能通过法律手段追回来，或者只能由保管比特币的公司或者银行来承担损失。为了提升比特币的账户的安全性，人们可以将自己的钱包打印出来，脱机保管，在这种情况下，除非你打印出来的钱包被窃取，否则你的账户就不可能被盗。多数包含巨额比特币的账户就是这么做的。

那有人可能会问，如果个人计算机的系统崩溃了怎么办？事实上，系统崩溃不会导致数据丢失，每一笔交易都实时地被一个称为 Level DB（之前是 Berkeley DB）的数据库给记录。

那涉及比特币的交易过程是否安全呢？每一笔交易都会录入到区块链中，正是区块链验证了每一笔交易的合法性。由于每一次交易都需要输入私钥，所以想要盗取比特币的人在不知道私钥的情况下就没办法把交易写入区块链[12]。另外一种可行的伪造的方法是，假设 A 想要不花钱就买到 B 提供的商品，那么 A 先向区块链输入"A 向 B 支付 10 比特币"，B 在看到这条交易之后就把 1 辆汽车卖给了 A。A 在拿到汽车之后，向区块链输入"取消交易"或者"更改交易金额"从而就实现了不花钱就得到汽车。但这只是有理论上的可行性。由于网络上不断地产生新的区块链，每一笔交易都会被写入新的区块链中。因此，如果 A 想要重新写入自己的交易，那么他就得重新计算 nouce。nouce 是在加密中使用的一次性数字，通常是随机数或者伪随机数。比特币交易中的 nouce 是一串位数随着全网计算能力增长而加长的数字，它的长度使得计算出它需要大概 10min 的时间。所以，A 需要在新的区块链产生之前计算出 nouce，这意味着它拥有比全网其他用户总和还要强大的计算能力。随着比特币的流通，现在全网的计算能力发展非常迅猛。所以，某一个体拥有超越全网的计算能力这件事在实际中是不可行的。如果某一个体拥有这样的能力，更理性的做法是把这种能力投入到挖矿中而非非法交易，因为挖矿可以给他带来更大的收益。

不过与这种少数人掌控大量挖矿资源类似的事情的确发生过。2014 年 1 月 10 日，"比特币中国"官方微博发布了这样一条微博"GHash. IO 的算力已接近全网的 50%！为了比特币的健康，请矿工远离该矿池，到别的矿池挖矿，也不要购买他们的运算力！"。GHash. IO 是一家比特币矿池公司，吸引矿工加入，从而实现联合挖矿。但由于它的成长过于迅速，击败了其他矿池公司，使得其挖矿能力一度占到了比特币全网运力的 40%

以上。如果这个运力超过50％，那么上面所说的攻击就可能发生了。但意识到可能出现的问题之后，GHash.IO官方发布公告，让矿工暂时离开这个矿池，同时一部分担心50％攻击的矿工也自动离开了GHash.IO。其实我认为矿工是不愿意看到一家比特币矿池公司拥有超过全网半数运力情况的发生的。因为这种情况一旦发生，同时这一家公司的确进行了非法攻击，那么比特币网络的根基就会受到动摇，一部分利益受损的用户不再相信它的安全性，从而离开比特币网络，如果发生多米诺效应，离开的人越多，比特币就越没有价值，从而反过来损坏了通过攻击获取利益的矿工的核心利益。所以，从理性出发，矿工也会自觉保护网络运力分布的均衡。

还有一种非法交易称为"两次花费"，比如A拥有10比特币，他同时告诉B、C、D等，我将把10比特币转给你们，从而就实现了10比特币的重复使用。但这个问题很好避免，只要比特币交易的接收方等大约10min，在这10比特币已经确实划到自己的账户中时再确认交易即可，这时，这笔交易已经被写入区块链，并且是不可逆的了。

由此可以看出，使用比特币进行的交易是十分安全的。

同时，比特币交易也很好地保护了交易双方的隐私。虽然每一笔交易都公布在网上，并且包含交易双方的公钥信息，但是人们很难知道每一个公钥所对应的社会中的人的身份。当然一种方法是，我预先知道A所对应的公钥，然后A恰好知道与他交易的B的身份，然后依次类推，从而推知某一个需要知道的人的身份。但这种做法的工作量无疑是十分巨大的。对隐私的很好保护是比特币相较其他纸币或电子货币的一大优势。但正是利用了这一点，比特币被大量用于非法交易。2012年时，据估计，4.5％～9％的比特币交易被用于Silk Road网站的毒品交易。2013年10月美国联邦调查局关闭了该网站，据称这个网站还涉及其他黑市交易，涉事金额约为3亿美元。正因为此，以美国为代表的多国开始规范比特币的交易，明确表示，比特币的交易应符合现行的交易规则同时不能用于洗钱等非法用途。

参 考 文 献

[1] Bitcoin. A Peer-to-Peer Electronic Cash System [EB/OL]. https://bitcoin.org/bitcoin.pdf.

[2] D Ron, A Shamir. Financial Cryptography and Data Security [M]. Berlin: Springer, 2013: 6-24.

[3] Rockman S. Manic Miners: Ten Bitcoin Generating Machines [EB/OL]. http://www.theregister.co.uk/2014/01/17/ten_bitcoin_miners/.

[4] Jeffries A. Why won't Bitcoin die? [EB/OL]. http://www.theverge.com/2013/5/21/4348064/why-wont-bitcoin-die.

[5] Lee T. Bitcoin Doesn't Have a Deflation Problem [EB/OL]. http://www.forbes.com/sites/timothylee/2013/04/11/bitcoin-doesnt-have-a-deflation-problem/.

[6] Lee T. When will the people who called Bitcoin a bubble admit they were wrong [EB/OL]. http://www.washingtonpost.com/blogs/the-switch/wp/2013/11/05/when-will-the-people-who-called-bitcoin-a-bubble-admit-they-were-wrong.

[7] Greenberg A. WikiLeaks Asks For Anonymous Bitcoin Donations [EB/OL]. http://www.forbes.com/sites/andygreenberg/2011/06/14/wikileaks-asks-for-anonymous-bitcoin-donations/.

[8]　Kapur S. China's Google Is Now Accepting Bitcoin [EB/OL]. http://www. businessinsider. com/chinas-google-is-now-accepting-bitcoin-2013-10.

[9]　Williams M. Beware of Bitcoin [EB/OL]. http://cognoscenti. wbur. org/2013/12/05/bitcoin-currency-mark-t-williams.

[10]　Kearns J. Greenspan Says Bitcoin a Bubble Without Intrinsic Currency Value [EB/OL]. http://www. bloomberg. com/news/2013-12-04/greenspan-says-bitcoin-a-bubble-without-intrinsic-currency-value. html.

[11]　Schroeder S. Cameron Winklevoss: Bitcoin Might Hit ＄40,000 Per Coin [EB/OL]. http://mashable. com/2013/12/16/cameron-winklevoss-bitcoin/.

[12]　Ramzan Z. Bitcoin: What is it? [EB/OL]. https://www. khanacademy. org/economics-finance-domain/core-finance/money-and-banking/bitcoin/v/bitcoin-what-is-it.

第 22 章

chapter 22

图　形　码

　　图形码是一种计算机可识别的数据表现形式。最初的图形码由一组宽度和间距可变的平行线来表示,可称为线性或一维(1D)码。之后其发展成为矩形、点阵、圆形等其他几何图形组成的码(二维码)。最初图形码只可被特殊的光学扫描器——图形码读取器来读取。现今,扫描与译码过程已可在智能移动通信设备等机器上进行。

　　然而,二维码具有容量小、相貌丑等诸多缺点。因此,在二维码基础上,研发人员又开发出了多种高维码。

　　本章将详细介绍几种现有的或技术已成熟的图形码。

22.1　一维条形码

　　一维条形码是将宽度不等的多个黑条和空白,按照一定的编码规则排列,用以表达一组信息的图形标识符,常见的条形码是由反射率相差很大的黑条和白条排成的平行线图案。图 22-1 给出了一个最基本的条形码示例。

图 22-1　条形码示例

　　一维条形码的信息封装和获取类似于通信原理中的编解码技术,在条形码的框架下,信息依然是用二进制数字序列表示,对于信息封装部分,条形码将数字和字符信息根据相应的编码规则转化成二进制序列,并通过不同的条形码标准来生成出图形化的条形码,条形码中包含起始字符、数据字符、校验字符、终止字符以及静区 5 个部分。其中,静区的作用是使扫描设备更好地读取条形码信息,起始和终止字符分别代表着条形码的开始和结束部分,数据字符为我们封装于条形码内的主要信息,校验字符用于检验条形码读到的数据是否准确。

　　对于信息获取部分,能够将条形码储存的信息恢复的核心原理是利用黑色和白色对光的反射程度不同,白色能够反射各种波长的光,而黑色则吸收各种波长的可见光,根据这一特点,配以专用的扫描设备以及光电转换设备,可以将在扫描得到的光信号转化为电信号,黑条白条不同的长度转化为的电信号长度也随之相应变化,将电信号转译为 0、1 信息序列,并根据统一的编解码标准,便能够将编码于条形码中的信息解码出来。

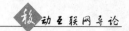

目前,一维条形码扫描器主要有光笔、CCD、激光、影像 4 种,由于条形码长度大小的限制,导致了其只能封装有限的数据信息,同时,条形码存在着不同的标准,对于每一种标准,封装的信息数量和编码规则都是不同的,此部分在后续章节会继续介绍。目前,常见的条形码最多大约可以封装 30 几个字符的信息,并且只能封装字母和数字,并不能封装特殊字符或者是中文汉字。

22.1.1　一维条形码的分类

一维条形码根据码制不同可以分为很多类别,如 Code-39、Code-128、ISBN 等,不同的码制对应不同的用途,接下来对一维条形码的几种码制作一些简单的介绍。

1. Code-39

Code-39 是一个很常见的一维条形码类别,用于姓名牌、库存清单和工业应用方面。Code-39 中可包含的信息码包括数字 0~9、大写字母 A~Z、空格字符以及少量特殊符号。小写字母在最新的标准中也被纳入。Code-39 是最早的将数字和字母应用到信息编码中的条形码,主要用于字符信息监测,这样可以避免人检测的费时费力。Code-39 的基本结构如图 22-2 所示。

起始字符	数据码	校验字符	终止字符
*	CODE-39	P	*

图 22-2　Code-39 条形码

2. Code-128

Code-128 条形码是一个厚密度的一维条形码(见图 22-3),它可包含的信息码包含文本、数字、许多函数,以及完整的 128 ASCII 字符集。由于其信息码更加全面,因此,其比 Code-39 的应用领域更加广泛,图 22-3 给出了 Code-128 一维条形码的一个例子,可以看出其基本结构与 Code-39 大致相同。事实上,一维条形码的结构均大同小异,所包含的核心部分均有相似之处。

起始字符	数据码	校验字符	终止字符
Ì	CODE-128	O	Î

图 22-3　Code-128 条形码

3. ISBN

ISBN(International Standard Book Number)系统主要是为图书出版商、零售商而设

计的,旨在方便其对图书进行排序和管理,此类条形码还被用于在出版工业监测销售数据。图 22-4 给出了 ISBN 条形码的一个示例,在图书馆中的书籍上会经常见到此类一维条形码。

图 22-4　ISBN 条形码

4. LOGMARS

LOGMARS(Logistics Applications of Automated Marking and Reading Symbols),以 Code-39 基础发展而来,主要用于军事以及防御系统中,此种一维条形码在设计上必须满足一些军事的特殊需要,并且只能印于一些军事设备上。

22.1.2　一维条形码的应用

一维条形码能够将复杂难记的字符信息转换为图像信息,并通过技术能够实现信息的封装和获取,应用起来十分方便,并且适用于数量很大的物品管理,使得其广泛应用于商业、物品管理、工业、生活中的各个方面。一维条形码已经渗入人们的日常生活,为人们的生活提供便利。

1. 图书管理

一维条形码在图书管理中的应用如图 22-5 所示。

由 22.1.1 节介绍,ISBN 一维条形码广泛应用于图书馆的图书管理中,通过扫描条形码,人们可以获取图书的信息,并借助目前的图书馆图书管理信息系统,方便地查阅此图书的馆藏信息。

2. 超市购物

人们在平时去超市购物消费时,收银员总是用专用的机器扫描对应物品上的标签,其中有一部分就是通过扫描一维条形码来获取物品信息的(见图 22-6),有时扫描不出结果,则需要手动输入物品编号,十分不方便。此应用大大地加快了超市中结账的速度,具有一定的影响力。

图 22-5　一维条形码在图书管理中的应用

图 22-6　一维条形码在超市购物中的应用

3. 其他生活中的应用

一维条形码的其他应用如图 22-7 所示。

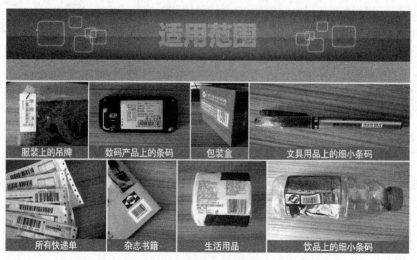

图 22-7　一维条形码的其他应用

一维条形码用于封装小量数据优势十分明显，给人们的生活带来许多便利。

22.2　QR 码

二维码(2-Dimentional Bar Code)是指在一维条形码的基础上扩展出另一维，使用黑白矩形图案表示二进制数据，并以此来记录数据符号信息。一维条码中仅由条码的宽度记载数据，而二维码利用图像中的黑白方块记录数据，增加了容量，并且增加了定位点和容错机制。

QR 码(全称为快速响应矩阵码，Quick Response Code)是二维码的一种，1994 年由日本的 DENSO WAVE 公司发明。如同其名字一样，发明者希望 QR 码可以让其内容快速被解码。QR 码使用 4 种标准化编码模式(数字、字母数字、字节(二进制)和汉字)来存储数据。QR 码与普通条码相比可以存储更多数据，也不需要像普通条码般在扫描时需要直线对准扫描仪。因此，其应用范围已经扩展到包括产品跟踪、物品识别、文档管理、营销等方面。

22.2.1　二维码的诞生

进入 20 世纪 60 年代之后，日本迎来高速增长期，经销食品、衣料等种类繁多的商品的超市开始在城市中出现。在当时的超市中，由于 POS 系统的成功开发，仅通过光感读取条形码，价格就会自动显示在出纳机上，同时读取的商品信息还能传送到计算机上。尽管条形码得以普及，但新的课题又随之而来。问题在于条形码的容量有限，英文数字最多只能容纳 20 个字。

为了解决这一问题，当时负责 QR 码研发的原昌宏把研发的重点同时放在了信息量的纳入和编码读取的便利性两方面。为了实现高速读取，研发小组在编码中附上了四角形的定位图案，这样便可实现其他公司无法模仿的高速读取。研发项目启动后经过一年半的时间，在经历了几多曲折之后，可容纳约 7000 个数字的 QR 码终于诞生了。其特点是能进行汉字处理，大容量，而且读取速度比其他编码快 10 倍以上。

22.2.2　QR 码的公开及其普及

1994 年，DENSO WAVE INCORPORATED（当时属于现在的 DENSO CORPORATION 的一个事业部）公开了 QR 码。为了让更多的人了解并实际使用，原昌宏奔波于各个企业和团体，积极进行推介。汽车零部件生产行业的"电子看板管理"采用了 QR 码，为提高生产乃至出货、单据制作的管理效率做出了贡献。出于可追溯性的考虑，同时社会上也出现了生产过程可视化的动向，QR 码进而也用在了食品、药品以及隐形眼镜生产业界的商品管理等方面。

DENSO WAVE INCORPORATED 拥有 QR 码的专利权，但针对业已形成规格的 QR 码，公司明确表示不会行使这项权利。这是开始研发当初就定下来的方针，反映了研发者的想法："希望能有更多的人使用 QR 码"。无须成本、可放心使用的 QR 码现已作为"公共的编码"，在全世界得到广泛应用。

2002 年，QR 码普及到了普通个人。其契机在于，具有 QR 码读取功能的手机开始上市。这种不可思议的图形吸引着人们，通过读取可以很方便地访问手机网站，或者获得各种优惠券，正是因为这种便利性，QR 码迅速在社会上得以普及。而如今，QR 码的应用范围更加广泛，名片、电子票、机场的出票系统等，几乎无所不包，在商务活动和人们的生活中已经成为不可或缺的重要工具。

22.2.3　QR 码标准及其进化

QR 码是一种开放型的编码，因此在日本国内乃至全世界得到广泛使用，而且通过规格和标准的形成，进一步得到普及。1997 年被采纳作为自动识别业界规格的 AIM 规格，1999 年被日本工业规格、日本汽车业 EDI 标准交易账票所采用为标准二维码，2000 年又被定为 ISO 国际规格。现在，世界上的所有国家都在使用 QR 码。

QR 码在全世界得到普及，而另一方面，与更高的需求相适应的新的 QR 码也相继诞生——满足小型化需求的超小型编码"微型 QR 码"，编码容量大、印刷面积小，还可以是长方形的"iQR 码"等。如今，QR 码已向设计性强、更具亲和力的方向进化，例如，将原来的黑白两色的编码变为彩色的，当中还插入了绘图。而且根据时代的变化，搭载读取限制功能的 QR 码也已研发出来，以适应保护个人隐私等的种种需求。经过长年研究的积累，QR 码也在不断地进化，以各种变化满足不同的用途。

22.2.4 QR 码的优点

1. 存储大容量信息

传统的条形码只能处理 20 位左右的信息量,与此相比,QR 码可处理条形码的几十倍到几百倍的信息量。

另外,QR 码还可以支持所有类型的数据(如数字、英文字母、日文字母、汉字、符号、二进制、控制码等)。一个 QR 码最多可以处理 7089 字(仅用数字时)的巨大信息量。

2. 在小空间内打印

QR 码使用纵向和横向两个方向处理数据,如果是相同的信息量,QR 码所占空间为条形码的十分之一左右(还支持 Micro QR 码,可以在更小空间内处理数据)。

3. 可以有效地处理各种文字

QR 码是日本国产的二维码,因此非常适合处理日文字母和汉字。

4. 对变脏和破损的适应能力强

QR 码具备"纠错功能",即使部分编码变脏或破损,也可以恢复数据。数据恢复以码字为单位,最多可以纠错约 30%。

5. 可以从 360°任意方向读取

QR 码从 360°任一方向均可快速读取。其奥秘就在于 QR 码中的 3 处定位图案,可以帮助 QR 码不受背景样式的影响,实现快速稳定的读取。

6. 支持数据合并功能

QR 码可以将数据分割为多个编码,最多支持 16 个 QR 码。使用这一功能,还可以在狭长区域内打印 QR 码。另外,也可以把多个分割编码合并为单个数据。

22.2.5 QR 码的符号结构

每个 QR 码符号(见图 22-8)由名义上的正方形模块构成,组成一个正方形阵列,它由编码区域和包括寻像图形、分隔符、定位图形和校正图形在内的功能图形组成。功能图形不能用于数据编码。符号的四周由空白区包围。

22.2.6 QR 码特征

1. 结构连接(可选)

允许把数据文件用最多 16 个 QR 码符号在逻辑上连续地表示。它们可以以任意的顺序扫描,而原始数据能正确地重新连接起来。

1.版本信息
2.格式信息
3.信息与校验位
4.标识符
    4.1.位置标识符
    4.2.校直标识符
    4.3.时序标识符
5.静默区

图 22-8　QR 码的符号结构

2. 掩模(固有)

可以使符号中深色与浅色模块的比例接近 1∶1,使因相邻模块的排列造成译码困难的可能性降为最小。

3. 扩充解释(可选)

这种方式使符号可以表示默认字符集以外的数据(如阿拉伯字符、古斯拉夫字符、希腊字母等),以及其他解释(如用一定的压缩方式表示的数据)或者对行业特点的需要进行编码。

22.2.7　版本和规格

QR 码符号共有 40 种规格,分别为版本 1、版本 2……版本 40。版本 1 的规格为 21 模块×21 模块,版本 2 的规格为 25 模块×25 模块,以此类推,每一版本符号比前一版本每边增加 4 个模块,直到版本 40,规格为 177 模块×177 模块。

从识读一个 QR 码符号到输出数据字符的译码步骤是编码程序的逆过程,图 22-9 为该过程的流程。

(1) 定位并获取符号图像。深色与浅色模块识别为 0 与 1 的阵列。

(2) 识读格式信息(如果需要,去除掩模图形并完成对格式信息模块的纠错,识别纠错等级与掩模图形参考。)

(3) 识读版本信息,确定符号的版本。

(4) 用掩模图形参考已经从格式信息中得出对编码区的位图进行异或处理消除掩模。

(5) 根据模块排列规则,识读符号字符,恢复信息的数据与纠错码字。

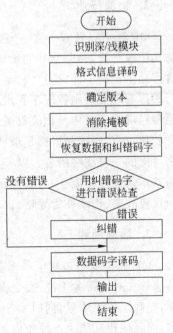

图 22-9　译码过程流程图

（6）用与纠错级别信息相对应的纠错码字检测错误，如果发现错误，立即纠错。

（7）根据模式指示符和字符计数指示符将数据码字划分成多个部分。

（8）按照使用的模式译码得出数据字符并输出结果。

22.2.8　QR码的应用

QR码由于其储存量大、保密性高、追踪性高、抗损性强、成本低廉等优点能被广泛应用在各行各业，就传统行业而言主要集中在加工制造、物流、质量溯源等，其具体应用如下。

1. 加工制造业

QR码在加工制造业的应用广泛而深入，因其载体的数据容量大、体积小的特征而非常适合在电子器件制造上的应用。制造厂商通过标识在电子器件上的二维码标识，实现零件加工过程中时间、质量等采集监控。美国汽车制造业协会（AIAG）专门制定了相关标准，我国部分合资汽车厂商也相继开展QR码应用。日本汽车工业会和日本汽车零部件工业会把QR码应用到标准化进出货单据中，QR码中包含订货商/供货商/部件信息等所有单据信息。零部件制造商通过识别QR码处理订货内容，制造商通过扫描供货单上的QR码确认收到的订货。这样把单据上的内容以QR码的形式传送实现了数据处理的自动化，这也是被各行各业所关注的"纸质EDI（使用纸张的电子数据交换）"。

2. 物流行业

QR码可以做到一物一码，可以在确定的商品、包装上印上这个二维码，和很多传统防伪手段结合，是非常好的物流管理应用。在饮料制造业，产品出厂时贴上的QR码包含产品生产的工厂、生产线、生产时间。物流中心和销售点出货时，通过读取QR码来进行跟踪管理和进出货次序管理。订货商也可以通过QR码确认供货情况，将管理扩大到原材料层面。与传统物流仅被看作是"后勤保障系统"和"销售活动中起桥梁作用"的概念相比，现代物流是以满足消费者的需求为目标，把制造、运输、销售等市场情况统一起来考虑的一种战略措施。以QR码为代表的信息通信技术的应用开拓了以时间和空间为基本条件的物流业，为物流新战略提供了基础，使新的物流经营思想如准时化战略、快速反应战略、连续补货战略、自动化补充战略、销售时点技术、实时跟踪技术等成为可能。

3. 质量溯源

QR码溯源是最受生产型企业欢迎的应用，对企业来说，方便了产品跟踪，防止了产品假冒。对消费者来说，安全食品也是一种购买保障，因为生产加工质量得以全过程跟踪，提高了加工质量，同时由于跟踪了生产过程中的加工设备，可以自由操作工人的状态，而且使得其原生产线变成了柔性生产线，可生产多品种产品。更为重要的是，QR码的成功引入还为产品的防假冒提供了有力的手段。食品厂商将食品的生产和物流信息加载在QR码里，可实现对食品追踪溯源，消费者只需用手机一扫，就能查询食品从生产到销售的所有流程。比如给猪、牛、羊佩戴QR码耳标，其饲养、运输、屠宰及加工、储藏、运输、销售各环节的信息都将实现有源可溯。QR 码耳标与传统物理耳标相比，增加了全面的信息储存功能。在可追溯体系中，猪、牛、羊的养殖免疫、产地检疫和屠宰检疫等环节中都可以通过 QR 码识读器将各种信息输入到新型耳标中。通过解码就能很轻松地追溯到每头猪是哪个养殖场、哪个管理员饲养的，市民餐桌上的猪肉质量安全就有保障了。

4. 电子票务领域

中华人民共和国铁道部于 2009 年 12 月 10 日开始改版铁路车票，新版车票采用 QR码作为防伪措施，取代以前的一维条码，如图 22-10 所示。浙江省杭州市、四川省成都市及河北省石家庄市等地区的公交业者，在站台和车上，使用 QR 码提供给市民公交的线路信息。用户通过网站电话等方式，购买电影票、演唱会票、音乐会票、体育比赛入场券等。消费者购票后系统自动向消费者手机发送 QR 码电子票，消费者进场时只需调出手机中收到的 QR 码电子票，验证通过即可完成入场。整个发放领取过程无纸

图 22-10 QR 码作为新版车票防伪措施

化低碳环保、高效便捷、安全新颖、省时省力。这样用户不用到现场排队买票，节省时间，极大提升了用户体验。还可防止假票损失，商家也可以可及时采集客户信息。

5. QR 码支付

二维码支付手段在国内兴起并不是偶然，形成的背景主要与我国 IT 技术的快速发展以及电子商务的快速推进有关。IT 技术的日渐成熟，推动了智能手机、平板电脑等移动终端的诞生，这使得人们的移动生活变得更加丰富多彩。与此同时，国内电商也紧紧与"移动"相关，尤其是 O2O 的发展。有了大批的移动设备，也有了大量的移动消费，那么，支付成本就变得尤为关键。因此，二维码支付解决方案便应运而生。拿支付宝的 QR码支付功能来说，消费结账时，用户出示手机，商户可使用红外线条码扫描枪扫描用户手机上显示的一维条码发起收银。切换到 QR 码时，对方可使用手机或专用设备扫描并发起交易。比如便利店、商铺、餐厅等消费场所。商户收银台用户无须更换手机，通过条码支付即可享受支付宝快捷的手机支付功能，每次交易后，手机上的条码和 QR 码都即时失效，不可复用，保护用户账户安全。二维码支付流程如图 22-11 所示。

6. 电子商务平台入口 O2O

O2O 模式即 Online To Offline，即将线下商务的机会与互联网结合在一起，让互联网成为线下交易的前台。O2O 模式的核心三要素是用户、衔接的平台、商户，用户的行为最终是去线下商家消费并获得相应的服务。目前来说，电商和商家更加注重 O2O 模式在移动互联领域的发展，比如大众点评网实现了线下信息线上化，给用户提供有效的消费信息，而且用户通过使用大众点评网能够获得优惠信息和商家活动。商家可以通过短

图 22-11　二维码支付流程

信、微信方式将 QR 码形式的电子优惠券、电子票发送到消费者手机上,消费者进行消费时,只要向商家展示手机上电子优惠券,并通过专用条码识读终端设备扫码验证回收,就可以得到商家的优惠和高质量的服务。在医疗领域,患者可以通过手机终端预约挂号,凭 QR 码在预约时间前往医院直接取号,减少了排队挂号、候诊时间。这样的模式拓宽了业务领域,提升了创新服务体验,简化了客户操作。

22.3　其他二维码

实际使用中,QR 码并不是唯一的选择,像 Data Matrix、PDF417 也有着较多的应用。本小节将介绍部分使用率较高的其他类型的二维码。

22.3.1　Data Matrix

Data Matrix 由 International Data Matrix 公司于 2005 年左右发明,是一种由正方形或长方形小格组成的二维码,可以编码文本信息与数字信息。通常的数据大小范围是 0～1556 位,编码数据的长度取决于小格的数量。

在 Data Matrix 中,每一小正方形格子代表一个小单元,以其明暗来表示 0 或 1。码的边界包括了两条构成 L 型的实现,一般称为"定位模式"(finder pattern),用来确定二维码的位置以及方向信息。另外两条边由明暗交替变化的正方形小格组成,称为"时间模式"(timing pattern),用于判断码中的行与列。当更多的信息编码到 Data Matrix 中,码的行列数量增加。

Data Matrix 如图 22-12 所示。

由于 Data Matrix 有着能把 50 个字符编码到一个只有 2～3mm^2 面积的二维码中的

能力,其最广泛的应用是标记小物品,仅有的限制是制造的 Data
Matrix 的保真度以及读取系统的读取能力。

22.3.2 PDF417

图 22-12　**Data Matrix**

PDF417 在 1991 年由 Symbol Technologies 公司的 Dr.
Ynjiun 发明,是一种堆叠型的二维码,用途广泛,在交通工具、身
份卡、存货管理等场景都可以见到它的身影。PDF 的含义是便携数据文件(Portable
Data File),417 是指码中的各个模式由 4 个条状图形与空白组成,每个模式长度为 17 个
单位。

PDF417 和 Data Matrix 一样被美国邮政管理局用于邮政服务。另外,PDF417 还被
用作登机牌标准、身份识别卡、联邦快递的包裹标签等。

除了有着典型二维码的特征以外,PDF417 还有着如下能力。

(1) 连接能力。一个 PDF417 码可以连接到其他码,它们以序列的形式被扫描,这样
就允许存储更多的数据。

(2) 用户指定维度。用户可以决定最窄的垂直带多宽、列有多高。

(3) 公用域格式。任何人都可以用这个格式来实现系统,而不需要得到任何许可。

PDF417 码有 3~90 列,每一列都类似于一个小的一维码,所有列同宽且码字的数量
相等。每一列包括如下内容。

(1) 静区(quiet zone)。这是在 PDF417 开始前与结束后,空白区存在的最小范围。

(2) 开始模式。用以确认 PDF417 码。

(3) 左列指示符与右列指示符。包含了列的信息,比如列的数量、纠错层级。

(4) 停止模式。

PDF417 如图 22-13 所示。

起始标识符　左侧指示符　　　　　信息字　　　　　右侧指示符　终止标识符

图 22-13　**PDF417**

PDF417 码在信息密度上并不比其他类型的二维码有优势,通常 PDF417 码的大小
是 Data Matrix 或 QR 码的 4 倍。不过,由于采取了长条状的设计,PDF417 码最小化了
连续列扫描时可能产生的不良影响。

22.3.3 Aztec 码

Aztec 码于 1995 年由 Andrew Longacre 等人发明。Aztec 码的最大特征是"定位模

式"位于码的正中央,不需要环绕码的静区,因此对比其他二维码有着节约空间的潜力。

Aztec 码的数据编码于牛眼状的"定位模式"周围。"定位模式"核心的角上包括了方向标记,保证了在旋转、反射情况下码的可读性。解码是从有着 3 个黑像素的角上开始的,然后沿顺时针方向到两像素角、一像素角、零像素角。中央的可变像素编码了大小信息,因而不必使用静区来标记码的边界。

Aztec 码及其核心如图 22-14 所示。

(a) Aztec 码　　　　　　(b) 核心

图 22-14　Aztec 码及其核心

Aztec 码在交通方面的应用比较广,Eurostar、Deutsche Bahn、DSB、Czech Railways、Slovak Railways、Trenitalia、Nederlandse Spoorwegen PKP Intercity、VR Group、Virgin Trains、Via Rail、Swiss Federal Railways、SNCB、SNCF 等诸多交通运输的企业都有用 Aztec 码;在波兰,车辆注册文件支持加密摘要被编码到 Aztec 码中;加拿大也有许多账单里使用了 Aztec 码。

22.3.4　MaxiCode

MaxiCode 于 1992 年由联合包裹服务(United Parcel Service,UPS)发明并使用。MaxiCode 适合于追踪、管理包裹的装运。与一般的二维码的不同点主要在于 MaxiCode 使用了六边形的点而不是方格作为最小数据单元,如图 22-15 所示。

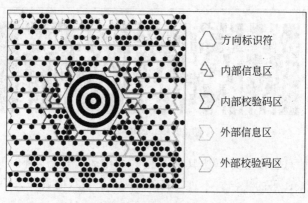

方向标识符

内部信息区

内部校验码区

外部信息区

外部校验码区

图 22-15　MaxiCode

22.3.5 EZcode

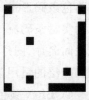

图 22-16 **EZcode**

EZcode（见图 22-16）由 ETH Zurich 发明，唯一授权给了 Scanbuy。它是为带摄像头设计而设计的，因而对比其他二维码，它比较简单。最开始 EZcode 被广泛用于许多国家的第三方活动，包括美国、墨西哥、西班牙等。不过由于 Scanbuy 对 EZcode 的唯一所有权，EZcode 的使用、发展受到很大限制。

22.4 高 维 码

由于二维码所携带和传输的信息容量有限（见表 22-1），在传统二维码（诸如 QR Code、Data Matrix）之外又衍生出了一类新兴的条码，这里称为高维码。高维码一般采用颜色、灰度等作为第三维度。高维码不仅能增加信息容量，而且能有效地提升传统二维码的辨识度和美观程度，使得条码更容易被大众所接受。

表 22-1　几种二维码数据容量

QR 码	最多 7089 个数字或 4296 个字母或 984 个汉字
PDF417	1850 个文本字符或 2710 个数字或 1108 个字节
Data Matrix	最多 3116 个数字或 2335 个数字字母或 1556 个字

本节内容将着重介绍讨论几个已被广泛的应用，或者有广泛应用前景的高维码。

22.4.1 HCCB（高容量彩色条码）

HCCB 是一款由微软公司工程师 Gavin Jancke 研发的条码。HCCB 利用一类相同大小、不同颜色的三角形来编码数据，而不是传统二维码所提供的正方形阵列。HCCB 使用一组 4 种或 8 种颜色的三角形，从而极大提升了信息密度。HCCB 已被开发成一个国际标准，并被微软公司使用于其手机应用当中。

图 22-17 为一典型 HCCB 的例子。

图 22-17 **HCCB**

需要注意的是，在大多数 HCCB 当中，右下角八块三角形两两配对，共 4 种颜色，作为解码时的参照。

22.4.2 COBRA

近年来，可见光通信作为无线电通信的替代品，发展迅猛。可见光的诸多特点使得其在近场通信中的应用越来越广泛，在局域网建构等领域发挥着重要的作用。

COlor Barcode stReaming for smArtphones（智能机彩色条码流）是可见光通信的一

种特殊形式。它是密歇根州立大学研发的一款高维码。COBRA 将信息编码成一种新颖的彩色条码形式,其使用多种新技术来解决动态环境中的图片模糊问题,实现智能机之间的实时条码流传输与解码。COBRA 可在 LCD 屏幕上呈现更多的信息,并可实现智能机之间名片、图片、视频、文章等方便、快捷、高效与高质量的传输。COBRA 的特点也决定其广泛的适用范围与较高的安全性。

COBRA 颜色条码(见图 22-18)由两大部分组成——定位模块和代码模块。定位模块又分为边缘检测(CT 部分)与定位参考模块(TRB 部分)。边缘检测模块用于迅速定位颜色条码的边缘。基于这一步确定的位置,定位参考模块被检测器(通常为摄像头)探测并被用于定位代码模块中的所有像素。代码模块存储此条码编码的信息。

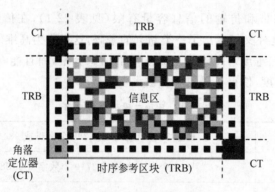

图 22-18　COBRA 颜色条码

关于这种条码,一个重要参数是编码信息的颜色数量。尽管使用的颜色越多条码容量越大,但是颜色数量增多会造成译码的误码率增大。权衡以上因素,COBRA 选择 5 种颜色——黑、白、红、绿、蓝来进行编码。

COBRA 使用以下几种编码方式,来减小误码率。

1. 自适应代码产生器

每个颜色单元块的大小显然影响着传输速率。单元块越小,其传输速率越高。然而,由于模糊效应的影响,减小单元块不一定可以提升信息吞吐量。为了平衡单元块大小与模糊效应的影响,COBRA 提供自适应代码产生器作为解决方案。

现在的智能机都配备了加速度计。COBRA 利用加速度计传递的智能机运动信息来相应调节单元块大小,从而在传输速率与准确度间做出最佳选择。

2. 颜色重新排列

有分析指出,颜色误差常发生在不同颜色相邻的边界地带。因此,为减小误码率,一种可行的方法是将颜色重新排列(见图 22-19),以期减小不同颜色交界的长度。

COBRA 利用一种称为随机步幅的策略得出重新排

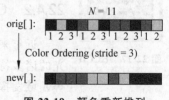

图 22-19　颜色重新排列

列的幅值。首先,发送端将颜色单元块按随机产生的步幅分类,将具有相同标号的单元块放置在一起。然后计算此种步幅下其边界长度。重复此过程 30 次,取边界最短时的步幅。

经测试,在一分辨率为 800×480 像素的手机屏幕上,如果每个单元块大小为 6 像素,则其传递的信息量为 18.8Kb。

第23章

移动互联网的工业设计

工业设计(Industrial Design)是以工学、美学、经济学等学科为基础,伴随着社会的发展和人类文明的进步逐渐发展而成的领域。工艺的进步和新材料的开发是工业设计的基础,同时,工业设计受艺术风格和大众的审美指引发展方向,体现了现代社会对美学的追求。广义的工业设计(Generalized Industrial Design)可以包含除了艺术设计之外的其他设计,而狭义的工业设计(Narrow Industrial Design)单指产品设计,解决人与产品之间的交互关系。

互联网的核心特征是开放、分享、互动、创新,移动通信的核心特征是随身、互动,而移动互联网同时继承了该两者的特征。由于移动互联网的产品更新速度快,注重用户体验,功能操作与信息传达并重等特点,移动互联网的产品设计过程,是基于用户体验的思想,伴随着移动互联网产品周期进行的一系列产品设计活动。现在的互联网产品,不再单纯地以技术或内容为导向,而是强调"用户体验",从用户的感官体验来设计改进产品[1]。

接下来,首先对移动互联网的产品特点进行分析,然后研究移动互联网的设计和研发特征。

23.1 移动互联网的产品

移动互联网是一种通过智能移动终端,采用移动无线通信方式获取业务和服务的新兴业务,包含终端、软件和应用3个层面。移动互联网的产品是指采用移动通信和互联网技术,借助互联网平台,提供给用户的互联网应用服务。相对于传统产品,它是传统产品在可移动通信的网络环境下的继承、发展和创新。

简单来说,移动互联网的产品就是指,在可移动通信的环境下,互联网为满足用户需求而建立的应用服务,是网站功能与服务的集成。例如,腾讯公司的主要产品是 QQ、播客网的产品是"播客"、网易和新浪的产品是"新闻、邮件、博客"等互联网产品和服务。

23.1.1 产品分类

2013 年 6 月—2014 年 6 月中国手机网民各类手机网络应用的使用率如表 23-1 所示。

表 23-1　2013 年 6 月—2014 年 6 月中国手机网民各类手机网络应用的使用率[7]

应用	2014 年 6 月		2013 年 6 月		
	用户规模（万）	网民使用率	用户规模（万）	网民使用率	年增长率
手机即时通信	45 921	87.1%	39 735	85.7%	15.6%
手机搜索	40 583	77.0%	32 431	69.9%	25.1%
手机网络新闻	39 087	74.2%	31 356	67.6%	24.7%
手机网络音乐	35 462	67.3%	24 388	52.6%	45.4%
手机网络视频	29 378	55.7%	15 961	34.4%	84.1%
手机网络游戏	25 182	47.8%	16 128	34.8%	56.0%
手机网络文学	22 211	42.1%	20 370	43.9%	9.0%
手机网上支付	20 509	38.9%	7911	17.1%	159.2%
手机网络购物	20 499	38.9%	7636	16.5%	168.5%
手机微博	18 851	35.8%	22 951	49.5%	−17.9%
手机网上银行	18 316	34.8%	7236	15.6%	153.1%
手机邮件	14 827	28.1%	12 641	27.3%	17.3%
手机社交网站	13 387	25.4%	19 565	42.2%	−31.6%
手机团购	10 220	19.4%	3131	6.8%	226.4%
手机旅行预订	7537	14.3%	3493	7.5%	115.8%

　　为满足用户的应用需求，按照移动互联网的产品功能，可以分为以下几类[4-5]。

1. 获取信息型

　　该类型产品包括网络新闻、搜索引擎等。用户通过网络获取信息，使用户足不出户尽知天下事，短时间内就能接收很多相关的重要新闻内容。该类型产品以提供信息为主要目的，其主要特点是服务类型多、信息量大、用户群体多、实时性强等。目前提供该类型服务的网站很多，包括各大门户网站，如新浪、搜狐、腾讯等。

　　搜索引擎能帮助用户在浩瀚的茫茫信息中剔除不想要的无用信息，快速找到有用的信息。搜索引擎主要通过搜集整理互联网上的信息资源，然后提供给使用者进行查询和使用，它包括信息搜集、信息整理和用户查询三部分。2014 年中国网民搜索行为研究报告显示，2014 年中国网民搜索行为呈现以下特点[6]：网民使用的搜索引擎种类丰富，品牌集中度较高；与 PC 端相比，综合搜索引擎在手机端的流量集中优势稍弱；APP 搜索以应用商店为主，搜索引擎部分仍有较大市场；但是搜索引擎上的广告公信力较低，影响网民互联网应用与企业推广效果。

2. 交流沟通型

　　伴随着互联网的发展，从互联网上获取实时信息已经不能满足用户的需求，用户的社会交往需求开始逐步凸显。用户渴望通过互联网进行实际的沟通，包括亲朋好友，包括一些有共同兴趣爱好的圈子朋友，甚至包括一些陌生人。一些交流沟通类型的互联网产品随之出现。该类型产品包括即时通信软件、邮件、博客等，该类型产品的用户数量十分巨大。例如，据 TechWeb 报道，腾讯公司官网显示，2014 年 4 月 11 日晚间，腾讯 QQ

同时在线用户数突破 2 亿,其中腾讯 QQ 手机用户群贡献最多。

3. 商务交易型

该类型产品主要包括网络购物、团购、网上支付、旅行预订等业务,主要集中在各类 B2B (Business To Business)、B2C(Business To Customer)、C2C(Customer To Customer)电子商务网站中。这类产品的代表有中国电子商务的始祖 8848、阿里巴巴和卓越等。手机网民付费的网络服务类型如图 23-1 所示。

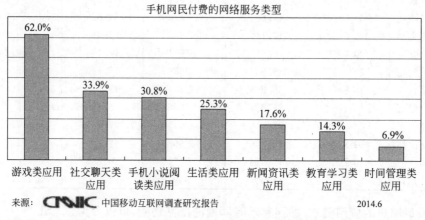

图 23-1 手机网民付费的网络服务类型[7]

4. 网络娱乐型

网络娱乐最近几年一直很火爆,网络带宽的提高,PC 性能的提升,为用户多方位的娱乐需求提供了良好的网络环境。其产品主要有网络游戏、在线音乐、网络影视等,其中最具有代表性的是网络游戏,用户必须通过互联网来进行多人游戏。网络游戏在中国的发展非常迅猛,许多网络游戏产品造就了一大批互联网游戏公司,以《传奇》游戏为代表的盛大就是最明显的例子。中国网络娱乐产品的代表有盛大、网易、腾讯等。

5. 其他产品

支持用户的移动互联网需求需要有技术和网络协议为基础,如 Java 技术(Sun 公司)、.NET 技术(微软公司)、各类下载工具等,也可以获取互联网上的数据来支持互联网的应用,满足互联网的需求,故也属于互联网产品的范畴[8]。

23.1.2 产品特点

移动互联网产品由于移动通信和互联网的特征,除了能满足人们的需要外,也有其他传统产品不具备的一些特点。

1. 虚拟性

用户从“虚拟现实”出发,将“虚拟”理解为通过技术手段对自然和人类生活进行人工制造,同时与网络信息处理的实际相联系,用二进制数据来对人类现实社会里的信息转换和计算机符号处理过程[9]。互联网是使用程序代码来表示虚拟的知识、信息等载体的。而移动互联网产品是基于互联网技术平台开发出来的信息服务,它同样具有非常明显的虚拟性。

2. 交互性

用户可以进行自主操作,控制和改变产品内容输出的行为称为交互[10]。互联网能提供交互式服务,故而依托于互联网平台的互联网产品同样也具有交互性。比如,用户可以挑选自己感兴趣的互联网产品,在阅读资讯时可以评论并与其他用户进行互动。

3. 可替代性

互联网产品中少有独一无二、无法替代的。由于大部分的信息都是公开共享的,信息快速传播,因此同类产品可以快速发展。对于成熟的有一定技术能力的互联网企业而言,实现同类产品的研发都相对容易,难点在于,在类似产品激烈竞争的市场环境下,如何抓住用户,赢得市场,获得收益。

4. 体验性

体验决定一切,体验是用户对于产品使用的直观感受,交互方式、获取信息方式、界面布局、操作流畅、视觉美观等,每一个应用产品中的元素都在直接影响着用户的使用体验。只有通过提供良好甚至新鲜的体验,产品才能够获得更多用户从而收获更大的利益。

5. 其他特性

由于移动互联网发展速度很快,因而互联网产品还具有更新速度快,设计和开发周期短,用户需求变更频率大等特点。

23.2　移动互联网的设计和研发

产品的设计过程就是产品由抽象到具体的过程。不同产品建立抽象概念时其受到的驱动因素是不同的。基于上述移动互联网产品的特点,用户只能通过界面来摸索使用互联网产品的所有功能和服务,即使遇到问题也少有专业服务人员来指导操作,因而移动互联网产品设计和研发过程中对于用户体验非常重视。

首先,我们介绍移动互联网产品用户的特点;接下来,依次介绍移动互联网产品的设计原则,设计要素;最后,我们比较移动互联网设计研发与传统产品研发的不同点。

23.2.1　移动互联网产品用户的特点[12]

1. 全天候

用户上网的时间遍布全天二十四小时，移动互联网成为大多数用户选择的上网方式，用户在外部干扰的情况下倾向选择手机或者平板电脑。

2. 容忍度低

在用户使用移动互联网的产品时，由于复杂的环境和移动设备的局限性，都会降低用户对于产品的容忍度。而由于产品的可替代性，在应用过程中出现细微的问题都有可能导致用户放弃该产品而选择同类产品，这也给移动互联网产品的用户体验设计提出了极高的要求[11]。

3. 专注度低

移动产品通常体积小，便于携带。而用户在使用移动产品的同时也可以做一些其他的事情，也有可能中断操作一段时间再接着使用移动产品，注意力不集中和缺乏专注性，容易出现很多误操作的情况。

4. 社交和分享

移动互联网的普及，使得用户可以享受社交网络应用带来的便利。通过社交软件，随时随地和朋友进行互动，分享新鲜事，也成为了用户的应用需求。其中最重要的意义在于信息传播，好的用户体验能够快速增加产品的用户数量。

23.2.2　移动互联网产品设计原则

（1）了解和掌握移动产品的系统标准。不同的产品系统，移动端的标准与 Web 产品是不同的。为了得到更好的用户体验，设计师要掌握不同的平台系统特性和规范标准，基于具体场景和用户需求，确定使用的产品和系统。

（2）以用户为中心，用户的感官在产品的体验过程中起到了桥梁的作用，用户在信息传播过程根据个人习惯和外界环境选择性地接收信息。为保证用户愉悦的感官体验，产品形式需要做成包含各种感官体验并能够便于记忆的[14]。

（3）功能明确，流程清晰。产品的具体功能必须能明确地呈现给用户，而具体应用的操作流程要尽可能地简捷清晰。从用户的角度出发去考虑用户的需求，把主要功能放在突出位置，简化主要功能的操作复杂度。

（4）设计简约，界面简洁。复杂的界面布局，繁复的元素会增加用户在学习使用产品过程中花费的时间和精力，用户的认知和习惯也是简约设计所需要考虑的因素。界面简单明快，尽可能能使用较少的界面表达清楚的应用。

23.2.3 移动互联网产品设计要素

1. 环境

移动互联网的产品大多是移动端，与固定客户端不同的是，用户在使用移动产品的过程中，可能位于复杂多变的环境下，比如深山老林、铁路、电梯等特殊环境。产品使用环境的多样性和复杂性是需要产品设计师认真考虑的，应用环境越广阔，用户体验也就越高[13]。

2. 时间

用户在使用固定客户端时，花费的时间多是整块的。而用户使用移动端产品的时候，多是用零碎时间。用户可能会中断操作一段时间再返回使用产品的应用。因而产品设计师也需要考虑移动端产品的时间适应性。

3. 多任务处理

固定客户端的处理能力通常远高于移动端，在使用移动应用时，用户偶尔也会同时使用几个不同的应用，比如同时使用电话、微信、游戏等应用。需要产品设计师考虑多个应用被一个高级别应用打扰的可能，比如突然接入一个电话等情况。

4. 电源、屏幕等硬件

移动端产品是依靠自带电池维持运转的，屏幕较小，无法在界面上同时显示多个任务。移动端的运行能力很大程度上取决于产品的耗电速度和电池的容量，考虑用户的体验需求，产品设计师需要考虑如何布局规划才能高效传递信息，如何配置电池和屏幕来提供产品的运行时间。

5. 用户体验

用户体验包括心理和实践两方面内容，主要产生于人机交互过程。产品设计不仅要考虑实用性，还要适当地包含情感，产品设计是以产品为中心以情感设计为依托的设计。不仅要追求产品的艺术形态、审美价值，从而体现产品的精神功能。更要注重感受体验的设计，认真对待用户反馈，不断改进产品缺陷[2]。

23.2.4 与传统的产品设计的不同点

由于移动互联网产品具有许多与传统产品不同的特点，移动互联网的产品设计和研发与传统设计也存在许多区别，主要体现在下面3个方面[5]。

(1) 能够适应快速更新的需求，开发周期短。移动互联网产品的一大特点就是需求变更频繁，更新速度快。移动互联网产品研发要求能够满足时刻变化的用户需求、有能够快速适应需求变更的技术结构，这样才能降低更新和维护的成本。但是，这也对产品的研发技术以及系统的灵活性都提出了很高的要求。如今的移动互联网产品，只有能够最快满足用户需求才能在市场中立于不败之地,很多情况下,由市场决定项目最终完成的日期。企业只有拥有足够快的产品更新速度,才能锁定大批用户,一旦产品更新赶不上同类产品的进度,用户流失的速度很快。

(2) 移动互联网技术人员流动性大,需要跟进多个项目。在互联网企业,跳槽司空见惯,技术人员跳槽的比例远高于银行、教育等行业,而技术人员频繁地变动岗位,很容易导致管理混乱,降低研发效率。同时,产品之间可能有需要合作的部分,各自开展对应领域会阻碍产品的一体性,这对于互联网技术人员有着很高的要求。

(3) 移动互联网技术人员要有足够的用户体验。互联网产品面向的用户数量十分庞大,用户之间的认知和习惯差异巨大,产品的使用环境也差别巨大。不同的环境下由不同需求习惯的用户操作同一个产品应用,获得的用户体验多种多样。而用户是移动互联网产品成败的决定性因素,因此移动互联网产品极其注重用户体验,这就要求技术人员也要有相应的产品意识,对用户体验足够了解,并将多样的用户体验体现到研发和设计的每一个细节中去。

参 考 文 献

[1] 杨会利,李诞新,葛列众. 用户体验及其在通信产品开发中的应用[M]. 北京:人民邮电出版社,2011.

[2] 魏笑笑. 基于用户体验的互联网产品设计应用研究[J]. 现代计算机,2014(23):52.

[3] 李慧颖,董笃笃,卢鼎亮. 互联网信息服务产业中相关产品市场的界定[J]. 电子知识产权,2012(04):42-46.

[4] 黄渊. 基于互联网产品黏性的赢利模式[D]. 武汉:华中科技大学,2006.

[5] 孟亚楠. 基于用户体验及 SOA 的互联网产品分析设计与系统构建[D]. 北京:北京邮电大学,2013.

[6] 中国互联网络信息中心. 中国网民搜索行为研究报告[R]. 北京:中国互联网络信息中心,2014.

[7] 中国互联网络信息中心. 中国移动互联网调查研究报告[R]. 北京:中国互联网络信息中心,2014.

[8] 万军. 互联网产品设计中绿色设计原则可行性分析[D]. 武汉:华中科技大学,2009.

[9] 吴志坚,章铸. 虚拟现实:网络时代的技术福音[J]. 自然辩证法研究,2000(4):15-17.

[10] 孟祥旭,李学庆. 人机交互技术[M]. 北京:清华大学出版社,2004.

[11] 彭兆元. 基于感性认知的移动互联网用户体验设计研究[D]. 哈尔滨:哈尔滨工程大学,2013.

[12] 胡杰明. 移动互联网产品的用户体验设计分析[J]. 艺术科技,2014(12):2.

[13] 张敬文. 浅谈移动互联网产品设计及用户研究[J]. 大众文艺,2014(3):98-99.

[14] 欧阳波,贺赟. 用户研究和用户体验设计[J]. 江苏大学学报,2006(5A):55-57.

人物介绍——Apple 公司创始人乔布斯

史蒂夫·保罗·乔布斯，作为 Apple 公司的创始人和前 CEO，因 iPhone 系列的走红重新定义了手机，改变了全球人的生活娱乐方式。在他重回公司之后，疯狂地追求完美的产品质量，追求硬件与软件的极致配合，加上极简主义的美学创造，相继推出的 iMac、iPod、iPhone 都获得极大成功。乔布斯最终改变了移动互联网，赢得了业界最高评价。

语录：

1. We're here to put a dent in the universe. Otherwise why else even be here?

活着就是为了改变世界，难道还有其他原因吗？

2. Be a yardstick of quality. Some people aren't used to an environment where excellence is expected.

成为卓越的代名词，很多人并不能适合需要杰出素质的环境。

3. Innovation distinguishes between a leader and a follower.

领袖和跟风者的区别就在于创新。

4. You know, we don't grow most of the food we eat. We wear clothes other people make. We speak a language that other people developed. We use a mathematics that other people evolved… I mean, we're constantly taking things. It's a wonderful, ecstatic feeling to create something that puts it back in the pool of human experience and knowledge.

并不是每个人都需要种植自己的粮食，也不是每个人都需要做自己穿的衣服，我们说着别人发明的语言，使用别人发明的数学……我们一直在使用别人的成果。使用人类的已有经验和知识来进行发明创造是一件很了不起的事情。

5. There's a phrase in Buddhism, 'Beginner's mind.' It's wonderful to have a beginner's mind.

佛教中有一句话：初学者的心态；拥有初学者的心态是件了不起的事情。

6. We think basically you watch television to turn your brain off, and you work on your computer when you want to turn your brain on.

我们认为看电视的时候，人的大脑基本停止工作，打开计算机的时候，大脑才开始运转。

7. I'm the only person I know that's lost a quarter of a billion dollars in one year… It's very character-building.

我是我所知道的唯一一个在一年中失去 2.5 亿美元的人……这对我的成长很有帮助。

8. I would trade all of my technology for an afternoon with Socrates.

我愿意用我所有的科技去换取和苏格拉底相处的一个下午。

参 考 文 献

[1] http://baike.baidu.com/view/757303.htm.
[2] https://en.wikipedia.org/wiki/Steve_Jobs.

第 24 章

虚拟化技术

虚拟化（Virtualization）技术是计算机领域的一项传统技术，起源于 20 世界 60 年代。虚拟化技术是一种资源管理技术，可以将计算机的各种实体资源（如服务器、网络、内存及存储等）予以抽象、转换后呈现出来，打破实体结构间的不可切割的障碍，使用户可以比原本的配置更好的方式来应用这些资源。

现在，虚拟化技术除了在原有的高端服务器领域发展之外，还发展到个人计算机以及嵌入式领域。当前，硬件技术突飞猛进，价格越来越低，体积越来越小，功能越来越强大，使得虚拟化技术的应用范围更为广泛。随着嵌入式领域的快速发展，虚拟化技术可以应用在智能移动终端领域，并且能够为智能移动终端以及移动互联网的发展带来巨大的优势。

24.1 虚拟化技术的发展历程

虚拟化技术已经有 50 多年的发展历史。1959 年，Christopher Strachey 发表了名为 *Time Sharing in Large Fast Computers* 的技术报告，首次提出虚拟化的概念，被公认为是虚拟化技术的最早论述。而第一个虚拟机是 1965 年由 IBM 公司开发的 System/360 Model 40 VM，其最初设计目的是将虚拟内存概念延伸到计算机其他子系统，构建一个时分共享系统，运行多个单用户操作系统，以实现多个用户对物理计算机资源的共享。

随着硬件技术的快速发展，虚拟化技术曾一度被人们遗忘。1997 年，斯坦福大学的 Disco 系统探索在共享内存的大规模多处理器系统上运行普通的桌面操作系统。基于 Disco 系统的研究成果，开发者们开始进行个人计算机上的虚拟化技术研究，并在 1998 年成立了 VMWare 公司。随着 VMWare Workstation 多款虚拟机的推出，虚拟化技术又重新成为企业界和学术界关注的热点。

从 20 世纪 90 年代发展至今，虚拟化技术取得了长足的进展，各项技术日趋成熟，各种虚拟化产品不断推出。当前，各主流 IT 硬件商及软件商都支持或加入了虚拟化技术联盟，为虚拟化技术的发展注入了强大的活力。目前较为流行的虚拟化产品除了 VMWare、Denali、Xen 之外，还有许多新兴虚拟软件，例如 KVM、VirtualBox，微软公司的 VirtualPC、Hyper-V，Paralles 公司的 Virtuozzo、Parallels Desktop for Mac，Citrix 公司的 XenServer，Sun 公司的 xVM 等。据 IDC 统计，虚拟机数量从 2007 年的不足 500 万

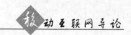
台增至 2011 年的 6.6 亿台。学术界多个重要组织(如 IEEE、ACM)和出版社的学术刊物和学术会议上,有关虚拟化技术的论文数量也呈爆炸性增长。

时至今日,小型机和微机领域的虚拟化技术已经发展形成了一个较为完整的系统,包括各具特色的虚拟机、各层次硬件对虚拟化的支持等。近年来,随着信息产业的不断发展,虚拟化迎来了更大的发展机遇。例如,云计算技术的兴起将为虚拟化技术提供广阔的应用前景。云计算的核心思想之一是在服务器端提供集中的计算资源,这些资源要独立服务不同的用户,在共享的同时为每个用户提供隔离、安全、可信的工作环境。虚拟化技术是云计算的一个基础架构。虚拟化技术根据用户需求动态调配资源,每个用户均有一个独立的计算执行环境,为云计算提供一个自适应、自管理的基础架构。

24.2　虚拟化技术的分类

虚拟化技术也称为虚拟机监视器(VMM),可以提供一种完全模拟硬件的应用环境,以便让客户操作系统在使用虚拟机就像是直接运行在硬件之上。虚拟机监视器是一个软件组件层,用来分配资源,从而让多个虚拟机能够同时利用所有资源。虚拟机监视器起的作用就是提供一种抽象,使得多个虚拟实例运行在一个硬件平台上。

虚拟化技术的分类方式有很多种,根据抽象层次以及应用类型可以做如下两种分类。

24.2.1　根据抽象层次分类

根据抽象层次递增模型,虚拟化技术可以分为硬件辅助虚拟化、完全虚拟化、准虚拟化、基于容器的虚拟化以及应用虚拟化。

1. 硬件辅助虚拟化

硬件辅助虚拟化是指所有硬件级芯片支持的虚拟技术。硬件提供结构支持帮助创建虚拟机监视并允许客户机操作系统独立运行,这种技术带来了高度的客户-系统隔离性,这种隔离性体现在客户机之间、客户机-宿主机之间,把虚拟机管理器嵌入到一个硬件组件的电路。虚拟机管理器又称为管理程序,其任务是控制处理器、内存和其他固件资源。硬件辅助虚拟化是一种复杂的虚拟化实现技术,需要完全虚拟出所需要的硬件,在宿主系统上创建一个硬件虚拟机来仿真所需要的硬件。

2. 完全虚拟化

完全虚拟化是对物理硬件进行完全虚拟的一种技术。完全虚拟化技术使用一种名为 Hypervisor 的软件,在虚拟服务器和底层硬件之间建立一个抽象层,可以捕获 CPU 指令,为指令访问硬件控制器和外设充当中介,作为一个对硬件资源进行访问的代理来协调上层 OS 对底层资源的访问。相比于其他虚拟化技术,完全虚拟化可以无须修改直接运行操作系统,这是该技术的独特之处。完全虚拟化技术支持在同一平台上运行各种不同内核、不同类型的操作系统,相当于一台真正的物理机器。其最大的缺点是完全虚拟化硬件时的执行效率偏低,实际应用成本也比较昂贵。

3. 准虚拟化

准虚拟化以 Xen 为代表,可以改善完全虚拟技术的性能,其特点是修改操作系统的内核,加入一个 Xen Hypervisor 层。准虚拟化技术允许安装在同一硬件设备上的多个系统可以同时启动,由 Xen Hypervisor 来进行资源调配。Xen 相对于传统的虚拟机,性能有所提高,但并不十分显著。为了进一步提高性能,Intel 和 AMD 公司分别开发了 VT 和 Pacifica 虚拟技术,将虚拟指令加入到 CPU 中。使用了 CPU 支持的硬件虚拟技术,将不再需要修改操作系统内核,而是由 CPU 指令集进行相应的转换操作。

4. 基于容器的虚拟化

基于容器的虚拟化,可以使用单个内核运行一个操作系统的多个实例。每个实例在一个完全隔离的环境中运行,因此不存在一个容器访问另一个容器中的文件的风险。因此,基于容器的虚拟化技术具有很高的安全性。同时,由于所有的容器都运行在同一个内核上,因此基于容器的虚拟化技术的资源使用效率也很高。但是,这种虚拟化技术也存在一些弊端,例如,只有一个内核意味着无法选择其他的操作系统。目前在该领域,FreeBSD Jail 和 Virtual Server 都是基于这项技术的。

5. 应用虚拟化

应用虚拟化是指将应用程序与操作系统解耦合,为应用程序提供一个虚拟的运行环境。应用虚拟化把应用对底层的系统和硬件的依赖抽象出来,可以解决版本不兼容的问题。应用虚拟化的技术原理是基于应用/服务器计算 A/S 架构,采用类似虚拟终端的技术,把应用程序的人机交互逻辑(应用程序界面、键盘及鼠标的操作、音频输入输出、读卡器、打印输出等)与计算逻辑隔离开来。在用户访问一个服务器虚拟化后的应用时,用户计算机只需要把人机交互逻辑传送到服务器端,服务器端为用户开设独立的会话空间,应用程序的计算逻辑在这个会话空间中运行,把变化后的人机交互逻辑传送给客户端,并且在客户端相应设备展示出来,从而使用户获得如同运行本地应用程序一样的访问感受。

24.2.2　根据应用类型分类

根据应用类型,虚拟化技术可以分为系统虚拟化、软件虚拟化、存储虚拟化和网络虚拟化。

1. 系统虚拟化

系统虚拟化是指使用虚拟化软件在一台物理机上虚拟出一台或多台虚拟机。虚拟机是指使用系统虚拟化技术,运行在一个隔离环境中、具有完整硬件功能的逻辑计算机系统,包括客户操作系统和其中的应用程序。在系统虚拟化中,多个操作系统可以互不影响地在同一台物理机上运行,复用物理机硬件资源。在系统虚拟化中,虚拟运行环境需要为在其上运行的虚拟机提供一套虚拟的硬件环境,包括虚拟的处理器、内存、设备与I/O及网络接口等。同时,虚拟运行环境也为这些操作系统提供诸多特性,如硬件共享、统一管理、系统隔离等。

2. 软件虚拟化

软件虚拟化包括应用程序虚拟化和编程语言虚拟化。

应用程序虚拟化将应用程序与操作系统相结合,为应用程序提供一个虚拟的运行环境。当用户需要使用某个应用程序时,应用虚拟化服务器可以实时地将用户所需的程序组件推送到客户端的应用虚拟化运行环境中。当用户完成操作关闭应用程序后,所做的更改和数据将被上传到服务器中进行集中管理。这样,用户就不再局限于单一的客户端,还可以在不同的终端上使用自己的应用程序。

编程语言虚拟化用来将可执行程序在不同体系结构计算机间迁移。在编程语言虚拟化中,由高级语言编写的程序被编译为标准的中间指令。这些中间指令在解释执行或动态翻译环境中被执行,因而可以运行在不同的体系结构之上。例如,被广泛应用的Java虚拟机技术,可以解除下层系统平台与上层可执行代码之间的耦合,实现代码的跨平台执行。用户编写的Java源程序通过JDK提供的编译器被编译成为平台中立的字节码,作为Java虚拟机的输入。Java虚拟机将字节码转换为在特定平台上可执行的二进制机器代码,从而实现"一次编译,处处执行"的目标。

3. 存储虚拟化

存储虚拟化是指为物理的存储设备提供一个抽象的逻辑视图,用户可以通过这个视图中的统一逻辑来访问被整合的存储资源。存储虚拟化可以分为基于存储设备的存储虚拟化和基于网络的存储虚拟化两种形式。磁盘阵列技术是基于存储设备的存储虚拟化技术的典型代表,该技术通过将多块物理磁盘组合成为磁盘阵列,用廉价的磁盘设备实现了一个统一的、高性能的容错存储空间。网络附件存储NAS和存储区域网SAN则是基于网络的存储虚拟化技术的典型代表。

4. 网络虚拟化

网络虚拟化是指将网络的硬件和软件资源整合起来向用户提供虚拟网络连接的虚拟化技术。网络虚拟化可以分为局域网络虚拟化和广域网络虚拟化两种形式。在局域网络虚拟化中,多个本地网络组合成为一个逻辑网络,或者一个本地网络被分割为多个逻辑网络,并用这样的方法来提高企业网络或者数据中心内部网络的使用效率,其典型代表是虚拟局域网。对于广域网络虚拟化,目前最普遍的应用是虚拟专用网。虚拟专用网抽象化了网络连接,使得远程用户可以随时随地访问内部网络,并且感觉不到物理连接和虚拟连接的差异性。

24.3　虚拟化技术的优势及应用

24.3.1　虚拟化技术的优势

虚拟化技术主要有以下 4 个优势。

1. 提升资源利用率，降低成本

采用虚拟化技术之后，可以将一台服务器的资源分配给多台虚拟化服务器，只需要很少的服务器就可以实现多个服务器才能做到的事情，因此减少了需要采购的服务器数量，降低了部署以及维护设备的成本。同时，虚拟服务器不会产生额外热量，大大降了设备低冷的要求，也使得数据中心变得更容易支持，维护成本也更少。对于商业公司而言，降低对生态环境的影响，也易于在市场营销上赢得胜利。

2. 提供有效的隔离

虽然虚拟机共享一台计算机的物理资源，但它们是完全隔离的。因此，在可用性和安全性方面，在虚拟环境中运行的应用程序会比在非虚拟化系统中运行的应用程序的安全性要高。当一台物理服务器上有多个虚拟机，如果其中一台虚拟机崩溃，其他虚拟机依然可以使用。即使其中一台虚拟机无法使用，也不会使整台服务器崩溃，或者影响这台服务器上的其他虚拟机。

3. 增强服务器的可靠性

虚拟服务器独立于硬件进行工作，通过改进灾难恢复解决方案可以提高业务连续性。有了动态迁移，可以既让物理服务器停机做维护，又不会停止或者中断对外提供服务，硬件升级也不会对业务造成影响。当需要替换一台旧机器时，可以直接移植虚拟系统，不必经历升级、安装、测试和割接的过程。当一台服务器出现故障时可在最短时间内恢复且不影响整个集群的运作，提高了整个数据中心的可用性。

4. 便于管理

采用虚拟化技术之后，对服务器的管理工作不再立足于物理设备，可以完全用脚本来实现。对于客户需要新系统和新应用的要求，系统管理员可以立即做出反应，把用模板生成的虚拟服务器提供给客户。用脚本可以自动处理常见的虚拟系统管理任务，而且可以简化这类任务。虚拟服务器的引导、关机和迁移任务都可以由脚本自动执行，还可以把停止使用的操作系统和应用，从已经不支持的旧硬件上迁移出来，转移到新的硬件体系结构上去。虚拟化技术可以理想地实现开发、测试、过渡和生产环境的严格独立。这种独立环境会带来各种好处，例如，QA 测试人员可以很方便地把测试环境恢复到基准配置。

24.3.2 虚拟化技术的应用

虚拟化技术主要涉及以下 4 个应用领域。

1. 服务器

在企业、政府部门、科研单位以及计算中心等单位,大多采用高性能计算机集群,对计算性能和系统稳定性要求很高,对系统管理控制方面要求较多,对虚拟技术的安全性和使用效率关注度高。

2. 企业管理

借用虚拟化技术,桌面虚拟化将原有运行在 PC 上的操作系统,以虚拟化的方式集中运行至数据中心,再通过优化的网络协议,将桌面的实时图像传送到前端。前端可以使用 PC、移动终端、智能终端以及瘦客户机等多种设备进行企业桌面或应用的访问和使用。这样极大地提高了工作效率,同时系统和数据由原有的分散式管理变为集中式管理,加强了管理性。

3. 个人用户

对于个人用户而言,虚拟化技术主要应用于基于虚拟机的杀毒技术、程序的开发和调试、操作系统内核学习以及个人隐私相关的应用等。

4. 其他领域

随着虚拟化技术的不断发展,其应用领域必将进一步扩展。未来虚拟化技术最具前景的应用包括服务器整合、虚拟化应用、云计算和数据中心、虚拟执行环境、沙箱、系统调试和测试与质量评价等。

24.4 虚拟化资源的管理

虚拟化资源是虚拟化技术及其应用的基础,对虚拟化资源的管理水平将直接影响虚拟化技术的可用性和可靠性。对虚拟化资源的管理主要包括对虚拟化资源的监控、分配和调度。

虚拟化技术应用(例如,云资源池中的应用)需求不断改变,各种服务请求通常不可预测,这种动态的环境要求服务器或者数据中心能够对各类虚拟化资源进行灵活、快速、动态的调度。例如,与传统的网络资源相比,云计算中的虚拟化有以下新的特征:①数据量更为巨大;②分布更为分散;③调度更为频繁;④安全性要求更高。

通过对虚拟化资源特征的分析以及目前网络资源管理的现状,可以确定虚拟化资源的管理应该满足以下准则:①所有虚拟化资源都是可监控和可管理的;②请求的参数是可监控的,监控结果是可以被证实的;③通过网络标签可以对虚拟化资源进行分配和调度；④资源能高效地按需提供服务；⑤资源具有更高的安全性。

在虚拟化资源管理调度接口方面，表述性状态转移（Representational State Transfer，REST）是虚拟化资源管理的强有力支撑。REST 定义了一组体系架构原则，可以根据这些原则设计以系统资源为中心的 Web 服务，包括使用不同语言编写的客户端如何通过 HTTP 处理和传输资源状态。它结合了一系列的规范形成了一种新的基 Web 的体系结构，使其更有能力来支撑虚拟化技术应用（如云计算）中虚拟化资源对管理的需求。REST 近年来已经成为最主要的 Web 服务设计模式，由于其使用相当方便，已经普遍地取代了基于 SOAP 和 WSDL 的接口设计。

24.5　虚拟化技术的发展趋势

近年来，随着各大知名虚拟化软件厂商大力开拓市场，加之云计算技术发展得如火如荼，虚拟化技术得以快速发展，虚拟化软件市场也大幅升温。虚拟化技术从早期的企业应用，逐步过渡到公有云应用，应用范围越来越广泛，未来的发展主要有以下几个方向。

1. 开放虚拟化管理平台

封闭的虚拟化管理平台会带来不兼容性，导致无法支持异构的虚拟机系统，也难以支持开放合作的产业链需求。因此，随着云计算时代的来临，虚拟化管理平台将逐步走向开放平台架构，不同厂商的虚拟机可以在开放的平台架构下共存，各应用厂商也可以在开放的平台架构中开发丰富的云应用产品。

2. 硬件辅助虚拟化技术发展

当前，由于对 2D、3D、视频、Flash 等富媒体技术缺少硬件辅助虚拟化支持，桌面虚拟化和应用虚拟化技术对于富媒体技术来说不方便使用，因而用户体验较差。随着虚拟化技术越来越成熟、应用越来越广泛，终端芯片将逐步加强对于虚拟化的支持，从而通过硬件辅助处理来提升富媒体的用户体验。硬件辅助虚拟化技术是虚拟化技术未来发展方向之一，各大虚拟化产品开发商正在投入更多的人力和资源到这一领域之中。

3. 桌面虚拟化连接协议的标准化

目前，较为流行的桌面虚拟化连接协议有 VMware 公司的 PCoIP，Citrix 公司的 ICA 以及微软公司的 RDP 等，国内虚拟化软件公司方物软件也提出了 FAP 协议。多种连接协议在公有桌面云情况下，使得终端兼容性问题变得复杂，终端将需要支持多种虚拟化客户端软件，这限制了客户采购的选择性和替代性。因此，统一桌面连接协议标准，将解决终端和云平台之间的兼容性问题，形成良性的产业链结构。

4. 提升虚拟化技术的安全性

未来的政府及大型企业整体 IT 架构，是构建在公有云之上的，这对于数据的安全性有非常高的要求。如果公有云的安全性不能得到很好的保障,政府及企业 IT 架构向公有云模式的进一步转变就很难推进。公有云的私有化,是保证云数据安全的一项重要技术。这项技术可以在公有云应用场景下,提供类似于 VPN 的技术,把企业的 IT 架构变成叠加在公有云上的"私有云",这样既享受了公有云的服务便利性,又可以保证私有数据的安全性。

5. 网络虚拟化技术的发展

近年来,随着云计算技术的飞速发展,资源需求总量呈指数增长,从而对网络性能有了更高的要求。相较而言,网络技术的发展较为缓慢,因此网络虚拟化技术必须加快发展以满足对网络性能日益增长的需求。目前,网络虚拟化技术还存在很多缺陷,如网络架构过于复杂、管理难度较大等。未来网络虚拟化技术将针对目前的缺陷进行改进,以促进移动互联网以及云计算的发展。

24.6　虚拟化技术与移动互联网

24.6.1　虚拟化技术在移动终端上的应用

根据 Gartner 的统计数据,截至 2012 年大约有 50% 的智能移动终端装载了虚拟化层。将虚拟化技术应用在移动终端上,主要可以解决以下 2 个问题。

1. 节约硬件成本

虚拟化技术可以在单 CPU 上模拟多 CPU 的功能,将智能操作系统和基带 RTOS 运行在同一个 CPU 上,减少主芯片数量。多核平台也可以通过将 CPU 虚拟成 CPU 池,使得所有软件可以共享硬件资源。

2. 保障系统安全性

虚拟化技术使得软件和硬件实现了较松的耦合,智能终端可以在虚拟平台上运行多个相互隔离的操作系统,提高系统的安全性。如果将重要数据和安全需求高的应用隔离保护起来,即使操作系统上的某个应用软件甚至整个智能操作系统因中毒等原因崩溃,虚拟化技术仍然可以将重要数据隔离保护起来。

另一方面,将虚拟化技术与移动终端相结合,还需要解决以下几个关键问题。

1) 可靠性

随着越来越多的应用程序被集成到移动终端之中,使得移动终端已经成为一个复杂的软硬件系统,导致系统错误和瘫痪越来越频繁。因此,可靠性是对移动终端的一个基本要求。随着越来越多的功能被集成到移动终端之中,如何保证移动终端的可靠性,尤其是其基本功能的可靠性,就成为一个重要的问题。

2) 安全性

移动终端的一个重要特征是其网络通信能力,蓝牙、NFC、3G/4G、Wi-Fi、GPS 等,都已经是众多移动终端的标准配置。由于配置了丰富的网络接口,移动终端已经成为一个通信枢纽,连接着 PAN、LAN、MAN 以及 WAN。然而,越来越多的移动终端病毒、恶意软件和间谍软件正在把移动终端作为攻击目标,使得安全性成为移动终端的一个重要问题。同时,移动终端上运行的一些关键应用程序(比如数字支付程序)对安全性有很高的要求,因此必须使用可靠的安全措施对这些应用程序进行保护。

3) 移动性

移动终端随用户不停地从一个地方移动到另外一个地方,可能会跨越网络边界,这给移动终端的硬件和软件带来很大的挑战。例如,当一个用户正在通过 Wi-Fi 网络访问 Internet,如果用户移动使得移动终端不能继续使用该 Wi-Fi 网络,而只能使用 4G 网络。这时,当移动终端从 Wi-Fi 网络切换到 4G 网络,如何保证原有 Internet 访问不被中断,就成为一个重要问题。移动终端的操作系统必须能够及时地从 Wi-Fi 网络切换到 4G 网络,而应用程序也要能感知网络的切换并进行相应的调整,从而把对用户的影响降到最低。

4) 易用性

和传统固定设备相比,屏幕小、输入不方便是移动终端的缺点,这很大程度上限制了移动终端所能运行的应用程序。因此,如何让用户能够方便地使用移动终端就成了一个亟须解决的问题,而用户界面设计又是其中的一个关键问题。如果应用程序用户界面设计得不好,用户使用起来不方便,就很有可能导致用户放弃使用该应用程序。一个设计出色的、面向移动终端的用户界面,应该能够恰当地显示数据,合理地安排菜单,并且尽量减少用户的输入。

5) 耗能

移动终端通常是由电池供能的,对功耗的要求很高,而不断增加的功能却使得移动终端的电能消耗越来越大。因此,如何降低移动终端的功耗就成为一个关键的问题。降低移动终端的功耗,要从硬件和软件两个方面入手。硬件技术主要包括提高电池容量,开发新型供电技术,降低硬件模块功耗,设计合理的功耗模式等。软件技术主要是更好地利用硬件所提供的节电能力,避免硬件运行在不必要的高功耗模式下等。

24.6.2　应用案例

目前正在实施或者已经有产品面世的移动终端虚拟化技术方案主要有 VMware MVP、Virtual Logix 的 VLX、OKL4 和 Hopen VM 等。

1. VMware MVP

移动虚拟化平台(Mobile Virtualization Platform,MVP)是 VMware 公司提供的移动虚拟化平台,目标设备为手机和平板电脑。VMware MVP 的理念非常简单:使用用户的移动终端,并在其上增加一个虚拟化层,将个人和企业设备合二为一。VMware MVP 由单台虚拟机构成,通过 MVP 驱动的方式,在 Kernel 中可以无须修改直接运行标准的移动操作系统。这个 Kernel 不是指操作系统中的内核,而是指硬件虚拟化的 Hypervisor。

由于个人和企业虚拟机运行在与操作系统相同的内核之上,因此确保移动终端安全性是一个重要的问题。为了解决这个问题,VMware MVP 在移动终端内部的可用内存中对虚拟机进行了加密,虚拟机及其移动操作系统镜像只能从 Horizon Mobile 下载(Horizon Mobile 是一个 VMware 管理门户,允许管理员部署并管理移动设备,将应用推送给设备,当数据丢失时能够还原数据)。Horizon Mobile 提出的要求确保了企业虚拟机只能够由企业部署,这提升了系统安全性。

2. VirtualLogix 的 VLX

VLX 技术由 VirtualLogix 公司(已经被 Red Bend 公司收购)开发,并在 2009 年西班牙巴塞罗那移动世界大会上进行了展示。VLX 提供了 Android 系列的 2G/3G 蜂窝系统移动终端解决方案,该方案基于 ST-Ericsson 的单处理器平台。VirtualLogix 的 VLX 实际上就是在硬件层和系统软件层之间的一个薄抽象层,通过虚拟化硬件来处理客户操作系统对硬件资源的请求。同时,虚拟层的引入增强了系统的安全性,虚拟化使得以前运行于特权模式(Privileged mode)的 RTOS 运行于非特权模式(De-privileged Mode),有效阻碍了入侵对硬件和其他客户操作系统的破坏。

3. OKL4

OKL4 技术由 Open Kernel Labs 开发,其开源 OKL4 Microvisor 已部署到超过10 亿台设备中,比如 Motorola Evoke QA4(第一部支持虚拟化和两个并发操作系统运行的移动终端)。OKL4 同其他虚拟化技术一样,采用了动态处理器分配来提高处理器资源的利用率。出于安全性考虑采用了微内核结构,只实现基本的进程调度、内存管理功能,运行于特权模式,其他的服务等都运行于非特权模式。OKL4 Microvisor 占据了特权内核空间,所有 VMs、原生应用程序和驱动程序被推到单独的隔离分区中,一种高效的进程间通信机制 IPC 允许各单元进行通信和合作。由于硬件设备驱动程序被推到Microvisor 之外,采用这种 IPC 就显得非常重要(一种公共路径输入输出)。另外,由于单独的应用程序和驱动程序可以集成到没有操作系统的平台,因此 OKL4 的组件模型是轻量级的。

4. Hopen VM

Hopen 公司与重邮信科在 2008 年北京国际通信展展出了一款基于 Hopen VM 技术的 TD-SCDMA HSDPA 单模移动终端。2009 年 Hopen 公司宣布实现 Hopen 嵌入式操作系统 v4.0 对 Android 平台的全面支持。基于 Hopen OS v4.0 的多进程、虚拟内存管理、动态加载技术、支持标准 POSIX 规范、硬实时等特性,利用 Hopen OS 独特的虚拟机技术,使得 Hopen OS 可支持在单个 CPU 上运行不同的操作系统,并可最大限度地支持这些不同操作系统产品的软件平台,目前该虚拟机已应用于国产单芯片平台解决方案。通过 Hopen 虚拟机 + Hopen OS + Android 软件平台这一组合,可以使基于单芯片硬件方案的中低端手机产品也能高效地支持 Android 平台,从而获得 Android 平台上的大量应用资源。

参 考 文 献

[1]　杨洪波. 高性能网络虚拟化技术研究[D]. 上海：上海交通大学，2009.

[2]　孙鹏. 基于虚拟化技术的智能手机移动办公的研究与应用[D]. 上海：复旦大学，2011.

[3]　刘云新. 面向新一代移动计算平台的系统虚拟化研究与应用[D]. 上海：上海交通大学，2011.

[4]　万兵. 基于虚拟化技术的单 CPU 3G 手机发展趋势[J]. 信息通信技术，2010(1)：57-60.

[5]　吴义鹏. 基于容器虚拟化技术研究[J]. 软件，2010(11)：28-30.

[6]　黄晓庆，王梓. 移动互联网之智能终端安全揭秘[M]. 北京：电子工业出版社，2012.

[7]　游小明，罗光春. 云计算原理与实践[M]. 北京：机械工业出版社，2013.

[8]　程克非，罗江华，兰文富. 云计算基础教程[M]. 北京：人民邮电出版社，2013.

chapter 25

移动互联网游戏

25.1 移动物联网游戏产业链

在移动互联网中,网络提供商、应用开发商、设备提供商、用户是其发展的几个关键因素。中国移动、中国联通等网络提供商提供网络平台,包括 GSM 短消息平台、WAP、GPRS 等。这些公司通过用户使用这些网络而获益,所以需要当开发出丰富的业务和应用来吸引更多用户用更多时间上网。应用提供商则依托网络提供商的网络和应用提供商的用户,开发出符合市场需求的应用,并使这个应用充分实现其市场价值。可以与商业企业合作,如银行、证券商、服务业、博彩机构等,开发出丰富的应用。应用提供商面对的关键问题是什么才是有经济意义的应用,以及应用提供者如何与网络提供者分享收费。一个合理的利益分配机制将促进丰富应用的开发和移动互联网的发展,否则会阻碍市场的发展。设备提供商包括网络设备和终端设备的提供者,其目标是开发出技术先进的产品并为运营商采用,提升运营商的业务能力,通过市场的反馈促使运营商更多采购设备提供商的产品。用户需要评估什么样的应用是自己需要的,并决定在多大程度上使用这种应用。用户需要为使用这种应用(包括网络)而支付费用,从而创造出移动互联网价值链的市场价值。无疑,只有构建一个顺畅的价值链,才能从根本上促进移动互联网发展。

目前,有两类比较有代表性的移动互联网价值链。第一类是以 Google 的 Android 为代表的"雁行"模式,Google 制定出整个体系的标准并不断推出新的开源 Android 库,依托网络提供商的服务和设备开发商的手机,应用开发商自行开发新的应用。在这个体系中,Google 通过制定标准获利,而放弃了设备开发商和应用开发商的身份;各个设备开发商,如三星、诺基亚和索尼会根据自己对互联网的不同见解开发出各具特色的手机,而系统开源的特性也给予应用开发商极大的开发自由度。Google 就如一只头雁,引导着其他设备开发商和应用开发商的脚步。2013 年的第四季度,Android 平台手机的全球市场份额已经达到 78.1%。2013 年 09 月 24 日谷歌开发的操作系统 Android 迎来了 5 岁生日,全世界采用这款系统的设备数量已经达到 10 亿台。2014 第一季度 Android 平台已占所有移动广告流量来源的 42.8%,首度超越 iOS。但运营收入不及 iOS。在互联网游戏赢利上,Android 家族主要依靠广告与收费游戏,由于其开源特性使得 Android App 可以方便地在网络中扩散,对正版软件的保护不强,Android 家族的收费游戏比不上 iOS。

第二类就是大家耳熟能详的苹果公司的 iOS 系统。苹果公司既是设备开发商,也是应用开发商。它制定了 iOS 标准,也是 iPhone 和 iPad 等移动设备的开发商,更是包括 Siri 和 Safari 等成功应用的开发商。更重要的是,苹果公司通过 App Store 限制了应用开发商的程序发布。为了发布软件,开发人员必须加入 iPhone 开发者计划,其中有一步需要付款以获得苹果的批准。加入之后,开发人员将会得到一个牌照,他们可以用这个牌照将他们编写的软件发布到苹果的 App Store。这种做法使得 iOS 旗下的应用几乎不可能如 Android 应用一般可以被随意移动和安装,极大地提高了整个产业链的赢利性。所以,iOS 设备在收费游戏上比 Android 更强,而 iOS 的免费游戏中也广泛使用收费道具,很多游戏甚至必须使用收费道具来通关。

现有数据也证明了这一点。根据移动广告供应商 Opera Mediaworks 的数据,2014 第一季度 Android 平台已占所有移动广告流量来源的 42.8%,首度超越 iOS。iOS 平台以 38.2% 的流量份额屈居第二。不过虽然流量超过,但在营收方面,Android 平台仍远远赶不上 iOS。广告商从 iOS 平台获得的广告营收占总营收的 52%,而 Android 平台仅占 33.5%。不过值得注意的是,Android 平台广告营收的飞速增长,2013 年第一季度还只有 27%。

对用户而言,移动互联网游戏的收费模式主要分为道具收费和客户端收费。

(1) 道具收费。玩家可以免费注册和进行游戏,运营商通过出售游戏中的道具来获取利润。这些道具通常有强化角色、着装及交流方面的作用。经典游戏"植物大战僵尸 2"中就加入了许多收费道具,而塔防游戏大多需要使用收费道具才能过关,比如著名的 field runner。

(2) 客户端收费。通过付费客户端或者序列号绑定战网账号进行销售的游戏,大多常见于个人电脑普及的欧美以及家用机平台网络。iOS 系列的付费游戏基本上都是在客户端下载时进行收费的。现在 iOS 上的植物大战僵尸 HD 版仍然需要付费才能下载。

我国的移动互联网游戏产业链如图 25-1 所示。

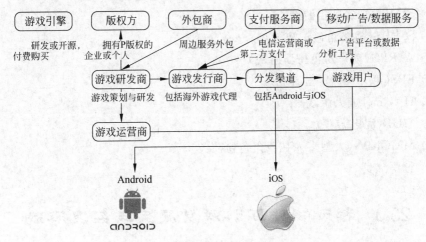

图 25-1　中国移动互联网游戏产业链

25.2　移动物联网游戏类型

从分类而言,移动互联网游戏可以分为休闲网络游戏(如传统棋牌)、网络对战类游戏(如三国杀)、角色扮演类大型网上游戏(如《大话西游》)和功能性网游等。从类型上,它们可以细分为如下。

(1) ACT(动作游戏)。

(2) AVG(冒险游戏)。

(3) PUZ(益智游戏)。

(4) CAG(卡片游戏)。

(5) FTG(格斗游戏)。

(6) LVG(恋爱游戏)。

(7) TCG(养成类游戏)。

(8) TAB(桌面游戏)。

(9) MSC(音乐游戏)。

(10) SPG(体育游戏)。

(11) SLG(战略游戏)。

(12) STG(射击游戏)。

(13) RPG(角色扮演)。

(14) RCG(赛车游戏)。

(15) RTS(即时战略游戏)。

(16) ETC(其他种类游戏)。

(17) WAG(手机游戏)。

(18) SIM(模拟经营类游戏)。

(19) S. RPG(战略角色扮演游戏)。

(20) A. RPG(动作角色扮演游戏)。

(21) FPS(第一人称射击游戏)。

(22) H-Game(成人游戏)。

(23) MUD(泥巴游戏)。

(24) MMORPG(大型多人在线角色扮演类)。

(25) 彩票游戏。

25.3　移动物联网游戏发展史与经典游戏

移动游戏的历史可追溯至 20 世纪 90 年代,当时《俄罗斯方块》和《贪吃蛇》等游戏初登移动平台,并大放异彩。中国移动游戏行业随着终端和渠道的变迁经历了 4 个阶段。

第一阶段：1994—1997 年，以上古神兽级游戏《俄罗斯方块》和《贪吃蛇》（见图 25-2）为代表的内置手机游戏登录手机。这类游戏无须移动网络，是纯单机游戏，在今日其吸引力已大大减弱。2000 年，《贪食蛇 2》发布，增加了游戏内的障碍物和迷宫数量；2011 年，*LifeStyler* 发布。

图 25-2 《俄罗斯方块》和《贪吃蛇》[1]

第二阶段：以 QQ 游戏为代表的短信/WAP 游戏。其用户的交互性更强，更多地加入了用户间的互动和竞争，提高了游戏的可玩性，并可以通过移动网络进行下载和操作。

第三阶段：智能手机游戏的初级阶段。2002 年，第一代使用Java 技术的商业手机问世，游戏运行速度得到提升，那一年的代表作有《太空入侵者》和《Jamdat 保龄球》。它们的游戏内容更加多元化，操作性更强。2003 年，彩屏手机开始流行，同年诺基亚 N-gage发布。《宝石迷阵》、《都市赛车》、《极速赛车》等游戏相继问世。

第四阶段：以 iOS 和 Android 游戏为主，游戏指标向 PC 端靠拢，可玩性更强。2007 年，苹果公司推出 iPhone 手机；同年晚些时候，苹果公司推出 iPod Touch 设备。2008 年，苹果公司推出自己的应用商店，随后短短数天内，苹果 APP Store 全球应用总下载量就超过了 1000 万次。2009 年，触屏智能手机逐渐普及，三星公司推出首款基于Android 操作系统的银河手机，试图挑战 iPhone 的霸主地位。2009 年，《涂鸦跳跃》、《愤怒的小鸟》（见图 25-3）相继问世。同年，《植物大战僵尸》（见图 25-4）发售，掀起打僵尸的热潮。

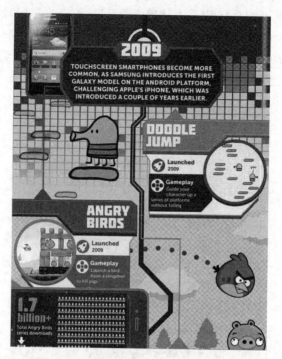

图 25-3 《涂鸦跳跃》和《愤怒的小鸟》[1]

图 25-4 《植物大战僵尸》[2]

25.4 移动物联网游戏发展前景

随着 Android 手机和 iOS 移动设备的普及,移动互联网游戏的技术基础趋于成熟,移动应用开发者不用再过多地顾及游戏设计与设备系统的适配等技术问题,可以将精力更多地集中于产品本身,因此其研发成本顺势降低;移动互联网用户终端的智能化程度更高,原先必须在 PC 上才能操作的游戏如今通过智能终端也可以很好地完成,极大地提高了移动互联网游戏的品质,使得移动互联网游戏的未来更加宽广。产品和用户的积累,使得移动互联网游戏进入了井喷期。

根据艾瑞咨询集团的报告,全球移动游戏付费率保持在 30% 左右,游戏时长占比第一;在中国市场,2013 年移动游戏市场规模 148.5 亿,增速达到 69.3%,智能终端移动游戏用户达到 1.9 亿,融资事件减少,金额增大,并购多发,A 股手游概念股被热炒。然而,在全球范围内,各个地区的移动互联网游戏发展仍然处于不均匀状态。欧美等发达地区由于智能移动端的广泛普及和历经智能机游戏 2 年以上的发展,商业模式逐渐趋于稳定,各个游戏市场份额被瓜分殆尽,尽管有些人气游戏可以在一时称雄,爆发式增长已经再难出现;发展中国家由于智能终端占领市场尚需时日,这些地区的众多人口带来了智能移动设备数量的可观增长,因此未来两年的发展增速惊人,但由于经济原因,这些市场的购买力相对欧美低下,在付费游戏和游戏内购方面的潜力较低,平均赢利比发达国家低;落后地区由于功能机依然为主流,甚至缺乏移动终端的消费市场,智能移动游戏的发展滞后,甚至在未来两年也基本没有大规模赢利的可能。

移动互联网游戏的增长主要依托以下助力。

(1) 移动智能终端的快速普及。Android 手机相对亲民的价格,使得大尺寸屏幕、高系统配置、便捷操作方式在全球普及,促进了移动游戏的高速成长;iOS 借助其高端机的定位,在心理层面触发市场的购买潮流,同样加快了移动智能终端的普及。

(2) 网络环境的提高。特别是 Wi-Fi 及 3G、4G 网络等通信网络的加速发展,使得移动网络游戏的流畅度提升,移动网络游戏的付费意愿比单机游戏更高。在整体移动游戏行业市场规模中,2012 年付费下载的收入最高,占比达到 43.0%,其次为游戏内购买,广告收入占比 16.0%,预计未来游戏内购买的比重将逐步提高,到 2017 年达到 47.5%,未来移动游戏的商业模式中道具等免费增值服务会越来越得到更多游戏运营商及用户的青睐。免费游戏是移动游戏行业大爆发的重要因素,一方面通过降低下载门槛吸引大量用户,另一方面,通过优化游戏,增加用户停留在游戏中的时间,扩大付费用户的比例,以及带给免费用户更多欢乐。

(3) 现代生活节奏的加快和生活习惯的转变使得传统客户端游戏及网页游戏用户在移动游戏上投入的时间越来越多,因此相应的付费水平也大大提高。中国优质的经济前景和极大的人口基数对促进移动互联网游戏市场起到了关键作用,政策方面,国家各级机关推出宽松的政策来规范及盘活市场;经济方面,中国的经济总量处于世界前列,为行业的发展提供了深厚的土壤;社会环境方面,90 后等一批年轻用户的消费观念带动了市场;科技方面,国内智能终端开发不断上新台阶。2013 年中国移动游戏市场规模为 148.5 亿元,相比 2012 年增长 69.3%,增速惊人,并且在 2014 年将达到 236.4 亿元的规模。

在如此巨大的市场中,一个游戏改变整个企业的例子,在移动游戏界并不少见。人气游戏《智龙迷城》的开发商 Gungho 在 2012 年一年间,营业利润足足膨胀了 8 倍,翌年 4 月更是达到了 1 兆日元的高峰;音乐游戏 *LoveLive* 让 KLab 的业绩如 V 字般强力反弹;数日前公布在东京证交所上市计划的 GUMI 也是借游戏部门的高额利润而在短期业绩翻番;2013 年《怪物弹珠》的正式上架,mixi 的股价持续走高,足足翻了 20 倍以上。这款游戏在短短一年中造就的社会现象,已经远超了 mixi 曾经创造的价值。

因此,对于移动互联网游戏公司而言,找准用户的需求是重中之重。研究客户游戏的时间段和频率,理解一型游戏的主要客户群体,研究客户得知并下载游戏的渠道,是决定游戏公司能否成功的关键因素。

25.5 移动物联网游戏公司 miHoYo

miHoYo 是一只诞生于上海交大计算机系的学生团队,成立于 2011 年,秉持"技术宅拯救世界"的信条,目标是成为让一代人无法忘却的时代记忆,梦想成为中国 TOP 1 的 ACG 品牌创造经营者以及娱乐产品提供商。2012 年年底的 miHoYo 是由 5 个 ACG 狂热爱好者+1 名实习生组成的,现在已经拥有了 50 人核心团队,秉持 Geek 团队理念,只有三类员工:Geek、死宅,以及 Geek 和死宅的合体。

《崩坏学园》是一款由 miHoYo 开发并运营的萌系横版射击无节操手游(见图 25-5)。游戏作为未来学园都市背景的横版动作游戏,有着数百关卡,数百装备,数百服饰与角色搭配,国内外顶级声优(山新、TetraCalyx、阿澄佳奈、钉宫理惠、花泽香菜、斋藤千和、泽城美雪)出演……此外该游戏已经走出中国手游市场进军韩国手游市场。《崩坏学园》系列游戏包括《崩坏学园 2》和《崩坏学园》,是中国 ACG 圈最具有影响力的手机游戏作品。《崩坏学园》系列游戏已经在中国获得了超过 200 万的核心粉丝群,超过 1000 万全球注册用户。《崩坏学园》目前已经拥有了插画集、漫画等品牌衍生产品。中国区 Appstore 获付费下载榜第一,免费下载榜、畅销榜双榜前十,游戏月流水三千万。

图 25-5 《崩坏学园 2》[3]

《崩坏学园》成功于何处? 制作人蔡浩宇认为"将二次元市场做大,将二次元手游做好,不是从现有的市场里面去瓜分蛋糕,不是做更多的二次元手游就可以将盘子做到,真正将二次元市场做大应该是培养更多的二次元用户,让更多人喜欢二次元。认为把二次元市场做大应该是这样的:当我下次看动漫电影的时候,全场的人都要看完字幕才走。其中肯定有一部分忠诚用户,但是还有另外一部分人会被这种信任、信念所感染,他们不好意思走,他们也要留在这里看完字幕。当我们一群人了解蓝白胖次的时候,他们这些用户不好意思说不知道,他会回去查,然后要加入二次元阵营,这才叫把二次元市场做大,才能把二次元手游做好。"

　　在立项方面，《崩坏学园》以用户为核心，追求拿起来想玩，玩了放不下的简单感动。移动终端上的动作游戏面临手机虚拟摇杆的问题，不可能做到完全还原主机和掌机上的感觉，于是研发人员做了一些取舍，尽量简化但是还是要保持一款动作游戏最基本的玩法和爽快感，所以就有了后面《崩坏学园》向核心方向探索的玩法。在用户定位上，《崩坏学园》被定位为宅游戏，面向广大宅男。在宅游戏中女性角色是很重要的元素，所以miHoYo认为我们的游戏只需要有女性角色就可以了，不需要男性角色，所以现在《崩坏学园2》没有男性角色，后面也不打算加男性角色。这样鲜明的定位使得游戏拥有了一批忠实的用户群，是其成功的主要因素。

　　在游戏制作过程中，miHoYo的目标是做一个核心玩法好玩的游戏，先舍弃收费、数值和系统方面的考量，专注玩法上的精益求精。通过在AppStore免费下载一个初期版本，miHoYo吸取了经验，游戏玩法也被广泛认可，在游戏社区看到有比较好的反响。之后，miHoYo开始把它做成一个商业作品的东西，就开始考虑它的系统怎么样做、数值怎么调。蔡浩宇认为"在开发上首先要找一个过得去、有意思的核心玩法，然后自己打磨，把这个核心玩法做到好玩，自己愿意玩得下去。国内的成熟数值体系那么多，学会了放进产品里，就成为还说得过去的游戏。"

　　在美术方面，miHoYo坚持游戏的美术风格要纯正，角色的设计要按照动画标准来做，把各种细节表现出来。虽然这些细节最终玩家都看不到，但是它影响到了开发团队的每一个人，比如程序开发人员看到人设文字以后，就能理解该怎么样展示这个人物的动作，而同样的细节精细地传达给画师，传达给配音演员，就保证了整个游戏的方向不会偏掉。因此，玩家对这样精心设置的角色产生了感情，最终选择玩这款游戏，而不是其他游戏，不玩这款游戏的时候还会惦记它。在保证游戏整体框架和发展方向上，miHoYo对细节的重视收到了回报。通过让整个团队的人贯彻理解每一个细节，最后做出的游戏才不会走偏。

　　一款游戏能够成功，除了本身选择了一个独特玩家群体外，更重要的是找到和这个玩家群体相匹配的渠道。《崩坏学园》所找到的渠道就是B站。蔡浩宇认为"可以这样讲，B站占我们安卓收入50%还要多，B站的核心用户几乎可以覆盖到安卓核心用户的60%～70%。"

参 考 文 献

[1]　老虎游戏. 移动游戏20年进化史经典回顾：贪食蛇大放异彩[EB/OL]. http://games.qq.com/a/20140617/028375.htm.

[2]　PopCap官网. http://www.popcap.com.cn/.

[3]　MIHOYO官网. http://www.mihoyo.com/.

人 物 介 绍

马克·艾略特·扎克伯格（Mark Elliot Zuckerberg），美国社交网站 Facebook 的创办人，被人们冠以"第二盖茨"的美誉。哈佛大学计算机和心理学专业辍学生。据《福布斯》杂志保守估计，马克·扎克伯格拥有 135 亿美元身价，是 2008 年全球最年轻的巨富，也是历来全球最年轻的自行创业亿万富豪。

在哈佛时代，扎克伯格二年级时开发出名为 CourseMatch 的程序，这是一个依据其他学生选课逻辑而让用户参考选课的程序。一段时间后，他又开发了另一个程序，名为 Facemash，让学生可以在一堆照片中选择最佳外貌的人。根据扎克伯格室友 Arie Hasit 的回忆，他做这个只是因为好玩。Hasit 如此解释："他有几本名为脸书（Face Books）的书，里面包括著学生的名字与照片。起初，他创建一个网站，放上几张照片，两张男生照片和两张女生照片，浏览者可以选择哪一张最"辣"，并且根据投票结果来排行。"

这个竞赛进行了一个周末之久，但是到周一早晨，被校方关闭，因为哈佛的服务器被灌爆，因此不准学生进入这个网站。此外，很多学生也反映，他们的照片在未经授权下被使用。扎克伯格为此公开道歉，并且在校报上公开表示"这是不适当的举动"。

不过，扎克伯格出自好玩的这个网站，后来一直被学生要求要发展出一个包含照片与交往细节的校内网站。根据 Hasit 的回忆，马克听到这个消息后非常高兴，并且决定如果学校不干的话，他要干，他将会建一个比学校更棒的网站。

2004 年 2 月，还在哈佛大学主修计算机和心理学的二年级学生扎克伯格突发奇想，要建立一个网站作为哈佛大学学生交流的平台。只用了大概一个星期的时间，扎克伯格就建立起了这个名为 Facebook 的网站。

意想不到的是，网站刚一开通就大为轰动，几个星期内，哈佛一半以上的大学部学生都登记加入会员，主动提供他们最私密的个人数据，如姓名、住址、兴趣爱好和照片等。学生们利用这个免费平台掌握朋友的最新动态、和朋友聊天、搜寻新朋友。

很快，该网站就扩展到美国主要的大学校园，包括加拿大在内的整个北美地区的年轻人都对这个网站饶有兴趣，如今，在英国、澳大利亚等国的大学校园同样风靡。

根据雅虎公司的估计，到 2015 年 Facebook 在美国的注册用户会达到 5250 万，有 60% 的学生和年轻人都会使用该网站，远远高于 2005 年的 8% 及 2013 年的 18%。雅虎预计，到 2015 年，Facebook 营收有望达 18.6 亿美元，其中大部分来自广告，网站的广告收入可能会达到 10 亿美元之巨。

第 26 章

移动互联网智能化和算法

移动互联网就是将移动通信和互联网两者结合起来,成为一体,是指互联网的技术、平台、商业模式和应用与移动通信技术结合并实践的活动的总称。通常来讲,移动互联网通过智能移动终端,采用移动无线通信方式获取业务和服务的新兴业务,包含终端、软件和应用 3 个层面。终端层包括智能手机、平板电脑、电子书、MID 等;软件包括操作系统、中间件、数据库和软件等;应用层包括休闲娱乐类、工具媒体类、商务财经类等不同应用于服务[1],如图 26-1 所示。

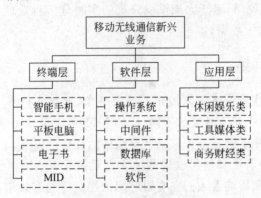

图 26-1　移动互联网

移动互联网的接入方式包括蜂窝移动网络、无线个域网(WPAN)、无线局域网接入(WLAN)、无线城域网(WMAN)和卫星通信网络[2]。蜂窝移动网络即人们经常谈论的2G、3G、4G 等技术。无线个域网包括蓝牙、红外、RFID、超带宽(UWB)等技术。目前的无线局域网主要是以 IEEE 802.11 系列标准为技术依托的局域网络。无线城域网中的WiMAX 是受到关注较多的无线通信技术,它是以 IEEE 802.16 标准为技术依托。卫星通信网络,顾名思义,就是通过卫星,来实现地球上两个通信站点间的通信。目前比较常见的是通过移动互联网和无线局域网来接入移动互联网,如图 26-2 所示。

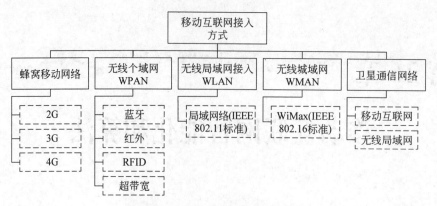

图 26-2 移动互联网的接入方式

26.1 智能移动互联网

移动互联网已经渗透人们生活的方方面面,那么不可忽视的问题就是,如何使移动互联网更智能化,从而更加方便人们的生活。以下列举了智能移动互联网其中的几个关键方面:包括移动社交网络、基于大规模视频流的实时分析与处理、智慧城市、医疗图像分析系统和互联网金融大数据。

26.1.1 移动社交网络

在社交网络中,蕴含着许多深入浅出的社会现象,比如小世界理论,指数分布模型,很多学者致力于比较线上线下社交的不同,比如 MIT 的人类动力学实验室,就是用计算机和数学作为工具,给出了很多基于移动社交网络的社会学成果。

而社交网络本身也有很多值得改进的地方需要被发现。网络结构和用户策略决定着信息传播的效率,从而影响着人们在有限时间内能获得的有效信息。社交关系的纷繁复杂,但尽管如此,用户的人脉依然能够被挖掘和学习。通过学习用户的使用细节,算法可以推荐给他们合适的决策。通过一点一滴的信息流,研究者们可以预测很多未来的数据,对社交网络中的群体进行聚类分析。很多动态的人工智能算法,使整个网络的过去和未来能够被机器掌握。下面列举了移动社交网络中的两个关键问题。

1. 社交网络时间演变过程

在社交网络中,网络拓扑结构的演变是一个经典的社会学现象。大量的线上用户交互信息的分析结果能够发现,发现线上社交网络(Online Social Network)具有明显的时间演变规律,并且精确的建模和预测的各类线上关系状态需要许多方面进行分析。生存模型可以用来描述在线社交网络中相互关系的时间演变过程,该模型中的相应参数可以应用滑动平均、马尔科夫过程等方法来估计。通过比较实际线上数据,社交关系生存模型具有很高的精度。这种对社交网络时间演变过程的分析结果可用于用户数量预测,关系演变预测等领域,使得庞大的社交网络拓扑结构能够用理论模型进行支配分析。对于线上社交网络通信服务,该模型的引入将推动产生新颖的在线服务功能。此外,正确理解网络演变模式能启发人们如何利用线上社交网络高效地进行信息传播。该方向上对于完成更大规模复杂社交网络的分析,以及考虑各种大规模实时事件内容对网络拓扑结构的影响,将是一个必然的方向。

2. 群体识别

群体(community)是社交网络的一个重要特征,社会学中的群体行为研究已经有很长的历史。在线社交网络提取群体并进行分析也是一个热门方向,在面对数量庞大的节点与极端复杂的关系结构时,还要考虑用较低的运算成本提取社交群体,使得该项工作的难度将大大提升。通过群体的识别,还可以对信息在网络中的流动进行分类,讨论不同群体分布下,信息流通的速度与范围。线上社交网络的群体对于信息传播有显著的影响,提取在社交网络中的群体,分辨出有重要影响力的群体,在低成本的泛化广告推送以及信息流控制方面都有重要意义。

移动互联网的兴起使得线上社交网络变得日益火热,随之而来的是呈指数增长的数据。此类数据的分析,需要一套准确、快速的社交网络大数据挖掘方法。这其中主要涵盖了网络、内容、人文等多个方面。"网络"指社交网络建模、动态网络分析与预测、网络信息传播、网络社区检测等。"内容"指大事件检测、热点事件分析、流行趋势预测、推荐等。"人文"指从数据中研究人类行为,包括群体感知、人物个性、社会结构等,将移动互联网大数据的研究上升至人类学高度。

26.1.2　基于大规模视频流的实时分析与处理

移动互联网和 Web 2.0 的普及,使得互联网已经成为了一种生活规律和社会资源。在互联网行业的流量中,绝大部分都被视频图像占有,并且每日新增的视频流量对现有的存储系统有着极大的挑战。大规模视频流的实时分析与处理,包括异常事件的检测,视频服务导向的云系统布局优化,数据实时清理与采样,个性化视频推荐等方向。

在互联网行业的流量中,视频图像的内容占了很大一部分。随着网络流量的指数性增长,网络中的海量数据传输是现今传统互联网及移动互联网所面临的现实问题。大数据背景下的网络容量、覆盖性、连通性需要进行深入研究。在移动互联网环境下,上述提到的各项指标还要考虑节点的移动性,包括移动方式、移动速率、群体移动特点。

26.1.3　智慧城市

智能终端的普及、各类检测网络的广泛布局已经将城市数字化,城市本身每天都有海量的数据参数,包括各类传感器。这类数据对城市的智慧化有着重大意义,通过大数据挖掘技术可以实现对城市的智能规划和管理,对绿色城市和便捷生活有巨大推动作用。交通规划、综合交通决策、跨部门协同管理、个性化的公众信息服务等需求均是智慧城市的一部分。其中智慧交通是智慧城市中很关键的部分。如果整合某个地区道路交

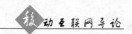

通、公共交通、对外交通的大数据资源,汇聚气象、环境、人口、土地等行业数据,可以用来建设并完善交通大数据库,提供道路交通状况判别及预测,辅助交通决策管理,支撑智慧出行服务,促进交通大数据服务模式的创新。

26.1.4　医疗图像分析系统

传统的医疗图像分析技术致力于将图像的质量提升至真实水准,而对图像的分析则交给人工判别操作,如此的流程不仅加大了人力成本,无形中也带来了错误判别的弊端。而基于大数据医疗图像分析系统的研究,可以通过已有的精准判别信息,将图像与病状结合,实现医疗图像分析自动化。随着医疗图像采集技术的发展,医疗相关图像数据处理是一个重要的大数据挑战。结合机器学习最前沿的算法,将分析系统建立在分布式的计算集群上,通过学习海量图片信息与病理病状信息达到严格的判别标准,我们能够推出智能图像医疗服务,从而造福病人与医生群体。

26.1.5　互联网金融大数据

大数据时代的到来,必将颠覆传统的金融行业。从融资模式看,传统的融资依靠银行和资本市场两个渠道,而现今的融资模式越来越多地通过移动互联网平台进行。从支付模式看,传统的是银行支付,而现今的第三方支付,例如,支付宝钱包、微信钱包已经开始颠覆了传统模式,未来可能还会有诸如 ApplePay 这样的支付方式,为金融领域带来更大的改变。利用大数据的思路分析金融行业在移动互联网背景下的变化的特点,遇到的机遇,面临的风险,将是一个极具前途的方向。在其他方面,如何制定理财产品,如何合理调动现金资源,如何锁定客户需求,都是可以借助海量数据得到非常有用的结果。金融业正在面临着前所未有的挑战,如今得数据者得天下,如何实现分析洞察,将是行业创新和转型的关键。

利用大数据的思路分析金融行业在互联网背景下变化的特点,遇到的机遇和面临的风险。具体来说,"变化特点"指对金融形势进行有效建模、合理分析,"遇到的机遇"指对行业形势的预测与分析,"面临的风险"指如何对威胁进行检测与评估。在其他方面,如何制定理财产品,如何合理调动现金资源,如何锁定客户需求等,都需要合理的数据分析方法。同时,还可以借助正蓬勃发展的社交网络,从数据中抓住舆论导向,制定出合理的金融规划。

26.2　众筹网络

众筹网络作为近几年逐渐兴起的热门话题,是移动互联网中十分重要的部分。移动互联网的快速发展使得网络上的可利用资源迅速增加,同时这些资源分布较为分散。现有的群智网络技术强调分布式感知,即将多个节点不同的感知内容汇聚起来完成一个智能感知任务,本质上来说是一个任务向下分解的过程,但是无法做到将资源合理收集并利用,也就是资源的向上聚合过程。目前国外已出现的 Uber 就是利用了移动互联网用户的空闲私家车资源提供租车的服务,国内的"人人快递"也是利用了互联网这一特性提供自由人快递服务。整合互联网可利用剩余资源,人们就可以建立一个这样的众筹网络。围绕网络中目前存在的资源及信息过剩,分布不集中等矛盾,通过筹集和聚合剩余资源和信息的手段,从而规划处合理的资源调度方案,网络节点激励机制,以及众筹网络安全机制。

26.2.1 众筹网络资源调度方案

网络中的剩余资源过剩以及分布不均,必将导致众筹网络资源调度困难的问题。那么如何将一个大的任务集合分散映射到这些不均匀的服务节点上?首先需要制定出网络剩余资源的快速定位方案,利用机器学习、数据挖掘等手段,对资源进行有效的评估与分析。然后需要将网络作为一个大规模图进行深入剖析,找出网络图的特点,最后根据已有资源特点和网络需求,利用博弈论、最优化等手段,制定出一套合理的众筹网络资源调度方案。

26.2.2 众筹网络的节点激励机制

众筹网络中的节点的个体性要求任务的执行需要每个节点的积极参与,这就涉及了如何发挥网络节点的个体作用。可以根据网络结构特点和不同的应用场景,从网络属性以及节点属性的角度,制定出一套通用的激励机制,使得剩余资源被最大化利用。其中包括了服务评价准则、奖励准则等。涉及网络经济学、机器学习、最优化等多种先进手段。

26.2.3 众筹网络安全机制

众筹网络的任务执行虽有统一调度,但所执行的大任务是需要每个个体所负责的小任务组合而成,个体之间的差异性使得所提供的网络服务差异性较大,甚至产生安全问题。首先要从网络拓扑结构、任务属性、节点特征等角度,进行众筹网络的安全性分析,然后以此为基础,建立针对个体节点的安全评价机制和针对众筹网络整体的安全评估方法,最后,根据以上的分析结果,制定出一套有效的众筹网络安全机制,实现网络的稳定运行。

26.3 移动互联网的计算

26.3.1 大数据分析——强大的工具

在维克托·迈尔-舍恩伯格及肯尼斯·库克耶编写的《大数据时代》中大数据指不用随机分析法(抽样调查)这样的捷径,而采用所有数据的方法[3]。大数据的 4 个特点:大量、高速、多样、精确。

大数据是继云计算、物联网之后 IT 产业又一次颠覆性的技术变革。云计算主要为数据资产提供了保管、访问的场所和渠道，而数据才是真正有价值的资产。企业内部的经营交易信息、物联网世界中的商品物流信息，互联网世界中的人与人交互信息、位置信息等，其数量将远远超越现有企业 IT 架构和基础设施的承载能力，实时性要求也将大大超越现有的计算能力。如何盘活这些数据资产，使其为国家治理、企业决策乃至个人生活服务，是大数据的核心议题，也是云计算必然的升级方向。

有了云计算作为强大数据存储与处理的基础，大数据分析得以扩展到不同的领域。异构车联网当然也在显而易见的应用范围以内。具体到技术层面，目前大数据研究的发展主要基于数据挖掘和机器学习理论。

下面通过几个例子来感受数据挖掘和机器学习的优势和潜力。

(1) 早在 2006 年，社交网络还未普及的时候，麻省理工学院就利用手机定位数据和交通数据建立城市规划[4]。

作者通过对手机终端信息的收集，配上 GPS 定位的辅助，绘制出了一幅意大利米兰城市实时地图，其中显示出了一个 $20km \times 20km$ 范围内的基站分布和手机信号使用强度分布。这个案例当中，数据分析手段比较直接，重点在于数据的收集和地图匹配。但是也已经有很高的时效性和可操作性，对于城市规划和监控带来诸多便利。类似地，若将车联网的每一个单元看作一个信息终端，可以获取某地区准确的交通流量信息。配上更多的行驶、环境参数，肯定可以获得更有价值的信息。

(2) 数据挖掘的方法能帮人们从杂乱的数据中有效地提取出有用信息。对于车联网，只要能有稳定的数据流，就可以提取出道路车辆运行状况或是帮助选择更优良的路径。

这个例子[5]就是通过数据挖掘的方法判断出一个局部车联网中可能的"恶意"车辆，从而保证行车安全。该文章讨论了局部车联网中一个车辆对其相邻车辆的方向、速度和位置信息进行分析，提取出时域中信息的相关性。

作者设计了数据挖掘系统，将每辆车视为一个节点，将其中车辆 A 作为中心节点，对周期性获得的相邻的数据包搭建 Item 树、FP 树和 Cats 树。A 对其他节点的数据包都进行置信度计算，又用到了 $1:N$ 的技巧，在规定时间内未向 A 发送数据包的节点将会很有可能是"恶意"车辆，而在规定时间内向 A 发送数据包的节点正常的可能性很大。

对该系统仿真的结果表明，该系统计算复杂度与节点数目是正比关系，在 40 个节点的条件下可以完成实时监测判断的功能，对周围 39 个节点分别给出置信概率。

(3) 机器学习算法已经在很多领域展示出其强大功能。

在医学诊断领域，有学者已经用机器学习算法来进行癌症诊断[6]。通过对诊断历史病例数据的分析，研究者可以通过机器学习中的 SVM(支持向量机)还有贝叶斯分类器对病情和对应参数分类，最后来预测新来病人的癌症发生率。在一个有 2400 病例和 17 000 数据的模拟测试下，其预测准确率分别达到 69% 和 68%。另外，网页上经常出现的购物推荐，比如亚马逊网上商城的产品推荐，都是基于商品浏览记录对顾客购买兴趣的预测。许多有效的方法[7]都应用在推荐系统上面，使得看似杂乱的购买数据能提供很有用的商品信息。

26.3.2　分布式计算

以上提到的是数据分析的理论方法,而在实际数据处理中,由于人们拥有海量的数据,可能需要一种分布式计算的方式。下面介绍一个近几年刚刚出现的 Spark 系统——Apache Spark。Spark 是一个开源的分布式计算框架,致力于提供可扩展且易使用的运算接口工具,提高海量数据的分析与计算效率。

1. 发展历史

Spark 系统原型最初在 2009 年诞生于加州大学伯克利分校的 AMP 实验室,由 Matei Zaharia 博士带领的团队完成开发[1],然后在 2010 年实现开源并于 2013 捐赠于 Apache 软件基金会,一年后成为基金会旗下的顶级核心项目。到目前为止,共有来自 50 多家世界各地信息科技公司的 400 多名软件开发人员参与到该项目中,活跃度与日俱增,成为大数据时代开源工具的一个标杆。

2. 系统架构

Spark 系统以其强大的运算效率和轻便的使用方式赢得了众多软件开发者和科研人员的拥护,其相关应用正在不断涌现。Spark 系统是一个基于内存计算的分布式集群计算框架,利用了内存的低延迟性和易扩展性,有效地提高分布式计算效率。Spark 的一个核心是弹性分布式数据集(Resilient Distributed Datasets,RDD)的抽象[2]。在所有的运算前,系统都将数据转换成弹性分布式数据集(RDD)的方式置于内存当中,使得数据集易于分布式处理,同时具有良好的容错性。即使在计算过程中部分机器(或计算单元)出现了故障,Spark 也能在很短的时间内重建 RDD,保障运算的流畅。另外,Spark 系统由 Scala 语言开发而成,具有简洁的特点,同时支持 Java 和 Python 的接口,能工作在单一节点或是集群的环境。目前的版本集成了一套完整的资源调度、I/O、任务自动分配的功能组件,并且支持众多主流大型数据库接口,包括 Cassandra、Hadoop Distributed File System、Amazon S3 等。

3. 重要模块

Spark SQL:该模块提供了一个基于数据库的抽象,支持对结构化或者半结构化的数据操作。Spark SQL 支持主流的 SQL 语言,提供了许多接口可访问 ODBC/JDBC 服务器,同时能够在命令行下交互地提交操作,拥有良好的用户体验。

Spark Streaming:该模块利用了内存计算的效率优势来处理大规模的流式数据。其可将流数据模块化,转换成弹性分布式数据集然后完成局部优化处理。这样的工作方式能够方便处理互联网海量的实时数据流,可提供线上数据分析的操作。

MLlib:该模块是 Spark 系统的机器学习综合框架,集成了大规模数据集的基本结构和重要算法实现。MLlib 利用内存计算的效率提高机器学习的运算速度,基本测试在同样的规模下将近 10 倍快于 Hadoop 的 Mahout 框架。

GraphX:该模块是 Spark 系统的大规模图计算框架,提供特殊的接口以帮助实现复杂图的特征提取等功能。

26.4　两个实例

26.4.1　朋友关系预测[8]

社交网络中，人与人之间可能在某天成为朋友，例如，微博中的"互相关注"，而有时，两个原本的朋友可能会中断往来，由一方或者是双方取消对方的关注。这种朋友关系的变化在"在线社交网络（Online Social Network）"很常见，有很多种因素可以使两个人成为朋友，也可以使两个人的朋友关系中断，与此同时，中断的朋友关系也可能在很长一段时间重新建立起来。这些因素时常是隐性的，即人们很难去问两个人你们因为什么成为了朋友，或断绝了往来，但我们的工作是从我们能够获得的信息中，来进行两个人朋友关系的预测，例如，微博中的信息往来。朋友关系的变化如图 26-3 所示。

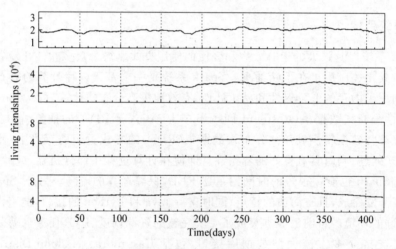

图 26-3　朋友关系的变化

在第一步，利用移动平均（Moving Average）的方法进行数据处理，需要找到一个合适的光滑长度（Smoothing Length），然后利用该学习（Kernel Learning）的方法对这些预处理的数据进行学习，最终可以得出朋友关系的变化趋势。基本流程如图 26-4 所示。

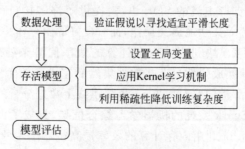

图 26-4　基本流程

26.4.2 车载互联网路由优化

车载互联网是一个正在蓬勃发展的方向,而车与车之间的通信,车与互联网的通信,必然存在一个路由选择或这路由优化的问题,机器学习对于这样的问题,完全可以胜任。

在文章[9]中,作者应用了模糊控制的 Q 学习算法,建立了一个灵活、实用的远程协同路由机制。该机制的原理大致是利用了机器学习中的模糊函数,根据带宽、信道质量以及车节点运动速度,来评价一个链路的可靠性。在结束评价之后,该算法能够给出一个可靠性最高的数据链路来完成车与车的通信。特殊情况下,当某节点的定位数据不可知时,通过其相邻节点的数据分析可以达到判断该节点运动趋势的效果。此机制可以不受其他协议层的干扰,独立地完成实时数据通信任务。

文章[9]中给出了详细的实验结果。第一个实验中,作者利用 10 辆汽车搭建了一个局域车联网,并在单方向、双相反方向以及田字方向等不同行驶场景下进行了测试。在收集了车速从 10km/h 到 60km/h 以及联网节点数从 5 到 10 的数据传输成功率、点对点延迟率还有平均路径距离后,其模糊函数 Q 学习算法路由机制的性能最优,相比其他传统的 3 种路由机制。为了验证其在更大范围网络条件下的机制效率,作者又提供了一个网络仿真,模拟了曼哈顿市中心 2500m×2500m 范围内车联网的信息传输情况,车速从 10km/h 到 60km/h,节点数从 100 到 300,得出的结果是:使用新的机制下,信息传输正确率可达 90% 以上,平均延迟在 1s 以内,平均链路距离在 8hop 左右。可见 Q 学习算法对车辆网路由的优化有显著的效果。

参 考 文 献

[1]   Wikipedia. Mobile Web [EB/OL]. https://en. wikipedia. org/wiki/Mobile_Web.

[2]   罗军舟,吴义甲,杨明. 移动互联网[J]. 计算机学报,2011(11):30-51.

[3]   维克托·迈尔. 大数据时代[M]. 浙江:浙江人民出版社,2013.

[4]   Ratti C, Pulselli R M, Williams S, et al. Mobile Landscapes: using location data from cell phones for urban analysis [J]. Environment and Planning B: Planning and Design, 2006(5):727-748.

[5]   J Rezgui, S Cherkaoui. Detecting Faulty and Malicious Vehicles Using Rule-based Communications Data Mining [C]. 5th IEEE Workshop on User Mobility and Vehicular Networks, 2011:827-834.

[6]   Joseph A Cruz, David S Wishart. Applications of Machine Learning in Cancer prediction and Prognosis [J]. Cancer Inform, 2006(2):59-77.

[7]   Gediminas Adomavicius, Young Kwon. New Recommendation Techniques for Multicriteria Rating Systems [J]. IEEE Intelligent Systems. 2007(3):48-55.

[8]   Liang S, Luo R, Chen G, et al. Are We still Friends: Kernel Multivariate Survival Analysis [C]. IEEE Globecom, 2014:405-410.

[9]   Samah El-Tantawy, Baher Abdulhai. Multi-Agent Reinforcement Learning for Integrated Network of Adaptive Traffic Signal Controllers [C]. International IEEE Conference on Intelligent Transportation Systems. 2012:319-326.

第 27 章

chapter 27

互联网的未来及影响

27.1 互联网带来的行业变革

在工业革命 4.0 时代,各个行业都面临着移动互联网带来的冲击和变革。

互联网影响传统行业特点有三。

(1) 打破信息不对称性格局,竭尽所能透明化。

(2) 整合利用产生的大数据,使资源利用最大化。

(3) 群蜂意志拥有自我调节机制。

17 个传统行业分别是零售业、批发业、制造业、广告业、新闻业、通信业、物流行业、酒店业与旅游行业、餐饮行业、金融业、保险业、医疗业、教育行业、电视节目行业、电影行业、出版业、垄断行业。

互联网最有价值之处不在于自己生产很多新东西,而是对已有行业的潜力再次挖掘,用互联网的思维去重新提升传统行业。

把人类群体思维模式称为群蜂意志,你可以想象一个人类群体大脑记忆库的建立:最初时各个神经记忆节点的搜索路径是尚未建立的,当人们需要反复使用时就慢慢形成强的连接。在互联网诞生之前这些连接记忆节点的路径是微弱的,强连接是极少的,但是互联网出现之后这些路径瞬间全部亮起,所有记忆节点都可以在瞬间连接。这样就给了人类做整体未来决策有了超越以往的前所未有的体系支撑,基于这样的记忆模式,人类将重新改写各个行业,以及人类的未来。

以下是对各行业的盘点。

1. 零售业

传统零售业对于消费者来说最大的弊端在于信息的不对称性。在《无价》一书中,心理实验表明外行人员对于某个行业的产品定价是心里根本没有底的,只需要抛出锚定价格,消费者就会被乖乖地牵着鼻子走。

而 C2C、B2C 却完全打破这样的格局,将世界变平坦,将一件商品的真正定价变得透明。大大降低了消费者的信息获取成本。让每一个人都知道这件商品的真正价格区间,使得区域性价格垄断不再成为可能,消费者不再蒙在鼓里。不仅如此,电子商务还制造了大量用户评论 UGC。这些 UGC 真正意义上制造了互联网的信任机制。而这种良性循环,是传统零售业不可能拥有的优势。

预测未来的零售业:

(1) 会变成线下与线上的结合,价格同步。

(2) 同质化的强调功能性的产品将越来越没有竞争力,而那些拥有一流用户体验的产品会脱颖而出。

(3) 配合互联网大数据,将进行个性化整合推送(如亚马逊首页的推荐算法)。

2. 批发业

传统批发业有极大的地域限制,一个想在北京开家小礼品店的店主需要大老远跑到浙江去进货,不仅要面对长途跋涉并且还需要面对信任问题。所以对于进货者来说,每次批发实际上都是一次风险。

当阿里的 B2B 出现之后,这种风险被降到最低。一方面,小店主不需要长途跋涉去亲自检查货品,只需要让对方邮递样品即可。另一方面,阿里建立的信任问责制度,使得信任的建立不需要数次的见面才能对此人有很可靠的把握。

预测未来的批发业:

(1) 在互联网的影响下,未来的 B2B 应当是彻底的全球化,信任问题会随时间很好地建立。

(2) 在互联网繁荣到一定程度后,中间代理批发商的角色会逐渐消失,更多直接是B2C 的取代。

3. 制造业

传统的制造业都是封闭式生产,由生产商决定生产何种商品。生产者与消费者的角色是割裂的。但是在未来,互联网会瓦解这种状态,未来将会由顾客全程参与到生产环节当中,由用户共同决策来制造他们想要的产品。也就是说,未来时代消费者与生产者的界限会模糊起来,而同时传统的经济理论面临崩溃。这也是注定要诞生的 C2B 全新模式。

小米手机就是一款典型的用互联网思维做出的产品。就像凯文凯利在《技术元素》中描述的维基百科,底层有无限的力量,只要加入一些自顶向下的游戏规则,两者结合后就会爆发出惊人的力量。于是也就彻底超越大英百科全书。当前的制造业和大英百科全书有点像,在耗费着各种人力、物力去做一件极其困难的事情,完全没有用到互联网的力量。

预测未来的制造业:

(1) 传统的制造业将难以为继,大规模投放广告到大规模生产时代宣告终结。

(2) 会进入新部落时代,个性化,定制化,人人都是设计师,人人都是生产者,人人都在决策所在的部落的未来。这就是互联网的游戏规则。

4. 广告业

传统广告行业理论已然崩溃,当前已由大规模投放广告时代转变为精准投放时代。

谷歌的 AdWords 购买关键词竞价方式,可算是互联网广告业领头羊。传统广告是撒大网捕鱼,那么谷歌的 AdWords 就是一个个精准击破。

AdWords 的精准之处不仅仅在于关键词投放,投放者还可以选择投放时间、投放地点、模糊关键词投放、完全匹配关键词投放等精准选择。

不仅在搜索处如此精准,在网站联盟投放也讲究精准。只要各位在百度、谷歌、淘宝搜索过相应商品关键词后进入有这些网站联盟的网站,该网站广告处都会出现你所搜索过的产品现相关广告。精准之程度,对比传统广告业可谓空前。这种做法的本质其实就是一种大数据思维。

预测未来的广告业:

(1) 未来的广告业将重新定义,进入精准投放模式。

(2) 未来广告业将依托互联网大数据进行再建立。在未来,在你酒后驾车被罚后,也许你老婆的手机里面会出现是否需要为你购买保险的短信广告。

5. 新闻业

传统新闻业被寡头垄断,在这样一种垄断之下,实际上是在垄断真相。自媒体,以及小微媒体可以说是随着互联网发展进程的必然产物。互联网进化最大的特点就是,透明!透明!再透明!福柯说过话语的本质就是权力意志,如果说新闻业是话语霸权的主导者,那么自媒体就是对话语霸权的解构,使得话语权力回归到每一个有话语权的言说者身上。

传统新闻业的报道都是冷酷客观的,而自媒体则更加主观更加人性化,是以"人"的身份去做这样一份事业。也就是说未来的自媒体,不仅仅是某个行业新闻发布的品牌,还是一个有血有肉的个人人格。

从传统新闻行业到自媒体,可以看作是从话语权威机构对人的信息传播变为一个有人格魅力的人对人的信息传播。另外,自媒体从业人员要想赢利,前提必定是需要依靠强大的个人人格魅力,吸引到真正为你疯狂的粉丝。引用《技术元素》的话:"目光聚集的地方,金钱必将追随"。

预测未来的新闻业:

(1) 传统新闻媒体的话语权衰弱,话语权将被分散到各个自媒体的山头。新闻业会反过来向自媒体约稿。

(2) 自媒体模式必将寻找到可行的赢利点,届时未来会有更多的新闻业中的人会出走办自媒体。

6. 通信业

可以说通信行业被 OTT 是注定的命运。传统的通信业,开路收费模式,如寄信、通话等都是为你开路然后收钱。而互联网的出现却完全无视这些规则,互联网要求人与人更紧密的连接,每一秒都可以以最低成本随时联系得到,于是 3G 的普及也同时意味着特洛伊木马的彻底接入。

预测未来的通信业:

（1）世界可能不再需要手机号码而是 Wi-Fi，对电话和短信的依赖越来越降低，直到有一天电话的技术被彻底封存起来，就像当年的电报一样。同时手机号码，电话号码等词会出现在历史课本里。并非耸人听闻。

（2）未来你的手机不再需要 2G、3G、4G、5G……，而是 Wi-Fi，那时的 Wi-Fi 技术也将升级普及，Wi-Fi 技术会进行无缝对接，无处不在。当无线技术突破后有线宽带也将迎来终结。

而那时也是人类进入全面的物联网时代。不再是人与人的通信，更多的是人与物、物与人、物与物的通信。

7．物流行业

电子商务撬动物流行业。可以说物流行业沾了电子商务的光才如此红火。曾经的邮政平邮有谁还记得呢？虽然当前的物流业非常繁荣是互联网的产物，但是这个行业却依然一片乱象，参差不齐。

从互联网的要求来看思考物流业面对的压力。

（1）电子商务要求服务更完善的物流。

（2）电子商务的不断繁荣决定物流将面临更大的承载能力。

（3）由互联网建立的问责机制会使物流业优胜劣汰。

预测物流行业：

（1）最后会产生几足鼎立的局面，小鱼要么被大鱼收购吃掉要么自身自灭，而活下来的大鱼一定会建立起非常完备的整套流程。

（2）活下来的物流企业对用户的服务也将随竞争优化，无论是对寄件人还是收件人，这些活下来的物流公司都会为其建立起完美的超越以前服务。无须阿里的参与都会建成，只是时间尚未到来。随着时间的沉淀，这些问题自然会不成问题，只不过我们还需要耐心。是互联网要求物流行业的崛起，同时互联网也在要求更高质量的繁荣。

8．酒店业与旅游行业

传统的酒店业与旅游行业由于信息的不透明性，经常会发生各种宰客现象，由于很多集团的利益纠葛，使得个人消费者的维权步履维艰。而当互联网出现后，这些被隐藏在黑暗角落处的东西会被彻底挖掘出来晒在阳光下。"海南一万元午饭"事件就是一次很好的互联网曝光案例。

预测未来的酒店业与旅游行业：

（1）互联网为两者建立起强大的问责制，未来一定有个大一统平台对这两个行业进行细致的评判考核。消费者受害的可能性会大大降低。与此同时，这两个行业也将得到超越来自政府的更强有力的监督，不敢擅自作恶。

（2）从消费者的角度再转移到这两个业本身来说，这两个行业的未来一定会利用起互联网大数据，对消费者的喜好进行判定。酒店可以为消费者定制相应的独特的个性房间，甚至可以在墙纸上放上消费者的微博的旅游心情等。旅游业可以根据大数据为消费者提供其可能会喜好的本地特色产品、活动、小而美的小众景点等，旅游业还可根据其旅

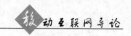

行的时间地点以及旅行时的行为数据推送消费者可能会喜欢的旅游项目。

预测未来这两个行业不仅会自律还会做得更好，利用互联网沉淀出的大数据，想象力无穷。

9. 餐饮行业

美国很多州政府在与餐饮点评网 ylep 展开合作，监督餐饮行业的卫生情况，效果非常好。人们不再像以前那样从窗口去看餐馆里的情况，而是从手机 APP 里评论！

在中国的本地化 O2O 点评，比如大众点评、番茄快点、以及淘宝最新做的淘宝点点等，消费者可以对任何商家进行评判，同时商家也可以通过这些评判来提升自己的服务能力。

预测未来的餐饮行业：将会由互联网彻底带动起来，会有越来越多的人加入点评中，餐馆也会愈加优胜劣汰。社会化媒体会将一件事彻底放大，一个真正好的餐馆会在互联网上聚集成一个小部落。而一个没有特色的餐馆，连被评论的资格都没有。那么一个坑人的餐馆，无论有多少水军说好，只需要有几个评论就可以将它彻底毁灭。这就是互联网的规则要求，透明一切，可以将你捧上天堂也可以将你打入地狱。在环节上进行更大的效率优化。完善一整套产业服务格局，其中一个标志性的最大的特点就是用户就餐零等待。

10. 金融业

绝大多数人都不明白当时阿里为何要花如此高的代价从雅虎这只老虎口中夺回支付宝，直到最近闹得沸沸扬扬的支付宝的余额宝事件，我们才恍然大悟，马云这个局布得真是大！阿里要以互联网的搅局者姿态杀入金融业。用互联网的思维，让金融回归本质服务！众所周知中国是一个权力市场经济，基于权力寻租的原因，权力会扼杀一切撼动其利益格局的苗头。

但是权力寻租又如何？银行把钱投到房地产，而真正制造就业的中小企业却拿不到钱，实在荒唐！如果金融最深刻的本质不是让资本得到合理的利用使得社会整体价值最大化，只是逐利般本末倒置，那么这样的金融就是社会动乱的罪恶源头。资本实际上从未摆脱伦理，这也是为什么有慈善的原因，资本从更宏观的人类群体意义来看是人类为未来发展的储备，是用来为人类群体用来发展自身的产物，而不是为某些集团，个人用来享乐的。

事实上，如果没有这一伦理支撑，人就不会建立社会以及国家这些命运共同体。

马云那时候就说"如果银行不改变，那么我们就改变银行！"其实早在 2010 年阿里就已经建立了"淘宝小贷"的试水，这次不过是将历史再往前推了一把。金融业本身面临的是历史潮流问题，已经不再是固有权力可以抵挡的事。有人认为互联网金融的出现可能会重蹈"苏联式悲剧"，认为人缺乏监管就不可能自律。这些都很对，但是他们忽略了，他们的致命弱点在于忽略了互联网的本质！

过去的这些情况的出现无非是信息的隐蔽性，而有互联网的世界已经和以前完全不一样了，这就如同造纸术的发明将信息再次流通打破宗教话语权威，终将引发革命一样。

互联网会将所有隐蔽的信息都呈现起来,如有错误还会进行自我纠正,不是什么旧的历史能够完全解释的东西,这是作者的视野盲区。

有人认为互联网会将人格极端起来并,本质上是无政府主义。这又是对互联网的误会了。而互联网呈现的确是将所有信息汇聚起来,它本身拥有自我修复机制,能够将各种极端进行解构与瓦解,这是人类的群蜂意志,我们会有错误,但是错误过会必将会修复。不要以历史宿命论的视野看问题,而是以技术改变世界的视野来回答。历史真正的声音不是要你去顺应过去,而是要你去顺应它的未来。

预测未来的金融:

(1) 会全面互联网化。

以大数据为依托,互联网会要求双方都有极高的透明信息,在最短时间内建立信任。

(2) 投资方与被投资方的信任问题将会直接由互联网的游戏规则进行建立。同时风险的评估也会更加透明客观且准确。

(3) 每一个被投资方的全部信息都会完全公开,从微博到家庭住址到人生经历等。未来每个人连住址都将不再是隐私,他无法伪造任何虚假信息,也无法遁逃。这就是我要回答对于认为人需要政府监管才能进行融资的理由,未来不是政府监管你,而是这个世界共同在监管。

11. 保险业

保险业是金融业的一种,这里我打算重点单独拿出来谈。传统保险行业最大的不透明性在于代理层级关系的错综复杂,以及上游的伪装信息。一款产品需要通过诸多过分包装的手段来面向投保人。对于投保人来说会低估真正的风险性。而对于保险公司来说,受制于区域限制,保险产品无法面向更多的受众,保险公司只能以代理模式为手段来推广产品。中国的保险行业是奇特的,这里面掺杂了诸多的人情世故因素,与其说是用户在与保险产品打交道,还不如说是在与人打交道。是的,保险业回归的时间到了。我们需要更简单更直接的面对面接触。

预测未来的保险业:

(1) 将会逐渐摆脱人际关系,以更直接的方式面对投保人,全部风险利弊不再隐藏,而是由互联网的群蜂智慧来将其透明进行更公正的解读。大幅度降低个人判断的精力与误判的可能性。

(2) 基于大数据,未来人类的所有行为都会上传到云端,那么保险行业的想象力一定会更加爆发出来。现在更像是一潭死水。未来的投保一定更细分更人性,依托广告业的变革,投保的广告也会更精准。

12. 医疗业

对传统医疗行业就不吐槽了,北京取消淘宝挂号时,快刀青衣作为一个父亲就声泪俱下地写过一篇《奶爸亲历:为什么我要毫无底线地支持淘宝挂号!》。

这同样是一个权力寻租的问题,同样我相信未来这些问题会被彻底瓦解。预测未来的医疗行业将全面与互联网接轨。从患者角度来说:

（1）各个医院以及医师的口碑评价会在互联网上一目了然，当人们看完病就可以马上对该医生进行评价，并让所有人知道。

（2）用户的生病大数据会跟随电子病历永久保存直至寿终。

（3）未来物联网世界会将你的一切信息全部联网。你几时吃过什么饭，几时做过什么事，当天的卡路里消耗统统上传到云端。医生根据你的作息饮食规律即可更加精准地判断。

（4）更多时候患者可以选择无须医院就医，基于大数据的可靠性，可以直接远程解决，药物随后物流送达。从医疗行业角度来说：①病人描述病情的时间会缩短，沟通成本降低过后医院效率也会大幅上升；②医院的不透明性会被迫开放，各种药品价格不再是行业机密；③当区域性的技术资源问题解决之后，医院也将进入自由市场，变成以服务用户为中心的优胜劣汰。

13. 教育行业

当前世界的教育行业可以说是一种精英主义教育，这种精英主义的教育并非是为了个性化发展人，而是为了培养出大学教授而设计。这是全世界教育的通病。价值取向极其枯燥并且单一化。

这种金字塔模式的存在的原因就在于知识的封闭性、权威性，而如今互联网时代，这些知识的获取将不再是问题。我们面临的问题是，一个人，如何不在教育中被异化，教育的本质不应当是知识的灌输，而应当是独立思考人格的建立。我想谈的不是说互联网会如何来做一些符合当前教育行业价值观的事情。更多地在未来，互联网会改变全人类的价值取向问题。

将单一片面的价值观打下神坛，让各种价值重新回归社会，对人的才能进行各种认可。这其实也就是马克思真正所预言的"社会主义"。

预测未来的教育行业：

（1）互联网会改变教育行业的价值取向，将单一的以成绩为主导的教育转变为对人个性的全面认可与挖掘，从单一走向多元，再从竞争走向合作。整个原有的金字塔型教育结构全部废弃，转变为"狼牙棒"形态。

（2）开挖大数据，建立人格发展的大数据心理模型，对人进行个性化的发展以及长远规划。

14. 电视节目行业

在美国，电视节目行业没有收到巨大冲击的原因在于其节目的原创质量以及美国人的习惯性依赖。但是在中国就没这么幸运，中国绝大多数的电视节目，虽然少有成功的节目，但这并不能阻挡互联网来融合这一趋势。传统电视节目时代，人更像是被迫选择，而互联网使得人的自由选择有了可能。将选择权来了一个大翻转。

预测电视节目行业未来：

（1）互联网会让电视节目行业更加优胜劣汰，互联网并非是要取代电视节目，而是要对电视节目行业进行优胜劣汰。

（2）各种有创意的网络节目会横空出世，挤压这块市场（目前搜狐自制剧就是对这块市场挤压的例子）。

（3）电视节目行业也可能会有本地化的 OTT 情况出现。你会看到本地的一个人在录一个本地化的方言节目，无所谓好坏，这是互联网长尾必然会诞生的产物，只要时机一到便会涌现。

15．电影行业

《致青春》的成功说明了一个由互联网狂欢主导的全新电影时代的正式来临。任何电影的营销策划都已经无法离开互联网，一部电影的成败已经彻底与互联网捆绑。

谈谈互联网的要求：

（1）互联网要求电影行业也像电视节目行业那样，让更加优胜劣汰。豆瓣电影和时光网都是非常不错的产品，专门针对电影进行评论，使得消费者的选择时间得以控制。这其实也是一个很好的类似维基百科的案例。

（2）互联网同时要求打破一切话语霸权的格局，不拘一格，将一切有新意的电影推向市场。

（3）电影行业必将迎来小众化个性需求，百花齐放。

预测未来的电影行业：

（1）将出现各种井喷状态，各种外行不断介入来搅局。原有的几大霸主地位降低，一个霸主地位会被成百上千的小霸主来取代。

（2）长尾小众化需求，部落化生存可能实现。未来的电影制作成本将大幅降低，一千粉丝足以使电影成功。还是像《技术元素》里说的，"目光聚集的地方，金钱必将追随"。

16．出版业

传统的出版行业在外行看来据说是暴利，不过他们自己说却是微利，因为成本相当高，有个出版人曾经透露说他们最后只能赚 10％的钱。这些事情，我也只是道听途说不知道真相。但是未来电子书的发行成本几乎是跟他们开了一个巨大玩笑。

传统的出版行业悲催了，因为未来除了营销策划基本没他们什么事了。但是，只要转型也许还能踏上时代的末班车。

预测未来的出版业：

（1）纸质书只会有部分还会继续存在：①经典著作；②个性化定制。

（2）出版商将由互联网公司介入搅局，纸质书基本消失。

（3）传统出版商若介入互联网出版行业，将会更多地以营销策划者的姿态出现。

（4）正版书籍将会受到应有的尊重，盗版逐渐消失。

（5）由于出版成本为几乎为 0，所以价格会普遍走低。

（6）长尾部落化生存，广告出版电子书不足以养活作者，那么一定会有全新的赢利模式出现。还是像《技术元素》里说的，"目光聚集的地方，金钱必将追随"。

17. 垄断行业

我想从社会文化层面去谈这一行业。

亨廷顿在《文明的冲突》一书中表示中国人的忍受能力来自于儒家文化的影响。熊培云在《重新发现社会》一书中表示如果中国正统文化以墨家为首可能又是一番景象,对此我依然表示很纳闷。基于对人性的理解,我认为中国人无论使用何种文化作为正统都会被统治者篡改利用,朱元璋可以删掉孟子的君轻民贵思想,士大夫们可以拿着郭象注释的《庄子》来为自己的奴性找到合理的借口。

根本原因都是基于在那些信息交流不发达的时代,任何信息都可以被当权者屏蔽过滤,将经过删选的片面的信息发出去,从而导致听众永远只能知道那些被过滤后的信息。而互联网的出现则彻底颠覆这样一种状态,使得任何信息都无法被过滤屏蔽,无论你是哪个国家的人,无论你是哪个名族,无论你信哪个宗教,只要你想知道信息,信息就会毫无阻挡地出现在你面前。互联网改写垄断行业的各类事件我们都有目共睹,就不举例了。

并且这种博弈会越来越多,信息会被越来越透明起来,权力与权力的制衡每天都在互联网上无声并且激烈地进行。互联网要求,透明! 透明! 再透明!

预测未来垄断行业:

(1) 基于来自互联网的压力,总部门不断分散瓦解为各个分部门,部分权力回归市场。

(2) 被迫透明各种所谓机密,黑暗无处遁形。只要被拖出冰山一角,最终互联网的意志会将整座冰山全部拖出水面。

凯文凯利的《失控》用蜂群作为封面来表达了某种禅意。而我在其中感受到了某种启示,所谓"失控"并非在描述一堆无意义的布朗运动,而是说这些无规则的布朗运动全部都具有未来的历史意义。总有蜜蜂会偏离常规路径去寻找新的蜜源,虽然有大量失败,但只要有成功便会跳舞召唤同伴,带给整个族群得以生存的一个全新的蜜源方向,当一个蜜源采集完时,所有蜜蜂就开始转向这些新的蜜源。人类社会同样如此。

互联网就是一个新的蜜源地,这个蜜源会将人类蜂群带向一个全新的地方。这些蜜源改变了整个人类蜂群意志的蜜源结构,同样也将改变未来人类蜂群意志的基因结构。我们要乐观,尽管《乌合之众》一书中把人类描述成一群集体无意识的蠢货,互联网可能会放大这种愚蠢,一只乱跳舞的蜜蜂可能会给整个蜂群带来灾难的后果。但我们要相信的是,在互联网的驱动下,这种愚蠢一定会被群体智慧所修复。最后再用形而上的态度来谈下我的感受。这个世界没有永远的绝对不变的东西,万物诞生于无,无中生万物,而这从无到有的生意味着永恒的流变。

这种流变是有目的的还是无目的的,既无法证明也无法被证伪,我以为我在看它,实际上是它在看它自己。不是说互联网改变了什么行业,真正改变的是人类在改变自己看自己的方式。有阅历及深刻悟性的人,看自己的行业如同庄子所说的庖丁解牛一般,也像陈苓峰对话里说的"由艺入道",不用眼睛、口、舌、耳、鼻等去看感知表面,而是用精神一点点地去连接背后的运作机理。悟性尚不够的人,没有完全入道的人,他只能看到他行业变化的表面现象,并不知何故。

27.2　互联网金融：数字化时代的金融变革

27.2.1　互联网金融与金融互联网

先给大家区分两个概念：互联网金融和金融互联网。有人可能会问,互联网金融和金融互联网不是一件事吗？它们还真不是一个概念,互联网金融是指借助于互联网技术、移动通信技术实现资金融通、支付和信息中介等业务的新兴金融模式,既不同于商业银行间接融资,也不同于资本市场直接融资的融资模式。金融互联网则更多地指传统金融业,如银行、证券公司、保险业利用互联网实行业务电子化,终端移动化,通过互联网技术使传统行业电子化,在保证基本业务不变的情况下,提高业务的效率。所以总结下来,互联网金融是互联网公司开展新型金融模式,金融互联网是金融行业的互联网化。两者的主体、开展业务、模式都是不同的。当然,互联网金融和金融互联网都是互联网技术高速发展的产物。广义上也统一合称为互联网金融。

互联网金融是数据产生、数据挖掘、数据安全和搜索引擎技术,是互联网金融的有力支撑。社交网络、电子商务、第三方支付、搜索引擎等形成了庞大的数据量。云计算和行为分析理论使大数据挖掘成为可能。数据安全技术使隐私保护和交易支付顺利进行,而搜索引擎使个体更加容易获取信息。这些技术的发展极大地减小了金融交易的成本和风险,扩大了金融服务的边界。其中,技术实现所需的数据几乎成为互联网金融的代名词。

互联网金融与传统金融的区别不仅仅在于金融业务所采用的媒介不同,更重要的在于金融参与者深谙互联网“开放、平等、协作、分享”的精髓,通过互联网、移动互联网等工具,使得传统金融业务具备透明度更强、参与度更高、协作性更好、中间成本更低、操作上更便捷等一系列特征。

通过互联网技术手段,最终可以让金融机构离开资金融通过程中的曾经的主导型地位,因为互联网的分享、公开、透明等的理念让资金在各个主体之间的游走,会非常直接、自由,而且低违约率,金融中介的作用会不断地弱化,从而使得金融机构日益沦落为从属的服务性中介的地位。不再是金融资源调配的核心主导定位。也就是说,互联网金融模式是一种努力尝试摆脱金融中介的行为。

互联网金融包括 3 种基本的企业组织形式：网络小贷公司、第三方支付公司以及金融中介公司。当前商业银行普遍推广的电子银行、网上银行、手机银行等也属于此类范畴。互联网“开放、平等、协作、分享”的精神往传统金融业态渗透,对人类金融模式产生根本影响,具备互联网精神的金融业态统称为互联网金融。互联网金融与传统金融的区别不仅仅在于金融业务所采用的媒介不同,更重要的在于金融参与者深谙互联网“开放、平等、协作、分享”的精髓,通过互联网、移动互联网等工具,使得传统金融业务具备透明度更强、参与度更高、协作性更好、中间成本更低、操作上更便捷等一系列特征。

随着国内软件技术和证券分析技术的不断提升,证券行情交易系统更加趋向于实用化、功能化，在动态行情分析、实时新闻资讯、智能选股、委托交易等方面进行了较为深入的研究，使得证券行情交易系统可在基本面分析、技术面分析、个性选股、自动选股、自动委托交易、新闻资讯汇集等多方面满足终端用户的投资需求分析。

在软件开发技术领域，本行业的主要技术特点表现在：在接入服务器领域，通过改进通信模型和处理算法最大限度地提高网上交易的处理速度、并发能力和用户体验。在数据存储服务领域，通过软件集群技术，将大批量的数据分别存储于不同地区的数据中心，在个别节点存在故障的情况下，可继续为系统提供高速数据存储服务。在客户端领域，利用网络浏览引擎技术，通过解析脚本来生成客户端界面，并应用到客户端框架中的每个部分，实现与客户端框架的无缝结合，实现行情、交易和服务类数据的无障碍调用，降低网络冗余数据，提高网络访问速度。在安全领域，利用底层驱动技术、加密套件、动态更新、多线程防护等技术有效隔绝盗号木马的各种攻击。

在金融数据分析领域，则是通过对市场信息数据的统计，按照一定的分析工具来给出数(报表)、形(指标图形)、文(资讯链接)。分析工具包括：利用回归分析、时间序列分析等计量经济学分析工具和方法设计的经济指标模型(如 GDP、PPI、CPI 等)，企业价值成长模型，企业财务预测模型及企业估值模型等。

以互联网为代表的现代信息科技，特别是移动支付、云计算、社交网络和搜索引擎等，将对人类金融模式产生根本影响。20 年后，可能形成一个既不同于商业银行间接融资、也不同于资本市场直接融资的第三种金融运行机制，可称为"互联网直接融资市场"或"互联网金融模式"。

在互联网金融模式下，因为有搜索引擎、大数据、社交网络和云计算，市场信息不对称程度非常低，交易双方在资金期限匹配、风险分担的成本非常低，银行、券商和交易所等中介都不起作用；贷款、股票、债券等的发行和交易以及券款支付直接在网上进行，这个市场充分有效，接近一般均衡定理描述的无金融中介状态。

在这种金融模式下，支付便捷，搜索引擎和社交网络降低信息处理成本，资金供需双方直接交易，可达到与现在资本市场直接融资和银行间接融资一样的资源配置效率，并在促进经济增长的同时，大幅减少交易成本。

27.2.2　互联网金融的新模式

1. 互联网支付

互联网支付是指通过计算机、手机等设备，依托互联网发起支付指令、转移资金的服务，其实质是新兴支付机构作为中介，利用互联网技术在付款人和收款人之间提供的资金划转服务。典型的互联网支付机构是支付宝。

互联网支付主要分为三类：一是客户通过支付机构连接到银行网银，或者在计算机、手机外接的刷卡器上刷卡，划转银行账户资金。资金仍存储在客户自身的银行账户中，第三方支付机构不直接参与资金划转。二是客户在支付机构开立支付账户，将银行账户内的资金划转至支付账户，再向支付机构发出支付指令。支付账户是支付机构为客户开立的内部账务簿记，客户资金实际上存储在支付机构的银行账户中。三是"快捷支付"模式,支付机构为客户开立支付账户,客户、支付机构与开户银行三方签订协议,将银行账户与支付账户进行绑定,客户登录支付账户后可直接管理银行账户内的资金。该模式中资金存储在客户的银行账户中,但是资金操作指令通过支付机构发出。

目前,互联网支付发展迅速,截至 2013 年 8 月,在获得许可的 250 家第三方支付机构中,提供互联网支付服务的有 97 家。2013 年,支付机构共处理互联网支付业务 153.38 亿笔,金额总计达到 9.22 万亿元。互联网支付业务的应用范围也从网上购物、缴费等传统领域,逐步渗透到基金理财、航空旅游、教育、保险、社区服务、医疗卫生等。

2. P2P 网络借贷

P2P 网络借贷指的是个体和个体之间通过互联网平台实现的直接借贷。P2P 网络借贷平台为借贷双方提供信息流通交互、撮合、资信评估、投资咨询、法律手续办理等中介服务,有些平台还提供资金移转和结算、债务催收等服务。典型的 P2P 网贷平台机构是宜信和人人贷。

传统的 P2P 网贷模式中,借贷双方直接签订借贷合同,平台只提供中介服务,不承诺放贷人的资金保障,不实质参与借贷关系。当前,又衍生出"类担保"模式,当借款人逾期未还款时,P2P 网贷平台或其合作机构垫付全部或部分本金和利息。垫付资金的来源包括 P2P 平台的收入、担保公司收取的担保费,或是从借款金额扣留一部分资金形成的"风险储备金"。

此外,还有"类证券"、"类资产管理"等其他模式。我国的 P2P 网贷从 2006 年起步,截至 2013 年末,全国范围内活跃的 P2P 网贷平台已超过 350 家,累计交易额超过 600 亿元。从规模和经营状况看,平台公司的门槛较低,注册资本多为数百万元,从业人员总数多为几十人,单笔借款金额多为几万元,年化利率一般不超过 24%。

3. 非 P2P 的网络小额贷款

非 P2P 的网络小额贷款(以下简称"网络小贷")是指互联网企业通过其控制的小额贷款公司,向旗下电子商务平台客户提供的小额信用贷款。典型代表如阿里金融旗下的小额贷款公司。

网络小贷凭借电商平台和网络支付平台积累的交易和现金流数据,评估借款人资信状况,在线审核,提供方便快捷的短期小额贷款。例如,阿里巴巴所属的网络小贷向淘宝卖家提供小额贷款,旨在解决淘宝卖家的短期资金周转问题。

截至 2013 年末,阿里金融旗下三家小额贷款公司累计发放贷款 1500 亿元,累计客户数超过 65 万家,贷款余额超过 125 亿元。

4. 众筹融资

众筹融资(Crowd Funding)是指通过网络平台为项目发起人筹集从事某项创业或活动的小额资金,并由项目发起人向投资人提供一定回报的融资模式。典型代表如"天使汇"和"点名时间"。众筹融资平台扮演了投资人和项目发起人之间的中介角色,使创业者从认可其创业或活动计划的资金供给者中直接筹集资金。

　　按照回报方式不同,众筹融资可分为以下两类:一是以投资对象的股权或未来利润作为回报,如"天使汇";二是以投资对象的产品或服务作为回报,如"点名时间"。

　　众筹融资在我国起步时间较晚,目前约有 21 家众筹融资平台。其中"天使汇"自创立以来累计有 8000 个创业项目入驻,通过审核挂牌的企业超过 1000 家,创业者会员超过 20 000 人,认证投资人达 840 人,融资总额超过 2.5 亿元。

5. 金融机构创新型互联网平台

　　金融机构创新型互联网平台可分为以下两类:一是传统金融机构为客户搭建的电子商务和金融服务综合平台,客户可以在平台上进行销售、转账、融资等活动。平台不赚取商品、服务的销售差价,而是通过提供支付结算、企业和个人融资、担保、信用卡分期等金融服务来获取利润。目前这类平台有建设银行"善融商务"、交通银行"交博汇"、招商银行"非常 e 购"以及华夏银行"电商快线"等。

　　二是不设立实体分支机构,完全通过互联网开展业务的专业网络金融机构。如众安在线财产保险公司仅从事互联网相关业务,通过自建网站和第三方电商平台销售保险产品。

6. 基于互联网的基金销售

　　按照网络销售平台的不同,基于互联网的基金销售可以分为两类:一是基于自有网络平台的基金销售,实质是传统基金销售渠道的互联网化,即基金公司等基金销售机构通过互联网平台为投资人提供基金销售服务。

　　二是基于非自有网络平台的基金销售,实质是基金销售机构借助其他互联网机构平台开展的基金销售行为,包括在第三方电子商务平台开设"网店"销售基金、基于第三方支付平台的基金销售等多种模式。其中,基金公司基于第三方支付平台的基金销售本质是基金公司通过第三方支付平台的直销行为,使客户可以方便地通过网络支付平台购买和赎回基金。

　　以支付宝"余额宝"和腾讯"理财通"为例,截至 2014 年 1 月 15 日,"余额宝"规模突破 2500 亿元,用户数超过 4900 万;"理财通"2014 年 1 月 22 日登录微信平台,不到 10 天规模已突破 100 亿元。

27.2.3　互联网金融的未来

　　近年来,以第三方支付、网络信贷机构、人人贷平台为代表的互联网金融模式越发引起人们的高度关注,互联网金融以其独特的经营模式和价值创造方式,对商业银行传统业务形成直接冲击甚至具有替代作用。

　　目前在全球范围内,互联网金融已经出现了 3 个重要的发展趋势。

　　第一个趋势是移动支付替代传统支付业务。

　　随着移动通信设备的渗透率超过正规金融机构的网点或自助设备,以及移动通信、互联网和金融的结合,全球移动支付交易总金额 2011 年为 1059 亿美元,预计未来 5 年将以年均 42% 的速度增长,2016 年将达到 6169 亿美元。在肯尼亚,手机支付系统 M-Pesa

的汇款业务已超过其国内所有金融机构的总和,而且延伸到存贷款等基本金融服务,而且不是由商业银行运营。

第二个趋势是人人贷替代传统存贷款业务。

其发展背景是正规金融机构一直未能有效解决中小企业融资难问题,而现代信息技术大幅降低了信息不对称和交易成本,使人人贷在商业上成为可行。比如 2007 年成立的美国 LendingClub 公司,截到 2012 年年中已经促成会员间贷款 6.9 亿美元,利息收入约 0.6 亿美元。

第三个趋势是众筹融资替代传统证券业务。

所谓众筹,就是集中大家的资金、能力和渠道,为小企业或个人进行某项活动等提供必要的资金援助,是最近 2 年国外最热的创业方向之一。以 Kickstarter 为例,虽然它不是最早以众筹概念出现的网站,但却是最先做成的一家,曾被时代周刊评为最佳发明和最佳网站,进而成为"众筹"模式的代名词。2012 年 4 月,美国通过 JOBS (Jumpstart Our Business Startups Act) 法案,允许小企业通过众筹融资获得股权资本,这使得众筹融资替代部分传统证券业务成为可能。

27.3　互联网对传统教育的挑战

互联网思维对传统教育有怎样的影响? 在线教育是否有最好的发展模式? 教育专家、学者,有的是企业家对很多问题的看法迥异。有人冷静等待在线教育的发展,有人认为在线教育面对不同人群会有不同效果,有人正在努力尝试各种在线教育模式,也有人对在线教育的未来充满信心。颠覆、互联网思维、线上加线下、师资等成为专家与普通民众关心的热点词汇。

27.3.1　互联网对传统教育的影响

远程教育是最早介入网络的领域之一,"网络教育"也是网络技术拓展应用的一大空间。从 CAI 技术到 CD-ROM 技术、超文本技术、超媒体技术直到网络技术的发展,引发了教育手段、教育方法、教育资源到教育思想、教育体制的变革,促使传统教育方式的诸多方面发生了变化。从人(教师、学生、管理者等)到物(教材、工具书、参考资料、教学设备等);从硬件(教室、图书馆等)到软件(教育思想、教学方法、教学管理等)都受到一定程度的挑战,这些都是现代远程教育所要研究、回答和解决的问题。

现代远程教育特指基于因特网(地网)和卫星网(天网)而进行的远距离教育,是远程教育的一个新兴模式或者前沿分支。现在我们需要探索因特网这一新手段与学校教育结合的问题,关注这一新技术引发的教育革命动向,研究它将给现代远程教育带来什么前景。多媒体有利于创造教学的真实环境,发挥得好可以在教学方面采用声、图、文、动画、录像多种手段,有效地培养学生的各种基本能力。多媒体技术、超文本技术、超媒体技术、虚拟现实技术如何完美地结合,才能有利于提高学校教学的效率,还需要进行许多研究和探索,但是总的趋势是会大大有利于学校教学,强化学校教学的效果,提供更加人性化的界面,提供全程化的教学内容,提供终身化的教学手段。现在一个远程教学网站,不只是提供教学内容,还把丰富的课外读物、课外小组、课外活动等提供给不同水平的学生,诸如图书、报纸、杂志、广播、电影、电视、录像等。在这方面,随着因特网技术的进步和利用因特网水平的提高,因特网对现代远程教育的发展将起到更加积极的作用。

27.3.2　因特网对教育观念转变的意义

因特网的出现,对于现代教育的意义不仅仅是提供了先进的教育教学手段和技能,也不仅仅是一个教育教学手段和技能的转换问题,而是对教育教学观念的转变提出了更大挑战。或者说,现代教育教学手段和技能必须要有与之相适应的现代教育观念,才能最大限度地发挥因特网的作用。

(1)终生教育及融合教育的观念。现代教育的不断发展,使人们受教育的时间延长到校门之外,延伸至成年,乃至老年;远程教育的出现使得不分年龄、职业、社会地位的教育成为普遍现象。所谓融合教育,指的是有着诸多区别的受教育者可以同时接受的教育。目前,就教学形式而言,现代远程教育已作为学校教育的补充,面向在校人员和非在校人员。它可以说是为教育的大众化和学习的终身化提供了前所未有的机会和条件,并将这方面的观念和意识深深地植入决策者和大众的观念中。

(2)创新教育的观念。从某种意义上讲,创新观念是网络教育能否成功的基础,因为网络世界纵横交错着无数的连接和关系,总的方面与现代社会求新、求变、多样化和快节奏的特征相吻合,激励人们的思想更延伸、视野更广阔、思维更敏捷。网络创新教育的对象首先是教育者本身,而非受教育者,它要求教育体制和机构认真迎接网络环境的挑战,要求教师的地位从细节的陈述者变成积极学习的支持者,要求教育的领导者和从事者不仅应该研究教育的科学规律,还应该研究科学技术和社会经济的发展,要求教育的内容、方法和层次不仅应该适应当前的社会要求,而且应该顺应未来社会的发展。

(3)重塑文化能力的观念。这一观念直接涉及文化水平、读写能力的界定。在以印刷为基础的社会,文化水平通常指的是人们阅读和写作的能力,而读写能力往往又是根据识字的多少来界定的,后者也是判断文盲与否的标准。在网络社会,个人的文化能力应是多方面的:在一个层次上,他必须能阅读和写作;在另一个层次上,他要有一定的技术能力,能使用计算机和其他远程交流的工具,这也可以说是网络社会的读书与写作;在更多的层次上,他是一个生活在现实社会和网络社会中的文化人,应该同时具备适应两者和创造两者的能力。

(4)学校虚拟化的观念。网络作为普遍现象,意味着生产的传统要素——资金、场地、库存和熟练劳动力等不再是经济力量的主要决定因素,经济的潜力将越来越多地同控制和操纵信息的能力联系在一起。学校硬件设施的界定将超出规模、存量、占地等指标,而增加了创造性、流动性和速度等新的要求。学校的功能、校区建设等方面的观念也将变更。

(5)社会教育化的观念。在网络社会,教育不再是学校的专利,而日益成为社会的共同事业——个人和家庭将教育作为最佳的投资领域;企业把教育看作提高员工素质和企业竞争力的基础;国家和社会视教育为综合国力和社会文明的主要象征。

27.3.3　互联网时代现代教育的几个特点

线上价值将远远超过线下。今天通过互联网技术、现代信息技术，人获取知识的结构已经发生了革命性的变化，这就是现实。互联网很可能会颠覆传统教育，因为人获取知识的渠道更多了。我们研究未来型教育，就应该研究未来的世界结构是什么样的，新一代的孩子在未来应该具备什么知识和能力，这是教育的价值所在。据作者了解，两年前美国一些州的学校一半时间都在利用网络教学。现在是量的变化，经过一段时间的培育，可能会有质的变化。

互联网对传统行业的冲击主要体现在平台化和专业化，对教育行业来讲也一定是专业分工越来越细，平台越来越大。未来教育培训行业一定会有大平台出现，它们只聚拢人气，而不提供具体的内容服务，垄断性也会非常强。关于互联网对于未来教育的冲击，有几个关键词不得不提。

1. 关键词 1 互联网思维

互联网思维其实是一种商业模式，它的核心一是产品为主，注重用户体验；二是用户免费；三是开放的平台；四是利用大数据分析，精准地显示可能成为用户的对象。其实互联网思维和互联网教育是两个概念。互联网企业也可能有传统思维，传统企业可能也有互联网思维。互联网思维有很多种，比如极致思维、粉丝经济等。这些思维其实是从20世纪80年代，从美国开始一脉相承，一路演变过来的。对于培训行业来讲，我们要关注这个行业的痛点在哪里？首先是老师，老师与办学者之间的关系还没理顺，如何借用互联网思维解决这一问题是人们需要考虑的。二是教学效果没有完全透明。三是房租，全国大概有20万学习中心，基本浪费一半产能，我们得考虑如何通过互联网把闲置产能利用起来。

2. 关键词 2 免费

新东方创始人俞敏洪说："培训教育有四大任务：有学习结果、效率问题、便捷性问题、趣味性问题。围绕着4个新问题，不论是互联网教育还是传统教育，必须要至少解决两三个问题，才有存在的价值。"从互联网思维角度来说，可能免费的模式在中国更可行一些，这就是中国知识产权保护的一个现状。所以，我个人认为在中国要想做在线教育，收费会比较困难。我认为免费本身不是互联网教育问题的核心，比如说没有家长会因为你的教育是免费的，我就来了。因为家长也要考虑时间成本，学得不好我的孩子不可能重新再学一遍。免费当然是好的，如果免费以后能把效率提高，又能把结果增加，也有趣味性，也有便捷性当然再好不过了。但是，我不认为这是家长或者学生思考的最重要的核心。

3. 关键词 3 师资

在讨论互联网尤其是移动互联网给教育带来的影响时，很多人关心的是如何利用新技术更好地传授知识、提高学习效率和学习效果，但我更关注的是如何利用移动互联网的新技术更好地培训老师,提高老师的教学质量、教学水平。例如,开发针对教师的手机移动端产品,及时分享更有效、更受学生喜欢的教学方法,这一方法虽然看着很草根,但却非常有效。

4. 关键词 4 线上＋线下

O2O(线上＋线下)是时下非常火的概念,也带来了很多新的商业模式和创业项目。目前已有的线上教育模式,虽然在便捷性、开放性等方面拥有优势,但还是只能解决教书层面的问题。学生的人际交往、团队合作能力,乃至学生的德育培养问题,都还必须依赖线下教育环境才能得到解决。移动教育包含网络教育,这个模式可以迅速改变教育的现状,解决区域教育资源不均衡的问题。但只用网络不行,应该使用卫星。可以互动,可以面对面解答,能解决在线教育的弊端。

大家知道互联网的未来是移动互联网,移动互联网最良性的产品是游戏。我的朋友曾跟我说,互联网纯烧钱,如果能开发教育类的游戏可能还有利润空间。我并不抵触孩子玩游戏,把游戏思维与教育精神结合起来也许是个不错的想法。

27.3.4 因特网进入现代教育需注意的问题

尼尔·波思特曼(Neil. Postman)在他的《技术》一书中警告说,每一门技术对社会都会有影响,不管这技术是好还是坏。波思特曼要我们理解技术从来就不是中立的。当现代教育利用因特网技术获得各种利益的同时,也要注意它的负面影响。

(1) 在教学中大量应用因特网时,不能不关注一些重要的道德问题。首先,作为教师,必须教学生经常筛选网上获得的信息,弄清是谁发的? 其来源于哪里? 这些材料有无明显的错误吗? 其次,必须考虑的道德问题是因特网上有一些不适合学生的材料,像黄色网页等。再次,因特网迷恋症又是一个问题。有学者对 2000 名大学生做了一项调查,结果显示许多大学生患有严重的“因特网迷恋症”。他们长期沉醉于网络世界,有的已经懒得和身边的人沟通,有的经常因担心发出的电子邮件是否已送达而睡不着觉,有的日常的不快事通过网络来发泄,有的人一上网就废寝忘食,超过一小时不上网就手指发痒,把桌面当键盘敲⋯⋯在人们的日常生活中,由于迷恋因特网而造成学习成绩下降的人、有心理问题的人等只增不减。对此,学校要通过明确的道德准则和学生行为守则来规范这类问题。

(2) 因特网仅仅是一种工具。因特网允许网民同世界上的任何个体分享信息、思想、消息,这种分享对教育的许多方面都会产生影响。因特网对现代教育产生的潜在影响我们必须有一个基本的认识:因特网仅仅是一种工具,一种教师用来提供给学生打开世界窗口的工具——因特网不会教学生,仍是教师教学生;因特网虽然能增加学生获得教育资源和信息,但若没有教师对学生的指导并教学生对信息进行筛选,这些新资源的作用是有限的;因特网的正确应用会有益于学生的教育,如果应用不当,会使学生身受其害;因特网将永远不会代替教学方法,没有什么可以代替合作学习、小组讨论、好的研究、教师和学生的思想交流和书面课程。因特网对教学的意义在于促进教师和学生提高的教与学的质量。尼古拉丝·耐格波特(Necholas Negroponte)在他的《走向数字化》一书中说：随着时间的推移，将会有更多的人利用因特网学习知识和技能，因为它将变成一个人学习的辅助网。

（3）因特网能否进课程？如果增加了网络课，我们就改变了学校计划和教师在课堂中的责任。如果把因特网作为课程的一部分，教师教什么和如何教就会改变。更进一步说，如果学校选择了增加因特网课，学校本身就会改变。没有办法列出一所学校选择上网可能面临的所有变化。然而对教师来说，明智的选择是：首先，作为教师，他对学生的期望不能过高。教师必须告诉学生如何处理信息，也必须教会学生如何查找新信息。其次，必须意识到我们不是在教育孩子进入我们的世界，而是在教育他们进入一个未来的世界——他们的未来。我们的课程如果不能适应解释学生的未来的需要，那我们就将做了一件非常不道德的事情。最后，变化最大的方面可能是我们不知道将来会发生什么变化，因特网在将来 10 年或 20 年会是什么样子？对学校和课程有更大的影响吗？勒温司·皮尔曼（Lewis Perelman）在他的《学校的出路》一书中，构想了一个未来需要学习的社会。一个相似于又先进于现在因特网的社会。不管未来是什么样，作为教师总是承担着为学生提供最好教育服务的重担。如果不能教学生如何运用可获得的资源，那么波思特曼的话将是正确的——运用技术代替人，我们可能发现自己被技术所利用。

27.4　互联网所引起的信息安全问题

随着移动互联、云计算等技术的飞速发展，无论何时何地，手机等各种网络入口以及无处不在的传感器等，都会对个人数据进行采集、存储、使用、分享，而这一切大都是在人们并不知晓的情况下发生。你的一举一动、地理位置、甚至一天去过哪些地方，都会被记录下来，成为海量无序数据中的一个数列，和其他数据进行整合分析。

大数据散发出不可估量的商业价值。但让人感到不安的是，信息采集手段越来越高超、便捷和隐蔽，对公民个人信息的保护，无论在技术手段还是法律支撑都依然捉襟见肘。人们面临的不仅是无休止的骚扰，更可能是各种犯罪行为的威胁。

美国的一位父亲，女儿只有 16 岁，却收到了孕妇用品商场的促销券。愤怒的父亲找到商场讨公道，没想到女儿真的怀孕了。因为这家商场建立了一个数据模型，选了 25 种典型商品的消费数据，构建了怀孕预测指数，能够在很小的误差范围内，预测到顾客的孕情，从而及早抢占市场。

近日央视曝光称，只要在苹果手机上使用软件，用户使用软件的时间、地点就会被记录下来。无论对于谷歌还是苹果，他们的用户数据库都足够大，只要他们想分析，就很容易得出相应的结果，对于他们而言，我们就是透明的。企业法人同样掌握着公民的信息，Apple、电信、移动、各大银行、阿里巴巴、支付宝……由于这些企业的自身影响力，他们势必会获得更多的移动数据，如果企业对待数据态度不同，那么就会产生不同的后果。

在上海众人科技创始人、信息安全身份认证领域的资深专家谈剑峰看来，大数据给现代社会带来了五大安全威胁。

（1）对于国民经济的威胁。他认为，堪称智能交通、智慧电网的国民经济运行和智能社会发展高度依赖信息基础，这些重要的信息基础设施、网络化智能化的程度越高，安全也就越脆弱。

（2）社会安全问题。中国网民已经接近 6 亿，每时每刻都产生着大量的数据，也消费着大量的数据，网络的放大效应、传播的速度和动员的能力越来越大，各种社会的矛盾叠加，致使社会群体性事件频发。

（3）个人隐私。人们可以利用的信息技术工具无处不在，有关个人的各种信息也同样无处不在。在网络空间里，身份越来越虚拟，隐私也越来越重要。根据哈佛大学近期发布的一项研究报告，只要有一个人的年龄、性别和邮编，就能从公开的数据当中搜索到这个人约 87％的个人信息。

（4）国家安全利益。网络空间信息安全、问题严重性、迫切性在很大程度上已经远远超过其他的传统安全，当今主权国家所面临的所有非传统安全威胁总是面临着沧海一粟的困境，政府要找的那根针往往沉没在浩瀚的大海中。

（5）秘密保护。美国国家安全局以及网络巨头的关系正是计算能力和海量数据的结合，因此全球大部分的数据都掌握在他们手中，他们大量的数据在网上是没有保护的。

这就是大数据的威力。大数据之大，不仅仅是数据容量的"大"，更是数据抓取、整合和分析的"大"。在当下，公民个人信息泄露，以及由此衍生的各种电信诈骗、网络诈骗、信用卡诈骗和滋扰型"软暴力"等新兴犯罪呈爆发式增长。对于饱受其苦的百姓来说，大数据时代的到来，很可能将这一切进一步"放大"。

大数据时代，谁来保护公民的个人隐私？既是每个人都应当思考的问题，也是政府部门不可推卸的责任。当然，作为数据的提供者更应该合理保护自己的数据，注重隐私的保护，加上很好的监管与保护机制。相信即便是在大数据时代，也可以尽可能地减少信息安全问题发生。

参 考 文 献

［1］　承哲. 互联网将如何颠覆这 17 个传统行业［EB/OL］. http://www.tmtpost.com/47058.html.
［2］　谢平，邹传伟. 互联网金融模式研究［J］. 金融研究，2012(12)：11-22.
［3］　王逸之. 互联网金融讲座先睹为快：中国互联网金融的六大业态［EB/OL］. http://ipo.qianzhan.com/detail/141013-1fb3ca66.html.
［4］　百度百科. 互联网金融［EB/OL］. http://baike.baidu.com/subview/5299900/12032418.htm.
［5］　刘尧. 简评因特网对现代教育的影响［J］. 开放教育研究，2003(03)：32-34.
［6］　阮俊华. 互联网思维与育人机制创新［J］. 中国青年研究，2015(03)：27-29.
［7］　Postman, N. Technopoly［M］. New York：Vintage Books, 1993.
［8］　Negroponte, N. Being Digital［M］. New York：Vintage Books, 1995.
［9］　Perelman, LJ. School's out［M］. New York：Avon Books, 1992.

人物介绍——阿里巴巴公司创始人马云

马云,阿里巴巴集团、淘宝网、支付宝创始人,中国 IT 企业的代表性人物。但他并不是从一开始就一帆风顺的,从挫折中引导马云航向的,正是他惊人的勇气、长远的目光和出色的互联网思维。

早年的马云经历三次高考考入杭州师范学院攻读专科,之后先后做老师、翻译等工作。他的第一个互联网公司成立于 1995 年 4 月,马云和妻子再加上一个朋友,凑了两万块钱,专门给企业做主页的杭州海博网络公司就这样开张了,网站取名"中国黄页",其后不到三年时间,利用该网站赚到了 500 万元。随后,马云和他的团队在北京开发了外经贸部官方网站、网上中国商品交易市场、网上中国技术出口交易会、中国招商、网上广交会和中国外经贸等一系列国家级网站。

1999 年,意识到互联网产业界应重视和优先发展企业与企业间电子商务(B2B),马云开创了阿里巴巴。阿里巴巴两次共获得国际风险资金 2500 万美元投入,培育国内电子商务市场,为中国企业尤其是中小企业迎接"入世"挑战构建一个完善的电子商务平台。随后,为了完善整个体系,马云先后创办了淘宝、支付宝、天猫、阿里云等电子商务品牌。在淘宝迅速崛起后,eBay 希望能够收购淘宝,但马云希望能够保持对淘宝的控制权。马云得到了雅虎联合创始人杨致远的支持,雅虎向阿里巴巴注资 10 亿美元。保持自主,也是淘宝生存的一大法宝之一。

2013 年,马云卸任 CEO,组建物流网络平台并担任菜鸟网络科技有限公司的董事长。2014 年 9 月 19 日,阿里巴巴在纽交所正式上市,其市值已经达到 2590 亿美元,超过了亚马逊和 eBay 的总和,在标准普尔 500 指数中仅落后于 8 家公司。这一切的一切都离不开马云惊人的勇气、长远的目光和出色的互联网思维。

当然,马云的成功哲学中,除了勇气、目光和思维,做人是很重要一点。马云说过经典的一句话:小企业家成功靠精明,中企业家成功靠管理,大企业家成功靠做人。正所谓:一流的成功人士只做人不做事,二流的成功人士先做人再做事。马云同时也是一个懂得以低姿态处世的人。当一个人愿把自己放低,愿把别人抬高时,对方就会有一种优越感和安全感,为自己创造出成功所需要的必要条件。马云不止一次对外界说:"客户第一,员工第二。"在他看来,一个公司起决定作用的是员工,若是没有他们,就没有阿里巴巴网站。正因为这种处事方法,才为他赢得了众多忠

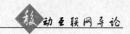

于他的员工的心。

对于我们来说，学会做人，学会做事，都是我们应该向马云学习的。

参 考 文 献

http://baike.baidu.com/subview/16360/5414449.htm.

下　篇
实　　验

第 28 章

实验 1　NS 基础

1. 实验目的

熟悉 NS 仿真软件的基本概念和操作;学会如何在 NS 中创建网络元素和搭建小型仿真网络,并记录相应的实验数据。

2. 实验内容

1) 编写第一个 Tcl 文件

首先,创建一个仿真对象。使用以下语句:

```
set ns [new Simulator]
```

然后,打开一个文件来记录 nam trace 数据:

```
setnf [open out.nam w]
$ns namtrace-all $nf
```

接着,加入 finish 过程来关闭 trace 文件并开启 nam:

```
proc _nish {}{
global ns nf
$ns flush-trace
close $nf
execnamout.nam&
exit 0
}
```

下面的语句告诉仿真对象 5s 之后执行 finish 过程:

```
$ns at 5.0 "finish"
```

运行仿真:

```
$ns run
```

2) 编写一个描述 2 节点链路的脚本文件

首先,用以下语句定义两个节点:

```
set n0 [$ns node]
set n1 [$ns node]
```

然后,连接这两个节点:

```
$ns duplex-link $n0 $n1 1Mb 10ms DropTail
```

创建一个 agent 对象来从 n0 发送数据:

```
set udp0 [new Agent/UDP]
$ns attach-agent $n0 $udp0
```

创建另一个 agent 对象来在 n1 上接收数据:

```
set cbr0 [new Applicaiton/Traffic/CBR]
$cbr0 set packetSize 500
$cbr0 set inteval 0.005
$cbr0 attach-agent $udp0
```

接着,创建一个 Null agent 作为数据的汇聚节点,并关联到 n1:

```
set null0 [new Agent/Null]
$ns attach-agent $n1 $null0
```

把两个 agent 连接起来:

```
$ns conncet $udp0 $null0
```

保存文件并运行。

3) 编写一个描述多节点网络的脚本文件

任务1:创建如图28-1所示的网络。其中,n0 和 n1 是两个 CBR 数据流的 UDP agent,n3 是汇聚节点。第一个 agent 在 0.5s 后开始传输,4.5s 后结束。第二个 agent 在 1.0s 后开始传输,4.0s 后结束。要求监测每条链路的数据流。

任务2:在任务1的基础上,创建如图28-2所示的网络。要求监测每条链路的数据流。

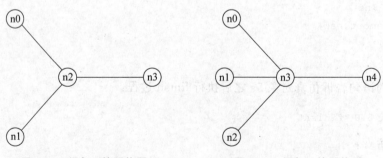

图 28-1　任务 1 的网络图　　　　图 28-2　任务 2 的网络图

任务 2 的参考代码如下:

```
#Create a simulator object
```

```
set ns [new Simulator]

#Define colors
$ns color 1 Blue
$ns color 2 Red
$ns color 3 Green

#Open the output files for recording
set f0 [open out0.tr w]
set f1 [open out1.tr w]
set f2 [open out2.tr w]

#Open a file for the nam trace data
setnf [open out.nam w]
$ns namtrace-all $nf

#Define the 'finish' procedure
procfinish {}{
global f0 f1 f2 ns nf
#Close the output files
close $f0
close $f1
close $f2
close $nf
execnamout.nam&
#Call xgraph to display the results
execxgraph out0.tr out1.tr out2.tr -geometry 800x600 &
exit 0
}

#Define the 'record' procedure
proc record {}{
global sink0 sink1 sink2 f0 f1 f2
#Get an instance of the simulator
set ns [Simulator instance]
#Set the time after which the procedure should be called again
set time 0.5
#How many bytes have been received by the traffic sinks?
set bw0 [$sink0 set bytes ]
set bw1 [$sink1 set bytes ]
set bw2 [$sink2 set bytes ]
#Get the current time
set now [$ns now]
#Calculate the bandwidth(in MBit/s)and write it to the files
```

```
puts $f0 "$now [expr $bw0/$time_8/1000000]"
puts $f1 "$now [expr $bw1/$time_8/1000000]"
puts $f2 "$now [expr $bw2/$time_8/1000000]"
#Reset the bytes values on the traffic sinks
$sink0 set bytes 0
$sink1 set bytes 0
$sink2 set bytes 0
#Re-schedule the procedure
$ns at [expr $now+$time] "record"
}

#Define the attach-expoo-traffic procedure
proc attach-expoo-traffic f node sink size burst idle rate color }{
#Get an instance of the simulator
set ns [Simulator instance]
#Create a UDP agent and attach it to the node
set source [new Agent/UDP]
$ns attach-agent $node $source
$source set _d $color
#Create an Expoo traffic agent and set its configuration parameters
settra_c [new Application/Tra_c/Exponential]
$traffic set packetSize $size
$traffic set burst time $burst
$traffic set idle time $idle
$traffic set rate $rate
#Attach traffic source to the traffic generator
$traffic attach-agent $source
#Connect the source and the sink
$ns connect $source $sink
return $traffic
}

#Nodes definition
set n0 [$ns node]
set n1 [$ns node]
set n2 [$ns node]
set n3 [$ns node]
set n4 [$ns node]

#Nodes connection
$ns duplex-link $n0 $n3 1Mb 100ms DropTail
$ns duplex-link $n1 $n3 1Mb 100ms DropTail
$ns duplex-link $n2 $n3 1Mb 100ms DropTail
$ns duplex-link $n3 $n4 1Mb 100ms DropTail
```

```
#Nodes position for nam
$ns duplex-link-op $n0 $n3 orient right-down
$ns duplex-link-op $n2 $n3 orient right-up
$ns duplex-link-op $n1 $n3 orient right
$ns duplex-link-op $n3 $n4 orient right
set sink0 [new Agent/LossMonitor]
set sink1 [new Agent/LossMonitor]
set sink2 [new Agent/LossMonitor]
$ns attach-agent $n4 $sink0
$ns attach-agent $n4 $sink1
$ns attach-agent $n4 $sink2
set source0 [attach-expoo-traffic $n0 $sink0 200 2s 1s 100k 1]
set source1 [attach-expoo-traffic $n1 $sink1 200 2s 1s 200k 2]
set source2 [attach-expoo-traffic $n2 $sink2 200 2s 1s 300k 3]
$ns at 0.0 "record"
$ns at 10.0 "$source0 start"
$ns at 10.0 "$source1 start"
$ns at 10.0 "$source2 start"
$ns at 50.0 "$source0 stop"
$ns at 50.0 "$source1 stop"
$ns at 50.0 "$source2 stop"
$ns at 60.0 " finish"
$ns run
```

第 29 章

实验 2　NS 仿真：Ad hoc
网络中的 TCP 性能

1. 实验目的

熟悉如何用 NS 软件对无线网络进行仿真，并通过仿真结果分析不同路由协议（DSDV、AODV、DSR）下的 Ad hoc 网络性能。

2. 实验内容

1) DSDV 协议分析

首先，创建一个 3 节点网络的 TCP 连接，网络范围为 500×400，如图 29-1 所示。

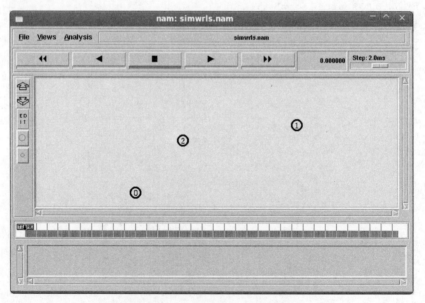

图 29-1　3 个节点的 TCP 连接图

节点 0～节点 2 的初始位置为(5,5)、(490,285)、(150,240)。在时刻 10,节点 0 开始向(250,250)移动,速度为 3m/s。在时刻 15,节点 1 开始向(45,285)移动,速度为 5m/s。在时刻 110,节点 0 开始向(480,300)移动,速度为 5m/s。仿真持续 150s。在网络中建立

DSDV 路由协议及 IEEE 802.11 MAC 协议。

仿真参考代码如下：

```
#specify basic parameters for the simulations
setval(chan)Channel/WirelessChannel          ;#channel type
setval(prop)Propagation/TwoRayGround         ;#radiopropagation model
setval(netif)Phy/WirelessPhy                 ;#networks interface type
setval(mac)Mac/802 11                        ;#MAC type
setval(ifq)Queue/DropTail/PriQueue           ;#interface queue type
setval(ll)LL                                 ;#link layer type
setval(ant)Antenna/OmniAntenna               ;#antenna model
setval(ifqlen)50                             ;#mac packet in ifq
setval(nn)3                                  ;#number of mobilenodes
setval(rp)DSDV                               ;#routing protocol
setval(x)500                                 ;#X dimension of topography
setval(y)400                                 ;#Y dimension of topography
setval(stop)150                              ;#time of simulation end
set ns [new Simulator]

#open a standard trace _le for analyzing
settracefd [open simple.tr w]
setnamtrace [open simwrls.nam w]
set windowVsTime2 [open win.tr w]
$ns trace-all $tracefd
$ns namtrace-all-wireless $namtrace $val(x)$val(y)

#Set a topograhy object for ensuring the nodes move inside the boundary
settopo [new Topography]
$topo load atgrid $val(x)$val(y)

#Create a god object.
create-god $val(nn)

#nodes configuring
$ns node-config-adhocRouting $val(rp)\
-llType $val(ll)\
-macType $val(mac)\
-ifqType $val(ifq)\
-ifqLen $val(ifqlen)\
-antType $val(ant)\
-propType $val(prop)\
-phyType $val(netif)\
-channelType $val(chan)\
-topoInstance $topo\
```

```
-agentTrace ON \
-routerTrace ON \
-macTrace OFF \
-movementTrace ON

for{set i 0} {$i<$val(nn)} {incri} {
set node($i) [$ns node]
}

#Provide the initial locations of the nodes
$node(0)set X 5.0
$node(0)set Y 5.0
$node(0)set Z 0.0
$node(1)set X 490.0
$node(1)set Y 285.0
$node(1)set Z 0.0
$node(2)set X 150.0
$node(2)set Y 240.0
$node(2)set Z 0.0
#nodes' movement
$ns at 10.0 "$node(0)setdest 250.0 250.0 3.0"
$ns at 15.0 "$node(1)setdest 45.0 285.0 5.0"
$ns at 110.0 "$node(0)setdest 480.0 300.0 5.0"
#create the TCP connection and ftp application between node 0 and node 1
settcp [new Agent/TCP/Newreno]
$tcp set class 2
set sink [new Agent/TCPSink]
$ns attach-agent $node(0)$tcp
$ns attach-agent $node(1)$sink
$ns connect $tcp $sink
set ftp [new Application/FTP]
$ftp attach-agent $tcp
$ns at 1.0 "$ftp start"

#print window size
procplotWindow{tcpSourcefile} {
global ns
set time 0.1
set now [$ns now]
setcwnd [$tcpSource set cwnd ]
puts $_le "$now $cwnd"
$ns at [expr $now+$time] "plotWindow $tcpSource $file"}
$ns at 10.1 "plotWindow $tcp $windowVsTime2"
```

```
#initial node position for nam using
for{set i 0}{$i<$val(nn)}{incri}{
#30 de_nes the node size for nam
$ns initial node pos $node($i)30
}

#end simulation condition
for{set i 0}{$i<$val(nn)}{incri}{
$ns at $val(stop)"$node($i)reset";
}

#tell the simulator to call the procedures
$ns at $val(stop)"$ns nam-end-wireless $val(stop)"
$ns at $val(stop)" finish "
$ns at 150.1 "puts"end simulation" ; $ns halt"
procfinish {}{
global ns tracefdnamtrace
$ns ush-trace
close $tracefd
close $namtrace
}
#run the simulation
$ns run
```

2) AODV、TORA 及 DSR 协议

将上面的程序略做修改，即可以仿真 AODV、TORA 及 DSR 协议下的网络性能。相应的修改语句如下：

```
setval(rp)AODV                                ;#routing protocol
```

或者

```
setval (ifq) CMUPriQueue                      ; # Queue special design
for DSR
setval(rp)DSR                                 #routing protocol
```

3. 思考题

(1) 使用 AODV 协议时，TCP 发送了多少个数据包？

(2) 画出 DSDV、DSR、TORA 协议 windows size 的变化图，并比较性能。

(3) 实验中分析的几个路由协议，哪一个传输的数据包最多？ 如何计算一个节点发送、接收的数据包数？

(4) 实验中分析的几个路由协议，哪一个最适合高移动性网络？ 给出理由。

第 30 章

实验 3　Ad hoc 路由协议

1. 实验目的

学习如何将几台带有无线网卡的计算机组成 Ad hoc 网络,并评估不同路由协议的性能。

2. 实验内容

1) 搭建实验平台

在这个实验里,将 3 台计算机配置成 Ad hoc 通信模式。计算机之间可以进行点对点通信,不需要经过 802.11 接入点。实验平台的路由结构如图 30-1 所示。

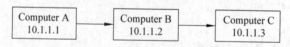

图 30-1　实验平台的路由结构

在每台计算机上打开一个终端,输入以下语句:

```
sudosu
```

配置网卡,输入以下语句:

```
iwconfig wlan0 essid test group1 mode adhoc
iwconfig wlan0 essid test group1 mode adhoc
ifconfig wlan0 up
```

输入以下语句(可以按任意顺序分配 IP 地址):

```
ifconfig wlan0 10.1.<group ID>.x netmask 255.255.255.0 up
```

输入以下语句,并观察输出:

```
iwconfig wlan0
```

输出结果应该为

```
wlan0 IEEE 802.11bg ESSID:"test group1"
Mode:AdHoc Frequency:2.412 GHz Cell: C6:89:FE:B3:3C:80
```

TxPower=20 dBm

Retry long limit :7 RTS thr:off Fragment thr:off

Encryption key:off

Power Management:off

输入以下语句,并观察输出:

```
ifconfig wlan0
```

输出结果应该为

```
wlan0 Link encap:EthernetHWaddr c8:3a:35:c3:45:95
inet addr:10.1.1.1 Bcast:10.1.1.255 Mask:255.255.255.0
inet6addr: fe80 :: ca3a:35ff : fec3:4595/64 Scope:Link
UP BROADCAST RUNNING MULTICAST MTU:1500 Metric:1
RX packets:39 errors:0 dropped:0 overruns:0 frame:0
TX packets:20 errors:0 dropped:0 overruns:0 carrier :0
collisions :0 txqueuelen:1000
RX bytes:7399(7.3 KB)TX bytes:3827(3.8 KB)
```

使用 pin 命令来查看 3 台计算机之间是否连通。然后用 iptables 阻断计算机 A、C 之间的连接。在计算机 A 上输入:

```
iptables-A INPUT -m mac --mac-source <MAC address of computer C>
-j DROP
```

在计算机 C 上输入:

```
iptables-A INPUT -m mac -mac-source <MAC address of computer A>
-j DROP
```

使用 pin 命令来查看计算机 A、C 之间的连接是否已经断开。

2) 测试路由协议

在计算机 A 上输入:

```
route -n
```

将结果保存到 adovresult1.1。在所有计算机上开启 AODV 协议,并确保协议一直在运行:

```
aodvd -i wlan0 -l -r 0.8
```

10s 之后停止协议,观察计算机 A 上的 debug 信息。在计算机 A 上输入以下语句:

```
route -n
```

将结果保存到 adovresult1.2,并尝试回答以下问题。

(1) 比较 aodvresult1.1 和 aodvresult1.2。是否有到计算机 B 和 C 的路径?如果没有,为什么?是否因为 AODV 没有起作用?

(2) 依据你的观察,列举计算机 A 上传输/接收的 AODV 控制信息。每种信息的目的是什么？

在计算机 A 上重复上面的步骤，但是 10s 之后不停止协议。然后在计算机 A 上打开一个新的终端，并用以下语句 ping 计算机 C：

```
ping 10.1.<group ID>.3
```

一旦获得了 ping 反馈的信息，打开一个新的终端，输入以下语句，并将结果保存到 aodvresult1.3：

```
route -n
```

在计算机 A 上停止 command 指令及 ping 指令，并尝试回答以下问题。

（3）依据你的观察，列举计算机 A 上传输/接收的 AODV 控制信息。每种信息的目的是什么？

（4）路由表 aodvresult 1.3 和 aodvresult 1.2 有什么区别？这些区别会导致怎样的结果？

（5）路由表 aodvresult 1.3 和 aodvresult 1.2 有什么区别？为什么会出现这些区别？

重复上面的步骤，一旦你得到 ping 反馈信息，停止 ping。等待 1min 左右，在计算机 A 上输入：

```
route -n
```

将结果保存到 aodvresult 1.4，并尝试回答以下问题。

（6）路由表 aodvresult 1.4 和 aodvresult 1.3 有什么区别？为什么会出现这些区别？AODV 使用了什么机制导致了这些区别？

3. 思考题

（1）是否可以用 4 台计算机搭建一个三跳星型网络？给出你的实验计划，并测试三跳网络中 AODV 协议的性能。

（2）如何快速估计多跳传输的吞吐量和延时？可以使用 Linux 下的任何软件工具。给出你的估值，并介绍你的测量方法。

第 31 章

实验 4　移动 IP

1. 实验目的

学习如何在 Linux 中建立和使用移动 IPv6。

2. 实验内容

1）搭建实验平台

在这个实验中，用 4 台计算机来模拟移动 IPv6 协议的运作。实验平台如图 31-1 所示。

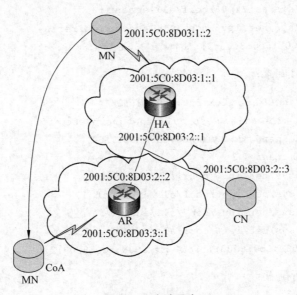

图 31-1　实验平台

对 MN 节点进行配置：

```
iwconfig wlan0 mode ad-hoc essidhomenetgroupXenc off
ifconfig wlan0 inet6 add 200X:5c0:8d03:1::2/64
iwconfig wlan0 channel 1
echo "0" >/proc/sys/net/ipv6/conf/wlan0/forwarding
```

```
echo "1" >/proc/sys/net/ipv6/conf/wlan0/autoconf
echo "1" >/proc/sys/net/ipv6/conf/wlan0/accept ra
echo "1" >/proc/sys/net/ipv6/conf/wlan0/accept redirects
echo "0" >/proc/sys/net/ipv6/conf/all/forwarding
echo "1" >/proc/sys/net/ipv6/conf/all/autoconf
echo "1" >/proc/sys/net/ipv6/conf/all/accept ra
echo "1" >/proc/sys/net/ipv6/conf/all/accept redirects
```

对 HA 节点进行配置：

```
ifconfig eth1 inet6 add 200X:5c0:8d03:2::1/64
iwconfig wlan0 mode ad-hoc essidhomenetgroupXenc off
ifconfig wlan0 inet6 add 200X:5c0:8d03:1::1/64
iwconfig wlan0 channel 1
echo 1 >/proc/sys/net/ipv6/conf/wlan0/forwarding
echo 0 >/proc/sys/net/ipv6/conf/wlan0/autoconf
echo 0 >/proc/sys/net/ipv6/conf/wlan0/accept ra
echo 0 >/proc/sys/net/ipv6/conf/wlan0/accept redirects
echo 1 >/proc/sys/net/ipv6/conf/all/forwarding
echo 0 >/proc/sys/net/ipv6/conf/all/autoconf
echo 0 >/proc/sys/net/ipv6/conf/all/accept ra
echo 0 >/proc/sys/net/ipv6/conf/all/accept redirects
ip route add 200X:5c0:8d03:3::/64 via 200X:5c0:8d03:2::2
```

对 AR 节点进行配置：

```
ifconfig eth1 inet6 add 200X:5c0:8d03:2::2/64
iwconfig wlan0 mode ad-hoc essidvisitnetgroupXenc off
ifconfig wlan0 inet6 add 200X:5c0:8d03:3::1/64
iwconfig wlan0 channel 3
echo 1 >/proc/sys/net/ipv6/conf/all/forwarding
echo 0 >/proc/sys/net/ipv6/conf/all/autoconf
echo 0 >/proc/sys/net/ipv6/conf/all/accept ra
echo 0 >/proc/sys/net/ipv6/conf/all/accept redirects
ip route add 200X:5c0:8d03:1::/64 via 200X:5c0:8d03:2::1
```

对 CN 节点进行配置：

```
ifconfig eth1 inet6 add 200X:5c0:8d03:2::3/64
ip route add 200X:5c0:8d03:1::/64 via 200X:5c0:8d03:2::1
```

使用 ping6 命令来查看各计算机之间是否已经连接：

```
ping6 <IPv6 address>
```

下面配置移动 IPv6。HA 节点的配置文件为

```
#Mobile IPv6 configuration file: Home Agent
```

```
#filename: /etc/mip6d.conf
NodeConfig HA;
#If set to >0, will not detach from tty
DebugLevel 10;
#List of interfaces where we serve as Home Agent
Interface "wlan0";
UseMnHaIPsec disabled;
```

MN 节点的配置文件为

```
#Mobile IPv6 configuration file: MN
#filename: /etc/mip6d.conf
NodeConfig MN;
#If set to >0, will not detach from tty
DebugLevel 10;
MnDiscardHaParamProb enabled;
Interface "wlan0";
MnRouterProbes 1;
MnHomeLink "wlan0"{
HomeAgentAddress 200X:5c0:8d03:1::1;
HomeAddress 200X:5c0:8d03:1::2/64;
}
UseMnHaIPsec disabled;
```

下面在 AR 节点上配置 RADVD，将以下语句保存为 radvd.conf：

```
interface wlan0
{
AdvSendAdvert on;
AdvIntervalOpt on;
MinRtrAdvInterval 3;
MaxRtrAdvInterval 10;
AdvHomeAgentFlag off;
prefix 200X:5c0:8d03:3::/6
{
AdvOnLink on;
AdvAutonomous on;
AdvRouterAddr on;
};
};
```

在 AR 节点上开启 RADVD：

```
cpradvd.conf /etc/
cpradvd.conf /usr/local/etc/
radvd start
```

下面在 HA 节点上配置 RADVD,将以下语句保存为 radvd.conf:

```
interface wlan0
{
AdvSendAdvert on;
MaxRtrAdvInterval 3;
MinRtrAdvInterval 1;
AdvIntervalOpt off;
AdvHomeAgentFlag on;
HomeAgentLifetime 10000;
HomeAgentPreference 20;
AdvHomeAgentInfo on;
prefix 200X:5c0:8d03:1::1/64
{
AdvRouterAddr on;
AdvOnLink on;
AdvAutonomous on;
AdvPreferredLifetime 10000;
AdvValidLifetime 12000;
};
};
```

在 HA 节点上开启 RADVD:

```
cpradvd.conf /etc/
cpradvd.conf /usr/local/etc/
radvd start
```

2) 开启移动 IPv6

首先在 HA 上开启移动 IPv6:

```
ifconfig wlan0 up
mip6d -c /etc/mip6d.conf
```

然后在 MN 上开启移动 IPv6:

```
ifconfig wlan0 up
ifconfig ip6tnl0 up
ifconfig sit0 up
mip6d -c /etc/mip6d.conf
```

使用 VLC 软件查看视频是否可以传输,然后将 MN 移动到新的网络:

```
iwconfig wlan0 essidvisitnetgroupX channel 3
iwconfig wlan0 essidhomenetgroupX channel 1
```

使用 VLC 软件查看视频是否仍然可以传输。

3. 思考题

(1) 切换的定义是什么? 切换的过程是怎样的? 用信令图来说明切换过程。

(2) 切换延时的定义是什么? 实验中粗略的切换延时是多少?

(3) 如果 MN 通过多个 visitnet,然后又回到 homenet 中,那么接口是否还有在每个 visitnet 中自动产生的 IPv6 地址?

第 32 章

实验 5　无线安全

1. 实验目的

学习如何在 Linux 中建立和使用 WEP 协议；学会使用 Wireshark。

2. 实验内容

1) 搭建实验平台

在这个实验中，用 4 台计算机搭建如图 32-1 所示的实验平台。

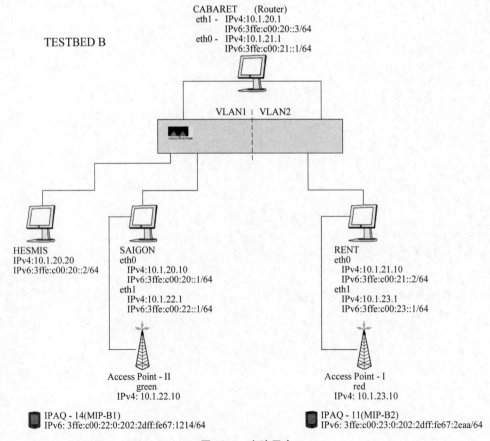

图 32-1　实验平台

首先,使用移动 IPv6 协议来建立 MN、HA、CN、AR 节点。配置方法同实验 4。配置完成以后,在特定节点上开启 radvd 及 mip6d,确保它们之间可以连通。

```
ping6 <the ipv6 address>
```

2) 开启 WEP 协议

首先,在 MN 节点上 ping HA 节点。在 HA 节点上,开启 Wireshark 抓取 ping 包。Wireshark 界面如图 32-2 所示。在 Wireshark 界面观察 ping 包。

```
sudowireshark
```

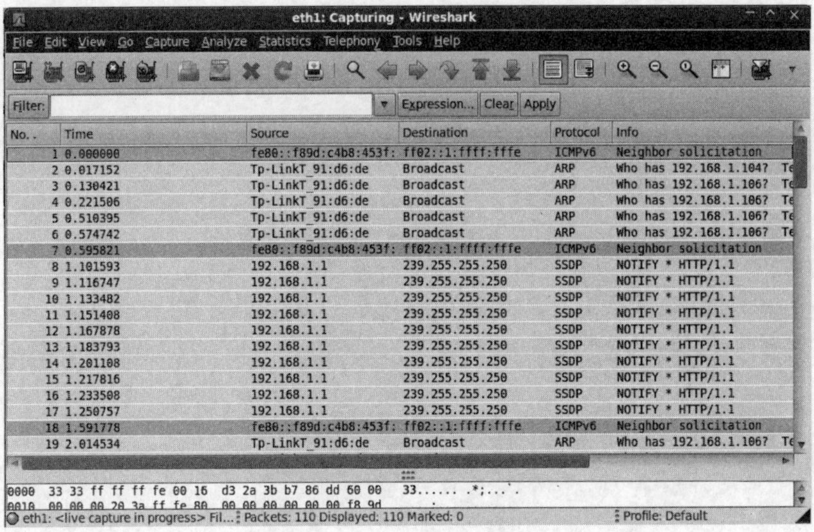

图 32-2 Wireshark 界面

然后,在 homenet 上配置 WEP。在 HA 上输入以下语句,并在 Wireshark 界面观察 ping 包。

```
iwconfig wlan0 key 1234567890
```

在 MN 上为 WEP 设置密钥,并观察 ping 响应。

```
iwconfig wlan0 enc 1234567890
```

停止所有的 ping 操作,在 MN 上输入以下命令,使得 MN 漫游到 visitnet 中。在 MN 上输入以下命令,关闭 WEP 密钥。

```
iwconfig wlan0 essidvisitnetgroupX channel 3
```

在 MN 上再次 ping 相应的节点,并观察 ping 响应。

```
iwconfig wlan0 enc off
```

再次关闭 WEP 密钥,并观察 ping 响应。

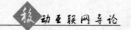

3. 思考题

(1) 根据配置接入点时获得的信息,列出 WEP 支持的授权机制有哪些?

(2) 执行完 iwconfig wlan0 enc 1234567890 指令,MN 是否从 home agent 接收 ping 反馈? 为什么?

(3) 执行完 iwconfig wlan0 essidvisitnetgroup X channel 3 指令,MN 是否从 home agent 接收 ping 反馈? 为什么?

(4) 解释 WEP 中使用的加密机制,并列出 WEP 支持的密钥长度。

第33章

实验6　Android 开发基础

1. 实验目的

熟悉 Android 开发环境和基本操作；编写 hello world 程序。

2. 实验内容

1）安装软件

（1）安装 Java SE Development Kit。对于 Windows 系统，安装 jdk-7u2-windows-i586；对于 Ubuntu 系统，安装：

```
sudo add-apt-repository"deb http://archive.canonical.com/ lucid partner"
sudo apt-get update
sudo apt-get install sun-java6
```

（2）安装 Eclipse。

（3）安装 Android SDK。

（4）安装 Eclipse 的 ADT 插件。选择 Help→Install New Software→Add：

```
https://dl-ssl.google.com/android/eclipse/
```

选择 Developer→Next→Accept the license→Install。

（5）配置 ADT 插件。选择 Window→Preferences→Android→Locate Android SDK→Apply→OK。

（6）创建 AVD。在 Eclipse 中，选择 Window→Android SDK、AVD Manager，选择 Virtual Devices。

2）Hello world 程序

（1）创建一个新的 Android Project。

当创建完一个 AVD 后，开始下一步，即在 Eclipse 中创建一个新的 Android Project。

① 在 Eclipse 中，选择 select File→New→Project。如果 ADT 插件安装成功，那么会出现一个包含 Android Project 的对话框。

② 选择 Android Project，并单击 Next 按钮。

③ 在 Project details 中输入以下值：

Project name：HelloAndroid。

Build Target：选择一个不高于你目标 AVD 的平台。

Application name：Hello，Android。

Package name：com. example. helloandroid。

Create Activity：HelloAndroid

单击 Finish 按钮。

现在你的 Android project 已经准备好了，它应该是在 Package Explorer 中可视的。
打开 HelloAndroid. java 文件，位置为 HelloAndroid/src/com. example. helloandroid。
它应该是以下这样：

```
packagecom.example.helloandroid;

importandroid.app.Activity;
importandroid.os.Bundle;

public class HelloAndroid extends Activity {
/**Called when the activity is first created. * /
@Override
public void onCreate(Bundle savedInstanceState){
super.onCreate(savedInstanceState);
setContentView(R.layout.main);
}
}
```

（2）创建 UI。

使用以下代码：

```
packagecom.example.helloandroid;

importandroid.app.Activity;
importandroid.os.Bundle;
importandroid.widget.TextView;

public class HelloAndroid extends Activity {
/**Called when the activity isfirrst created. * /
@Override
public void onCreate(Bundle savedInstanceState){
super.onCreate(savedInstanceState);
TextViewtv=new TextView(this);
tv.setText("Hello, Android");
setContentView(tv);
}
}
```

（3）运行应用程序。

选择 Run→Run→Android Application。Eclipse 插件可以自动创建一个新的运行配置。根据你的运行环境，Android emulator 会花上一段时间来启动。当 emulator 启动以后，Eclipse 插件将会安装你的应用程序，并运行默认操作。

可以在以下网址找到更多的帮助文件：http://developer. android. com/index. html。

第 34 章

实验 7　Android 开发提高

1. 实验目的

进一步熟悉 Android 开发环境和基本操作；修改并增加程序的功能。

2. 实验内容

1）导入程序

（1）在 Eclipse 中，选择 File→New→Android Project→Create project from existing source 命令，在 location 中选择程序所在的文件夹。

（2）选择合适的 Android 版本并导入程序。

2）改进程序

这里一共有 6 个基础样例代码，将它们导入后，请发挥想象力和创造力对其中一个进行改进和提高，包括增加程序的功能，改进程序的人机交互性，以及提高程序运行的性能等。

AndroidWeatherForecast：giving a weather forecast

Contact：establishing contact list

DrawLineSample：draw a line

EX03 02：landing

groupMessage：group messaging

TinyDialer：giving a call

3）拓展

根据给出的样例代码，在手机屏幕上绘制一个圆形小球，根据手机加速度传感器状态控制小球运动。步骤是：创建一个 Helloworld 工程（参考以上网址），修改 Java 文件，参考提供的 BouncingBallActivity. javaBouncingBallActivity. java。

本实验需要用到手机上真的传感器，无法使用 Android 模拟器完成该实验，如果自己没有硬件资源，可以到实验室完成。小球碰撞的时候手机震动，震动功能实现可以参考 http://blog. csdn. net/liuzhidong123/article/details/7375024，小球碰撞时变换颜色或者发出声音。

第 35 章

实验 8   SDN 实验

1. 实验目的

熟悉 SDN 的基本操作;修改并增加程序的功能。

2. 实验内容

1) 安装虚拟机

根据计算机操作系统的类型来选择安装虚拟机,包括 VirtualBox for Linux、VirtualBox for OS X 以及 VirtualBox for Windows。

2) 将虚拟计算机导入虚拟机

将 sdn101_130808.ova 文件导入虚拟机,将看到下列图像(见图 35-1)。

图 35-1   导入后的界面

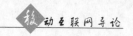

3）学习 SDN 实验的基础操作

打开本地文件 SDNA Tutorial Instructions，在 Learn Development Tools 中学习 SDN 实验的基础操作。

4）进行实验 1

在 Create Learning Switch 中找到 phase1，开始实验。在 Java 代码中需要做的改动有：

```
Build an OFMatch object;
Learn the source Ethernet address;
Look up and send to the destination Ethernet address.
```

测试步骤如下：

```
Start Eclipse and run the Tutorial Controller, start Wireshark;
Start Mininet (only if not already started) and wait for Beacon's console to
report the switch has connected;
Send a single ping from h1 to h2 and check;
Wireshark view: first Packet Out's output port should be Flood and Subsequent
Packet Out actions should be directed to a single port;
Test the speed using iperf.
```

得到的结果包括：

Wireshark 中第一个 packetout 的 output port 是 flood，第二个则是 to switch port，如图 35-2 和图 35-3 所示。

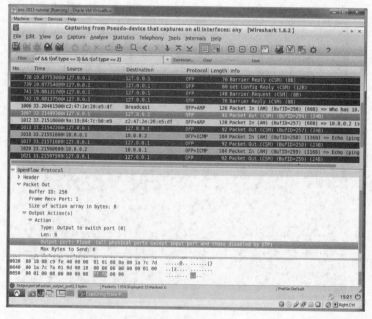

图 35-2　结果（一）

两个 host 之间可以 ping 通：

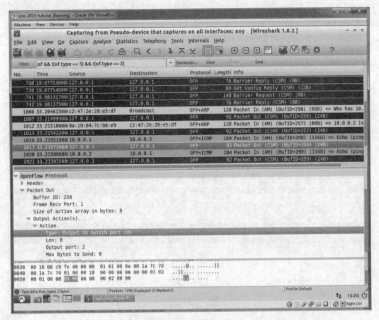

图 35-3   结果(二)

```
mininet> h1 ping -c1 h2
PING 10.0.0.2 (10.0.0.2) 56(84) bytes of data.
64 bytes from 10.0.0.2: icmp_req=1 ttl=64 time=6.39 ms

--- 10.0.0.2 ping statistics ---
1 packets transmitted, 1 received, 0% packet loss, time 0ms
rtt min/avg/max/mdev = 6.398/6.398/6.398/0.000 ms
```

测速的结果如下:

```
mininet> iperf
*** Iperf: testing TCP bandwidth between h1 and h3
waiting for iperf to start up...*** Results: ['62.6 Mbits/sec', '63.8 Mbits/sec'
]
```

5) 进行实验 2

在 Create Learning Switch 中找到 phase2,开始实验。在 Java 代码中需要做的改动有:

Install a flow in the network you will create an OFFlowMod object;

Initialize buffer id,match,command,idle timeout and actions;

Create the action that OFFlowMod outputs to the port learned before and set it on the OFFlowMod instance;

Send a message to an OpenFlow switch.

测试步骤如下:

Start Eclipse and run the Tutorial Controller,start Wireshark;

Start Mininet (only if not already started) and wait for Beacon's console to report the switch has connected;

Send a single ping from h1 to h2 and check;

Wireshark view: first Packet Out's output port should be Flood and Subsequent
Packet Out actions should be directed to a single port;
Test the speed using iperf.

Wireshark 中可以观察到 flowmod，如图 35-4 所示。

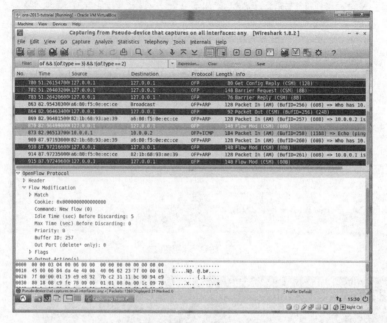

图 35-4　观察到的 flowmod

两个 host 之间可以 ping 通：

```
PING 10.0.0.2 (10.0.0.2) 56(84) bytes of data.
64 bytes from 10.0.0.2: icmp_req=1 ttl=64 time=6.51 ms

--- 10.0.0.2 ping statistics ---
1 packets transmitted, 1 received, 0% packet loss, time 0ms
rtt min/avg/max/mdev = 6.510/6.510/6.510/0.000 ms
```

测速的结果如下：

```
mininet> iperf
*** Iperf: testing TCP bandwidth between h1 and h3
*** Results: ['556 Mbits/sec', '557 Mbits/sec']
```

6）进行实验 3

在 Create Learning Switch 中找到 Extra Credit 1，开始实验。在 Java 代码中需要做的改动有：

Change the existing single Map macTable to a Map of macTables, indexed by the
switch;
Create a macTable once for each switch, and store it into the macTables Map;
In the forwardAsLearningSwitch method, retrieve the proper macTable to use for
the current OFPacketIn.

测试步骤如下：

Start Eclipse and run the Tutorial Controller,start Wireshark;

Start Mininet(only if not already started) and wait for Beacon's console to
report the switch has connected;

Send a single ping from h1 to h2 and check;

Wireshark view: first Packet Out's output port should be Flood and Subsequent
Packet Out actions should be directed to a single port;

Test the speed using iperf.

两个 host 之间可以 ping 通：

```
mininet> pingall
*** Ping: testing ping reachability
h1 -> h2
h2 -> h1
*** Results: 0% dropped (0/2 lost)
```

7）进行实验 4

在 Create Learning Switch 中找到 Extra Credit 2，开始实验。在 Java 代码中需要做
的改动有：

After sending the Flow Mod from phase 2,test if the OFPacketIn's buffer id is
none;

Create an OFPacketOut object like phase 1.

测试步骤如下：

Start Eclipse and run the Tutorial Controller,start Wireshark;

Start Mininet(only if not already started) and wait for Beacon's console to
report the switch has connected;

Send a single ping from h1 to h2 and check;

Wireshark view: first Packet Out's output port should be Flood and Subsequent
Packet Out actions should be directed to a single port;

Test the speed using iperf.

两个 host 之间可以 ping 通：

```
mininet> h1 ping -c1 h2
PING 10.0.0.2 (10.0.0.2) 56(84) bytes of data.
64 bytes from 10.0.0.2: icmp_req=1 ttl=64 time=3.37 ms

--- 10.0.0.2 ping statistics ---
1 packets transmitted, 1 received, 0% packet loss, time 0ms
rtt min/avg/max/mdev = 3.370/3.370/3.370/0.000 ms
```

两个 host 的 buffer id 均为空，如图 35-5 和图 35-6 所示。

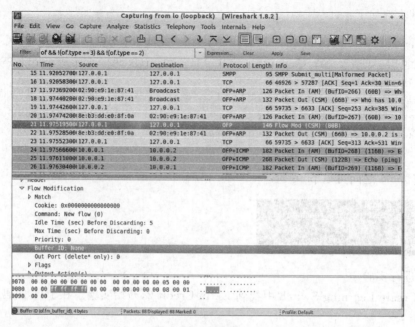

图 35-5　结果图(一)

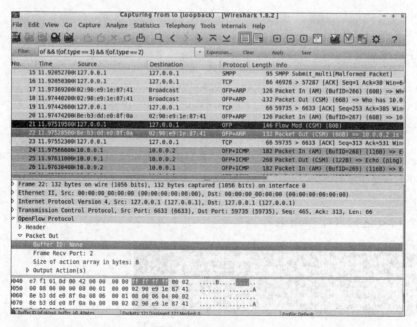

图 35-6　结果图(二)

第36章

实验9 Android 测量 Wi-Fi 信号强度

1. 实验目的

通过在手机平台上编写 Android 程序,熟悉手机平台 Wi-Fi 功能的使用方法,完成 Wi-Fi 信号强度等信息的采集和测量。

2. 实验内容

在室内定位、Wi-Fi 接入点选择等目前流行的研究领域中,一般需要研究者完成移动终端对室内 Wi-Fi 无线路由器的扫描。由于无线信道的动态特性,一般来讲移动终端接收到的无线信号是不稳定的。如图 36-1 所示,在统一测试地点来自于同一无线路由器的信号强度,实际会呈现一定分布分布。因此,同一地点处 Wi-Fi 信号不应作为一个固定值进行测量,而是需要进行多次测量,将结果作为服从一定分布的随机数进行分析。

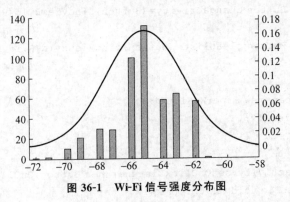

图 36-1 Wi-Fi 信号强度分布图

本实验要求使用 Eclipse 等编译工具,编写 Android 程序,使用 Android 手机的 Wi-Fi 模块功能,连续扫描布置在手机周围的名为 IWCTAP1 至 IWCTAP10 的无线路由器,记录其信号强度,将结果显示在手机屏幕上并写入手机 SD 卡的文件中。

参考代码如下。

1) MainActivity

```
package com.example.adr_client;
```

```java
import java.util.Vector;
import com.example.adr_client.R;
import android.os.Bundle;
import android.app.Activity;
import android.view.View;
import android.widget.Button;
import android.widget.EditText;



public class MainActivity extends Activity {

    private SuperWiFi rss_scan=null;
    Vector<String>RSSList=null;
    private String testlist=null;
    public static  int testID=0;                         //测试结果的序号
    @Override
      public void onCreate(Bundle savedInstanceState){
        super.onCreate(savedInstanceState);
        setContentView(R.layout.activity_main);

        final EditText ipText=(EditText)findViewById(R.id.ipText);
                                          //显示测量结果均值的文本框
        final Button changactivity=(Button)findViewById(R.id.button1);
                                          //开始测量按钮
        final Button cleanlist=(Button)findViewById(R.id.button2);
                                          //清除文本框


        rss_scan=new SuperWiFi(this);
        testlist="";
        testID=0;

        changactivity.setOnClickListener(new Button.OnClickListener(){
            public void onClick(View v){
                testID=testID+1;
                rss_scan.ScanRss();
                while(rss_scan.isscan()){                 //等待测试结束
                }
                RSSList=rss_scan.getRSSlist();          //获得测试结果
                final EditText ipText=(EditText)findViewById(R.id.ipText);
                testlist=testlist+"testID:"+testID+"\n"+RSSList.toString()+"\n";
                ipText.setText(testlist);                 //文本框里显示测试结果
            }
        });
```

```
        cleanlist.setOnClickListener(new Button.OnClickListener(){
            public void onClick(View v){
                testlist="";
                ipText.setText(testlist);            //清除文本框
                testID=0;
            }
        });
    }
}
```

2）SuperWi-Fi

```
package com.example.adr_client;

import java.io.File;
import java.io.FileOutputStream;
import java.io.IOException;
import java.io.RandomAccessFile;
import java.sql.Date;
import java.text.SimpleDateFormat;
import java.util.Iterator;
import java.util.List;
import java.util.Vector;
import android.content.Context;
import android.net.wifi.ScanResult;
import android.net.wifi.WifiManager;
import android.util.Log;

public class SuperWiFi extends MainActivity{            //Wi-Fi 测量的类

    static final String TAG="SuperWiFi";
    static SuperWiFi wifi=null;
    static Object sync=new Object();
    static int TESTTIME=25;                             //测量次数
    WifiManager wm=null;
    private Vector<String>scanned=null;
    boolean isScanning=false;
    private int[] APRSS=new int[10];
    private FileOutputStream out;
    private int p;

    public SuperWiFi(Context context)
    {
        this.wm=(WifiManager)context.getSystemService(Context.WIFI_SERVICE);
```

```
        this.scanned=new Vector<String>();
}

public void ScanRss(){
        startScan();
}

public boolean isscan(){
        return isScanning;
}

public Vector<String>getRSSlist(){
        return scanned;
}

private void startScan()                          //开始扫描
{
        this.isScanning=true;
        Thread scanThread=new Thread(new Runnable()
        {
            public void run(){
                scanned.clear();                          //清除上次结果
                for(int j=1;j<=10;j++){
                    APRSS[j-1]=0;
                }
                p=1;
                //记录测试时间并写入手机存储卡
                SimpleDateFormat formatter=new SimpleDateFormat("yyyy年MM月
                dd日    HH:mm:ss");
                Date curDate=new Date(System.currentTimeMillis());
                                                          //获取当前时间
                String str=formatter.format(curDate);
                for(int k=1;k<=10;k++){
                    write2file("RSS-IWCTAP"+k+".txt","testID: "+testID+"
                    TestTime: "+str+" BEGIN\n");
                }

                while(p<=TESTTIME)                         //扫描指定次数
                {
                    performScan();
                    p=p+1;
                }
                for(int i=1;i<=10;i++){                    //记录结果均值
                    scanned.add("IWCTAP"+i+"="+APRSS[i-1]/TESTTIME+"\n");
```

```
        }
        for(int k=1;k<=10;k++){                    //在存储文件中注明本次测量结束
            write2file("RSS-IWCTAP"+k+".txt","testID:"+testID+"END\n");
        }
        isScanning=false;
    }


});
scanThread.start();
}


private void performScan()                     //实行测量的方法
{
    if(wm==null)
        return;
    try
    {
        if(!wm.isWifiEnabled())
        {
            wm.setWifiEnabled(true);
        }

        wm.startScan();                        //开始扫描
        try {
            Thread.sleep(3000);                //等待 3000ms
        } catch(InterruptedException e){
            //TODO Auto-generated catch block
            e.printStackTrace();
        }

        this.scanned.clear();
        List<ScanResult>sr=wm.getScanResults();
        Iterator<ScanResult>it=sr.iterator();
        while(it.hasNext())
        {
            ScanResult ap=it.next();
            for(int k=1;k<=10;k++){
                if(ap.SSID.equals("IWCTAP"+k)){ //向存储文件写入本次测量结果
                    APRSS[k-1]=APRSS[k-1]+ap.level;

                    write2file("RSS-IWCTAP"+k+".txt",ap.level+"\n");
                }
            }
        }
```

```
        //this.isScanning=false;
    }
    catch(Exception e)
    {
        this.isScanning=false;
        this.scanned.clear();
        Log.d(TAG, e.toString());
    }
}


private void write2file(String filename, String a){      //向 SD 卡写入数据
    try {
        File file=new File("/sdcard/"+filename);
        if(!file.exists()){
            file.createNewFile();}
        //打开一个随机访问文件流,按读写方式
        RandomAccessFile randomFile = new RandomAccessFile ("/sdcard/"+
        filename, "rw");
        //文件长度,字节数
        long fileLength=randomFile.length();
        //将写文件指针移到文件尾
        randomFile.seek(fileLength);
        randomFile.writeBytes(a);
        //Log.e("!","!!");
        randomFile.close();
    } catch(IOException e){
        //TODO Auto-generated catch block
        e.printStackTrace();
    }
}

}
```

3）布局文件

```
< RelativeLayout  xmlns: android =" http://schemas. android. com/apk/res/
android"
    xmlns:tools="http://schemas.android.com/tools"
    android:layout_width="match_parent"
    android:layout_height="wrap_content"
 >

<Button
    android:id="@+id/button1"
    android:layout_width="wrap_content"
```

```
    android:layout_height="wrap_content"
    android:layout_alignParentTop="true"
    android:layout_centerHorizontal="true"
    android:layout_marginTop="16dp"
    android:text="Scan" />

<EditText
    android:id="@+id/ipText"
    android:layout_width="wrap_content"
    android:layout_height="wrap_content"
    android:layout_alignParentLeft="true"
    android:layout_alignParentRight="true"
    android:layout_below="@+id/button1"
    android:layout_marginTop="14dp"
    android:ems="10"
    android:inputType="textMultiLine" />

<Button
    android:id="@+id/button2"
    android:layout_width="wrap_content"
    android:layout_height="wrap_content"
    android:layout_above="@+id/ipText"
    android:layout_marginLeft="15dp"
    android:layout_toRightOf="@+id/button1"
    android:text="clean" />

</RelativeLayout>
```

第 37 章

实验 10 Android 计步器

1. 实验目的

通过在手机平台上编写 Android 计步器程序，熟悉手机平台传感器调用方法，并学会设计和实现简单的手机应用程序。

2. 实验内容

1）加速度传感器调用

使用 Eclipse 等编译工具，编写 Android 程序，调用加速度传感器测量手机在 x、y、z 3 个方向的加速度以及总加速度的标量值，将结果显示在手机屏幕上，并记录在指定文件中。

手机上 x、y、z 3 个方向的相对位置如图 37-1 所示。

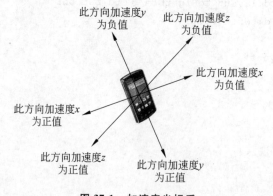

此方向加速度y为负值
此方向加速度z为负值
此方向加速度x为负值
此方向加速度x为正值
此方向加速度z为正值
此方向加速度y为正值

图 37-1 加速度坐标系

参考代码如下：

```
package com.practice.cos;

import java.io.File;
import java.io.FileOutputStream;
import java.io.IOException;
import java.io.RandomAccessFile;
```

```
import java.text.DecimalFormat;

import android.app.Activity;
import android.content.Context;
import android.hardware.Sensor;
import android.hardware.SensorEvent;
import android.hardware.SensorEventListener;
import android.hardware.SensorManager;
import android.os.Bundle;
import android.os.Environment;
import android.util.Log;
import android.view.View;
import android.view.View.OnClickListener;
import android.widget.Button;
import android.widget.TextView;

public class PracticeActivity extends Activity implements SensorEventListener,
OnClickListener {
    /** Called when the activity is first created * /

    //设置 LOG 标签
    private Button mWriteButton, mStopButton;
    private boolean doWrite=false;
    private SensorManager sm;
    private float lowX=0, lowY=0, lowZ=0;
    private final float FILTERING_VALAUE=0.1f;
    private TextView AT,ACT;

    @Override
    public void onCreate(Bundle savedInstanceState){
        super.onCreate(savedInstanceState);
        setContentView(R.layout.main);

        AT=(TextView)findViewById(R.id.AT);
        ACT=(TextView)findViewById(R.id.onAccuracyChanged);

        //创建一个 SensorManager 来获取系统的传感器服务
        sm=(SensorManager)getSystemService(Context.SENSOR_SERVICE);
        /*
         * 最常用的一个方法,注册事件
         * 参数 1 :SensorEventListener 监听器
         * 参数 2 :Sensor 一个服务可能有多个 Sensor 实现,此处调用 getDefaultSensor
           获取默认的 Sensor
         * 参数 3 :模式,可选数据变化的刷新频率
```

```
* */
//注册加速度传感器
sm.registerListener(this,
        sm.getDefaultSensor(Sensor.TYPE_ACCELEROMETER),
        SensorManager.SENSOR_DELAY_FASTEST);
                        //高采样率；.SENSOR_DELAY_NORMAL 则采样率更低
try {
    FileOutputStream fout = openFileOutput("acc.txt", Context.MODE_
    PRIVATE);
    fout.close();
} catch(IOException e){
    e.printStackTrace();
}
mWriteButton=(Button)findViewById(R.id.Button_Write);
mWriteButton.setOnClickListener(this);
mStopButton=(Button)findViewById(R.id.Button_Stop);
mStopButton.setOnClickListener(this);
}

public void onPause(){
    super.onPause();
}

public void onClick(View v){
    if(v.getId()==R.id.Button_Write){
        doWrite=true;
    }
    if(v.getId()==R.id.Button_Stop){
        doWrite=false;
    }
}

public void onAccuracyChanged(Sensor sensor, int accuracy){
    ACT.setText("onAccuracyChanged 被触发");
}

public void onSensorChanged(SensorEvent event){
    String message=new String();
    if(event.sensor.getType()==Sensor.TYPE_ACCELEROMETER){

        float X=event.values[0];
        float Y=event.values[1];
        float Z=event.values[2];
```

```
//Low-Pass Filter
lowX=X * FILTERING_VALAUE+lowX * (1.0f-FILTERING_VALAUE);
lowY=Y * FILTERING_VALAUE+lowY * (1.0f-FILTERING_VALAUE);
lowZ=Z * FILTERING_VALAUE+lowZ * (1.0f-FILTERING_VALAUE);

//High-pass filter
float highX  =X -  lowX;
float highY  =Y -  lowY;
float highZ  =Z -  lowZ;
double highA = Math. sqrt (highX * highX + highY * highY + highZ *
highZ);

DecimalFormat df=new DecimalFormat("#,##0.000");

message=df.format(highX)+"  ";
message+=df.format(highY)+"  ";
message+=df.format(highZ)+"  ";
message+=df.format(highA)+"\n";

AT.setText(message+"\n");
if(doWrite){
    write2file(message);
}
    }
}

private void write2file(String a){

    try {

        File file=new File("/sdcard/acc.txt");
                                        //将测量结果记入/sdcard/acc.txt
        if(!file.exists()){
            file.createNewFile();}

//打开一个随机访问文件流,按读写方式
RandomAccessFile randomFile= new RandomAccessFile ("/sdcard/acc.
txt", "rw");
//文件长度,字节数
long fileLength=randomFile.length();
//将写文件指针移到文件尾
randomFile.seek(fileLength);
randomFile.writeBytes(a);
randomFile.close();
```

```
            } catch(IOException e){
                //TODO Auto-generated catch block
                e.printStackTrace();
            }

        }

}
```

布局文件：

```xml
<?xml version="1.0" encoding="utf-8"?>
<LinearLayout xmlns:android="http://schemas.android.com/apk/res/android"
    android:layout_width="fill_parent"
    android:layout_height="fill_parent"
    android:orientation="vertical" >

    <CheckedTextView
        android:id="@+id/AT"
        android:layout_width="wrap_content"
        android:layout_height="wrap_content"
        android:text="@string/AT"
        android:textSize="20dp" />

    <CheckedTextView
        android:id="@+id/onAccuracyChanged"
        android:layout_width="wrap_content"
        android:layout_height="wrap_content"
        android:text="@string/onAccuracyChanged"
        android:textSize="18dp" />

    <LinearLayout
        android:layout_width="fill_parent"
        android:layout_height="wrap_content" >

        <Button
            android:id="@+id/Button_Write"
            android:layout_width="90dp"
            android:layout_height="wrap_content"
            android:text="@string/Button_Write" android:textSize="20dp"/>

        <Button
            android:id="@+id/Button_Stop"
            android:layout_width="90dp"
            android:layout_height="wrap_content"
```

```
        android:text="@string/Button_Stop" android:textSize="20dp"/>

    </LinearLayout>

</LinearLayout>
```

字符串
```
<?xml version="1.0" encoding="utf-8"?>
<resources>

    <string name="hello">Hello World, PracticeActivity!</string>
    <string name="app_name">Practice</string>
    <string name="onAccuracyChanged">onAccuracyChanged 未触发</string>
    <string name="AT">0</string>
    <string name="Button_Write">Write</string>
    <string name="Button_Stop">Stop</string>


</resources>
```

2）计步方法

目前手机端计步方法有很多种，但最理想的方法仍没有被发现。一个典型的加速度标量图如图 37-2 所示。

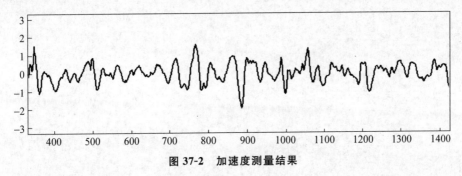

图 37-2   加速度测量结果

本步骤鼓励读者自行设计计步方法，并将计步结果实时显示在手机屏幕上。

提示思路：可以利用阈值滤波的思想，当加速度高于或低于某个阈值时，认为迈步开始或结束。注意，要考虑加速度波形毛刺，并且人体迈步的加速度不是简单的单峰波形。

3）思考题

（1）为什么在测量加速度时进行了低通滤波？滤波前后的效果有何区别？给出对比。

（2）能否进一步根据加速度波形估计每步的步幅？

（3）调用 super.onPause() 的意义是什么？

致　谢

感谢以下同学在本书编写过程中做出的不懈努力，在此表达诚挚的谢意！
（按拼音排列）

陈一涛　葛潇一　顾之成　胡一涛　蒋婉宁　孔　超
刘佳琪　刘金山　刘　亮　刘思扬　刘雨珊　马　川
马松君　毛学宇　单立钦　盛开恺　王惠宇　王　奇
王天翼　王　雄　王　旭　吴　优　许佳琪　姚硕超
袁增文　于　拓　张　达　张　奇　张　阳　赵亦燃
郑可琛　周　力　周鹏展　周子龙　朱思宇　朱晓光